*Rainer Ansorge,*
*Hans Joachim Oberle,*
*Kai Rothe und Thomas Sonar*

**Aufgaben und Lösungen zu Mathematik für Ingenieure 1**

*Weitere Titel zu diesem Thema*

Wüst, R.

**Mathematik für Physiker und Mathematiker**

**Band 1: Reelle Analysis und Lineare Algebra**

2009

ISBN: 978-3-527-40877-1

Wüst, R.

**Mathematik für Physiker und Mathematiker**

**Band 2: Analysis im Mehrdimensionalen und Einführungen in Spezialgebiete**

2009

ISBN: 978-3-527-40878-8

Kuypers, F.

**Physik für Ingenieure und Naturwissenschaftler**

**Band 1: Mechanik und Thermodynamik**

2003

ISBN: 978-3-527-40368-4

Kuypers, F.

**Physik für Ingenieure und Naturwissenschaftler**

**Band 2: Elektrizität, Optik und Wellen**

2003

ISBN: 978-3-527-40394-3

*Rainer Ansorge, Hans Joachim Oberle,*
*Kai Rothe und Thomas Sonar*

# Aufgaben und Lösungen zu Mathematik für Ingenieure 1

4., erweiterte Auflage

WILEY-
VCH

WILEY-VCH Verlag GmbH & Co. KGaA

**Autoren**

***Prof. Dr. Rainer Ansorge***
Norderstedt, Deutschland
r-ansorge.nord@t-online.de

***Prof. Dr. Hans Joachim Oberle***
Universität Hamburg
Fachbereich Mathematik
Hamburg, Deutschland
oberle@math.uni-hamburg.de

***Dr. Kai Rothe***
Universität Hamburg
Fachbereich Mathematik
Hamburg, Deutschland
rothe@math.uni-hamburg.de

***Prof. Dr. Thomas Sonar***
Technische Universität Braunschweig
Institute Computational Mathematics
Braunschweig, Deutschland
t.sonar@tu-bs.de

**Titelbild**

Spiesz Design, Neu-Ulm

4. erweiterte Auflage 2010
1. Nachdruck 2011
2. Nachdruck 2012



**Bibliografische Information der Deutschen Nationalbibliothek**
Die Deutsche Nationalbibliothek verzeichnet diese Publikation in der Deutschen Nationalbibliografie; detaillierte bibliografische Daten sind im Internet über <http://dnb.d-nb.de> abrufbar.



**Satz** Uwe Krieg, Berlin

**Umschlaggestaltung** Spiesz Design, Neu-Ulm

**ISBN:** 978-3-527-40987-7

# Vorwort

Dieser dritte Band der *Mathematik für Ingenieure* stellt eine Auswahl von Aufgaben zusammen, die über viele Jahre an der Technischen Universität Hamburg-Harburg im Rahmen der Mathematikausbildung für Ingenieure während der ersten vier Semester gestellt worden sind. Als Grundlage dienen die zugehörigen zwei Lehrbuchbände *Mathematik für Ingenieure* von R. Ansorge und H.J. Oberle. Die Aufgaben orientieren sich inhaltlich an der dortigen Kapitelreihenfolge.

Wir kommen mit der Herausgabe dieses Aufgabenbandes dem langjährigen Wunsch der Studierenden nach zusätzlichem Übungsmaterial, insbesondere für die Vorbereitung auf Prüfungen, nach. Deshalb sind auch viele Aufgaben aus den schriftlichen Diplomvorprüfungen in die Auswahl eingegangen und an entsprechender Stelle als Klausuraufgaben gekennzeichnet worden. Der größte Teil der Aufgaben übt grundlegende mathematische Rechentechniken ein. Daneben sind jedoch auch immer wieder Aufgaben aus den Anwendungsbereichen eingeflossen und an geeigneter Stelle auch Aufgabentypen von theoretischer Natur. Wir hoffen somit einen breiten Bereich an Themen abgedeckt zu haben, der für viele Naturwissenschaftler und nicht zuletzt auch für Mathematiker interessant ist.

Im ersten Abschnitt, in den Kapiteln A.1–A.27, befinden sich die Aufgaben und im anschließenden zweiten Abschnitt, in den Kapiteln L.1–L.27, die zugehörigen Lösungen. Querverweise auf Sätze und Definitionen mit entsprechender Nummernangabe beziehen sich auf die beiden Lehrbuchbände.

Ein solches Werk kann natürlich nicht entstehen ohne die Hilfe vieler Kollegen, die uns mit Ideen, Anregungen, Aufgaben und auch Bildern zur Seite gestanden haben. Unser Dank gilt hierbei insbesondere Carl Geiger und Reiner Hass. In den letzten beiden Jahrgängen wurden die Aufgaben dieses Bandes in den Kursen Mathematik für Ingenieure gründlich behandelt und wir hoffen, dass dadurch Fehler aller Art auf ein Minimum reduziert worden sind. Besonderen Dank möchten wir hier Peywand Kiani und Andreas Meister für ihre gründliche Prüfung aussprechen. Sollten dennoch an der ein oder anderen Stelle Fehler verblieben sein, so bitten wir dies zu entschuldigen und sind für Hinweise dankbar.

Dem Verlag, insbesondere Frau Gesine Reiher, möchten wir unseren Dank aussprechen für die freundliche Zusammenarbeit, die kritische Durchsicht des Manuskriptes und die Bereitschaft die ersten beiden Bände mit diesem dritten Aufgabenband abzurunden.

Hamburg, Braunschweig, im Februar 2000 — Die Verfasser

*Aufgaben und Lösungen zu Mathematik für Ingenieure 1, 4.Aufl.*, R. Ansorge, H. J. Oberle, K. Rothe und Th. Sonar

ISBN: 978-3-527-40987-7

# Vorwort zur vierten erweiterten Auflage

Das anhaltende Interesse der Studierenden an den Aufgaben des dritten Bandes erfordert jetzt eine überarbeitete und erweiterte Neuauflage des Übungsmaterials. Bedanken möchten wir uns für die vielen Hinweise und Anregungen, die es uns ermöglicht haben, Fehler zu korrigieren und Darstellungen zu verbessern.

Die vorhandenen Aufgaben haben sich seit vielen Jahre im Übungsbetrieb an der TU Hamburg-Harburg, der TU Braunschweig und anderen Technischen Universitäten bewährt. Diese alten Aufgaben sind durch viele neue, die wir in den letzten Jahren in Mathematik-Kursen für Ingenieure gestellt haben, ergänzt worden. Da wir großen Wert auf die Veranschaulichung des dargestellten Stoffes legen, haben wir zahlreiche Bilder hinzugefügt. Dabei ist das Übungsmaterial so umfangreich geworden, dass sich der Verlag Wiley-VCH bereit erklärt hat, den dritten Band in zwei Teilen erscheinen zu lassen. Unser besonderer Dank gilt hier Frau Palmer und Frau Werner für die angenehme Zusammenarbeit.

Dies ist der erste Teil, der die Aufgaben und Lösungen zur linearen Algebra und Analysis einer reellen Veränderlichen enthält, also zu den Themenbereichen (Kapitel 1–16) des ersten Bandes unseres Lehrbuches *Mathematik für Ingenieure*. Dieser Bereich ist durch über siebzig neue Aufgaben und mehr als sechzig neue Bilder erweitert worden.

Hamburg, Braunschweig, im März 2010

Die Verfasser

# Inhaltsverzeichnis



*Aufgaben und Lösungen zu Mathematik für Ingenieure 1, 4.Aufl.*, R. Ansorge, H. J. Oberle, K. Rothe und Th. Sonar

ISBN: 978-3-527-40987-7

# A.1 Aussagen, Mengen und Funktionen

## A.1.1 Aussagen

**Aufgabe 1.1.1**
Für folgende Aussagenverbindungen gebe man die Wahrheitstafeln:

a) $(A \Rightarrow B) \Rightarrow C\,,$ b) $(A \vee B) \wedge C\,,$

c) $(A \wedge B) \vee \neg(B \wedge C)\,,$ d) $(A \Rightarrow B) \wedge B\,.$

Können c) und d) vereinfacht dargestellt werden?

**Aufgabe 1.1.2**

a) Man gebe für folgende Aussageform die Wahrheitswerttafel an:

$$((A \wedge B) \vee \neg A) \;\wedge\; ((A \wedge B) \vee \neg B)\,.$$

b) Man zeige, dass folgende Aussagen Tautologien sind:

$$(A \Longleftrightarrow B) \quad\Longleftrightarrow\quad ((A \Longrightarrow B) \wedge (B \Longrightarrow A))\,,$$
$$A \vee (B \wedge C) \quad\Longleftrightarrow\quad (A \vee B) \wedge (A \vee C)\,.$$

**Aufgabe 1.1.3**
Man zeige mittels eines indirekten Beweises:

a) Für alle reellen Zahlen $a$ und $b$ gilt $\dfrac{|a+b|}{1+|a+b|} \le \dfrac{|a|}{1+|a|} + \dfrac{|b|}{1+|b|}\,.$

b) $\log_{10} 2$ ist keine rationale Zahl.

c) Für reelle Zahlen $a, b$ mit $0 < a < b$ gilt die Ungleichung $\sqrt{b} - \sqrt{a} < \sqrt{b-a}\,.$

**Aufgabe 1.1.4**

a) Man beweise indirekt, dass für ungerade Zahlen $a, b$ und $c$

$$ax^2 + bx + c = 0$$

keine rationale Lösung $x$ besitzt.

b) Mit Hilfe der Dreiecksungleichung beweise man für reelle Zahlen $a$ und $b$ direkt

$$|\,|a| - |b|\,| \le |a-b|\,.$$

**Aufgabe 1.1.5**
Man beweise direkt:

a) $1 + q + q^2 + \cdots + q^n = \dfrac{1-q^{n+1}}{1-q}$ für $q \neq 1\,,$

b) $1 + 2 + 3 + \cdots + n = \dfrac{n(n+1)}{2}\,.$

**Aufgabe 1.1.6**

a) Man bestimme die natürliche Zahl $N$, so dass für $n \ge N$ gilt (direkter Beweis) :

(i) $3^n > n^4\,,$

(ii) $n! \ge 4^n\,.$

*Aufgaben und Lösungen zu Mathematik für Ingenieure 1, 4.Aufl.*, R. Ansorge, H. J. Oberle, K. Rothe und Th. Sonar

ISBN: 978-3-527-40987-7

b) Gegeben seien die folgenden natürlichen Zahlen

$$n = 2j(j+1), \quad m = 2j+1 \quad \text{mit} \quad j \in \mathbb{N}\,.$$

Man zeige, dass auch die Summe $n^2+m^2$ der Quadratzahlen wieder das Quadrat einer natürlichen Zahl ist.

**Aufgabe 1.1.7**

a) Für $a, b \in \mathbb{R}$ mit $0 < a \leq b$ beweise man die Behauptung

$$\text{B:} \quad a \leq \frac{2ab}{a+b} \qquad \text{(i) indirekt und (ii) direkt.}$$

b) Man beweise indirekt die Behauptung B: $\sqrt{23}$ ist irrational.

c) Man entscheide und begründe ohne Verwendung eines Taschenrechners, welche der beiden Zahlen größer ist: $\sqrt{7}+\sqrt{11}$ und $\sqrt{8}+\sqrt{10}$.

## A.1.2 Mengen

**Aufgabe 1.2.1**
Gegeben seien die folgenden Teilmengen der reellen Zahlen:

$$A := \{x \in \mathbb{R} : \ -3 < x < 4\}\,, \quad B := \{x \in \mathbb{R} : \ 2 \leq x\}\,, \quad C := \{x \in \mathbb{R} : \ -1 \leq x < 1\}\,.$$

Man bestimme

| | | | | | |
|---|---|---|---|---|---|
| (i) | $A \cap C\,,$ | (ii) | $A \cap B\,,$ | (iii) | $A \cup B \cup C\,,$ |
| (iv) | $A \cap (B \cup C)\,,$ | (v) | $\mathbb{R}\backslash B\,,$ | (vi) | $A\backslash C\,,$ |
| (vii) | $(\mathbb{R}\backslash C) \cup B\,,$ | (viii) | $C \cup (\mathbb{R}\backslash B)\,,$ | (ix) | $(\mathbb{R} \cap B) \cup A\,,$ |
| (x) | $(\mathbb{R} \cup A)\backslash B\,,$ | (xi) | $((A\backslash B) \cap C) \cup A\,,$ | (xii) | $((A \cup B) \cap C)\backslash A\,.$ |

**Aufgabe 1.2.2**
Man berechne die Lösungsmengen von

a) $A = \{x \in \mathbb{R} \mid x^2 - 4 \leq 0\}$, b) $B = \{x \in \mathbb{Z} \mid x^2 - 4 \leq 0\}$,

c) $C = \{x \in \mathbb{N} \mid x^2 - 4 \leq 0\}$, d) $D = \{x \in \mathbb{Z} \mid 1 \leq \mathrm{e}^x \leq 27\}$

und bestimme $A \cup D$, $D\backslash C$ sowie $B \cap D$.

**Aufgabe 1.2.3**

a) Man gebe die reellen Zahlen $x$ an, für die folgende Ungleichungen erfüllt sind:

$$\text{(i)} \quad \frac{3}{|x+2|} < 2 - 3x\,, \qquad \text{(ii)} \quad \sqrt{|x+2|} \leq |x+1|\,.$$

b) Man betrachte die Wheatstonesche Brückenschaltung. Durch Verschieben des Schleifkontaktes $B$ wird die Spannung zwischen den Punkten $A$ und $B$ auf 0 gebracht. Der zu messende Widerstand $x$ berechnet sich in Abhängigkeit von $R$ und $\ell$ folgendermaßen:

$$x = \frac{\ell}{50\,\text{cm} - \ell} R\,.$$

In welchem Bereich variiert $x$, wenn bekannt ist, dass $28\,\Omega \leq R \leq 29\,\Omega$ und $1.9\,\text{cm} \leq \ell \leq 2.1\,\text{cm}$ gilt?

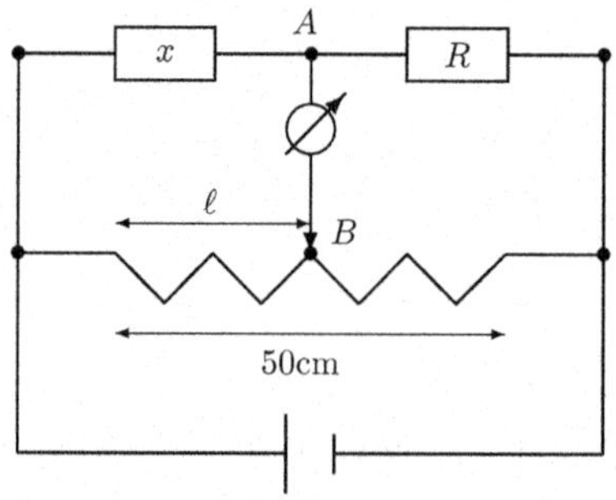


**Bild 1.2.3** Wheatstonesche Brückenschaltung

**Aufgabe 1.2.4**
Man bestimme alle reellen Werte $x$, für die gilt:

a) $\dfrac{x}{x^2-1} + \dfrac{1}{1+x} = 1\,,$ b) $\dfrac{1-1/x}{1+1/x} + \dfrac{1+1/(x+2)}{1-1/(x+2)} = 2\,,$ c) $\sqrt{x-3}+1 = \sqrt{x}\,,$

d) $\dfrac{\sqrt{5-2x}}{5-4x} = \dfrac{1}{\sqrt{1-8x}}\,,$ e) $\sqrt{x+1} - \sqrt{x^2-1} = 0\,,$ f) $\sqrt{x+2} = x\,,$

g) $|2-|1-|x||| \leq 3\,,$ h) $|x+2| - |x-3| = 3\,.$

**Aufgabe 1.2.5**
In der $x$-$y$-Ebene skizziere man den Lösungsbereich von

a) $|x-2|+2 \leq |y|\,,$ b) $\max\{|x|,|y|\} \leq 1\,,$ sowie die Mengen

c) $\bigcup\limits_{j=0}^{3}\ [\,2j, 2j+1\,[\ \times \bigcup\limits_{j=1}^{4}\ ]\,2(j-1), 2j-1\,]\,.$

**Aufgabe 1.2.6**
Man skizziere in der $x$-$y$-Ebene die folgenden Mengen:

a) $M_1 = \{(x,y) \in \mathbb{R}^2 \mid\ |y-2| \leq x \wedge |y-2| < 1\}\,,$

b) $M_2 = \{(x,y) \in \mathbb{R}^2 \mid\ |x|+|y| \leq 1\}\,,$

c) $M_3 = \left\{(x,y) \in \mathbb{R}^2 \mid\ |y| > 1 \wedge \left(\sqrt{(x-2)^2+(y-1)^2} \leq 1 \vee \sqrt{(x-2)^2+(y+1)^2} \leq 1\right)\right\}\,.$

**(Klausur-)Aufgabe 1.2.7**
Man skizziere die Mengen

a) $M_1 = \{(x,y) \in \mathbb{R}^2 \mid : x^2+y^2 \leq 4 \wedge -1 \leq x \leq 0\},$

b) $M_2 = \{(x,y) \in \mathbb{R}^2 \mid : x^2+y^2 \leq 9 \wedge 0 \leq y \leq 2\}.$

## A.1.3 Funktionen

**Aufgabe 1.3.1**
Man bestimme alle $x \in \mathbb{R}$ für die gilt:

$$\text{a)}\quad \frac{1}{4} \leq \sin\left(\frac{x}{2}\right) \cdot \cos\left(\frac{x}{2}\right), \qquad \text{b)}\quad e^x \leq \frac{1}{e^{2x+1}}.$$

**Aufgabe 1.3.2**
Man zeige mittels der Additionstheoreme von sin bzw. cos, dass folgende Beziehung gilt:

$$\text{a)}\quad \tan\frac{x}{2} = \frac{\tan x}{1+\sqrt{1+\tan^2 x}} \quad \text{mit} \quad x \in \left]-\frac{\pi}{2}, \frac{\pi}{2}\right[.$$

Von folgenden Funktionsvorschriften $y = f(x)$ mit reellem $x$ und $y$ sind der größtmögliche Definitionsbereich $D$ und der zugehörige Bildbereich $f(D)$ anzugeben:

$$\text{b)}\quad y = \frac{x-1}{x^2+x-2}, \qquad \text{c)}\quad y = \sqrt{1-|x|}, \qquad \text{d)}\quad y = \ln(x^2+3x+2).$$

**Aufgabe 1.3.3**
Für reelles $x$ seien die folgenden Funktionsvorschriften $y = f(x)$ gegeben:

$$\text{a)}\quad y = \ln(\sqrt{x+a}) \quad a \in \mathbb{R}, \qquad \text{b)}\quad y = \frac{1}{\sqrt{|x|-x}}, \qquad \text{c)}\quad y = \frac{x-4}{-x^2+5x-4},$$

$$\text{d)}\quad y = \sqrt{(x-3)(2-x)}, \qquad \text{e)}\quad y = n \text{ für } n < x \leq n+1,\ n \in \mathbb{Z}, \qquad \text{f)}\quad y = \sqrt{\frac{5x-1}{3x+1} - 1}.$$

Man gebe jeweils den größtmöglichen Definitionsbereich $D$ und den zugehörigen Bildbereich $f(D)$ an.

**Aufgabe 1.3.4**

a) Man untersuche die Abbildung $f : \mathbb{R} \to \mathbb{R},\ f(x) = ax^2 + bx + c$, in Abhängigkeit von $a, b$ und $c$ auf Injektivität und Surjektivität.

b) Für die folgende Funktion $f(x)$ ist eine Darstellung als Komposition aus „elementaren" Funktionen anzugeben (Tastenfolge bei der Auswertung auf einem Taschenrechner):

$$f(x) = \frac{\sqrt{1-\sqrt{\sin x}}}{(1-\cos^2(\sqrt{x}))^5}.$$

Wie lauten die Definitionsbereiche?

**Aufgabe 1.3.5**

a) Man zeige ohne Benutzung eines Taschenrechners, dass $\sinh 1 > 1$ ist. Man verwende die Definitionen

$$e := \sum_{n=0}^{\infty} \frac{1}{n!}, \qquad \sinh y := \frac{1}{2}\left(e^y - e^{-y}\right),$$

und rechne mit Ungleichungen! Die Umformungen sind genau zu begründen!
*Hinweis:* Man zeige und verwende, dass $(e-1)^2 > 2$ gilt.

b) Eine Funktion heißt *gerade* Funktion, wenn $f(x) = f(-x)$ gilt, sie heißt *ungerade* Funktion, wenn $f(-x) = -f(x)$ gilt. Welche der folgenden Funktionen sind gerade bzw. ungerade:

$$f(x) = \frac{\sin x}{x}, \qquad g(x) = \frac{a^x - 1}{a^x + 1}, \qquad h(x) = x + \cos x \quad ?$$

# A.2 Zahlenbereiche

## A.2.1 Natürliche Zahlen

**Aufgabe 2.1.1**
Man schreibe um in eine Summe bzw. ein Produkt:

a) $1-3+5-7+9\mp\cdots-55=\sum_{k=0}^{?}\cdots\ =\sum_{j=1}^{?}\cdots$

b) $1-3+9-27+81\mp\cdots\ =\sum_{k=0}^{?}\cdots\ =\sum_{j=1}^{?}\cdots$

c) $\frac{2}{1}\cdot\frac{4}{5}\cdot\frac{6}{25}\cdot\frac{8}{125}\cdot\cdots\cdot\frac{18}{390625}=\prod_{n=1}^{?}\cdots$

d) $\frac{1}{2}\cdot\frac{3}{4}\cdot\frac{5}{8}\cdot\cdots\ =\prod_{n=1}^{?}\cdots$

**Aufgabe 2.1.2**
Man beweise mittels vollständiger Induktion:

a) $\sum_{j=k}^{n}\frac{1}{j}\binom{j}{k}=\frac{1}{k}\binom{n}{k}$ für festes $k\in\mathbb{N}$ und $n\geq k$,

b) $\prod_{j=1}^{n}\left(\frac{j+1}{j}\right)=n+1$ für $n\geq 1$,

c) Ist $x_0=a,\ x_1=b$ und $x_n=-3x_{n-1}-2x_{n-2}$ für $n\geq 2$, so gilt

$$x_n=(2a+b)(-1)^n-(a+b)(-2)^n \quad \text{für} \quad n\geq 0\,.$$

**Aufgabe 2.1.3**
Man beweise die folgenden Aussagen:

a) $\sum_{i=1}^{n}(2i-1)=n^2$, b) $\sum_{i=0}^{n}\frac{1}{i!(n-i)!}=\frac{2^n}{n!}$, c) $\sum_{i=1}^{n}(i^2-1)=\frac{1}{6}\left(2n^3+3n^2-5n\right)$.

**Aufgabe 2.1.4**
Man beweise die folgenden Aussagen mittels vollständiger Induktion:

a) $\sum_{k=1}^{n}k\cdot k!=(n+1)!-1$,

b) die Bernoullische Ungleichung $(1+x)^n\geq 1+nx \quad (\forall x\geq -1, n\in\mathbb{N})$,

c) $a_n=5^n-1$ ist durch 4 teilbar.

**(Klausur-)Aufgabe 2.1.5**
Man beweise z.B. durch vollständige Induktion

a) $\sum_{j=3}^{n}\frac{2}{j^2-2j}=\frac{3}{2}-\frac{2n-1}{n(n-1)}$, b) $\sum_{j=2}^{n}\frac{2}{j^2-1}=\frac{3}{2}-\frac{2n+1}{n(n+1)}$.

*Aufgaben und Lösungen zu Mathematik für Ingenieure 1, 4.Aufl.*, R. Ansorge, H. J. Oberle, K. Rothe und Th. Sonar

ISBN: 978-3-527-40987-7

**Aufgabe 2.1.6**

Zur Berechnung von $\prod_{k=1}^{n}\left(1+\frac{2}{k}\right)$ finde man eine Formel (notfalls durch Probieren) und beweise diese (ggf. durch vollständige Induktion).

**Aufgabe 2.1.7**

Man weise die Gültigkeit der folgenden Aussagen nach:

a) $a_n = 6^n - 5n + 4$ ist durch 5 teilbar,

b) $b_n = \frac{1}{6}\left(n + 3n^2 + 2n^3\right)$ ist eine natürliche Zahl, c) $\sum_{k=0}^{n}(-1)^k\binom{n}{k} = 0$.

**Aufgabe 2.1.8**

a) Mit Hilfe des Binomischen Satzes zeige man für $x \in \mathbb{R}$, $x \geq 0$ und $n \in \mathbb{N}$, $n \geq 2$ die Abschätzung

$$(1+x)^n \geq 1 + \frac{n^2}{4}x^2 .$$

b) Man zeige: $a_n = (n-1)^3 + n^3 + (n+1)^3$ ist für $n \in \mathbb{N}$ durch 9 teilbar.

**Aufgabe 2.1.9**

Die Fibonacci-Zahlen $a_0, a_1, \ldots$ bilden eine Folge, die folgendermaßen erklärt ist:

$$a_0 = 0, \quad a_1 = 1, \quad a_n = a_{n-1} + a_{n-2} \quad \text{für} \quad n \geq 2 .$$

Durch vollständige Induktion beweise man, dass $a_n \leq \left(\frac{1+\sqrt{5}}{2}\right)^{n-1}$ gilt.

**Aufgabe 2.1.10**

a) Welche Endziffern sind bei $n!$ möglich?

b) Man begründe ohne Verwendung eines Taschenrechners auf wieviele Nullen die Zahl 26! endet.

**Aufgabe 2.1.11**

a) Man bestimme den ggT von $m = 2304$ und $n = 960$ und stelle ihn als $\mathbb{Z}$-Kombination von $m$ und $n$ dar.

b) Man zeige: Eine diophantische Gleichung $mx + ny = k$ mit $m, n, k \in \mathbb{N}$ und $x, y \in \mathbb{Z}$ kann nur dann eine Lösung besitzen, falls $\text{ggT}(m, n)$ die Zahl $k$ teilt. Wie lässt sich dann mit Hilfe des Euklidischen Algorithmus eine Lösung von $mx + ny = k$ finden?

c) Man bestimme eine Lösung $x, y \in \mathbb{Z}$ von $2304x + 960y = 576$.

## A.2.2 Reelle Zahlen

**Aufgabe 2.2.1**

Was stimmt an folgender Rechnung nicht?

Für ein festes $x \in \mathbb{R}$ werde $y \in \mathbb{R}$ durch $y = \frac{2x}{3}$ berechnet

$$\begin{array}{rrcl rrcl}
\Rightarrow & 3y+2 & = & 2x+2 & \Rightarrow & 4(3y+2) & = & 4(2x+2) \\
\Rightarrow & 12y+8 & = & 8x+8 & \Rightarrow & (42-30)y & = & (28-20)x \\
\Rightarrow & 28x-42y & = & 20x-30y & \Rightarrow & 7(4x-6y) & = & 5(4x-6y) \\
\Rightarrow & 7 & = & 5 . & & & &
\end{array}$$

**Aufgabe 2.2.2**

a) Bei der Parallelschaltung zweier Ohmscher Widerstände $R_1$ und $R_2$ ergibt sich der Gesamtwiderstand $R_p$ aus $1/R_p = 1/R_1 + 1/R_2$. Bei der Hintereinanderschaltung berechnet sich der Gesamtwiderstand durch $R_h = R_1 + R_2$. Man zeige, dass die Gesamtwiderstände $R_p$ und $R_h$ die Ungleichung $R_h \geq 4R_p$ erfüllen. (Wann gilt das Gleichheitszeichen?)

b) Man untersuche die Menge $M = \left\{ x \in \mathbb{R} \,\middle|\, x = \frac{1}{n+1} + \frac{1+(-1)^n}{2n}, \quad n \in \mathbb{N} \right\}$ auf Beschränkheit und bestimme ggf. Infimum und Supremum.

**Aufgabe 2.2.3**

a) Man bestimme von $(711)_{10}$ die Dual- und die 3-adische Darstellung.

b) Man gebe für $(973)_{10}$ die 5-adische Darstellung an.

c) Man wandle die folgenden periodischen Zifferndarstellungen der rationalen Zahlen $r_k$ in die Form $r_k = \frac{(n_k)_{10}}{(m_k)_{10}}$, $n_k, m_k \in \mathbb{N}$ (teilerfremd) um:

$$r_1 = (3.\overline{12})_4\,, \quad r_2 = (4.\overline{121})_5\,, \quad r_3 = (41.\overline{69})_{10}\,.$$

d) Man bestimme die ersten 7 Stellen der 3-adischen Darstellung von $(4.165)_7$ unter Benutzung der iterierten Multiplikation im Siebenersystem.

**Aufgabe 2.2.4**

a) Man bestimme die Dualdarstellung von $n = 1285$

(i) mit Hilfe iterierter Division,

(ii) durch Auswertung von $1285 = ((1 \cdot 10 + 2)10 + 8)10 + 5$ im Dualsystem.

b) Man bestimme die ersten 10 Stellen der 3-adischen Darstellung von $x_0 = (0.7431)_8$ über das Verfahren der iterierten Multiplikaton im Oktalsystem.

c) Man verwandle die folgenden periodischen Zifferndarstellung der rationalen Zahlen $r_k$ in die Form $r_k = \frac{(n_k)_{10}}{(m_k)_{10}}$, $n_k, m_k \in \mathbb{N}$:

$$r_1 = 31.5\overline{271}\,, \quad r_2 = (0.\overline{123})_4\,, \quad r_3 = (5.\overline{65})_7\,.$$

## A.2.3 Komplexe Zahlen

**Aufgabe 2.3.1**
Um welche Gebilde handelt es sich anschaulich bei folgenden Teilmengen von $\mathbb{C}$ :

$$\begin{aligned} G_1 &= \{z \mid z = (1+i) + \lambda(5-2i)\,,\ \lambda \geq 0\}, & G_2 &= \{z \mid |(1+i)z| = 5\}\,, \\ G_3 &= \{z \mid z = (3+i) + 5e^{i\varphi},\ \varphi \in \mathbb{R}\}\,, & G_4 &= \{z \mid |z-3| < 2|z+3|\}\,, \\ G_5 &= \{z \mid \text{Re }(1/z) = 1,\ z \neq 0\}\,, & G_6 &= \{z \mid \text{Im } z^2 \leq 2\}\,? \end{aligned}$$

**Aufgabe 2.3.2**
Man beschreibe anschaulich die Kurven in der komplexen Ebene, die durch die folgenden Gleichungen gegebenen sind:

a) $|z| = 2$, b) $\text{Im }(z+i) = 4$, c) $|z+3-4i| = 5$,
d) $\arg(z \cdot \exp(-\pi i/4)) = 0$, e) $z\bar{z} - 3iz + 3i\bar{z} + 8 = 0$, f) $\text{Re } z^2 = 0$.

**Aufgabe 2.3.3**

a) Man bestimme Real- und Imaginärteil von

$$\text{(i) } z = \frac{1+2i}{3-4i}, \quad \text{(ii) } z = \overline{\left(\frac{2}{1-i}\right)}, \quad \text{(iii) } z = (i-1)^4 + (-1-i)^4 .$$

b) Man bestimme die Polardarstellung $z = r\,e^{i\varphi}$ von

$$\text{(i) } z = 1-i, \quad \text{(ii) } z = \frac{2}{1-i}, \quad \text{(iii) } z = (1-i)^7.$$

**Aufgabe 2.3.4**

a) Man berechne Real- und Imaginärteil, Betrag und Argument von

$$z_1 = \sqrt{\frac{1-i\sqrt{3}}{2}}, \quad z_2 = \frac{1+i}{1-(1+i)^2} \quad \text{und} \quad z_3 = \left(\frac{2i}{1-i}\right)^9 .$$

b) Man berechne alle Lösungen der Gleichungen

(i) $z^3 + i = 0$, (ii) $z^5 = 16 + \sqrt{768}\,i$, (iii) $5z^2 - 2z + 5 = 0$, (iv) $z^2 + 2z - i = 0$.

**(Klausur-)Aufgabe 2.3.5**

Gegeben sind die komplexen Zahlen $z_1 = \frac{3}{2}i + \frac{2-i}{(1+i)^2}$ und $z_2 = \sqrt{2}\,(1+i)$.

a) Man bestimme Real- und Imaginärteil von $z_1$ sowie die Polardarstellung von $z_1$ und $z_2$.

b) Man berechne $z_2^8$.

c) Wie lauten alle Lösungen $w$ der Gleichung $(w - z_2)^4 = -16$? Man gebe die Lösungen in Polardarstellung und in kartesischen Koordinaten an.

**Aufgabe 2.3.6**

a) Man berechne Real- und Imaginärteil, Betrag und Argument von

$$z_1 = \left(\frac{1}{\sqrt{2}}(1-i)\right)^8 \quad \text{und} \quad z_2 = (-1+\sqrt{3}i)^{11} .$$

b) Man löse die folgenden Gleichungen in $\mathbb{C}$:

(i) $z^2 - 6z + 13 = 0$, (ii) $z^4 + 1 = 0$, (iii) $\frac{z+1}{z-1} = 2z + 3i$.

**Aufgabe 2.3.7**

Gegeben sind die komplexen Zahlen $z_1 := -\frac{3}{2}i + \frac{2+i}{(1-i)^2}$ und $z_2 := \sqrt{2}(-1+i)$.

a) Man ermittle Real- und Imaginärteil von $z_1$ und die Polardarstellungen von $z_1$ und $z_2$.

b) Man bestimme $z_2^4$.

c) Man gebe alle Lösungen der Gleichung $(w - z_2)^4 = 16$ in kartesischen Koordinaten an.

**Aufgabe 2.3.8**

Gegeben sei das Polynom $p(z) = z^4 - iz^3 + z^2 + iz - 2$. Man berechne $p(1)$ und $p(2i)$ und gebe alle Nullstellen von $p$ in kartesischen und in Polarkoordinaten an.

**Aufgabe 2.3.9**
Man berechne alle Lösungen der folgenden Gleichungen in kartesischen Koordinaten:

a) $z^2 + iz - \frac{1}{2} = 0$, b) $z^4 + 1 - i = 0$, c) $z^3 - z^2 - z + 1 = 0$,

d) $z^6 - 4z^5 + 5z^4 - 4z^3 + 5z^2 - 4z + 4 = 0$ (*Tipp:* $z = 2$ ist mehrfache Lösung).

**Aufgabe 2.3.10**

a) Man dividiere das Polynom $p(z) = z^3 + z^2 + z + 1$ mit $z \in \mathbb{C}$ durch $z - 1$ und gebe das Ergebnis in der Gestalt $p(z) = q(z)\,(z-1) + r(z)$ mit Polynomen $q(z)$ und $r(z)$ an.

b) Für das Polynom $p(z) = 7z^7 + 3z^3 + 200z^2 - 50z + 20$ bestimme man mit Hilfe des Horner-Schemas $p(-2)$ und den ganzen Anteil von $p(z) : (z + 2)$.

**Aufgabe 2.3.11**

a) Man zeige: Ist $p(z) = \sum\limits_{k=0}^{n} a_k\, z^k$ ein reelles Polynom ($a_k \in \mathbb{R}$) und ist $b \in \mathbb{C}$ eine Nullstelle von $p(z)$, so ist auch $\overline{b}$ Nullstelle von $p(z)$.

b) Für das Polynom $p(z) = z^6 - z^5 - z^4 + 5z^3 - 6z^2 + 6z - 4$ berechne man $p(1+i)$, $p(-i)$ und zerlege $p(z)$ in Linearfaktoren.

**Aufgabe 2.3.12**
Die reellen Funktionen exp , sin, cos lassen sich folgendermaßen auf den Fall komplexer Argumente erweitern:

$$\exp z := \mathrm{e}^z := \mathrm{e}^x \cdot \mathrm{e}^{iy} \quad (\text{wobei } z = x + iy)\,,$$

$$\cos z := \frac{1}{2}\left(\mathrm{e}^{iz} + \mathrm{e}^{-iz}\right), \quad \sin z := \frac{1}{2i}\left(\mathrm{e}^{iz} - \mathrm{e}^{-iz}\right).$$

a) Man schreibe Real- und Imaginärteil dieser Funktionen explizit als Funktionen von $x$ und $y$.

b) Man zeige die Funktionalgleichungen ($z_1, z_2 \in \mathbb{C}$):
$\mathrm{e}^{z_1+z_2} = \mathrm{e}^{z_1} \cdot \mathrm{e}^{z_2}$, $\cos(z_1 + z_2) = \cos z_1 \cdot \cos z_2 - \sin z_1 \cdot \sin z_2$,
$\sin(z_1 + z_2) = \sin z_1 \cdot \cos z_2 + \cos z_1 \cdot \sin z_2$.

**Aufgabe 2.3.13**
Für eine Drehstromleitung mit geerdetem Null-Leiter seien die drei Phasen gegeben durch

$$U_1 = U_0 \cos \omega t, \quad U_2 = U_0 \cos\left(\omega t + \frac{2\pi}{3}\right) \quad \text{und} \quad U_3 = U_0 \cos\left(\omega t + \frac{4\pi}{3}\right).$$

a) Man zeige für $z = \exp\,(2\pi i/n)$ $(n \in \mathbb{N})$ : $\sum\limits_{k=0}^{n-1} z^k = 0$. b) Man zeige: $U_1 + U_2 + U_3 = 0$.

c) Man stelle die Spannungsdifferenz $U_2 - U_1$ in folgender Form dar: $U_2 - U_1 = U \cos(\omega t + \varphi)$.

# A.3 Vektorrechnung, analytische Geometrie

## A.3.1 Vektoren

### Aufgabe 3.1.1

Eine Straßenlampe hängt in der Mitte eines Haltedrahtes, der an zwei gleich hohen Masten befestigt ist. Die Masten haben einen Abstand von 10 m. Man berechne die Spannkräfte $\mathbf{F}_1$ und $\mathbf{F}_2$ in dem Draht, wenn die Lampe 20 cm durchhängt und ein Gewicht von $\|\mathbf{G}\| = 24\,\mathrm{N}$ besitzt.

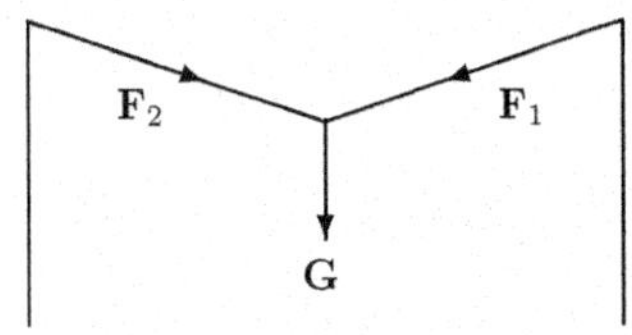

**Bild 3.1.1** Kraftvektoren bei der Straßenlampe

### Aufgabe 3.1.2

Ein Laufkran soll unter dem Dachfirst einer Halle angebracht werden und mit einer maximalen Gewichtskraft von $\|\mathbf{G}\| = 20000\,\mathrm{N}$ belastbar sein. Diese Last soll durch die Dachschrägen aufgefangen werden. Der Hallenquerschnitt ergibt sich aus der nebenstehenden Zeichnung mit $\alpha = 45°$ und $\beta = 60°$.
Man berechne die in den Dachschrägen auftretenden Belastungskräfte $\mathbf{F}_1$ und $\mathbf{F}_2$ und die senkrecht auf den Wänden stehenden Querkräfte $\mathbf{Q}_1$ und $\mathbf{Q}_2$.

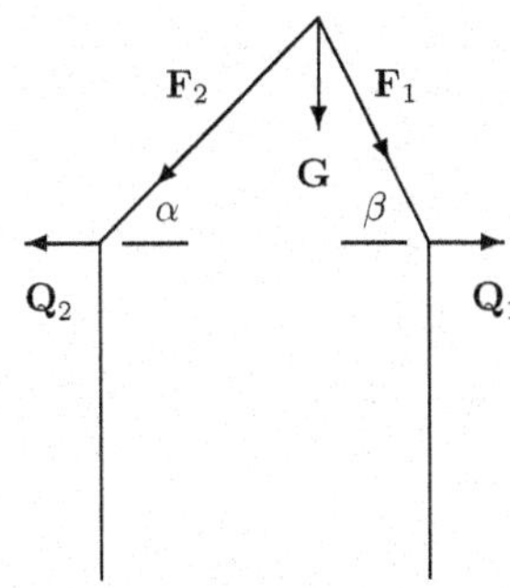

**Bild 3.1.2** Kraftvektoren beim Laufkran

### Aufgabe 3.1.3

Gegeben sind die Vektoren $\mathbf{p} = \begin{pmatrix} 3 \\ 0 \\ 4 \end{pmatrix}$ und $\mathbf{q} = \begin{pmatrix} -1 \\ 2 \\ -2 \end{pmatrix}$.

a) Man berechne den Winkel zwischen $\mathbf{p}$ und $\mathbf{q}$ sowie die Länge der Projektion von $\mathbf{p}$ auf $\mathbf{q}$.

b) Man gebe einen Vektor $\mathbf{n}$ mit $\|\mathbf{n}\| = 1$ an, der auf $\mathbf{p}$ und $\mathbf{q}$ senkrecht steht.

c) Man bestimme $\lambda \in \mathbb{R}$, so dass die Linearkombination $\mathbf{s} = \mathbf{p} + \mathbf{q} + \lambda\mathbf{n}$ die Länge $\|\mathbf{s}\| = \sqrt{13}$ hat.

d) Man bestimme die Fläche $F$ des durch $\mathbf{p}$ und $\mathbf{q}$ in $\mathbb{R}^3$ aufgespannten Parallelogramms.

e) Man bestimme das Volumen $V$ des durch $\mathbf{p}, \mathbf{q}$ und $\mathbf{n}$ aufgespannten Spates.

### Aufgabe 3.1.4

a) Man bestimme die Winkel zwischen den folgenden Vektoren im $\mathbb{R}^3$:

$$\mathbf{a} = \begin{pmatrix} 1 \\ 1 \\ 0 \end{pmatrix}, \quad \mathbf{b} = \begin{pmatrix} -1 \\ 0 \\ 1 \end{pmatrix} \quad \text{und} \quad \mathbf{c} = \begin{pmatrix} 2 \\ 0 \\ 2 \end{pmatrix}.$$

b) Man bestimme die Länge der Projektion des Vektors $\mathbf{a} + \mathbf{b}$ auf die Richtung von $\mathbf{c}$.

c) Man gebe einen Vektor $\mathbf{n}$ mit $\|\mathbf{n}\| = 1$ an, der auf $\mathbf{b}$ und $\mathbf{a} + \mathbf{c}$ senkrecht steht.

*Aufgaben und Lösungen zu Mathematik für Ingenieure 1, 4.Aufl.*, R. Ansorge, H. J. Oberle, K. Rothe und Th. Sonar

ISBN: 978-3-527-40987-7

**Aufgabe 3.1.5**

a) Man bestimme die Fläche $F$ des durch die Vektoren

$$\mathbf{u} := \begin{pmatrix} 1 \\ 3 \\ 6 \end{pmatrix} \quad \text{und} \quad \mathbf{v} := \begin{pmatrix} 3 \\ 2 \\ 2 \end{pmatrix}$$

im $\mathbb{R}^3$ aufgespannten Parallelogramms.

b) Man bestimme die Fläche $D$ des Dreiecks im $\mathbb{R}^3$ mit den Eckpunkten $(1,0,-1)^T$, $(2,3,5)^T$ und $(4,2,1)^T$.

c) Man bestimme das Volumen $V$ des durch die Vektoren

$$\mathbf{u} = \begin{pmatrix} 1 \\ 3 \\ 6 \end{pmatrix}, \quad \mathbf{v} = \begin{pmatrix} 3 \\ 2 \\ 2 \end{pmatrix} \quad \text{und} \quad \mathbf{w} = \begin{pmatrix} -2 \\ 8 \\ 7 \end{pmatrix}$$

im $\mathbb{R}^3$ aufgespannten Spates.

**Aufgabe 3.1.6**

Man berechne:

a) $\begin{pmatrix} 1 \\ 2 \\ 4 \end{pmatrix} \times \begin{pmatrix} -2 \\ 3 \\ 1 \end{pmatrix}$,

b) $(3\mathbf{a} - 2\mathbf{b}) \times (\mathbf{a} + \mathbf{b})$,

c) die Fläche $F$ des Dreiecks mit den Eckpunkten

$$P_1 = \begin{pmatrix} 4 \\ 2 \\ 3 \end{pmatrix}, \quad P_2 = \begin{pmatrix} 1 \\ 0 \\ 5 \end{pmatrix} \quad \text{und} \quad P_3 = \begin{pmatrix} 6 \\ -1 \\ 1 \end{pmatrix}.$$

**Aufgabe 3.1.7**

a) Man begründe geometrisch: Zu gegebenen Vektoren $\mathbf{x}_1, \mathbf{u} \in \mathbb{R}^3$ beschreibt

$$G = \{\mathbf{x} \mid (\mathbf{x} - \mathbf{x}_1) \times \mathbf{u} = \mathbf{0}\}$$

die Gerade durch $\mathbf{x}_1$ in Richtung $\mathbf{u}$.

b) Durch elementare Rechnung beweise man den **Entwicklungssatz**:

$$\mathbf{a} \times (\mathbf{b} \times \mathbf{c}) = \langle \mathbf{a}, \mathbf{c} \rangle \, \mathbf{b} - \langle \mathbf{a}, \mathbf{b} \rangle \, \mathbf{c}.$$

c) Gegeben seien zwei nicht parallele Vektoren $\mathbf{a}, \mathbf{c} \in \mathbb{R}^3$ mit $\mathbf{a} \neq 0$ und $\mathbf{c} \neq 0$. Für welche Vektoren $\mathbf{b} \in \mathbb{R}^3$ gilt

$$\mathbf{a} \times (\mathbf{b} \times \mathbf{c}) = (\mathbf{a} \times \mathbf{b}) \times \mathbf{c}\,?$$

**Aufgabe 3.1.8**

a) Gegeben seien die Vektoren $\mathbf{a} = \begin{pmatrix} 5 \\ 6 \\ 1 \end{pmatrix}$ und $\mathbf{b} = \begin{pmatrix} -8 \\ -8 \\ 6 \end{pmatrix}$.

Man ermittle zwei Vektoren $\mathbf{x}$ und $\mathbf{y}$, für die gilt: $\mathbf{y}$ ist parallel zu $\mathbf{b}$, $\mathbf{x}$ steht senkrecht auf $\mathbf{b}$, und $\mathbf{x} + \mathbf{y} = \mathbf{a}$.

b) Mit Hilfe des Vektorproduktes bestimme man den Oberflächeninhalt $M$ des durch die Punkte

$$P_1 = (0,0,0)^T, \quad P_2 = (-2,0,1)^T, \quad P_3 = (2,1,0)^T \quad \text{und} \quad P_4 = (1,3,1)^T$$

bestimmten Tetraeders.

**Aufgabe 3.1.9**
Man berechne das Volumen des Spates $V(t)$, der durch folgende Vektoren aufgespannt wird

$$\mathbf{a} = \begin{pmatrix} -1 \\ -t \\ -1-t \end{pmatrix}, \quad \mathbf{b} = \begin{pmatrix} -7 \\ -1 \\ 0 \end{pmatrix} \quad \text{und} \quad \mathbf{c} = \begin{pmatrix} 2t-8 \\ 2-2t \\ 2t \end{pmatrix}.$$

Für welche $t$ liegen $\mathbf{a}, \mathbf{b}$ und $\mathbf{c}$ in einer Ebene, die den Nullpunkt enthält? Für diese Ebenen gebe man die Hessesche Normalform an.

## A.3.2 Geraden und Ebenen im $\mathbb{R}^3$

**Aufgabe 3.2.1**
Gegeben sind die Punkte

$$A = (1,0,-2)^T, \quad B = (1,1,-3)^T, \quad C = (0,1,-4)^T \quad \text{und} \quad D = \frac{1}{2}(0,2,-5)^T.$$

a) Man bestimme die Hessesche Normalform der durch $A, B, C$ verlaufenden Ebene. Welchen Abstand hat $D$ von dieser Ebene?

b) Man gebe eine Parameterdarstellung jener Geraden durch $D$ an, welche auf der in a) ermittelten Ebene senkrecht steht. In welchem Punkt $P$ durchstößt diese Gerade die Ebene? Liegt $P$ innerhalb des Dreiecks $\Delta\, A\, B\, C$?

c) Für die zur Ebene aus a) parallele und durch den Nullpunkt verlaufende Ebene $E_p$ gebe man eine Matrix $\mathbf{H} \in \mathbb{R}^{(3\times 3)}$ an, die die Spiegelung des $\mathbb{R}^3$ an $E_p$ beschreibt.

**(Klausur-)Aufgabe 3.2.2**
Gegeben seien die Punkte $A = (3,0,-4)^T$, $B = (3,4,0)^T$ und $C = (-3,2,4)^T$.

a) Wie lautet die Hessesche Normalform der Ebene $E$ durch die Punkte $A, B$ und $C$? Welchen Abstand $d$ hat der Punkt $P = (3,2,1)$ von dieser Ebene? Man bestimme den Fußpunkt $F$ des Lotes von $P$ auf $E$. Liegt dieser Punkt innerhalb des Dreiecks $\Delta ABC$?

b) Durch das Dreieck $\Delta ABC$ (die Kantenlänge sei in Metern gemessen) fließe eine Strömung mit der konstanten Geschwindigkeit $\|\mathbf{v}\| = 3\text{m/s}$; Geschwindigkeitsvektor $\mathbf{v}^T = (2,1,2)$.

Man berechne das Volumen $V$, welches in 1s durch das Dreieck $\Delta ABC$ strömt.

**(Klausur-)Aufgabe 3.2.3**
Gegeben seien die Punkte $A = (-4,0,3)^T$, $B = (0,4,3)^T$ und $C = (4,2,-3)^T$.

a) Man bestimme eine Parameterdarstellung der Geraden durch $A$ und $B$.

b) In welchem Punkt $D$ durchstößt die in a) ermittelte Gerade die Ebene

$$3x - y + 2z - 4 = 0\,?$$

c) Man bestimme die Koordinaten des Schwerpunktes $S$ des Dreiecks $\Delta ABC$.
*Hinweis:* Der Schwerpunkt teilt die Seitenhalbierenden des Dreiecks im Verhältnis 2 : 1.

d) Man bestimme den Schnittpunkt $H$ der Höhen im Dreieck $\Delta ABC$.

**(Klausur-)Aufgabe 3.2.4**
Gegeben sei ein Tetraeder mit den Ecken

$$A = (3,1,-1)^T, \quad B = (1,0,1)^T, \quad C = (-5,3,1)^T \quad \text{und} \quad D = (-4,1,2)^T.$$

a) Man bestimme eine Parameterdarstellung der Geraden längs der Höhe durch $D$.

b) Man bestimme die Hessesche Normalform der Ebene durch die Punkte $A, B, C$.

c) Man berechne den Winkel zwischen den Ebenen $ABC$ und $ABD$.

**(Klausur-)Aufgabe 3.2.5**
Gegeben sind die Punkte $P_1$ und $P_2$ sowie die Ebene $E$:

$$P_1 = \begin{pmatrix} 1 \\ 1 \\ 1 \end{pmatrix}, \quad P_2 = \begin{pmatrix} 1 \\ -1 \\ 1 \end{pmatrix}, \quad E : -2x + y + 2z = 0 .$$

a) Man gebe die Hessesche Normalform von $E$ an.

b) Man bestimme die Parameterform von $E$.

c) Man berechne die Fläche $F$ des Dreiecks mit den Ecken $O$ (Ursprung), $P_1$ und $P_2$.

d) Man berechne die Fläche $F_p$ des Dreiecks, das durch die orthogonale Projektion der Punkte $O$, $P_1$ und $P_2$ auf die Ebene $E$ entsteht.

e) Liegt der Schnittpunkt $S$ der Geraden, die durch $P_1$ und $P_2$ verläuft, mit der Ebene $E$ zwischen $P_1$ und $P_2$? (Begründung!)

**Aufgabe 3.2.6**

a) In welchem Punkt $D$ durchstößt eine Gerade $\mathbf{g}$, die auf der Ebene $E : x_1 - x_2 + x_3 = 4$ senkrecht steht und den Punkt $P = (1, 2, 3)^T$ enthält, die Ebene $E$?

b) Man berechne die Hessesche Normalform derjenigen Ebene $E$, die zu den Vektoren $\mathbf{a} = \begin{pmatrix} 3 \\ 0 \\ 4 \end{pmatrix}$ und $\mathbf{b} = \begin{pmatrix} -1 \\ 2 \\ -2 \end{pmatrix}$ parallel ist und den Punkt $P = \begin{pmatrix} 1 \\ 2 \\ 3 \end{pmatrix}$ enthält. Weiterhin bestimme man den Abstand $d$ dieser Ebene vom Nullpunkt.

c) Falls die unter (i) und (ii) vorgegebenen Ebenen $E_1$ und $E_2$ einander schneiden, so bestimme man die Schnittgerade $\mathbf{g}$. Falls die Ebenen parallel sind, dann berechne man deren Abstand.

(i) $E_1 : 2x_1 - 5x_2 + 3x_3 = 5\,, \quad E_2 : -4x_1 + 10x_2 - 6x_3 = 8\,,$

(ii) $E_1 : x_1 + x_3 = 1\,, \quad E_2 : x_1 + x_2 = 2\,.$

**Aufgabe 3.2.7**

a) Gegeben sei eine Gerade $\mathbf{x}$ in Parameterform

$$\mathbf{x}(\lambda) = \mathbf{a} + \lambda\mathbf{u}\,, \quad \lambda \in \mathbb{R} \quad \text{mit} \quad \mathbf{a} = \begin{pmatrix} 1 \\ 2 \\ 3 \end{pmatrix} \quad \text{und} \quad \mathbf{u} = \begin{pmatrix} 1 \\ 0 \\ 1 \end{pmatrix}.$$

Man berechne den Abstand dieser Geraden zum Punkt $P = (0, 0, 0)^T$.

b) Gegeben seien zwei Geraden mit den Gleichungen

$$\mathbf{g}(\lambda) = \mathbf{a} + \lambda\mathbf{u} \quad \text{und} \quad \mathbf{h}(\mu) = \mathbf{b} + \mu\mathbf{v}\,, \quad \text{wobei} \quad \lambda, \mu \in \mathbb{R}\,.$$

Für die unter (i) und (ii) gegebenen Beispiele berechne man die Koordinaten des Schnittpunktes $S$, falls die Geraden sich schneiden. Falls die Geraden windschief oder parallel sind, dann berechne man deren Abstand $d$.

$$\text{(i)}\quad \mathbf{a}=\begin{pmatrix}1\\1\\1\end{pmatrix},\quad \mathbf{u}=\begin{pmatrix}1\\0\\1\end{pmatrix};\quad \mathbf{b}=\begin{pmatrix}1\\0\\2\end{pmatrix},\quad \mathbf{v}=\begin{pmatrix}1\\1\\0\end{pmatrix}$$

$$\text{(ii)}\quad \mathbf{a}=\begin{pmatrix}-1\\0\\3\end{pmatrix},\quad \mathbf{u}=\begin{pmatrix}1\\1\\0\end{pmatrix};\quad \mathbf{b}=\begin{pmatrix}1\\1\\1\end{pmatrix},\quad \mathbf{v}=\begin{pmatrix}1\\0\\1\end{pmatrix}.$$

**Aufgabe 3.2.8**

Zur Positionsbestimmung bei Pilotballon-Aufstiegen werden von zwei Theodoliten $T_1$ und $T_2$ synchron Peilungen durchgeführt. Jede Messung besteht aus vier Winkeln: den Azimutwinkeln $\alpha_1$, $\alpha_2$ und den Elevationswinkeln $\varepsilon_1$, $\varepsilon_2$.

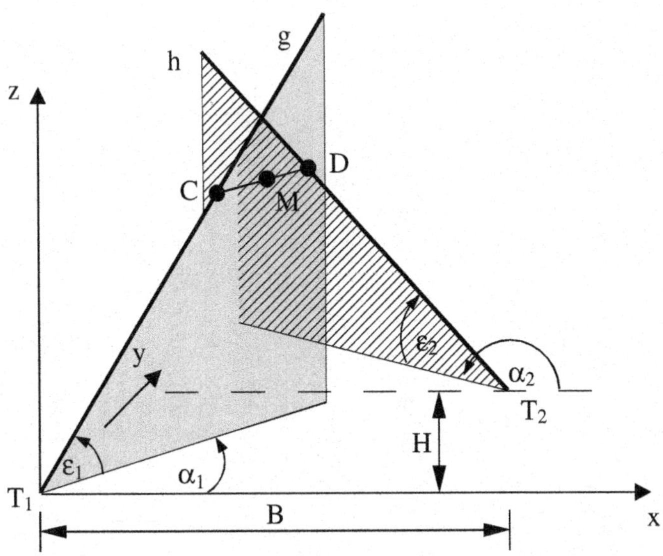


**Bild 3.2.8** Doppelanschnitt-Verfahren

Das Koordinatensystem sei so gewählt, dass die Theodoliten in $T_1 = (0,0,0)$ und $T_2 = (B,0,H)$ positioniert sind ($B$: Basislänge, $H$: Höhendifferenz)

a) Man zeige, dass die Peilrichtungen gegeben sind durch

$$\mathbf{g}=\begin{pmatrix}\cos\alpha_1\cos\varepsilon_1\\ \sin\alpha_1\cos\varepsilon_1\\ \sin\varepsilon_1\end{pmatrix},\quad \mathbf{h}=\begin{pmatrix}\cos\alpha_2\cos\varepsilon_2\\ \sin\alpha_2\cos\varepsilon_2\\ \sin\varepsilon_2\end{pmatrix}.$$

b) Aufgrund von Messfehlern sind die Peilgeraden $g$ und $h$ im Allgemeinen windschief. Man zeige, dass für die Punkte $C$ (auf $g$) und $D$ (auf $h$) kürzesten Abstandes die folgenden Beziehungen gelten:

$$C = \lambda \begin{pmatrix} g_1 \\ g_2 \\ g_3 \end{pmatrix} \quad , \quad D = \begin{pmatrix} B \\ 0 \\ H \end{pmatrix} + \mu \begin{pmatrix} h_1 \\ h_2 \\ h_3 \end{pmatrix} ,$$

$$\lambda = \frac{(g_1 B + g_3 H) - (h_1 B + h_3 H)(\Sigma g_i h_i)}{1 - (\Sigma g_i h_i)^2} ,$$

$$\mu = \frac{-(h_1 B + h_3 H) + (g_1 B + g_3 H)(\Sigma g_i h_i)}{1 - (\Sigma g_i h_i)^2} .$$

Als Schätzwert für die Position des Pilotballons wählt man den Mittelpunkt $M$ der Strecke $CD$.

**Aufgabe 3.2.9**

Ein Fahnenmast der Höhe $H$ steht auf einem ebenen Platz 20 m vor der Mitte der Fassade eines 50 m breiten und 15 m hohen Rathauses. Man lege den Ursprung des $(x_1, x_2, x_3)$-Koordinatensystems auf Platzhöhe in die Mitte der Hausfassade und diese wiederum parallel zur $x_2$-Achse. Der Mast wird nun von der Sonne aus Richtung $\mathbf{s} = (-4, 1, -4)^T$ angestrahlt und erzeugt so zwei Schattenlinien. Der Schattenpunkt der Mastspitze befindet sich auf 5 m Höhe an der Hausfassade.
Man berechne die Höhe $H$ des Fahnenmastes und seine Schattenlänge auf dem Platz.

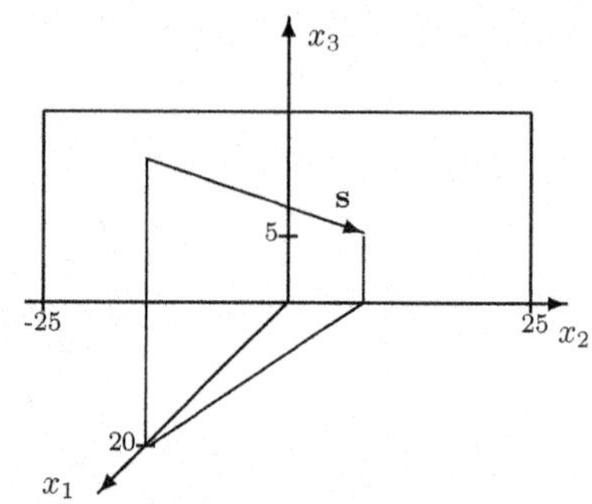


**Bild 3.2.9** Geometrie des Rathausplatzes

**Aufgabe 3.2.10**
Ein LKW mit einer Länge von 11 m und einer konstanten Geschwindigkeit von 45 km/h und ein PKW mit einer Länge von 5 m und einer konstanten Geschwindigkeit von 54 km/h fahren auf ihren Straßen auf eine Kreuzung im Punkt $C = (70, 30)^T$ zu (dies seien Meterangaben in einem rechtwinkligen Koordinatensystem). Zum Zeitpunkt $t_0 = 0$s befindet sich die vordere Stoßstange des LKW im Punkt $A = (30, 0)^T$ und die des PKW im Punkt $B = (110, -30)^T$. Die Sicht auf die Kreuzung ist durch Häuser verdeckt. Durch einen Fehler in der Ampelschaltung sieht jeder der Fahrer grünes Licht.

Man fertige eine Zeichnung zum Zeitpunkt $t_0$ an und kläre, ob es zum Zusammenstoß kommt, wenn jeder der Fahrer sich auf das grüne Licht der Ampelschaltung verlässt und sein Fahrverhalten nicht ändert!

**Aufgabe 3.2.11**
Eine punktförmigen Lichtquelle im Punkt $P = (1, 1, 1)^T$ scheine auf ein Dreieck mit den Eckpunkten

$$A = \left(1, \frac{4}{3}, \frac{1}{3}\right)^T , \quad B = \left(1, \frac{3}{2}, 1\right)^T \quad \text{und} \quad C = \left(\frac{5}{2}, \frac{1}{2}, 0\right)^T .$$

Man berechne die Fläche des Dreieckschattes auf der Ebene $4x + 6y - 3z = 19$.

**Aufgabe 3.2.12**
Geografische Positionen auf der Erdkugel (Radius $R_E = 6371$ km) werden üblicherweise in Kugelkoordinaten angegeben:

$$\mathbf{x} = R_E(\cos\lambda\, \cos\varphi,\ \sin\lambda\, \cos\varphi,\ \sin\varphi)^T .$$

Dabei bezeichnet $\lambda \in ]-\pi, \pi]$ den *Längengrad*, $\varphi \in \left[-\frac{\pi}{2}, \frac{\pi}{2}\right]$ den *Breitengrad* des Ortes $\mathbf{x}$.

So gilt beispielsweise:

Moskau : $\lambda = 37°35', \varphi = 55°45'$, Genf : $\lambda = 6°9', \varphi = 46°12'$, Washington : $\lambda = -77°1', \varphi = 38°54'$.

Man berechne die Entfernungen (auf der Oberfläche der Erdkugel) von Moskau nach Genf, von Washington nach Genf und von Washington nach Moskau. Man rechne dazu in kartesische Koordinaten um und bestimme mit Hilfe des Skalarproduktes den Winkel zwischen den Ortsvektoren.

## A.3.3 Allgemeine Vektorräume

**Aufgabe 3.3.1**

a) Man zeige, dass $\{\mathbf{v}_1, \mathbf{v}_2, \mathbf{v}_3\}$ eine Basis des $\mathbb{R}^3$ bilden, mit

$$\mathbf{v}_1 := \begin{pmatrix} 2 \\ 1 \\ 2 \end{pmatrix}, \quad \mathbf{v}_2 = \begin{pmatrix} 0 \\ 0 \\ 4 \end{pmatrix} \quad \text{und} \quad \mathbf{v}_3 := \begin{pmatrix} 5 \\ 0 \\ -3 \end{pmatrix}.$$

b) Man zeige, dass

$$W := \left\{ \begin{pmatrix} x_1 \\ x_1 + x_2 \\ x_1 + x_2 \end{pmatrix} \;\middle|\; x_1, x_2 \in \mathbb{R} \right\}$$

ein Unterraum des $\mathbb{R}^3$ und dass

$$\left\{ \begin{pmatrix} 1 \\ 1 \\ 1 \end{pmatrix}, \begin{pmatrix} 1 \\ 0 \\ 0 \end{pmatrix} \right\}$$

eine Basis von $W$ ist.

**Aufgabe 3.3.2**

Man überprüfe, ob folgende Mengen Untervektorräume des $\mathbb{R}^3$ bzw. $\Pi_n$ sind:

a) $W_1 = \{\mathbf{x} \in \mathbb{R}^3 \mid \langle \mathbf{x}, \mathbf{n} \rangle = 0 \text{ mit } \mathbf{n} \in \mathbb{R}^3 \text{ fest} \}$ ,

b) $W_2 = \{\mathbf{x} \in \mathbb{R}^3 \mid -2x_1 - 5x_2 + x_3 = 1\}$ ,

c) $W_3 = \{\mathbf{x} \in \mathbb{R}^3 \mid x_1 + 3x_2 + 7x_3 = 0\}$ ,

d) $W_4 = \{p \in \Pi_n \mid p(x) = p(-x) \text{ für alle } x \in \mathbb{R}\}$ ,

e) $W_5 = \{p \in \Pi_n \mid p(x) = |p(x)| \text{ für alle } x \in \mathbb{R}\}$ ,

f) $W_6 = \{p \in \Pi_n \mid p(x) = -p(-x) \text{ für alle } x \in \mathbb{R}\}$ .

**Aufgabe 3.3.3**

a) Gegeben seien die drei Vektoren $\mathbf{x}, \mathbf{y}, \mathbf{z} \in \mathbb{R}^4$. Die Vektoren $\mathbf{x}, \mathbf{y}$ sowie $\mathbf{x}, \mathbf{z}$ und $\mathbf{y}, \mathbf{z}$ seien paarweise linear unabhängig. Dann sind auch $\mathbf{x}, \mathbf{y}, \mathbf{z}$ linear unabhängig.

Man beweise die Aussage oder gebe ein Gegenbeispiel an.

b) (i) Man zeige, dass durch $B = \{1,\, 1-x,\, (1-x)^2,\, (1-x)^3\}$ eine Basis von $\Pi_3$ gegeben ist.

(ii) Man gebe die Basisdarstellung des Polynoms $p(x) = x^3 - 2x^2 + 7x + 5$ bezüglich der Basis $B$ an.

**Aufgabe 3.3.4**

a) Welche der im Folgenden gegebenen Vektoren sind linear abhängig?

$$\text{(i)} \quad \begin{pmatrix} 3 \\ 0 \\ -1 \end{pmatrix}, \begin{pmatrix} 1 \\ 28 \\ 4 \end{pmatrix} \qquad \text{(ii)} \quad \begin{pmatrix} 1 \\ 1 \\ -3 \end{pmatrix}, \begin{pmatrix} -11 \\ 7 \\ 4 \end{pmatrix}, \begin{pmatrix} 8 \\ -15 \\ 3 \end{pmatrix}, \begin{pmatrix} 1 \\ 1 \\ -1 \end{pmatrix}$$

$$\text{(iii)} \quad \begin{pmatrix} 7 \\ -12 \\ 25 \\ 1 \end{pmatrix}, \begin{pmatrix} 0 \\ 0 \\ 0 \\ 0 \end{pmatrix} \qquad \text{(iv)} \quad \begin{pmatrix} 1 \\ 0 \\ -3 \\ 1 \end{pmatrix}, \begin{pmatrix} 4 \\ 1 \\ 5 \\ -2 \end{pmatrix}, \begin{pmatrix} 10 \\ 3 \\ 21 \\ -8 \end{pmatrix}.$$

b) Man bestimme das $\alpha \in \mathbb{R}$, für das die folgenden Vektoren linear abhängig sind:

$$\mathbf{v}_1 = \begin{pmatrix} 1 \\ 0 \\ 1 \end{pmatrix}, \quad \mathbf{v}_2 = \begin{pmatrix} -1 \\ 1 \\ 1 \end{pmatrix}, \quad \mathbf{v}_3 = \begin{pmatrix} 0 \\ 2 \\ \alpha \end{pmatrix}.$$

Für dieses $\alpha$ stelle man $\mathbf{v}_j \quad (j = 1, 2, 3)$ jeweils als Linearkombination der anderen Vektoren $\mathbf{v}_k \quad (k \neq j)$ dar.

**Aufgabe 3.3.5**

a) Man gebe eine Basis und die Dimension der folgenden Untervektorräume an:

(i) $W_1 = \text{Spann}\left( \begin{pmatrix} 1 \\ 5 \end{pmatrix}, \begin{pmatrix} 5 \\ 1 \end{pmatrix}, \begin{pmatrix} 1 \\ 4 \end{pmatrix}, \begin{pmatrix} 4 \\ 1 \end{pmatrix} \right),$

(ii) $W_2 = \text{Spann}\left( \begin{pmatrix} 2 \\ 4 \\ 8 \end{pmatrix}, \begin{pmatrix} 1 \\ 3 \\ 1 \end{pmatrix}, \begin{pmatrix} 1 \\ 4 \\ -2 \end{pmatrix} \right),$

(iii) $W_3 = \text{Spann}\left( \begin{pmatrix} 2 \\ 1 \\ 3 \end{pmatrix}, \begin{pmatrix} -4 \\ -1 \\ 1 \end{pmatrix}, \begin{pmatrix} -2 \\ 0 \\ 4 \end{pmatrix} \right),$

(iv) $W_4 = \text{Spann}\left( \begin{pmatrix} 1 \\ 1 \\ 1 \\ 1 \end{pmatrix}, \begin{pmatrix} 0 \\ 1 \\ 2 \\ 3 \end{pmatrix}, \begin{pmatrix} 0 \\ 0 \\ -1 \\ -1 \end{pmatrix}, \begin{pmatrix} 0 \\ 1 \\ 1 \\ 2 \end{pmatrix} \right).$

b) Für welchen Wert $\alpha \in \mathbb{R}$ sind die folgenden Vektoren linear abhängig?

$$\mathbf{v}_1 = \begin{pmatrix} 1 \\ 1 \\ 2 \end{pmatrix}, \quad \mathbf{v}_2 = \begin{pmatrix} 1 \\ 0 \\ \alpha \end{pmatrix}, \quad \mathbf{v}_3 = \begin{pmatrix} 1 \\ 2 \\ 3 \end{pmatrix}$$

Für dieses $\alpha$ stelle man $\mathbf{v}_j \quad (j = 1, 2, 3)$ jeweils als Linearkombination der anderen Vektoren $\mathbf{v}_k \quad (k \neq j)$ dar.

**Aufgabe 3.3.6**

Man untersuche die folgenden Abbildungen auf Linearität:

a) $T_1: \quad \mathbb{R} \to \mathbb{R}^2, \quad T_1(x) := (x, 1)^T,$

b) $T_2: \quad \mathbb{R}^2 \to \mathbb{R}, \quad T_2(\mathbf{x}) := x_1 + x_2^2,$

c) $T_3: \quad \mathbb{R}^3 \to \mathbb{R}^2, \quad T_3(\mathbf{x}) := (x_1 + x_2, x_3)^T,$

d) $T_4: \quad \mathbb{C} \to \mathbb{C}^4, \quad T_4(z) := (iz, 2i^2 z, 3i^3 z, 4i^4 z)^T,$

e) $T_5: \quad \mathbb{C}^n \to \mathbb{C}, \quad T_5(\mathbf{w}) := ||\mathbf{w}||,$

f) $T_6: \quad \Pi_n \to \Pi_{n-1}, \quad T_6(p) := p'(t),$

g) $T_7: \quad C(\mathbb{R}) \to C(\mathbb{R}), \quad T_7(f) := f(x) + 1.$

# A.4 Lineare Gleichungssysteme

## A.4.1 Matrizenkalkül

**Aufgabe 4.1.1**

Mit den Matrizen $\mathbf{A} = \begin{pmatrix} -2 & 3 \\ 4 & 1 \\ -1 & 5 \end{pmatrix}$, $\mathbf{B} = \begin{pmatrix} 3 & 0 \\ 1 & -7 \end{pmatrix}$ und $\mathbf{C} = \begin{pmatrix} 1 & 4 \\ 0 & -2 \\ 3 & 5 \end{pmatrix}$

und den Vektoren $\mathbf{x} = \begin{pmatrix} 1 \\ 0 \\ -4 \end{pmatrix}$, $\mathbf{y} = \begin{pmatrix} 8 \\ -5 \end{pmatrix}$ und $\mathbf{z} = \begin{pmatrix} 3 \\ 2 \end{pmatrix}$

bilde man $\mathbf{A}+\mathbf{C}$, $2\mathbf{B}$, $\mathbf{A}(\mathbf{y}+\mathbf{z})$, $\mathbf{C}(-4\mathbf{z})$, $(\mathbf{A}+\mathbf{C})\mathbf{y}$, $\mathbf{AB}$, $\mathbf{AC}^T$, $\mathbf{x}^T\mathbf{A}$, $\mathbf{y}^T\mathbf{z}$, $\mathbf{yz}^T$.

**Aufgabe 4.1.2**
Gegeben seien die Matrizen

$$\mathbf{A}_1 = \begin{pmatrix} 1 & 2 \\ 3 & 4 \end{pmatrix}, \mathbf{A}_2 = \begin{pmatrix} 1 & 2 & 0 \\ 0 & 3 & 4 \end{pmatrix}, \mathbf{A}_3 = \begin{pmatrix} 1 & 2 & 3 \\ 2 & 1 & 2 \\ 3 & 2 & 1 \end{pmatrix}, \mathbf{A}_4 = \begin{pmatrix} 1 \\ 4 \\ 2 \end{pmatrix}, \mathbf{A}_5 = \begin{pmatrix} 2 \\ 1 \\ 1 \end{pmatrix}.$$

a) Man bestimme alle Produkte von je zwei dieser Matrizen, die definiert sind.

b) Man bestimme alle Produkte der Form $\mathbf{A}_i^T\mathbf{A}_j$ und $\mathbf{A}_i\mathbf{A}_j^T$, $i \neq j$, $i,j \in \{1,2,\ldots,5\}$, soweit sie definiert sind.

**Aufgabe 4.1.3**

Für die Matrix $\mathbf{A} = \begin{pmatrix} 1 & 2 & 3 \\ 2 & 3 & 4 \\ 3 & 4 & 5 \end{pmatrix}$ und die Einheitsmatrix $\mathbf{I}$ ermittle man

$$3\mathbf{A}^2 - 4\mathbf{A} + 5\mathbf{I} \quad \text{und} \quad \exp(\mathbf{A}) \approx \mathbf{I} + \mathbf{A} + \frac{1}{2}\mathbf{A}^2 + \frac{1}{6}\mathbf{A}^3 \quad .$$

**Aufgabe 4.1.4**
Gegeben seien die folgenden komplexwertigen Matrizen

$$\mathbf{A} = \begin{pmatrix} 1-2i & 3-i \\ 3+i & 1+2i \end{pmatrix}, \quad \mathbf{B} = \begin{pmatrix} 1+i & 2 \\ 2-i & 1-i \end{pmatrix} \quad \text{und} \quad \mathbf{b} = \begin{pmatrix} 4-3i \\ 2+4i \end{pmatrix}.$$

a) Man berechne $\mathbf{A}\cdot\mathbf{B}$, $\mathbf{B}\cdot\mathbf{A}$, $\mathbf{A}\cdot\mathbf{b}$, $\mathbf{A}^*$, $\mathbf{B}^*$.

b) Man bestimme die komplexe Lösung des Gleichungssystems $\mathbf{Ax} = \mathbf{b}$.

c) Ist $\mathbf{A}$ unitär?

**Aufgabe 4.1.5**

Gegeben seien $\mathbf{A} = \frac{1}{\sqrt{2}}\begin{pmatrix} 1 & -i \\ i & -1 \end{pmatrix}$, $\mathbf{B} = \frac{1}{\sqrt{2}}\begin{pmatrix} i & 1 \\ 1 & i \end{pmatrix}$ und $\mathbf{b} = \frac{1}{\sqrt{2}}\begin{pmatrix} 0 \\ -2+2i \end{pmatrix}$.

a) Man berechne die Matrizenprodukte $\mathbf{A}^*\mathbf{A}$, $\mathbf{BB}^*$, $\mathbf{Ab}$, $\mathbf{B}^2$, $\mathbf{B}^4$, $\mathbf{B}^8$.

b) Sind die Matrizen $\mathbf{A}$ und $\mathbf{B}$ symmetrisch, hermitesch, orthogonal, unitär oder haben sie keine der genannten Eigenschaften?

c) Man löse die linearen Gleichungssysteme $\mathbf{Ax} = \mathbf{b}$, $\mathbf{By} = \mathbf{b}$.

*Aufgaben und Lösungen zu Mathematik für Ingenieure 1, 4.Aufl.*, R. Ansorge, H. J. Oberle, K. Rothe und Th. Sonar

ISBN: 978-3-527-40987-7

**Aufgabe 4.1.6**
Man bestimme die Parameter $a_i, b_i, c_i, \ldots, f_i \in \mathbb{R}$, so dass die Matrizen

$\mathbf{A} = \begin{pmatrix} 0.5 & b_1 \\ a_1 & 0.5 \end{pmatrix}$ orthogonal und $\mathbf{B} = \begin{pmatrix} a_2 & 0.5 \\ b_2 & c_2 \end{pmatrix}$ orthogonal und symmetrisch sind, und die komplexen Matrizen $\mathbf{C} = \begin{pmatrix} a_3 + b_3 i & c_3 + 0.5i \\ d_3 + l_3 i & 0.5 + f_3 i \end{pmatrix}$ und $\mathbf{D} = \begin{pmatrix} a_4 + b_4 i & c_4 + d_4 i \\ l_4 + f_4 i & a_4 + b_4 i \end{pmatrix}$ unitär und hermitesch sind.

**Aufgabe 4.1.7**

a) Man bestimme die Lösung $\mathbf{X}$ der Matrizengleichung $\mathbf{AX} + \mathbf{XA}^T = \mathbf{I}_2$, wobei $\mathbf{A} = \begin{pmatrix} 2 & 0 \\ -1 & 1 \end{pmatrix}$.

b) Man bestimme sämtliche Lösungen $\mathbf{X}$ der Matrizengleichung $\mathbf{X}^2 - \mathbf{X} = \begin{pmatrix} 2 & 0 \\ 8 & 6 \end{pmatrix}$.

c) Es sei $\mathbf{a}$ ein $n$-dimensionaler Spaltenvektor mit $||\mathbf{a}|| = 1$. Daraus werde die $(n, n)$-Matrix $\mathbf{A} = \mathbf{I}_n - 2\mathbf{a}\mathbf{a}^T$ ($\mathbf{A}$ ist eine so genannte Householder-Matrix) gebildet. Man berechne $\mathbf{A}^2$. Was folgt hieraus für $\mathbf{A}^{-1}$ und allgemein für $\mathbf{A}^p$ ($p$ ganz)?

## A.4.2 Gauß-Elimination

**Aufgabe 4.2.1**
Man löse die folgenden linearen Gleichungssysteme mit Hilfe des Gaußschen Eliminationsverfahrens:

a) $\begin{array}{rcrcrcr} 2x_1 & & & + & x_3 & = & 3 \\ 4x_1 & + & 2x_2 & + & x_3 & = & 3 \\ -2x_1 & + & 8x_2 & + & 2x_3 & = & -8 \end{array}$, b) $\begin{array}{rcrcrcr} x_1 & + & x_2 & + & 2x_3 & = & 3 \\ 2x_1 & + & 2x_2 & + & 5x_3 & = & -4 \\ 5x_1 & + & 5x_2 & + & 11x_3 & = & 6 \end{array}$,

c) $\begin{array}{rcrcrcr} 2x_1 & + & x_2 & - & 3x_3 & = & 1 \\ 4x_1 & + & 2x_2 & - & 6x_3 & = & 2 \\ -6x_1 & - & 3x_2 & + & 9x_3 & = & -3 \end{array}$, d) $\begin{array}{rcrcrcr} 3x_1 & - & 5x_2 & + & x_3 & = & -1 \\ -3x_1 & + & 6x_2 & & & = & 2 \\ 3x_1 & - & 4x_2 & + & 2x_3 & = & 0 \end{array}$.

**Aufgabe 4.2.2**
Man löse die folgenden linearen Gleichungssysteme nach dem Gaußschen Eliminationsverfahren:

a) $\begin{array}{rcrcr} 3x_1 & - & 5x_2 & = & 2 \\ -9x_1 & + & 15x_2 & = & -6 \end{array}$, b) $\begin{array}{rcrcrcrcr} -2x_1 & + & x_2 & + & 3x_3 & - & 4x_4 & = & -12 \\ -4x_1 & + & 3x_2 & + & 6x_3 & - & 5x_4 & = & -21 \\ 2x_1 & - & 2x_2 & - & x_3 & + & 6x_4 & = & 10 \\ -6x_1 & + & 6x_2 & + & 13x_3 & + & 10x_4 & = & -22 \end{array}$,

c) $\begin{array}{rcrcrcrcrcr} x_1 & + & 2x_2 & + & 3x_3 & + & 4x_4 & + & 5x_5 & = & 6 \\ 5x_1 & + & 4x_2 & + & 3x_3 & + & 2x_4 & + & x_5 & = & 0 \\ x_1 & + & x_2 & + & x_3 & + & x_4 & + & x_5 & = & 1 \\ & & 2x_2 & + & 2x_3 & + & 2x_4 & + & 2x_5 & = & 2 \end{array}$.

**(Klausur-)Aufgabe 4.2.3**
Für welche reellen Werte $\alpha$ und $\beta$ besitzt das System

$$\begin{array}{rcrcrcrcr} 2x_1 & + & x_2 & & & & & = & 0 \\ x_1 & + & 2x_2 & + & x_3 & & & = & 0 \\ & & x_2 & + & 2x_3 & + & x_4 & = & 0 \\ & & & & x_3 & + & \alpha x_4 & = & \beta \end{array}$$

a) eine eindeutige Lösung (man berechne diese),

b) mehrere Lösungen (man gebe die allgemeine Lösung an),

c) keine Lösung?

d) Man bestimme die Determinante der Systemmatrix $\mathbf{A}$.

**Aufgabe 4.2.4**
Man berechne die allgemeine Lösung des linearen Gleichungssystems

$$\begin{pmatrix} -1 & 2 & 3 & 1 & 1 \\ 2 & -3 & -6 & -3 & 0 \\ 3 & -5 & -8 & 0 & -2 \\ 1 & 0 & 0 & -1 & 2 \end{pmatrix} \begin{pmatrix} x_1 \\ x_2 \\ x_3 \\ x_4 \\ x_5 \end{pmatrix} = \begin{pmatrix} -1 \\ 3 \\ 3 \\ 2 \end{pmatrix}.$$

**Aufgabe 4.2.5**

Gegeben sei das lineare Gleichungssystem $\mathbf{Ax} = \mathbf{b}$ mit $\mathbf{A} = \begin{pmatrix} -1 & 5 & 4 & -6 \\ 2 & -3 & -1 & 5 \\ 3 & 1 & 4 & 2 \\ 4 & -2 & 2 & 6 \end{pmatrix}$.

Man bestimme die Menge aller $\mathbf{b} \in \mathbb{R}^4$, für die dieses Gleichungssystem lösbar ist, und ermittle für diesen Fall die allgemeine Lösung des Gleichungssystems.

**(Klausur-)Aufgabe 4.2.6**
Man bestimme alle Lösungen mit der Länge $\|x\|_2 = \sqrt{6}$ des linearen Gleichungssystems

$$\begin{pmatrix} -1 & -1 & 2 & 1 \\ 1 & 1 & 2 & 3 \\ 1 & 2 & 3 & 1 \\ -3 & 0 & 5 & -7 \end{pmatrix} \mathbf{x} = \begin{pmatrix} 3 \\ 9 \\ 7 \\ -9 \end{pmatrix}.$$

**Aufgabe 4.2.7**

a) Man bestimme alle Lösungen des folgenden Gleichungssystems:

$$\begin{pmatrix} 1 & 2 & 3 & 4 & 5 & 6 \\ 1 & 1 & 1 & 1 & 1 & 2 \\ 0 & 2 & 5 & 6 & 7 & 7 \end{pmatrix} \begin{pmatrix} x_1 \\ x_2 \\ x_3 \\ x_4 \\ x_5 \\ x_6 \end{pmatrix} = \begin{pmatrix} 6 \\ 1 \\ 12 \end{pmatrix}.$$

b) In Abhängigkeit der Parameter $a, b \in \mathbb{R}$ diskutiere man die Lösungen des Gleichungssystems

$$\begin{pmatrix} 1 & 2 & 3 \\ 1 & 1 & 1 \\ 0 & 2 & a \end{pmatrix} \begin{pmatrix} x_1 \\ x_2 \\ x_3 \end{pmatrix} = \begin{pmatrix} 6 \\ 1 \\ b \end{pmatrix}.$$

**(Klausur-)Aufgabe 4.2.8**
Gegeben ist das lineare Gleichungssystem $\mathbf{A\,x} = \mathbf{b}$ mit

$$\mathbf{A} = \begin{pmatrix} 1 & 2 & -1 & -1 \\ 2 & 5 & 1 & 1 \\ 3 & 7 & 2 & 2 \\ -1 & 0 & 1 & \alpha \end{pmatrix}, \qquad \mathbf{b} = \begin{pmatrix} 0 \\ 2 \\ \beta \\ 16 \end{pmatrix}.$$

a) Für welche Werte von $\alpha$ und $\beta$ besitzt dieses Gleichungssystem
(i) eine eindeutige Lösung, (ii) keine Lösung, (iii) unendlich viele Lösungen ?

b) Für den Fall, dass $\mathbf{A\,x} = \mathbf{b}$ eindeutig lösbar ist, gebe man die Lösung in Abhängigkeit von den Parametern $\alpha, \beta$ an.

c) Man gebe eine Lösungsdarstellung für den Fall (iii) von unendlich vielen Lösungen an.

d) Welchen Wert hat $\det \mathbf{A}$ ?

**(Klausur-)Aufgabe 4.2.9**

Gegeben sind die Matrix $\mathbf{A} = \begin{pmatrix} 1 & 1 & 2 & 1 \\ 2 & a & 0 & 1 \\ 2 & 1 & 1 & 1 \\ 1 & 2 & 1 & 2 \end{pmatrix}$ und der Vektor $\mathbf{b} = \begin{pmatrix} -2 \\ -1 \\ -2 \\ 0 \end{pmatrix}$.

Man untersuche das Lösungsverhalten des Gleichungssystems $\mathbf{Ax} = \mathbf{b}$ in Abhängigkeit von $a$ und gebe jeweils alle Lösungen $\mathbf{x} = (x_1, \ldots, x_4)^T$ an. Für den Fall der nicht eindeutigen Lösbarkeit bestimme man diejenigen speziellen Lösungen $\mathbf{x}$, für die $\|\mathbf{x}\|_2^2 = 7$ gilt.

**(Klausur-)Aufgabe 4.2.10**
Gegeben seien der Vektor $\mathbf{b} = \mathbf{b}(t) = (1, 0, 2, 3 - t^2)^T$ und die Matrix

$$\mathbf{A} = \mathbf{A}(t) = \begin{pmatrix} 2 & -2 & 1 & -3 \\ -2 & -2t & t & 4+t \\ -4t & -4 & 2-2t & 8t \\ 6 & -6 & 3+t & -9+t \end{pmatrix} \in \mathbb{R}^{(4,4)}/\mathbb{C}^{(4,4)} .$$

a) Man wende das Gaußsche Eliminationsverfahren auf das Gleichungssystem $\mathbf{Ax} = \mathbf{b}$ an (ohne Rücksubstitution, Dreiecksform genügt!).

b) Man bestimme in Abhängigkeit von $t$ den Rang der Matrix $\mathbf{A}(t)$ sowie die Dimension des Lösungsraumes des homogenen linearen Gleichungssystems $\mathbf{Ax} = \mathbf{0}$. Für $t = 0$ gebe man eine Basis von Kern $\mathbf{A}$ an.

c) Für welche Werte von $t$ ist das inhomogene Gleichungssystem $\mathbf{Ax} = \mathbf{b}$ lösbar?

**Aufgabe 4.2.11**
Im folgenden Schema sind die $x_i$ so zu bestimmen, dass alle Zeilensummen, alle Spaltensummen und die beiden Diagonalsummen den Wert 15 haben. Man stelle für die Unbekannten ein lineares Gleichungssystem auf und löse es. Wie viele Lösungen gibt es, bei denen in dem „magischen Quadrat" alle natürlichen Zahlen von 1 bis 9 vorkommen?

| | | |
|---|---|---|
| $x_1$ | 9 | $x_3$ |
| $x_4$ | $x_5$ | $x_6$ |
| $x_7$ | $x_8$ | $x_9$ |

**Bild 4.2.11** Magisches Quadrat

**Aufgabe 4.2.12**
Man berechne die Ströme in der Wheatstoneschen Brückenschaltung unter Verwendung der Kirchhoff'schen Regeln:

a) Knotenregel: In jedem Knoten oder Verzweigungspunkt ist die Summe der zu- oder abfließenden Ströme gleich 0.

b) Maschenregel: In jedem geschlossenen Stromkreis (Masche) ist die Summe aller Spannungsanstiege gleich 0 (ein Spannungsabfall ist ein negativer Spannungsanstieg).

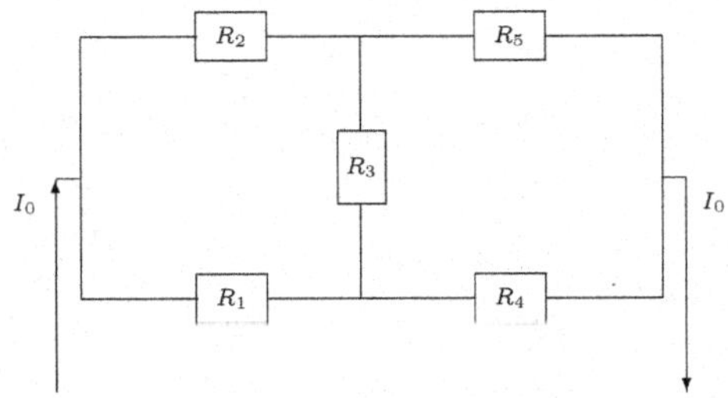


**Bild 4.2.12** Wheastonesche Brückenschaltung

Die Eingangsdaten seien $I_0 > 0\text{A}$, $R_1 = 1\,\Omega$, $R_2 = 2\,\Omega$, $R_3 = 3\,\Omega$, $R_4 = 4\,\Omega$ und $R_5 = 5\,\Omega$.

**Aufgabe 4.2.13**
Man stelle unter Verwendung der Kirchhoff'schen Maschenregel Gleichungen zur Bestimmung der Ströme im folgenden Netzwerk auf:

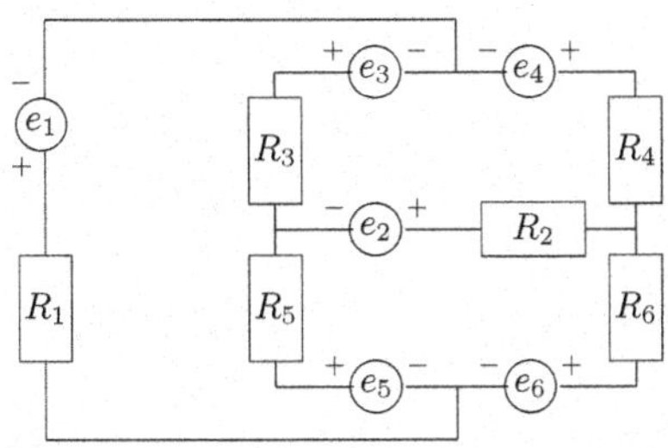


**Bild 4.2.13** Netzwerk

Man löse dieses Gleichungssystem für die folgenden Werte mittels Gauß-Elimination:

$e_1 = 6\,\text{V}$, $e_2 = 3\,\text{V}$, $e_3 = 7\,\text{V}$,
$e_4 = 9\,\text{V}$, $e_5 = 2\,\text{V}$, $e_6 = 1\,\text{V}$,

$R_1 = 1\,\Omega$, $R_2 = 4\,\Omega$, $R_3 = 3\,\Omega$,
$R_4 = 5\,\Omega$, $R_5 = 2\,\Omega$, $R_6 = 4\,\Omega$.

**Aufgabe 4.2.14**
Im hier dargestellten linearen Stabwerk sollen die Stabkräfte $F_1, \ldots, F_{17}$ ermittelt werden. Man unterstellt, dass die Stabkräfte allein durch die horizontalen und vertikalen Kräftegleichgewichte in den Knoten 2 bis 10 determiniert sind. Dabei sei $\alpha = \sin 45° = \cos 45°$. Man stelle das lineare Gleichungssystem auf und gebe es in Matrixschreibweise an.

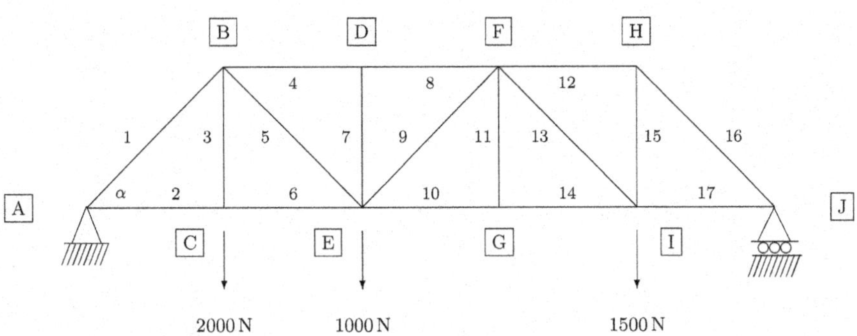


**Bild 4.2.14** Stabwerk

**Aufgabe 4.2.15**
Eine Straßenlampe der Masse $m = 2\,\mathrm{kg}$ sei an drei Masten aufgehängt. Die Aufhängepunkte $M_i$, $i = 1, 2, 3$, und die Lage der Lampe $L$ seien gegeben durch

$$M_1 = \begin{pmatrix} 0 \\ 0 \\ 10 \end{pmatrix}, \quad M_2 = \begin{pmatrix} 10 \\ 30 \\ 11 \end{pmatrix}, \quad M_3 = \begin{pmatrix} -10 \\ 20 \\ 10 \end{pmatrix} \quad \text{und} \quad L = \begin{pmatrix} 0 \\ 10 \\ 9 \end{pmatrix}.$$

Man bestimme die Spannkräfte in den drei Haltedrähten (Erdbeschleunigung $g = 10\mathrm{m/s}^2$). Welche Spannkräfte erhält man, wenn aufgrund eines Sturmes auf die Lampe die zusätzliche Kraft $S = \begin{pmatrix} 30 \\ 20 \\ 0 \end{pmatrix}$ (Maßeinheit: N) wirkt?

## A.4.3 Inverse Matrizen

**Aufgabe 4.3.1**
Falls möglich, berechne man die Inversen von

$$\mathbf{A} = \begin{pmatrix} 1 & 3 & -1 \\ 2 & 5 & -1 \\ 0 & 4 & -3 \end{pmatrix} \quad \text{und} \quad \mathbf{B} = \begin{pmatrix} 1 & 3 & 1 \\ 1 & 4 & 3 \\ 2 & 3 & -4 \end{pmatrix}.$$

Wie lautet die Lösung $\mathbf{X} \in \mathbb{R}^{(3,3)}$ des linearen (Matrix-)Gleichungssystems $\mathbf{AX} = \mathbf{B}$?

**Aufgabe 4.3.2**

a) Man berechne mit dem Gauß-Jordan-Algorithmus die Inverse der Matrix

$$\mathbf{A} = \begin{pmatrix} 1 & 2 & -2 \\ 2 & -1 & -4 \\ 2 & 0 & 5 \end{pmatrix}.$$

b) Es sei $\mathbf{T} \in \mathbb{R}^{n \times n}$ mit $\mathbf{T}^2 = \mathbf{T}$. Wann ist $\mathbf{T}$ invertierbar?

c) Es seien $\mathbf{S}, \mathbf{T} \in \mathbb{R}^{n \times n}$ mit $\mathbf{T} \neq \mathbf{O}$ und $\mathbf{S} \cdot \mathbf{T} = \mathbf{O}$. Existiert die inverse Matrix zu $\mathbf{S}$?

**Aufgabe 4.3.3**
Gegeben seien eine reguläre Matrix $\mathbf{A} \in \mathbb{R}^{(n,n)}$ und Vektoren $\mathbf{u}, \mathbf{v} \in \mathbb{R}^n$.

a) Man zeige: Ist $\mathbf{v}^T\mathbf{A}^{-1}\mathbf{u} \neq 1$, so gilt

$$(\mathbf{A} - \mathbf{u}\mathbf{v}^T)^{-1} = \mathbf{A}^{-1} + \frac{1}{1 - \mathbf{v}^T\mathbf{A}^{-1}\mathbf{u}} \mathbf{A}^{-1}\mathbf{u}\mathbf{v}^T\mathbf{A}^{-1}.$$

b) Falls $\mathbf{v}^T\mathbf{A}^{-1}\mathbf{u} = 1$, so ist $\mathbf{A} - \mathbf{u}\mathbf{v}^T$ singulär.

c) Am Beispiel

$$\mathbf{A} = \begin{pmatrix} 2 & -1 & 0 & 0 & 0 \\ -1 & 2 & -1 & 0 & 0 \\ 0 & -1 & 2 & -1 & 0 \\ 0 & 0 & -1 & 2 & -1 \\ 0 & 0 & 0 & -1 & 2 \end{pmatrix}, \quad \mathbf{A}^{-1} = \frac{1}{6} \begin{pmatrix} 5 & 4 & 3 & 2 & 1 \\ 4 & 8 & 6 & 4 & 2 \\ 3 & 6 & 9 & 6 & 3 \\ 2 & 4 & 6 & 8 & 4 \\ 1 & 2 & 3 & 4 & 5 \end{pmatrix}$$

berechne man mittels a) und b) die Inversen von

$$\mathbf{B} = \begin{pmatrix} 2 & -1 & 0 & -1 & 0 \\ -1 & 2 & -1 & -1 & 0 \\ 0 & -1 & 2 & -1 & 0 \\ 0 & 0 & -1 & 2 & -1 \\ 0 & 0 & 0 & -1 & 2 \end{pmatrix}, \quad \mathbf{C} = \begin{pmatrix} 2 & -2 & 0 & -1 & 0 \\ -1 & 2 & -1 & 0 & 0 \\ 0 & -2 & 2 & -2 & 0 \\ 0 & 0 & -1 & 2 & -1 \\ 0 & 0 & 0 & -1 & 2 \end{pmatrix}.$$

**Aufgabe 4.3.4**
Unter Benutzung geeigneter Blockbildungen berechne man die Inversen von

$$\mathbf{A} = \begin{pmatrix} 2 & 1 & 2 & 0 & 0 & 0 \\ 1 & 2 & 0 & 0 & 0 & 0 \\ 0 & 0 & 1 & 0 & 0 & 0 \\ 4 & 3 & 2 & 1 & 0 & 0 \\ 3 & 2 & 4 & 0 & 1 & 0 \\ 2 & 4 & 3 & 0 & 0 & 1 \end{pmatrix}, \quad \mathbf{B} = \begin{pmatrix} 1 & 2 & 3 & 1 & 0 \\ 2 & 5 & 7 & 1 & 1 \\ 0 & 1 & 2 & 1 & 1 \\ 0 & 0 & 0 & 1 & 0 \\ 0 & 0 & 0 & 0 & 1 \end{pmatrix}.$$

## A.4.4 Dreieckszerlegung einer Matrix

**Aufgabe 4.4.1**
Welche der folgenden Matrizen besitzen eine LR-Zerlegung mit normierter unterer Dreiecksmatrix **L** und regulärer oberer Dreiecksmatrix **R**? Welche besitzen erst nach einer geeigneten Zeilenpermutation eine LR-Zerlegung? Gegebenenfalls gebe man die Matritzen **L** und **R** und eine zugehörige Permutationsmatrix **P** an.

$$\mathbf{A}_1 = \begin{pmatrix} 1 & -1 & 0 \\ -1 & 2 & -1 \\ 0 & -1 & 2 \end{pmatrix}, \quad \mathbf{A}_2 = \begin{pmatrix} 1 & -1 & 2 \\ -2 & 2 & 0 \\ 3 & -7 & 1 \end{pmatrix}, \quad \mathbf{A}_3 = \begin{pmatrix} 1 & -1 & 0 \\ -1 & 2 & -1 \\ 0 & -1 & 1 \end{pmatrix},$$

$$\mathbf{A}_4 = \begin{pmatrix} 1 & 2 & -2 \\ 2 & -1 & -4 \\ 2 & 0 & 5 \end{pmatrix}, \quad \mathbf{A}_5 = \begin{pmatrix} 0 & 0 & 1 \\ 0 & 1 & 0 \\ 1 & 0 & 0 \end{pmatrix}, \quad \mathbf{A}_6 = \begin{pmatrix} 1 & 1 & 2 \\ 0 & -8 & 0 \\ 0 & 0 & 3 \end{pmatrix}.$$

**Aufgabe 4.4.2**

a) Man berechne die LR-Zerlegung der Matrix $\mathbf{A} = \begin{pmatrix} 9 & 1 & 2 \\ 18 & 3 & 3 \\ 27 & 2 & 6 \end{pmatrix}$.

b) Man löse hiermit die linearen Gleichungssysteme (i) $\mathbf{Ax} = \begin{pmatrix} -7 \\ -15 \\ -21 \end{pmatrix}$ und (ii) $\mathbf{Ax} = \begin{pmatrix} 5 \\ 9 \\ 14 \end{pmatrix}$.

**Aufgabe 4.4.3**
Die Matrizen $\mathbf{A} \in \mathbb{R}^{(n,n)}, \mathbf{B} \in \mathbb{R}^{(n,m)}, \mathbf{C} \in \mathbb{R}^{(m,n)}$ und $\mathbf{D} \in \mathbb{R}^{(m,m)}$ bilden die folgende Blockmatrix

$$\mathbf{F} = \begin{pmatrix} \mathbf{A} & \mathbf{B} \\ \mathbf{C} & \mathbf{D} \end{pmatrix}.$$

a) Man zeige, dass **F** die folgende Blockdreieckszerlegung besitzt:

$$\mathbf{F} = \begin{pmatrix} \mathbf{I}_n & \mathbf{0} \\ \mathbf{CA}^{-1} & \mathbf{I}_m \end{pmatrix} \begin{pmatrix} \mathbf{A} & \mathbf{B} \\ \mathbf{0} & \mathbf{S} \end{pmatrix},$$

falls **A** regulär ist. Dabei heißt $\mathbf{S} := \mathbf{D} - \mathbf{CA}^{-1}\mathbf{B}$ das *Schur-Komplement*.

b) Man zeige, dass **F** genau dann regulär ist, wenn **S** regulär ist.

c) Man berechne nach obiger Methode die Blockdreieckszerlegung von

$$\begin{pmatrix} 2 & 3 & 1 & 2 \\ 1 & 2 & 1 & 1 \\ -1 & 0 & 2 & 0 \\ 2 & 1 & -1 & 3 \end{pmatrix}$$

mit $\mathbf{A}, \mathbf{B}, \mathbf{C}, \mathbf{D} \in \mathbb{R}^{(2,2)}$.

**Aufgabe 4.4.4**
Gegeben seien die Matrix **A** und der Vektor **b** mit

$$\mathbf{A} = \begin{pmatrix} 2 & 3 & 1 & 0 \\ -6 & -10 & -4 & 2 \\ 4 & 5 & 1 & 3 \\ 2 & 5 & 5 & -3 \end{pmatrix} \quad \text{und} \quad \mathbf{b} = \begin{pmatrix} 7 \\ -12 \\ 27 \\ -11 \end{pmatrix}.$$

Für eine geeignete Permutationsmatrix **P** bestimme man die LR-Zerlegung von **PA** und löse hiermit das lineare Gleichungssystem $\mathbf{Ax} = \mathbf{b}$.

**Aufgabe 4.4.5**
Man bestimme die LR-Zerlegungen der Matrizen

$$\mathbf{A} = \begin{pmatrix} 2 & 1 & 2 & 3 \\ 4 & 3 & 7 & 8 \\ 6 & 1 & 3 & 6 \\ 4 & 1 & 4 & \alpha \end{pmatrix} \quad \text{und} \quad \mathbf{B} = \begin{pmatrix} 2 & 3 & 2 & 1 \\ 4 & 7 & 6 & 5 \\ -4 & -4 & 4 & 5 \\ 6 & 8 & 8 & \alpha \end{pmatrix}.$$

Für welche Parameterwerte von $\alpha \in \mathbb{R}$ ist **R** regulär?

**Aufgabe 4.4.6**

Gegeben seien die Matrizen $\mathbf{A}_1 = \begin{pmatrix} 1 & 0 & 2 & -1 \\ 0 & 2 & -6 & 4 \\ 2 & -6 & 23 & -7 \\ -1 & 4 & -7 & 61 \end{pmatrix}$ und $\mathbf{A}_2 = \begin{pmatrix} 4 & -8 & 4 \\ -8 & 11 & -23 \\ 4 & -23 & -39 \end{pmatrix}$.

Man berechne die Cholesky-Zerlegungen, d.h. Matrizen $\mathbf{L}_i$ und $\mathbf{D}_i$ mit $\mathbf{A}_i = \mathbf{L}_i\mathbf{D}_i\mathbf{L}_i^T$ für $i = 1, 2$.

## A.4.5 Determinanten

**Aufgabe 4.5.1**
Seien **A** und **B** reguläre $(n, n)$-Matrizen. Man drücke die folgenden Determinanten durch $\det \mathbf{A}$ und $\det \mathbf{B}$ aus:

$$\det(5\mathbf{A})\,, \quad \det(-3\mathbf{B})\,, \quad \det(\mathbf{A}^T)\,, \quad \det \mathbf{B}^3\,, \quad \det(\mathbf{A}^{-1})\,, \quad \det(\mathbf{BA})\,, \quad \det(\mathbf{B}-\mathbf{A})\,, \quad \det \mathbf{A}^{-1}\mathbf{B}\,.$$

**Aufgabe 4.5.2**
Man berechne die folgenden Determinanten durch elementare Umformungen:

$$\det\begin{pmatrix} 1 & 2 & 3 \\ -2 & 0 & 1 \\ 0 & 3 & -1 \end{pmatrix}, \det\begin{pmatrix} \frac{1}{2} & \frac{1}{3} & \frac{1}{4} \\ \frac{1}{3} & \frac{1}{4} & \frac{1}{5} \\ \frac{1}{4} & \frac{1}{5} & \frac{1}{6} \end{pmatrix}, \det\begin{pmatrix} 1 & 1 & 1 & 1 \\ 2 & a & a & a \\ 2 & 3 & b & b \\ 2 & 3 & 4 & c \end{pmatrix}, \det\begin{pmatrix} 1 & x & x^2 \\ 1 & y & y^2 \\ 1 & z & z^2 \end{pmatrix}.$$

**Aufgabe 4.5.3**
Man berechne die folgenden Determinanten

$$\text{a)}\begin{vmatrix} 1 & 1 & 1 \\ 1 & 3 & 3 \\ 2 & 4 & 4 \end{vmatrix}, \quad \text{b)}\begin{vmatrix} 8 & 2 & 3 \\ 8 & 4 & 3 \\ 16 & 6 & 9 \end{vmatrix}, \quad \text{c)}\begin{vmatrix} 1 & 1 & 2 \\ t & 2t & 0 \\ 3a & a & a^2 \end{vmatrix},$$

$$\text{d)}\begin{vmatrix} 4 & 1 & 1 & x+1 \\ 1 & 1 & 0 & 2 \\ 1 & 0 & 1 & 2 \\ 3 & 1 & 1 & x \end{vmatrix}, \quad \text{e)}\begin{vmatrix} 2 & 6 & 2 & -4 \\ 4 & 13 & 5 & -8 \\ 1 & 5 & -1 & 0 \\ -8 & -24 & 0 & 16 \end{vmatrix}.$$

**Aufgabe 4.5.4**
Die Zahlen 13273, 14300, 26013, 27300 und 28275 sind durch 13 teilbar. Man zeige ohne explizite Berechnung der Determinante, dass

$$\begin{vmatrix} 1 & 3 & 2 & 7 & 3 \\ 1 & 4 & 3 & 0 & 0 \\ 2 & 6 & 0 & 1 & 3 \\ 2 & 7 & 3 & 0 & 0 \\ 2 & 8 & 2 & 7 & 5 \end{vmatrix}$$

ebenfalls durch 13 teilbar ist.

**Aufgabe 4.5.5**
Man zeige:

$$\det \begin{pmatrix} a_{11} & \cdots & a_{1n} \\ & \ddots & \vdots \\ 0 & & a_{nn} \end{pmatrix} = \prod_{i=1}^{n} a_{ii} \,.$$

**Aufgabe 4.5.6**
Gegeben sei die folgende tridiagonale Matrix:

$$\mathbf{A}_n = \begin{pmatrix} \cos\rho & 1 & & & & \\ 1 & 2\cos\rho & 1 & & & \\ & 1 & 2\cos\rho & 1 & & \\ & & \ddots & \ddots & \ddots & \\ & & & \ddots & \ddots & 1 \\ & & & & 1 & 2\cos\rho \end{pmatrix} \in \mathbb{R}^{(n,n)}.$$

a) Man zeige mit Hilfe des Entwicklungssatzes die Rekursionsformel

$$\det \mathbf{A}_n = 2\cos\rho \cdot \det \mathbf{A}_{n-1} - \det \mathbf{A}_{n-2}\,, \quad n > 2\,.$$

b) Man zeige mittels vollständiger Induktion $\det \mathbf{A}_n = \cos(n\rho)$ .

**Aufgabe 4.5.7**

Gegeben sei die folgende tridiagonale Matrix: $\mathbf{A}_n = \begin{pmatrix} 4 & 1 & & \\ 4 & 4 & 1 & \\ & & \ddots & 1 \\ & & 4 & 4 \end{pmatrix} \in \mathbb{R}^{(n,n)}$ .

Man zeige durch Entwicklung nach der letzten Zeile/Spalte und mit vollständiger Induktion:

$$\det \mathbf{A}_n = 2^n \cdot (1+n)\,.$$

**Aufgabe 4.5.8**

a) Man zeige, dass für $\mathbf{A} \in \mathbb{R}^{(n,n)}$, $\mathbf{B} \in \mathbb{R}^{(n,m)}$ und $\mathbf{D} \in \mathbb{R}^{(m,m)}$ gilt:

$$\det \begin{pmatrix} \mathbf{A} & \mathbf{B} \\ \mathbf{O} & \mathbf{D} \end{pmatrix} = \det \mathbf{A} \cdot \det \mathbf{D}\,.$$

*Hinweis:* Gauß-Elimination!

b) Man zeige an einem Beispiel, dass für $\mathbf{A}, \mathbf{B}, \mathbf{C}, \mathbf{D} \in \mathbb{R}^{(n,n)}$ im Allgemeinen gilt:

$$\det \begin{pmatrix} \mathbf{A} & \mathbf{B} \\ \mathbf{C} & \mathbf{D} \end{pmatrix} \neq \det(\mathbf{A}\,\mathbf{D}) - \det(\mathbf{B}\,\mathbf{C})\,.$$

**Aufgabe 4.5.9**
Das Volumen des Volumenelements in Kugelkoordinaten $(r, \varphi, \psi)$ ist gegeben durch

$$D := \det \begin{pmatrix} \cos\varphi\cos\psi & -r\sin\varphi\cos\psi & -r\cos\varphi\sin\psi \\ \sin\varphi\cos\psi & r\cos\varphi\cos\psi & -r\sin\varphi\sin\psi \\ \sin\psi & 0 & r\cos\psi \end{pmatrix}.$$

Man berechne $D$ nach der folgenden Strategie: (i) Herausziehen des Faktors $r$, (ii) Entwickeln nach einer Zeile oder Spalte, (iii) Herausziehen der Faktoren $\sin\psi$ und $\cos\psi$ aus den Teildeterminanten (falls möglich).

**Aufgabe 4.5.10**
Man zeige: Ein Parallelotop vom Volumen $V$ wird durch eine lineare Transformation $\mathbf{y} = \mathbf{A}\,\mathbf{x}$ abgebildet auf ein Parallelotop mit dem Volumen $\tilde{V} = |\det \mathbf{A}| \cdot V$.

**Aufgabe 4.5.11**

a) Man berechne die Inverse von $\mathbf{A} := \frac{1}{5}\begin{pmatrix} 3 & -4 & 0 \\ 0 & 0 & 5 \\ 4 & 3 & 0 \end{pmatrix}$ mit der Cramerschen Regel. Wegen $\mathbf{A}\mathbf{A}^{-1} = \begin{pmatrix} 1 & 0 & 0 \\ 0 & 1 & 0 \\ 0 & 0 & 1 \end{pmatrix}$ müssen drei Gleichungssysteme gelöst werden.

b) Man berechne die Determinante der *Hilbert-Matrix* $\mathbf{H}^4$.
Dabei ist $\mathbf{H}^n = (a_{ij})_{1\le i,j\le n}$ mit $a_{ij} := \dfrac{1}{i+j-1}$.

**Aufgabe 4.5.12**

a) Für $\mathbf{a}, \mathbf{b} \in \mathrm{I\!R}^n$ zeige man durch vollständige Induktion $\det(\mathbf{I}_n + \mathbf{a}\mathbf{b}^T) = 1 + \mathbf{a}^T\mathbf{b}$.

b) Man leite hieraus $\det(\mathbf{A} + \mathbf{a}\mathbf{b}^T) = \det\mathbf{A} \cdot (1 + \mathbf{b}^T\mathbf{A}^{-1}\mathbf{a})$ für reguläre Matrizen $\mathbf{A} \in \mathrm{I\!R}^{(n,n)}$ und $\mathbf{a}, \mathbf{b} \in \mathrm{I\!R}^n$ her.

c) Welcher Wert ergibt sich für die Determinante einer Householder-Matrix?

# A.5 Lineare Abbildungen

## A.5.1 Lineare Abbildungen, Basisdarstellung

### Aufgabe 5.1.1

a) Der Vektor $\mathbf{v} \in \mathbb{R}^3$ habe bezüglich der kanonischen Basis die Koordinaten $\mathbf{x} = (3, 5, 8)^T$. Man bestimme den Koordinatenvektor $\boldsymbol{\xi} \in \mathbb{R}^3$ von $\mathbf{v}$ bezüglich der Basis

$$\mathbf{v}_1 := \begin{pmatrix} 1 \\ 1 \\ 2 \end{pmatrix}, \quad \mathbf{v}_2 := \begin{pmatrix} 2 \\ 1 \\ 0 \end{pmatrix} \quad \text{und} \quad \mathbf{v}_3 := \begin{pmatrix} 3 \\ 1 \\ 1 \end{pmatrix}.$$

b) Bezüglich der kanonischen Basis habe der Vektor $\mathbf{w} \in \mathbb{C}^3$ die Darstellung $\mathbf{z} = (2, 1 + 2i, 2 - i)^T$. Man ermittle den Koordinatenvektor $\boldsymbol{\zeta} \in \mathbb{C}^3$ von $\mathbf{w}$ bezüglich der Basis

$$\mathbf{w}_1 := \begin{pmatrix} 1 \\ 0 \\ i \end{pmatrix}, \quad \mathbf{w}_2 := \begin{pmatrix} 1 \\ 1 \\ 0 \end{pmatrix} \quad \text{und} \quad \mathbf{w}_3 := \begin{pmatrix} 1 \\ i \\ 1 \end{pmatrix}.$$

### Aufgabe 5.1.2

Es bezeichne $C^1(\mathbb{R})$ den Vektorraum der stetig differenzierbaren Funktionen $f : \mathbb{R} \to \mathbb{R}$.

a) Man zeige: Die durch

$$\mathbf{v}_1(t) = \mathrm{e}^{3t}, \quad \mathbf{v}_2(t) = t\mathrm{e}^{3t} \quad \text{und} \quad \mathbf{v}_3(t) = t^2\mathrm{e}^{3t} \quad (t \in \mathbb{R})$$

gegebenen Funktionen $\mathbf{v}_1, \mathbf{v}_2, \mathbf{v}_3 \in C^1(\mathbb{R})$ sind linear unabhängig.

b) Sei $V := \mathrm{Spann}(\mathbf{v}_1, \mathbf{v}_2, \mathbf{v}_3)$.
Man zeige: Die Differentiation $(Dv)(t) := v'(t)$ ist eine lineare Abbildung $D : V \to V$.

c) Man gebe die Matrixdarstellung von $D$ bezüglich der Basis $\{\mathbf{v}_1, \mathbf{v}_2, \mathbf{v}_3\}$ an.

### Aufgabe 5.1.3

Man betrachte die linearen Abbildungen

$$D : \Pi_n \to \Pi_{n-1} \quad (Dp)(t) := p'(t) \qquad \text{(Differentiation)},$$

$$I : \Pi_{n-1} \to \Pi_n \quad (Ip)(t) := \int_0^t p(\tau)\, d\tau \quad \text{(Integration)}.$$

Man bestimme die Matrixdarstellungen $\mathbf{A}_D$ und $\mathbf{A}_I$ dieser linearen Abbildungen bezüglich der Standardbasen $1, t, \ldots, t^n$ bzw. $1, t, \ldots, t^{n-1}$ von $\Pi_n$ bzw. $\Pi_{n-1}$.

### Aufgabe 5.1.4

a) Die lineare Abbildung $T : \mathbb{R}^3 \to \mathbb{R}^3$ sei festgelegt durch

$$T(\mathbf{e}_1) = 3\mathbf{e}_3, \quad T(\mathbf{e}_2) = \mathbf{e}_1 - \mathbf{e}_2 - 9\mathbf{e}_3 \quad \text{und} \quad T(\mathbf{e}_3) = 2\mathbf{e}_2 + 7\mathbf{e}_3.$$

Geben Sie die Abbildungsmatrizen von $T$ bezüglich der kanonischen Basis und der Basis $\mathbf{a}_1 = (1, 1, 1)^T$, $\mathbf{a}_2 = (1, 2, 3)^T$, $\mathbf{a}_3 = (1, 3, 6)^T$ an.

b) Die Abbildungsmatrix einer linearen Abbildung $T : \mathbb{R}^2 \to \mathbb{R}^3$ (bezüglich der kanonischen Basen) sei

$$\mathbf{A} = \begin{pmatrix} 0 & 1 \\ 2 & -2 \\ 3 & 0 \end{pmatrix}.$$

Man gebe die Abbildungsmatrix bezüglich der Basen

$$\mathbf{v}_1 = (1, 1)^T, \quad \mathbf{v}_2 = (5, 3)^T \in \mathbb{R}^2,$$
$$\mathbf{w}_1 = (1, 2, 2)^T, \quad \mathbf{w}_2 = (1, 3, 4)^T, \quad \mathbf{w}_3 = (2, 4, 5)^T \in \mathbb{R}^3$$

an. Welche Koordinaten besitzt $T(2\mathbf{e}_1 - 4\mathbf{e}_2)$ bezüglich der Basis $\{\mathbf{w}_1, \mathbf{w}_2, \mathbf{w}_3\}$?

*Aufgaben und Lösungen zu Mathematik für Ingenieure 1, 4.Aufl.*, R. Ansorge, H. J. Oberle, K. Rothe und Th. Sonar

ISBN: 978-3-527-40987-7

**Aufgabe 5.1.5**

Gegeben sei die lineare Abbildung $T : \mathbb{R}^3 \to \mathbb{R}^2$ mit $T(\mathbf{x}) = \begin{pmatrix} 2 & 5 & -3 \\ 1 & -4 & 7 \end{pmatrix} \begin{pmatrix} x_1 \\ x_2 \\ x_3 \end{pmatrix}$.

a) Man berechne die Matrix $\mathbf{B}$ der Abbildung $T$ bezüglich der folgenden Basen:

$$\begin{array}{lll} \text{im } \mathbb{R}^3 & : & \mathbf{v}_1 = (1,1,1)^T, \quad \mathbf{v}_2 = (1,1,0)^T, \quad \mathbf{v}_3 = (1,0,0)^T, \\ \text{im } \mathbb{R}^2 & : & \mathbf{w}_1 = (1,3)^T, \quad \mathbf{w}_2 = (2,5)^T. \end{array}$$

b) Welche Koordinaten hat $T\begin{pmatrix} 1 \\ 2 \\ 1 \end{pmatrix}$ bezüglich der Basis $\{\mathbf{w}_1, \mathbf{w}_2\}$?

**Aufgabe 5.1.6**

Die Matrix $\mathbf{A} = \begin{pmatrix} 1 & 1 & 1 \\ 1 & 2 & 3 \end{pmatrix}$ beschreibe die lineare Abbildung $T : \mathbb{R}^3 \to \mathbb{R}^2$ bezüglich der Basen

$$\mathbf{v}_1 = (1,1,2)^T, \quad \mathbf{v}_2 = (2,1,0)^T, \quad \mathbf{v}_3 = (3,1,1)^T \quad \text{im} \quad \mathbb{R}^3 \quad \text{und}$$

$$\mathbf{w}_1 = \frac{1}{5}(7,2)^T, \quad \mathbf{w}_2 = \frac{1}{5}(1,11)^T \quad \text{im} \quad \mathbb{R}^2.$$

a) Man berechne die Matrix $\mathbf{B}$, die $T$ bezüglich der folgenden Basen beschreibt:

$$\tilde{\mathbf{v}}_1 = (-2,0,3)^T, \quad \tilde{\mathbf{v}}_2 = (2,1,0)^T, \quad \tilde{\mathbf{v}}_3 = (1,1,1)^T \quad \text{im} \quad \mathbb{R}^3 \quad \text{und}$$

$$\tilde{\mathbf{w}}_1 = (1,2)^T, \quad \tilde{\mathbf{w}}_2 = (1,-1)^T \quad \text{im} \quad \mathbb{R}^2.$$

b) Die Koordinaten des Vektors $\mathbf{x}$ in der Basis $\tilde{\mathbf{v}}_1, \tilde{\mathbf{v}}_2, \tilde{\mathbf{v}}_3$ lauten $\tilde{\mathbf{v}} = (1,0,5)^T$. Welche Koordinaten hat

(i) $\mathbf{x}$ in der Basis $\mathbf{v}_1, \mathbf{v}_2, \mathbf{v}_3$,

(ii) das Bild von $\mathbf{x}$ unter $T$ in der Basis $\mathbf{w}_1, \mathbf{w}_2$ und

(iii) das Bild von $\mathbf{x}$ unter $T$ in der Basis $\tilde{\mathbf{w}}_1, \tilde{\mathbf{w}}_2$?

**Aufgabe 5.1.7**

Gegeben sei die lineare Abbildung $T : \Pi_3 \to \Pi_3$ mit $T(p(t)) = p(t-1)$.

a) Man bestimme die Matrixdarstellung $\mathbf{A}$ von $T$ bezüglich der Basis $\{1, t, t^2, t^3\}$.

b) Man bestimme die Matrix $\mathbf{S}$ des Basisübergangs $\left((t-1)^k\right) \to \left((t)^j\right)$. Hiermit gebe man die Matrixdarstellung $\mathbf{B}$ von $T$ bezüglich der Basis $\{1, (t-1), (t-1)^2, (t-1)^3\}$ an.

c) Mit Hilfe von b) schreibe man das Polynom $p(t) = -5 + 7t - 10t^2 + 15t^3$ als Polynom in Potenzen von $(t-1)$.

## A.5.2 Orthogonalität

**Aufgabe 5.2.1**
Sei $W$ der von den Spalten der Matrix

$$\begin{pmatrix} 1 & 3 & 1 & -2 & -3 \\ 1 & 4 & 3 & -1 & -4 \\ 2 & 3 & -4 & -7 & -3 \\ 3 & 8 & 1 & -7 & -8 \end{pmatrix}$$

aufgespannte lineare Teilraum des $\mathbb{R}^4$.

Man bestimme eine Basis von $W$, stelle die Spaltenvektoren der Matrix als Linearkombination dieser Basisvektoren dar und bestimme eine orthogonale Basis für $W$.

**Aufgabe 5.2.2**
Gegeben seien die Vektoren $\mathbf{a}_1 = (1,-1,0,0)^T$, $\mathbf{a}_2 = (2,0,1,0)^T$, $\mathbf{a}_3 = (6,2,7,0)^T$, $\mathbf{a}_4 = (3,1,-1,0)^T$ und $W = \text{Spann}(\mathbf{a}_1, \mathbf{a}_2, \mathbf{a}_3, \mathbf{a}_4)$. Bestimmen Sie die Dimension von $W$, eine Basis von $W$ und mittels des Gram-Schmidt-Verfahrens eine Orthonormalbasis von $W$.

**Aufgabe 5.2.3**

a) Man konstruiere eine Orthonormalbasis des von den Vektoren

$$\mathbf{v}_1 = \begin{pmatrix} 1 \\ 0 \\ 0 \\ 0 \\ 1 \end{pmatrix}, \quad \mathbf{v}_2 = \begin{pmatrix} 1 \\ 0 \\ 1 \\ 0 \\ 0 \end{pmatrix}, \quad \mathbf{v}_3 = \begin{pmatrix} 2 \\ 0 \\ 1 \\ 0 \\ 1 \end{pmatrix} \quad \text{und} \quad \mathbf{v}_4 = \begin{pmatrix} 0 \\ 0 \\ 0 \\ 1 \\ 0 \end{pmatrix}$$

aufgespannten linearen Teilraumes $V$.

b) Ist $\mathbf{v}_5 = (0,1,0,1,0)^T \in V$ ?

**Aufgabe 5.2.4**
Es sei $W$ der von den Vektoren

$$\begin{pmatrix} 1 \\ 0 \\ 1 \\ 0 \end{pmatrix}, \begin{pmatrix} 1 \\ 1 \\ 1 \\ 1 \end{pmatrix}, \begin{pmatrix} 1 \\ 1 \\ 2 \\ 2 \end{pmatrix}, \begin{pmatrix} 0 \\ 1 \\ -1 \\ 0 \end{pmatrix}$$

aufgespannte Teilraum des $\mathbb{R}^4$. Man bestimme die Dimension von $W$, eine Basis von $W$ und mittels des Gram-Schmidt-Verfahrens eine Orthonormalbasis von $W$.

Wie lautet die Matrix der orthogonalen Projektion des $\mathbb{R}^4$ auf $W$ und auf $W^\perp$ (bezüglich der kanonischen Basis)? Welchen Wert hat

$$\min_{\mathbf{w} \in W} ||\mathbf{x} - \mathbf{w}||_2 \quad \text{für} \quad \mathbf{x} = (0,0,0,1)^T?$$

**Aufgabe 5.2.5**
Gegeben sei eine Matrix $\mathbf{A} = (\mathbf{v}_1, \ldots, \mathbf{v}_m) \in \mathbb{R}^{(n,m)}$ mit den Spaltenvektoren $\mathbf{v}_1, \ldots, \mathbf{v}_m \in \mathbb{R}^n$, $m \leq n$.

a) Man zeige:

$$\text{rang}\,\mathbf{A} = m \iff \mathbf{A}^T\mathbf{A} \text{ regulär}.$$

b) Ist $\{\mathbf{v}_1, \ldots, \mathbf{v}_m\}$ Basis des linearen Unterraumes $W \subset \mathbb{R}^n$, so besitzt die orthogonale Projektion des $\mathbb{R}^n$ auf $W$ die Matrixdarstellung

$$\mathbf{P} = \mathbf{A}(\mathbf{A}^T\mathbf{A})^{-1}\mathbf{A}^T.$$

*Hinweis:* Man verwende die Beziehungen (5.2.8) und (5.2.9) des Lehrbuches!

c) Für die Vektoren

$$\mathbf{v}_1 = \begin{pmatrix} 1 \\ -1 \\ 0 \end{pmatrix}, \quad \mathbf{v}_2 = \begin{pmatrix} 0 \\ 1 \\ -1 \end{pmatrix} \quad \text{und} \quad \mathbf{v}_3 = \begin{pmatrix} 1 \\ 1 \\ 1 \end{pmatrix}$$

werde definiert: $W := \text{Spann}(\mathbf{v}_1, \mathbf{v}_2)$, $Z := \text{Spann}(\mathbf{v}_3)$.
Man berechne die orthogonalen Projektionen $\mathbf{P}$ und $\mathbf{Q}$ des $\mathbb{R}^3$ auf die Unterräume $W$ und $Z$.

**Aufgabe 5.2.6**
Bestimmen Sie reelle Zahlen $a$ und $b$ so, dass

$$\left( \int_{-1}^{1} \left(a + bt - t^{20}\right)^2 \mathrm{d}t \right)^{\frac{1}{2}}$$

minimal wird.

**Aufgabe 5.2.7**
Gegeben sei der Polynomraum $\Pi_2$ mit dem Skalarprodukt

$$\langle p, q \rangle := \int_0^1 p(t)\, q(t) \mathrm{d}t$$

und der Unterraum $W = \text{Spann}(1 + t^2)$.

a) Man bestimme eine Basis von $W^\perp$.

b) Man bestimme mit dem Gram-Schmidt-Verfahren aus der Basis

$$p_1(t) = 1, \quad p_2(t) = t \quad \text{und} \quad p_3(t) = t^2$$

von $\Pi_2$ eine Orthonormalbasis für $\Pi_2$.

## A.5.3 Orthogonale Transformationen

**Aufgabe 5.3.1**
Man bestimme alle symmetrischen, orthogonalen Matrizen der Form

$$\mathbf{A} = \begin{pmatrix} 1/3 & 2/3 & 2/3 \\ * & * & * \\ * & * & * \end{pmatrix} \in \mathbb{R}^{(3,3)}.$$

*Hinweis:* Man verwende zunächst die Symmetrie, um das Problem auf drei Unbekannte zu reduzieren, und stelle für diese ein lineares Gleichungssystem auf.

**Aufgabe 5.3.2**

a) Welche der folgenden Matrizen beschreiben Drehungen des $\mathbb{R}^2$:

$$\mathbf{A} := \frac{1}{\sqrt{2}} \begin{pmatrix} 1 & 1 \\ 1 & -1 \end{pmatrix}, \quad \mathbf{B} := \begin{pmatrix} 1 & 2 \\ -2 & 1 \end{pmatrix}, \quad \mathbf{C} := \begin{pmatrix} 0 & -1 \\ 1 & 0 \end{pmatrix}?$$

b) Man überprüfe, ob die Matrix

$$\mathbf{D} := \frac{1}{9} \begin{pmatrix} 8 & 1 & -4 \\ 4 & -4 & 7 \\ -1 & -8 & -4 \end{pmatrix}$$

eine Drehung des $\mathbb{R}^3$ beschreibt, und bestimme gegebenenfalls Drehachse und Drehwinkel.

**(Klausur-)Aufgabe 5.3.3**
Man stelle die orthogonale Matrix $\mathbf{B} \in \mathbb{R}^{(3,3)}$ (bezüglich der kanonischen Basis) auf, die die Drehung des $\mathbb{R}^3$ um die Drehachse $\mathbf{v} = (1, 1, -1)^T$ und um den Drehwinkel $\varphi = \pi/2 \mathrel{\widehat{=}} 90°$ beschreibt.

Hierzu bestimme man im Einzelnen:

a) eine Orthonormalbasis $\{\mathbf{w}_1, \mathbf{w}_2, \mathbf{w}_3\}$ mit $\mathbf{w}_1 || \mathbf{v}$;

b) die Matrixdarstellung $\mathbf{A}$ der Drehung bezüglich der Basis $\{\mathbf{w}_1, \mathbf{w}_2, \mathbf{w}_3\}$;

c) die orthogonale Matrix $\mathbf{S}$ des Basiswechsels $(\mathbf{e}_k) \to (\mathbf{w}_j)$ und schließlich

d) die gesuchte Matrixdarstellung $\mathbf{B}$ bezüglich der kanonischen Basis mit $\mathbf{B} = \mathbf{S}^{-1}\mathbf{A}\mathbf{S}$.

**Aufgabe 5.3.4**
Gegeben seien $T_i : \mathbb{R}^3 \to \mathbb{R}^3$ für $i = 1, 2$ mit

$$T_1(\mathbf{x}) = \frac{1}{15}\begin{pmatrix} 5 & 10 & 10 \\ -2 & 11 & -10 \\ -14 & 2 & 5 \end{pmatrix}\mathbf{x} \quad \text{und} \quad T_2(\mathbf{x}) = \frac{1}{9}\begin{pmatrix} 1 & -4 & 8 \\ -4 & 7 & 4 \\ 8 & 4 & 1 \end{pmatrix}\mathbf{x} \ .$$

Man untersuche, ob $T_i$ eine Drehung oder eine Spiegelung beschreibt. Man bestimme gegebenenfalls Drehachse und Drehwinkel bzw. Spiegelungsebene.

**Aufgabe 5.3.5**
Gegeben sei $\mathbf{a} = (1, 2, 0, 2)^T$. Man bestimme eine Householder-Matrix

$$\mathbf{H} = \mathbf{I}_4 - 2\mathbf{w}\mathbf{w}^T \quad \text{mit} \quad \mathbf{w} \in \mathbb{R}^4 \quad \text{und} \quad ||\mathbf{w}|| = 1,$$

die $\mathbf{a}$ auf ein Vielfaches des ersten Einheitsvektors $\mathbf{e}_1$ abbildet.

**Aufgabe 5.3.6**

a) Man bestimme eine Householder-Matrix $\mathbf{H}$, die den Vektor $\mathbf{a} = (3, 3, 2, 1, 1, 1)^T$ in den Vektor $\mathbf{b} = (4, 3, 0, 0, 0, 0)^T$ spiegelt.

b) Man lösen hiermit das lineare Gleichungssystem $\mathbf{H}\mathbf{x} = \mathbf{e}_2$ .

**Aufgabe 5.3.7**

a) Gegeben sei $\mathbf{w} \in \mathbb{R}^3$ mit $||\mathbf{w}|| = 1$ und

$$\mathbf{D}_w = -(\mathbf{I}_3 - 2\mathbf{w}\mathbf{w}^T).$$

Man zeige: $\mathbf{D}_w$ beschreibt die 180°-Drehung des $\mathbb{R}^3$ mit Drehachse $\mathbf{w}$.
*Hinweis:* Man benutze die bekannten Eigenschaften der Householder-Matrix $\mathbf{I}_3 - 2\mathbf{w}\mathbf{w}^T$ .

b) Es seien $\mathbf{a}, \mathbf{b} \in \mathbb{R}^3$ mit $||\mathbf{a}|| = ||\mathbf{b}||$ und $\mathbf{a} \neq -\mathbf{b}$ gegeben. Man zeige, dass für $\mathbf{w} := (\mathbf{a}+\mathbf{b})/||\mathbf{a}+\mathbf{b}||$ die Matrix $\mathbf{D}_w$ den Vektor $\mathbf{a}$ in den Vektor $\mathbf{b}$ dreht.

c) Gegeben sei $\mathbf{a} = (2, 2, -1)^T$. Man bestimme unter Benutzung von b) eine Drehmatrix, die $\mathbf{a}$ in ein Vielfaches des dritten Einheitsvektors $\mathbf{e}_3$ dreht. Man gebe die Matrix explizit an!

# A.6 Lineare Ausgleichsprobleme

## A.6.1 Problemstellung, Normalgleichungen

**(Klausur-)Aufgabe 6.1.1**
Gegeben seien die Messdaten $(t_i, y_i),\ i = 1, \ldots, 5$, mit

| $t_i$ | $-2$ | $-1$ | $0$ | $1$ | $2$ |
|---|---|---|---|---|---|
| $y_i$ | $2$ | $3$ | $3$ | $4$ | $3$ |

Man bestimme hierzu

a) eine Ausgleichsgerade $g(t) = a_1 + a_2 t$, (d.h. $a_1, a_2$, so dass $\sum_i (y_i - g(t_i))^2$ minimal ist) und

b) eine Ausgleichsparabel $p(t) = b_1 + b_2 t^2$, (d.h. $b_1, b_2$, so dass $\sum_i (y_i - p(t_i))^2$ minimal ist).

**Aufgabe 6.1.2**

a) Man bestimme eine Ausgleichsgerade $y = ax + b$ durch die Messpunkte

| $x_i$ | $-2$ | $-1$ | $0$ | $1$ |
|---|---|---|---|---|
| $y_i$ | $2$ | $0$ | $1$ | $2$ |

b) Zu den Messdaten $(x_i, y_i),\ i = 1, \ldots, 6$ mit

| $x_i$ | $-4$ | $-2$ | $-1$ | $1$ | $2$ | $4$ |
|---|---|---|---|---|---|---|
| $y_i$ | $3$ | $2$ | $1$ | $-1$ | $-2$ | $-3$ |

bestimme man eine Parabel $y = p(x) = a_1 + a_2 x + a_3 x^2$, die $\sum_{i=1}^{6} (y_i - p(x_i))^2$ minimiert.

**Aufgabe 6.1.3**
Gegeben sei das lineare Ausgleichsproblem $\quad ||\mathbf{Ax} - \mathbf{b}||_2 = \min!\quad$ mit

$$\mathbf{A} = \begin{pmatrix} 1 & 2 \\ 4 & 5 \\ 7 & 8 \\ 10 & 11 \end{pmatrix} \quad \text{und} \quad \mathbf{b} = \begin{pmatrix} 3 \\ 6 \\ 9 \\ 12 \end{pmatrix}.$$

Man bestimme die Lösung dieser Aufgabe mit Hilfe der Normalgleichungen.

**(Klausur-)Aufgabe 6.1.4**
Zu einer Reihe von Messpunkten $(t_i, f_i)$ $(i = 0, 1, \ldots, N)$ soll eine kubische Ausgleichsfunktion $p$ bestimmt werden, die die folgenden beiden Eigenschaften hat:

a) $p(t_0) = f_0, \quad p(t_N) = f_N$,

b) $\sum_{i=1}^{N-1} (p(t_i) - f_i)^2 \to \min$.

Man löse diese Aufgabe für $t_i = i,\ f_i = \dfrac{1}{i+1}$ und $N = 4$.

*Hinweis:* Für $p$ empfiehlt sich der Ansatz

$$p(t) = c_0 + c_1(t - t_0) + c_2(t - t_0)(t - t_N) + c_3(t - t_0)(t - t_N)\,t.$$

**(Klausur-)Aufgabe 6.1.5**
Für den Bremsweg $s$ eines Autos als Funktion der Geschwindigkeit $v$ liegen die folgenden Messwerte vor:

| $v_i$[km/h] | 10 | 20 | 25 | 30 | 40 | 50 |
|---|---|---|---|---|---|---|
| $s_i$[m] | 4 | 10 | 14 | 20 | 30 | 42 |

*Aufgaben und Lösungen zu Mathematik für Ingenieure 1, 4.Aufl.*, R. Ansorge, H. J. Oberle, K. Rothe und Th. Sonar

ISBN: 978-3-527-40987-7

Gesucht ist eine quadratische Abhängigkeit der Form

$$s = s(v) = av^2 + bv \, .$$

Man transformiere zunächst auf die Größe $z := s/v$ und bestimme dann $a$ und $b$ mit der Methode der kleinsten Quadrate, so dass $\sum_{i=1}^{6}(z(v_i) - z_i)^2$ minimal wird. Man gebe den Defekt (Residuenvektor) an.

## A.6.2 Die QR-Zerlegung

**Aufgabe 6.2.1**
Man löse das lineare Ausgleichsproblem $||\mathbf{Ax} - \mathbf{b}||_2 = \min!$ für

$$\mathbf{A} = \begin{pmatrix} 2 & 0 \\ 1 & 4 \\ 2 & 1 \end{pmatrix} \quad \text{und} \quad \mathbf{b} = \begin{pmatrix} 2 \\ 5 \\ 3 \end{pmatrix}$$

unter Benutzung der QR-Zerlegung durch Householder-Matrizen.

**Aufgabe 6.2.2**
Gegeben sei das lineare Ausgleichsproblem $\|\mathbf{Ax} - \mathbf{b}\|_2 = \min!$ mit

$$\mathbf{A} = \begin{pmatrix} 1 & 0 & 2 \\ 0 & 1 & 0 \\ 0 & 0 & 1 \\ 1 & 1 & 0 \end{pmatrix} \quad \text{und} \quad \mathbf{b} = \begin{pmatrix} 7 \\ -7 \\ 7 \\ 0 \end{pmatrix}.$$

a) Man bestimme die Lösung $\mathbf{x}_m$ dieser Aufgabe mit Hilfe der Normalgleichungen.

b) Man führe die QR-Zerlegung durch:

$$\mathbf{A} = \mathbf{QR}\,, \qquad \mathbf{Q}^T\mathbf{b} = \begin{pmatrix} \mathbf{b}^{(1)} \\ b^{(2)} \end{pmatrix}$$

und überzeuge sich im Rahmen der Rechnergenauigkeit (auf drei Dezimalstellen genau) von

$$\mathbf{Rx}_m = \mathbf{b}^{(1)} \qquad \text{und} \qquad \|\mathbf{Ax}_m - \mathbf{b}\| = |b^{(2)}|\,.$$

## A.7 Eigenwerttheorie für Matrizen

### A.7.1 Eigenwerte und Eigenvektoren

**Aufgabe 7.1.1**

a) Man berechne alle Eigenwerte der folgenden Matrizen:

$$\mathbf{A} = \begin{pmatrix} 2 & 0 & 3 & 0 \\ 0 & i & 0 & 0 \\ 4 & 0 & 1 & 0 \\ 0 & 0 & 0 & 10 \end{pmatrix}, \mathbf{B} = \begin{pmatrix} 0 & 0 & 1 & 0 \\ 0 & 0 & 0 & 1 \\ 1 & 0 & 0 & 0 \\ 0 & 1 & 0 & 0 \end{pmatrix}, \mathbf{C} = \begin{pmatrix} 1 & 3 & i & -6 \\ 2 & 0 & 8 & -i \\ 0 & 0 & 3 & 2 \\ 0 & 0 & 2 & 0 \end{pmatrix}.$$

b) Man geben eine reelle, reguläre $(3,3)$-Matrix an, zu der es nur einen linear unabhängigen Eigenvektor gibt.

**(Klausur-)Aufgabe 7.1.2**
Man berechne alle Eigenwerte und Eigenvektoren von

$$\mathbf{A} = \begin{pmatrix} 0 & -1 \\ 1 & 0 \end{pmatrix}, \qquad \mathbf{B} = \begin{pmatrix} 0 & 1 & 2 \\ 0 & 3 & 4 \\ 0 & 0 & 5 \end{pmatrix} \quad \text{und}$$

$$\mathbf{H} = \mathbf{I}_n - 2\mathbf{w}\mathbf{w}^T \quad \text{mit} \quad \mathbf{w} \in \mathbb{R}^n \quad \text{und} \quad ||\mathbf{w}|| = 1\,.$$

Außerdem bestimme man jeweils die geometrischen und arithmetischen Vielfachheiten.

**Aufgabe 7.1.3**

a) Man bestimme alle Eigenwerte für die Matrizen

$$\mathbf{A} = \begin{pmatrix} 2 & -3 \\ 0 & 2 \end{pmatrix}, \mathbf{B} = \begin{pmatrix} 1 & 0 & 3 \\ 3 & -2 & -1 \\ 1 & -1 & 1 \end{pmatrix} \text{ und } \mathbf{C} = \begin{pmatrix} 0 & 1 & 0 & 0 \\ 0 & 0 & 1 & 0 \\ 0 & 0 & 0 & 1 \\ 4 & -2 & -2 & 3 \end{pmatrix}.$$

b) Zu einer gegebenen Matrix $\mathbf{B} \in \mathbb{R}^{(n,n)}$ seien die Vektoren $\mathbf{v}_1, \cdots, \mathbf{v}_n \in \mathbb{R}^n$ eine Basis aus Eigenvektoren zu den Eigenwerten $\lambda_i$. Man zeige, dass dann $\mathbf{S} := (\mathbf{v}_1|\cdots|\mathbf{v}_n)$ die Matrix $\mathbf{B}$ auf Diagonalgestalt $\mathbf{D} = \operatorname{diag}(\lambda_i)$ transformiert, d.h., es gilt $\mathbf{D} = \mathbf{S}^{-1}\mathbf{B}\mathbf{S}$.

Man diagonalisiere die Matrix $\mathbf{B}$ aus a).

**Aufgabe 7.1.4**
Für die folgenden Matrizen berechne man die Eigenwerte und Eigenvektoren:

$$\mathbf{A} = \begin{pmatrix} 0 & 1 & -1 \\ 0 & 1 & 0 \\ 1 & 0 & 0 \end{pmatrix}, \quad \mathbf{B} = \begin{pmatrix} 1 & 0 & 0 \\ -1 & -2 & 1 \\ 0 & -2 & 1 \end{pmatrix}, \quad \mathbf{C} = \begin{pmatrix} 5 & -2 & -4 \\ -2 & 8 & -2 \\ -4 & -2 & 5 \end{pmatrix}.$$

Falls diagonalisierbar, gebe man die Transformationsmatrix $\mathbf{S}$ an, die auf Diagonalgestalt transformiert.

**(Klausur-)Aufgabe 7.1.5**
Gegeben ist die Matrix

$$\mathbf{A} = \begin{pmatrix} 0 & -1 & -2 \\ -1 & 0 & -2 \\ -2 & -2 & -3 \end{pmatrix}.$$

Man bestimme alle Eigenwerte von $\mathbf{A}$, gebe jeweils eine Basis der Eigenräume an, und bestimme eine orthogonale Matrix $\mathbf{U}$, so dass $\mathbf{U}^T\mathbf{A}\mathbf{U}$ Diagonalform besitzt.

*Aufgaben und Lösungen zu Mathematik für Ingenieure 1, 4.Aufl.*, R. Ansorge, H. J. Oberle, K. Rothe und Th. Sonar

ISBN: 978-3-527-40987-7

**Aufgabe 7.1.6**

a) Man zeige, dass die Matrix $\mathbf{A} \in \mathbb{R}^{(n,n)}$ mit

$$a_{ij} = \begin{cases} 0, & \text{falls } i = j, \\ 1, & \text{falls } i \neq j, \end{cases}$$

den einfachen Eigenwert $\lambda_1 = n-1$ und den $(n-1)$-fachen Eigenwert $\lambda_2 = -1$ besitzt. Außerdem gebe man eine Basis von $E_{\lambda_1}$ und $E_{\lambda_2}$ an.

b) Für die Matrix $\mathbf{B} \in \mathbb{R}^{(n,n)}$ mit

$$b_{ij} = \begin{cases} n-1, & \text{falls } i = j, \\ -1, & \text{falls } i \neq j, \end{cases}$$

gebe man die Eigenwerte und Eigenvektoren an.

**Aufgabe 7.1.7**

Man bestimme die Eigenwerte, ihre geometrischen und algebraischen Vielfachheiten sowie die Eigenräume der folgenden Matrix:

$$\mathbf{J} = \begin{pmatrix} -1 & 1 & & & & & & & & & \\ & -1 & 1 & & & & & & \mathbf{0} & & \\ & & -1 & & & & & & & & \\ & & & 1 & 1 & & & & & & \\ & & & & 1 & & & & & & \\ & & & & & 1 & 1 & & & & \\ & & & & & & 1 & & & & \\ & & & & & & & 2 & & & \\ & \mathbf{0} & & & & & & & 2 & & \\ & & & & & & & & & 2 & 1 \\ & & & & & & & & & & 2 \end{pmatrix}.$$

**(Klausur-)Aufgabe 7.1.8**

Gegeben sei die Matrix

$$\mathbf{A} = \begin{pmatrix} -3 & 7 & -3 \\ -4 & 7 & -2 \\ -3 & 3 & 1 \end{pmatrix}.$$

a) Man berechne die Eigenwerte von $\mathbf{A}$.

b) Man berechne alle Eigenvektoren und gegebenenfalls Hauptvektoren von $\mathbf{A}$.

c) Man gebe die Jordansche Normalform $\mathbf{J}$ von $\mathbf{A}$ an und eine Transformationsmatrix $\mathbf{S}$, die $\mathbf{A}$ auf $\mathbf{J}$ transformiert.

**Aufgabe 7.1.9**

Man transformiere die folgenden Matrizen unter Angabe der Transformationsmatrix $\mathbf{S}_i$ auf Jordansche Normalform $\mathbf{J}_i$, d.h. $\mathbf{J}_i = \mathbf{S_i}^{-1}\mathbf{A_i}\mathbf{S_i}$ :

$$\mathbf{A}_1 = \begin{pmatrix} 1 & 1 & 0 & 0 \\ 0 & 4 & 3 & 0 \\ 0 & -2 & -1 & 0 \\ 0 & 0 & 0 & 1 \end{pmatrix} \quad \text{und} \quad \mathbf{A}_2 = \begin{pmatrix} -7 & -1 & 1 & 3 \\ 0 & -1 & 0 & 0 \\ 0 & -3 & -1 & 0 \\ -12 & -1 & 2 & 5 \end{pmatrix}.$$

**Aufgabe 7.1.10**

Man transformiere die folgenden Matrizen unter Angabe der Transformationsmatrix auf Jordansche Normalform:

$$\mathbf{A} = \begin{pmatrix} -23 & 12 & -1 & 3 \\ -40 & 21 & -1 & 5 \\ 0 & 0 & 1 & 0 \\ -32 & 16 & -3 & 5 \end{pmatrix} \quad \text{und} \quad \mathbf{B} = \begin{pmatrix} -2 & 5 & 0 & -7 \\ -4 & -2 & 6 & 0 \\ 0 & 3 & -2 & -4 \\ -2 & 0 & 3 & -2 \end{pmatrix}.$$

**Aufgabe 7.1.11**

Auf einer an beiden Enden frei drehbar gelagerten Welle seien $n$ Drehmassen mit Trägheitsmomenten $T_1, \ldots, T_n$ aufgesetzt. Es geht um die Bestimmung kleiner Torsionsschwingungen der Drehmassen auf der Welle. Auf jede Drehmasse wirken Torsionskräfte, die in erster Näherung proportional zur Differenz der Drehwinkel zwischen benachbarten Massen sind.

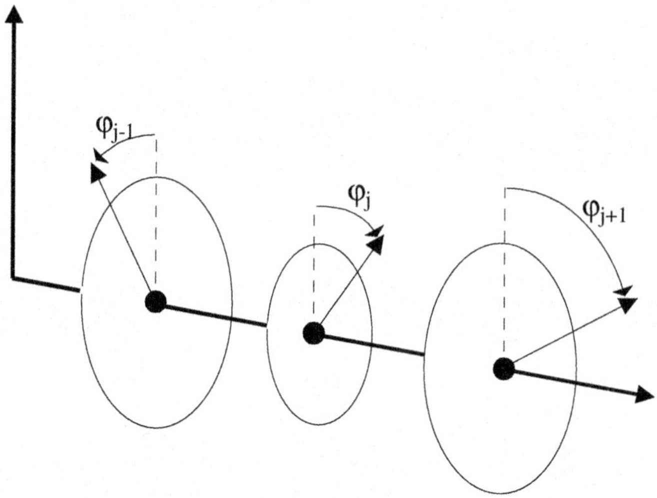


**Bild 7.1.11** Drehmassen auf einer Welle

Mit gewissen, von den elastischen Eigenschaften der Welle bestimmten Torsionsfaktoren $K_j$ ergeben sich für die Drehwinkel $\varphi_j$ in Abhängigkeit von der Zeit $t$ die Differentialgleichungen

$$T_j \ddot{\varphi}_j(t) = (\varphi_{j-1} - \varphi_j)K_j + (\varphi_{j+1} - \varphi_j)K_{j+1}, \quad j = 1, \ldots, n,$$

mit $\varphi_0 := \varphi_1$, $\varphi_{n+1} = \varphi_n$. Die Suche nach harmonischen Schwingungen

$$\varphi_j(t) = c_j \cos(\omega t + \alpha), \quad j = 1, \ldots, n,$$

führt auf das folgende mathematische Problem:

Bestimme zu

$$\mathbf{T} = \begin{pmatrix} T_1 & & \\ & \ddots & \\ & & T_n \end{pmatrix} \quad \text{und}$$

$$\mathbf{K} = \begin{pmatrix} -K_2 & K_2 & & & & \\ K_2 & -K_2 - K_3 & K_3 & & & \\ & K_3 & -K_3 - K_4 & K_4 & & \\ & \ddots & & \ddots & \ddots & \\ & & \ddots & & \ddots & \ddots \\ & & & K_{n-1} & -K_{n-1} - K_n & K_n \\ & & & & K_n & -K_n \end{pmatrix}$$

reelle Zahlen $\omega$ (die Frequenzen der harmonischen Schwingungen), für die Vektoren $\mathbf{c} \neq \mathbf{0}$ existieren mit

$$-\omega^2 \mathbf{Tc} = \mathbf{Kc}\,.$$

Man löse dieses Problem für $n = 3$ mit $T_1 = 2 = T_3$ und $T_2 = 1$ sowie $K_2 = 1 = K_3$.

**Aufgabe 7.1.12**
Der Spektralradius einer Matrix $\mathbf{A} \in \mathbb{C}^{(n,n)}$ ist der Betrag des betragsmäßig größten Eigenwertes von $\mathbf{A}$ :

$$\rho(\mathbf{A}) := \max\,\{|\lambda| \mid \lambda \text{ Eigenwert von } \mathbf{A}\ \}\,.$$

Man zeige für Matrizen $\mathbf{A}, \mathbf{B} \in \mathbb{C}^{(n,n)}$ :

$$\rho(\mathbf{AB}) = \rho(\mathbf{BA})\,.$$

## A.7.2 Symmetrische Matrizen, Hauptachsentransformation

**Aufgabe 7.2.1**
Man transformiere die folgenden Quadriken in Hauptachsenlage:

a) $5x_1^2 + 8x_1x_2 + 5x_2^2 - 20\sqrt{2}x_1 - 16\sqrt{2}x_2 + 31 = 0\,,$

b) $25x_1^2 + 120x_1x_2 + 144x_2^2 + 130x_1 + 312x_2 = 0\,,$

c) $x_1^2 + 4x_1x_2 - 2x_2^2 - \dfrac{8}{\sqrt{5}}x_1 - \dfrac{4}{\sqrt{5}}x_2 - 4 = 0\,,$

bestimme den Typ der jeweiligen Normalform und gebe die zugehörige Transformation an.

**Aufgabe 7.2.2**
Man transformiere die folgenden Quadriken in Hauptachsenlage:

a) $9x_1^2 + 24x_1x_2 + 16x_2^2 - 4x_1 + 3x_2 + 15 = 0\,,$

b) $4x_1^2 + 2x_2^2 + 3x_3^2 + 4x_1x_3 - 4x_2x_3 + 8x_1 - 4x_2 + 8x_3 = 0\,,$

c) $x_1^2 + x_2^2 + x_3^2 - 2x_1x_2 + \sqrt{2}x_2 + 2x_3 + \dfrac{1}{8} = 0\,.$

**Aufgabe 7.2.3**
Durch die Gleichung $10x_1^2 + 4x_2^2 + 10x_3^2 + 4x_1x_3 + 4x_2 - 3 = 0$ sei eine Quadrik im $\mathbb{R}^3$ gegeben. Man transformiere die Quadrik auf Normalform und gebe die zugehörige Koordinatentransformation sowie den Typ der Quadrik an. Gegebenenfalls bestimme man die Länge der Hauptachsen und den Mittelpunkt im $x_1$-$x_2$-$x_3$-Koordinatensystem.

**(Klausur-)Aufgabe 7.2.4**
Man transformiere die folgende Quadrik $-23x_1^2 + 25x_2^2 - 2x_3^2 + 72x_1x_3 - 30x_1 + 50x_2 - 40x_3 + 75 = 0$ in Hauptachsenlage. Dazu gebe man die zugehörige Transformation, die Normalform und den Typ der Quadrik an.

**(Klausur-)Aufgabe 7.2.5**
Gegeben sei folgende Quadrik $x^2 + y^2 + z^2 + 2axz = 1$ mit $a \in \mathbb{R}$.

a) Man klassifiziere diese Quadrik in Abhängigkeit von $a$ (Fallunterscheidungen).

b) Man gebe die auf Hauptachsenlage transformierende Drehung $\mathbf{S}$ an, sowie die Quadrik nach dieser Transformation.

**Aufgabe 7.2.6**
Man bestimme alle Punkte im $\mathbb{R}^2$, deren Abstandssumme von den Punkten $(-1, 1)$ und $(1, -1)$ gleich $4\sqrt{2}$ ist, und bestimme die Punkte, die am nächsten bzw. am weitesten vom Nullpunkt entfernt sind.

**(Klausur-)Aufgabe 7.2.7**
Welche der folgenden Matrizen sind positiv definit? Man begründe jeweils die Antwort.

a)

$$\mathbf{A} = \begin{pmatrix} 1 & 3 & 2 \\ 3 & 10 & 3 \\ 2 & 3 & 15 \end{pmatrix}, \qquad \mathbf{B} = \begin{pmatrix} 2 & 1 & 4 \\ 1 & 2 & 2 \\ 4 & 2 & 3 \end{pmatrix},$$

b) $\mathbf{C} = \mathbf{D} + \mathbf{v}\mathbf{v}^T$ mit einem beliebigen Vektor $\mathbf{v} \in \mathbb{R}^3$ und einer symmetrischen, positiv definiten Matrix $\mathbf{D} \in \mathbb{R}^{(3,3)}$.

**Aufgabe 7.2.8**
Gegeben sei die Matrix

$$\mathbf{A} = \begin{pmatrix} 1 & 1 & 0 \\ 1 & 5 & -2 \\ 0 & -2 & 10 \end{pmatrix}.$$

Man bestimme eine Matrix $\mathbf{C}$ mit $\mathbf{C}^T\mathbf{C} = \mathbf{A}$. Man zeige allgemein, dass jede reelle reguläre Matrix $\mathbf{A}$, die eine solche Darstellung erlaubt, symmetrisch und positiv definit ist.

**Aufgabe 7.2.9**

a) Man berechne die Cholesky-Zerlegung der Matrix

$$\mathbf{A} := \begin{pmatrix} 1 & -2 & -1 & 1 \\ -2 & 8 & 10 & 10 \\ -1 & 10 & 26 & 41 \\ 1 & 10 & 41 & 89 \end{pmatrix}.$$

b) Man berechne die Inverse der Matrix aus a).

**Aufgabe 7.2.10**
Es sei $\mathbf{A} \in \mathbb{R}^{(n,n)}$ eine symmetrische und diagonaldominante Matrix. Man zeige: Sind alle Diagonalelemente $a_{ii}$ positiv, so ist $\mathbf{A}$ positiv definit.

*Hinweis:* Man zeige: Bei Gauß-Elimination ohne Pivotwahl ist auch jede Restmatrix wieder symmetrisch, diagonaldominant und besitzt positive Diagonalelemente. Danach verwende man (7.2.19) im Lehrbuch.

**Aufgabe 7.2.11**
Gegeben sei eine symmetrische Matrix $\mathbf{A} \in \mathbb{R}^{(n,n)}$ mit der Blockstruktur

$$\mathbf{A} = \begin{pmatrix} \mathbf{A}_{11} & \mathbf{A}_{12} \\ \mathbf{A}_{12}^T & \mathbf{A}_{22} \end{pmatrix},$$

wobei $\mathbf{A}_{11} \in \mathbb{R}^{(m,m)}$ regulär sei und $1 \leq m < n$.

Man zeige: $\mathbf{A}$ ist genau dann positiv definit, wenn die symmetrischen Matrizen

$$\mathbf{A}_{11} \quad \text{und} \quad \mathbf{S} = \mathbf{A}_{22} - \mathbf{A}_{12}^T\mathbf{A}_{11}^{-1}\mathbf{A}_{12}$$

positiv definit sind (vgl. Aufgabe 4.4.3).

## A.7.3 Numerische Berechnung von Eigenwerten und Eigenvektoren

**Aufgabe 7.3.1**
Gegeben sei die Matrix

$$\mathbf{A} = \begin{pmatrix} -3 & 0 & -5 & 0 \\ 0 & 3 & 0 & 3 \\ 2 & 0 & 4 & 0 \\ 0 & -4 & 0 & -5 \end{pmatrix}.$$

a) Man berechne die Matrixnormen $||\mathbf{A}||_1$, $||\mathbf{A}||_2$ und $||\mathbf{A}||_\infty$.

b) Man gebe eine obere Schranke für den betragsgrößten Eigenwert von $\mathbf{A}$ an.

c) Man bestimme eine Einschließung für alle Eigenwerte von $\mathbf{A}$ nach dem Satz von Gerschgorin.

d) Man berechne die Eigenwerte von $\mathbf{A}$.

**Aufgabe 7.3.2**
Gegeben seien

$$\mathbf{A} = \begin{pmatrix} 1 & 1 & 3 \\ 1 & 5 & 1 \\ 3 & 1 & 1 \end{pmatrix} \quad \text{und} \quad \mathbf{x}_0 = \begin{pmatrix} 1 \\ 1 \\ 1 \end{pmatrix}.$$

a) Man bestimme mit Hilfe des Satzes von Gerschgorin eine Einschließung für die Eigenwerte von $\mathbf{A}$.

b) Man berechne den Rayleigh-Quotienten $R(\mathbf{x}_0)$.

c) Man verwende $R(\mathbf{x}_0)$ als Näherung für einen Eigenwert der Matrix $\mathbf{A}$ und gebe eine Fehlerabschätzung nach dem Satz von Bogoljubow und Krylow an.

d) Man berechne $\mathbf{x}_1 = \mathbf{A}\mathbf{x}_0$ und führe b) und c) ebenfalls für $\mathbf{x}_1$ durch.

**Aufgabe 7.3.3**
Gegeben sei eine symmetrische, reelle Tridiagonalmatrix

$$\mathbf{A} = \begin{pmatrix} \delta_1 & \gamma_2 & & 0 \\ \gamma_2 & \delta_2 & \ddots & \\ & \ddots & \ddots & \gamma_n \\ 0 & & \gamma_n & \delta_n \end{pmatrix} \in \mathbb{R}^{(n,n)}.$$

Für $\lambda \in \mathbb{R}$ und $k = 1, \ldots, n$ setze man:

$$p_k(\lambda) := \det \begin{pmatrix} (\delta_1 - \lambda) & \gamma_2 & & 0 \\ \gamma_2 & & \ddots & \\ & \ddots & \ddots & \gamma_k \\ 0 & & \gamma_k & (\delta_k - \lambda) \end{pmatrix}.$$

Man beweise die folgende Dreiterm-Rekursion für die Berechnung der charakteristischen Polynome $p_1(\lambda), \ldots, p_n(\lambda)$:

$$\begin{aligned} p_0(\lambda) &:= 1, \quad p_1(\lambda) := \delta_1 - \lambda, \\ p_k(\lambda) &:= (\delta_k - \lambda)\, p_{k-1}(\lambda) - \gamma_k^2\, p_{k-2}(\lambda) \quad \text{für} \quad k = 2, \ldots, n\,. \end{aligned}$$

**Aufgabe 7.3.4**
Man berechne durch das Von-Mises-Verfahren, ausgehend von dem Startvektor $\mathbf{x}_0 = (1, 1, 1)^T$, für die Schritte $i = 1, 2, 3$ Näherungen für den betragsmäßig größten Eigenwert und den zugehörigen Eigenvektor der Matrix

$$\mathbf{A} = \begin{pmatrix} 0 & -1 & -2 \\ -1 & 0 & -2 \\ -2 & -2 & -3 \end{pmatrix}.$$

# A.8 Konvergenz von Folgen und Reihen

## A.8.1 Folgen

### Aufgabe 8.1.1

a) Sind $(a_n)$, $(b_n)$ konvergente reelle Folgen mit $a_n \le b_n$ für alle $n \in \mathbb{N}$, so folgt:

$$\lim_{n\to\infty} a_n \le \lim_{n\to\infty} b_n .$$

b) Sind $(a_n)$, $(b_n)$ konvergente reelle Folgen mit gemeinsamem Grenzwert $a = \lim\limits_{n\to\infty} a_n = \lim\limits_{n\to\infty} b_n$, so folgt aus $a_n \le c_n \le b_n$ für alle $n \in \mathbb{N}$, dass auch die Folge $(c_n)$ konvergiert mit $\lim\limits_{n\to\infty} c_n = a$.

c) Man zeige für $q > 0$ : $\lim\limits_{n\to\infty} \sqrt[n]{q} = 1$. Man untersuche zunächst den Fall $q > 1$ und wende auf $q^{1/n} = 1 + r_n$ die Bernoullische Ungleichung an.

### Aufgabe 8.1.2

a) Die Folge $(t_n)$ sei durch das Newton-Verfahren zur Bestimmung einer Nullstelle von $f(t) = t^2 - 2$ mit Startwert $t_0 = 1$ festgelegt.
Man zeige, dass $(t_n)$ gegen $t^* = \sqrt{2}$ konvergiert. Ferner zeige man die quadratische Konvergenz der Folge.

b) Man führe die ersten fünf Schritte des Newton-Verfahrens für $f(t)$ und zum Vergleich fünf Schritte des Bisektionsverfahrens mit Startintervall $[1, 2]$ durch.

### Aufgabe 8.1.3

a) Gegeben sei die Funktion $f : \mathbb{R} \to \mathbb{R}$ mit $\quad f(x) = x^3 + 4x^2 - 3x - 12$ .

Man führe die ersten 10 Iterationen des Bisektionsverfahrens, ausgehend vom Startintervall $[0, 4]$, durch und gebe die berechnete Folge von Intervallen in einer Tabelle an. Ausgehend vom Startwert $x_0 = 4$ berechne man zudem die ersten 5 Iterierten des Newton-Verfahrens und stelle sie den Werten des Bisektionsverfahrens gegenüber.

b) Man zeige, dass das Newton-Verfahren zur Bestimmung der Nullstellen der durch

$$f(x) = \frac{1}{3}(x^3 + 2)$$

gegebenen Funktion für den Startwert $x_0 = 1$ nicht konvergiert und veranschauliche diesen Sachverhalt auch graphisch.

c) Für den Startwert $x_0 = 1$ gebe man die Newton-Folge für die durch

$$f(x) = -2x^3 + 3x^2 + x - 1$$

gegebenen Funktion an und begründe auch anhand einer Skizze, warum das Newton-Verfahren nicht konvergiert.

### Aufgabe 8.1.4

Für konvergente Folgen $(a_n)$ und $(b_n)$ gilt $\quad \lim\limits_{n\to\infty} (a_n + b_n) = \lim\limits_{n\to\infty} a_n + \lim\limits_{n\to\infty} b_n$ .

Man gebe Beispiele mit $\lim\limits_{n\to\infty} a_n = \infty$ und $\lim\limits_{n\to\infty} b_n = -\infty$ an, für die obige Aussage falsch ist, insbesondere soll gelten:

a) $\lim\limits_{n\to\infty} (a_n + b_n) = c$ mit $c \in \mathbb{R}$, b) $\lim\limits_{n\to\infty} (a_n + b_n) = \infty$, c) $\lim\limits_{n\to\infty} (a_n + b_n) = -\infty$ .

*Aufgaben und Lösungen zu Mathematik für Ingenieure 1, 4.Aufl.*, R. Ansorge, H. J. Oberle, K. Rothe und Th. Sonar

ISBN: 978-3-527-40987-7

**Aufgabe 8.1.5**
Man zeige, dass die rekursiv definierte Folge

$$x_0 = a\,, \quad x_1 = b\,, \quad x_{n+1} = \frac{1}{3}\,(16x_n - 5x_{n-1})$$

folgende explizite Darstellung besitzt:

$$x_n = \frac{15\,(1-15^{n-1})\,a + 3\,(15^n - 1)\,b}{14\cdot 3^n}\,.$$

*Hinweis:* Für den Beweis eignet sich die vollständige Induktion.

## A.8.2 Konvergenzkriterien für reelle Folgen

**Aufgabe 8.2.1**
Man untersuche die nachstehenden Folgen auf Konvergenz und bestimme gegebenenfalls die Grenzwerte

$$\begin{aligned} a_n &= \sqrt{n+4}-\sqrt{n+2}, & b_n &= \left(\frac{5n}{2n+1}\right)^4, & c_n &= \frac{n^2-1}{n+3}-\frac{n^3+1}{n^2+1},\\ d_n &= \left(1-\frac{1}{3n}\right)^{7n}, & e_n &= \sqrt{n(n+3)}-n, & f_n &= \frac{\ln(1+r)+7-3r^n}{2r^n+5}, \quad r>0. \end{aligned}$$

**Aufgabe 8.2.2**
Man untersuche die nachstehenden Folgen auf Konvergenz und bestimme gegebenenfalls die Grenzwerte

$$a_n = \frac{2n^5}{n^5+n^4+n^3+n^2+n+1}, \qquad b_n = n^2\left(\sqrt{1+\frac{3}{n^2}}-\sqrt{1+\frac{1}{n^3}}\right),$$

$$c_n = \left(\frac{2-2i}{3}\right)^n, \quad d_n = \frac{a_n}{2}-\frac{3}{b_n}+c_n^2, \quad e_n = \frac{n^3+(-1)^n n^2}{2n^3+1}, \quad f_n = \frac{n^2}{n+1}-\frac{n^2}{n+3}.$$

**Aufgabe 8.2.3**
Man untersuche die nachstehenden Folgen auf Konvergenz und bestimme ggf. den Grenzwert:

$$\begin{aligned} a_n &= \frac{n^2-1}{2n^3}\left(\frac{3n^2+1}{n+1}-\frac{8n^2-1}{n-1}\right), & b_n &= \left(1+\frac{3}{5n}\right)^{10n},\\ c_n &= \frac{4^n+(-5)^n}{(-4)^n+5^n}, & d_n &= \frac{(2-2i)^n}{(1+3i)^n},\\ e_n &= \sqrt{9n^3+2n^{3/2}+(-1)^n}-3n^{3/2}, & f_n &= \frac{1+2^n+3^{n+1}+4^{n+2}+5^{n+3}}{5^{n+1}}. \end{aligned}$$

**Aufgabe 8.2.4**
Man untersuche die folgenden rekursiv definierten Folgen auf Konvergenz und bestimme gegebenenfalls die Grenzwerte:

a) $a_1 := 0, \quad a_{n+1} := \frac{1}{4}(a_n - 3), \quad n \geq 1,$ b) $b_1 := 0, \quad b_{n+1} := \sqrt{2+b_n}, \quad n \geq 1,$

c) $c_1 := 2, \quad c_{n+1} := \frac{3}{4-c_n}, \quad n \geq 1,$ d) $d_1 := 0, \quad d_{n+1} := 3d_n + 2, \quad n \geq 1.$

**(Klausur-)Aufgabe 8.2.5**
Man untersuche die nachstehenden Folgen auf Konvergenz und bestimme gegebenenfalls den Grenzwert:

a) $a_n = \sqrt{n^2+1} - n - 1$, b) $b_n = \ln\left(\frac{5n}{n+1}\right)$,

c) $c_n = \left(\frac{2}{n} - 1\right)^n$, d) $d_n = \sqrt{n^6+3n^3} - \sqrt{n^6-2n^3}$,

e) $e_n = \frac{n^3+1}{n^2+5n} - \frac{n^4+4}{n^3+2n^2}$, f) $f_n = \sqrt{n^8+4n^4} - \sqrt{n^8+7n^3}$,

g) $g_n = \sqrt{n^2+2n} - \sqrt{n^2-n}$.

**(Klausur-)Aufgabe 8.2.6**
Man untersuche die nachstehenden Folgen auf Konvergenz und bestimme gegebenenfalls den Grenzwert:

a) $a_1 = 6$, $a_{n+1} = \sqrt{a_n} + 2$, b) $b_1 = 5$, $b_{n+1} = \sqrt{b_n} + 6$,

c) $c_1 = 0$, $c_{n+1} = \frac{3 - c_n}{2}$, d) $d_1 = 1$, $d_{n+1} = \frac{\sqrt{d_n}}{3}$,

e) $e_1 = 0$, $e_n = 1 + 2e_{n-1}$.

**(Klausur-)Aufgabe 8.2.7**

a) Man untersuche die Folge $a_n = n^3 + 2 - \sqrt{n^6+5n^3}$, $n \in \mathbb{N}$, auf Konvergenz und bestimme gegebenenfalls den Grenzwert.

b) Man untersuche die rekursiv definierte Folge $b_1 = 1$, $b_{n+1} = \frac{1}{3}b_n + \frac{1}{2}$, $n \geq 1$, auf Konvergenz und bestimme gegebenenfalls den Grenzwert.

**(Klausur-)Aufgabe 8.2.8**

a) Man untersuche die Folge $a_n = n^3 - 2 - \sqrt{n^6-5n^3}$, $n \in \mathbb{N}$, auf Konvergenz und bestimme gegebenenfalls den Grenzwert.

b) Man untersuche die rekursiv definierte Folge $b_1 = 1$, $b_{n+1} = \frac{1}{4}b_n - \frac{1}{2}$, $n \geq 1$, auf Konvergenz und bestimme gegebenenfalls den Grenzwert.

**Aufgabe 8.2.9**
Für $0 < a < b$ seien die Folgen $(a_n)_{n\geq 0}$, $(b_n)_{n\geq 0}$ definiert durch

$$a_0 := a, \quad b_0 := b, \quad a_{n+1} := \sqrt{a_n b_n}, \; b_{n+1} := \frac{1}{2}(a_n + b_n), \quad n \geq 0.$$

a) Man zeige, dass $(a_n)$, $(b_n)$ eine Intervallschachtelung bilden und folgende Abschätzung gilt:

$$b_{n+1} - a_{n+1} \leq \frac{1}{2}(b_n - a_n).$$

b) Man zeige: $$\left(\frac{b_{n+1} - a_{n+1}}{b_{n+1} + a_{n+1}}\right) \leq \left(\frac{b_n - a_n}{b_n + a_n}\right)^2.$$

**Aufgabe 8.2.10**

Zum Evakuieren eines Behälters mit Volumen $V$ wird eine Kolbenpumpe mit Hubvolumen $K$ und Zuleitungsvolumen $Z$ verwendet. Über ein Dreiwegeventil kann die Pumpe 1 entweder mit dem Behälter 2 oder mit dem Außenraum 3 verbunden werden. Ein Pumpenschritt sieht folgendermaßen aus:

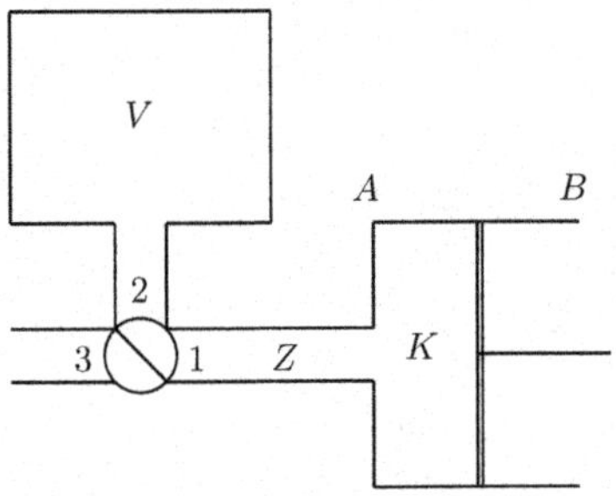


**Bild 8.2.10** Kolbenpumpe

a) das Ventil wird in Stellung 1/2 gebracht, der Kolben von $A$ nach $B$ bewegt,

b) das Ventil wird in Stellung 1/3 gebracht, der Kolben von $B$ nach $A$ bewegt.

Mit Hilfe des Boyle-Mariotteschen Gesetzes ($pV = \text{const.}$) bestimme man den Druck $p_n$ im Behälter nach $n$ Pumpenschritten. Dabei herrsche zu Beginn in $V$ und $Z$ der Außendruck $p_0$. Welcher Grenzdruck $p_\infty = \lim\limits_{n\to\infty} p_n$ lässt sich erreichen? Man benutze folgende Zahlenwerte: $V = 500\,\text{cm}^3$, $K = 50\,\text{cm}^3$, $Z = 5\,\text{cm}^3$, $p_0 = 1\,\text{at}$. Wie groß ist $p_{10}$?

**Aufgabe 8.2.11**

$U_n$ bezeichne den Umfang des regelmäßigen, dem Kreis mit Radius $r = \dfrac{1}{2}$ umschriebenen $n$-Ecks.

a) Man zeige: $U_n = n \tan\left(\dfrac{\pi}{n}\right)$.

b) Man beweise mittels der Additionstheoreme für sin und cos:

$$\tan\frac{\alpha}{2} = \frac{\tan\alpha}{1+\sqrt{1+\tan^2\alpha}} \quad \text{für} \quad \alpha \in \left]-\frac{\pi}{2}, \frac{\pi}{2}\right[ .$$

c) Man folgere aus a) und b) : $U_{2n} = \dfrac{2U_n}{1+\sqrt{1+\left(\dfrac{U_n}{n}\right)^2}}, \quad U_4 = 4.$

d) Man beweise die Konvergenz der Folge $V_n := U_{2^{n+1}}$, $n \geq 1$.

e) Man berechne $V_k$, $k = 1, \ldots, 20$.

## A.8.3 Folgen in Vektorräumen

**Aufgabe 8.3.1**

Für die Normen $\|.\|_1$, $\|.\|_2$ und $\|.\|_\infty$ des $\mathbb{R}^n$ zeige man die Abschätzungen

$$\text{a)} \quad \|\mathbf{x}\|_2 \leq \|\mathbf{x}\|_1 \leq \sqrt{n}\,\|\mathbf{x}\|_2 , \qquad \text{b)} \quad \|\mathbf{x}\|_\infty \leq \|\mathbf{x}\|_2 \leq \sqrt{n}\,\|\mathbf{x}\|_\infty .$$

*Hinweis:* Man verwende die Cauchy-Schwarzsche Ungleichung!

**Aufgabe 8.3.2**

Man untersuche die unten angegebenen Folgen im $\mathbb{R}^3$ auf Konvergenz und berechne, falls möglich, die Grenzwerte:

$$\text{a)}\ \mathbf{x}_n = \left(\frac{n^2+1}{3n^2-1},\ \cos(n\pi),\ \left(\frac{1}{2}\right)^n\right)^T, \quad \text{b)}\ \mathbf{y}_{n+1} = \frac{1}{2}\begin{pmatrix} -1 & 0 & 1 \\ 0 & 1 & 0 \\ 1 & 0 & 1 \end{pmatrix}\mathbf{y}_n \quad \text{mit} \quad \mathbf{y}_0 \in \mathbb{R}^3 ,$$

c) $\mathbf{z}_n = \frac{1}{n}\left( \frac{4n^2-3n+5}{7n+4},\ \frac{3n^5+8n^2-1}{-6n^4-3},\ \frac{n-1}{n+9} \right)^T .$

**Aufgabe 8.3.3**
Man untersuche die angegebenen Folgen auf Konvergenz

a) $\mathbf{x}^n = \left( \cos\left(\frac{\pi}{n}\right),\ \frac{2n^2+(-1)^n(n+1)^2}{n^2} \right)^T, \quad n \in \mathbb{N},$

b) $\mathbf{x}^n = \left( \frac{4n}{5^n},\ \frac{(2n+1)^2}{(n+1)(n+2)},\ \left(1-\frac{2}{n}\right)^n \right)^T, \quad n \in \mathbb{N},$

c) $\mathbf{x}^0 = \begin{pmatrix} x_0 \\ y_0 \\ z_0 \end{pmatrix} = \begin{pmatrix} 1 \\ 2 \\ 3 \end{pmatrix}, \quad \mathbf{x}^{n+1} = \begin{pmatrix} x_{n+1} \\ y_{n+1} \\ z_{n+1} \end{pmatrix} = \begin{pmatrix} \frac{1}{2}x_n \sin y_n \\ \frac{1}{3}y_n \cos z_n \\ \frac{1}{4}z_n \sin x_n \end{pmatrix}, \quad n \in \mathbb{N}.$

*Hinweis:* Eine geeignete Norm erleichtert das Leben.

## A.8.4 Konvergenzkriterien für Reihen

**Aufgabe 8.4.1**
Man untersuche die folgenden Reihen auf Konvergenz:

a) $\sum_{n=0}^{\infty} \frac{n}{n+1}$, b) $\sum_{k=0}^{\infty} \frac{1}{k^2+k+1}$, c) $\sum_{j=1}^{\infty} (-1)^j \left(\frac{1}{j}\right)^{\frac{1}{3}}$,

d) $\frac{1}{4} + \frac{3}{16} + \frac{9}{64} + \frac{27}{256} + \frac{81}{1024} + \cdots$, e) $\sum_{n=1}^{\infty} \left(\frac{1}{n^2} + \frac{1}{n^3}\right)$, f) $\sum_{k=0}^{\infty} \frac{k^3}{4^k}$,

g) $\sum_{j=3}^{\infty} \frac{j+2}{j^2-4}$, h) $\sum_{k=1}^{\infty} \left(\frac{-9k-10}{10k}\right)^k$.

**Aufgabe 8.4.2**
Man untersuche die folgenden Reihen auf Konvergenz:

a) $\sum_{n=1}^{\infty} \left(1 - \frac{1}{n}\right)$, b) $\sum_{k=3}^{\infty} \frac{k+1}{k^2-k-2}$, c) $\sum_{k=1}^{\infty} \frac{1}{k^k}$,

d) $\frac{1}{3} + \frac{2}{9} + \frac{4}{27} + \frac{8}{81} + \frac{16}{243} + \cdots$, e) $\sum_{n=1}^{\infty} \left(\frac{(-1)^n}{n+1} + \left(\frac{2}{3}\right)^n\right)$, f) $\sum_{k=0}^{\infty} \frac{k^2}{2^k}$.

**(Klausur-)Aufgabe 8.4.3**
Man untersuche die folgenden Reihen auf Konvergenz:

a) $\sum_{n=1}^{\infty} \frac{n^2}{n^3+1}$, b) $\frac{3}{5} + \frac{6}{9} + \frac{9}{13} + \frac{12}{17} + \frac{15}{21} + \cdots$, c) $\sum_{n=1}^{\infty} \frac{(n+1)^2 \cdot 6^n}{5^n}$,

d) $\sum_{n=1}^{\infty} \frac{n^2 \cdot 4^{n+1}}{5^{n+1}}$, e) $\sum_{n=0}^{\infty} \frac{5^n \cdot 7^{n+2}}{36^{n+1}}$.

**Aufgabe 8.4.4**
Warum konvergiert $\sum_{n=0}^{\infty} (-1)^n \frac{n}{(2n-5)(n+1)}$? Von welchem Index $N$ an gilt für die Partialsumme $S_N$ und den Grenzwert $S$ der Reihe $|S - S_N| < 0.05$?

**Aufgabe 8.4.5**

a) Man zeige, dass die Reihe $\sum\limits_{n=1}^{\infty}\left(\frac{1}{n+1}+\frac{(-1)^n}{n}\right)$ alterniert und dass für $b_n := \frac{1}{n+1}+\frac{(-1)^n}{n}$ gilt: $\lim\limits_{n\to\infty} b_n = 0$. Warum ist das Leibniz-Kriterium nicht anwendbar?

b) Warum konvergiert die Reihe $\sum\limits_{n=1}^{\infty}\frac{(-1)^n\cdot n}{(n+1)^2}$? Ab welchem Index $N$ unterscheiden sich die Partialsummen $s_N$ vom Grenzwert der Reihe um weniger als $10^{-2}$?

**(Klausur-)Aufgabe 8.4.6**

a) Man untersuche die folgende Reihe auf Konvergenz: $\sum\limits_{j=1}^{\infty}\frac{(-1)^j}{\sqrt{j^2+1}}$.

b) Warum konvergiert die Reihe $\sum\limits_{n=0}^{\infty}\left(\frac{(-1)^n}{n+1}+\frac{(-1)^{n+1}}{n+2}\right)$? Ab welchem Index $N$ gilt für die Partialsummen $S_N$ und den Grenzwert $S$ der Reihe $|S-S_N|\le\frac{1}{30}$?

**Aufgabe 8.4.7**

a) Die Sinus-Reihe ist gegeben durch $\sin x = \sum\limits_{k=0}^{\infty}(-1)^k\,\frac{x^{2k+1}}{(2k+1)!}$. Man berechne ohne Verwendung eines Taschenrechners eine Näherung für $\sin 1$ mit einem gesicherten absoluten Fehler von höchstens $10^{-7}$.

b) Man benutze die Summenformel der geometrischen Reihe, um die reelle Zahl $x = 3.70\overline{451}$ als Bruch darzustellen.

**Aufgabe 8.4.8**

a) Für $\cos(-1)$ soll eine Näherung mit einem gesicherten absoluten Fehler von höchstens $10^{-4}$ durch Abbruch der Cosinus-Reihe $\cos x = \sum\limits_{n=0}^{\infty}(-1)^n\,\frac{x^{2n}}{(2n)!}$ berechnet werden. Wie groß ist $n$?

b) Unter Verwendung der Summenformel der geometrischen Reihe soll die reelle periodische Zahl $x = 1.2\overline{68}$ als Bruch dargestellt werden.

**Aufgabe 8.4.9**

Der Turm von Babylon werde durch Aufeinanderstapeln von Würfeln $W_n$ der Kantenlänge $\frac{1}{n}$ m nachgebaut, wobei $n = 1, 2, 3, \dots$ ist. Die Bodenfläche des $(n+1)$-ten Würfels werde dabei auf die Mitte der Dachfläche des $n$-ten Würfels gesetzt.

a) Wie hoch wird der Turm?

b) Kann der Turm mit endlich viel Farbe angestrichen werden?

c) Kommen die Baumeister mit endlich viel Beton aus, wenn jeder Würfel ganz aus Beton besteht?

# A.9 Stetigkeit und Differenzierbarkeit

## A.9.1 Stetigkeit, Grenzwerte von Funktionen

### Aufgabe 9.1.1

a) Man gebe für die folgenden Mengen $D_k$ die Menge aller Häufungspunkte $D'_k$ und die Menge aller inneren Punkte $D_k^0$ an:

$$D_1 = \left\{ \frac{n+1}{n} \,\middle|\, n \in \mathbb{N} \right\} \cup [0,1]\,, \quad D_2 = \left]-\infty, 0\right[\,, \quad D_3 = [1,2[ \times [0,\infty[\,.$$

Welche der Mengen $D_k$ sind abgeschlossen bzw. offen?

b) Für welche der folgenden Funktionen $f : \mathbb{R} \to \mathbb{R}$ existiert $\lim\limits_{x \to x_0} f(x)$? Man begründe die Antwort und berechne den Grenzwert, falls er existiert.

$$\text{(i)} \quad f(x) = \begin{cases} \dfrac{1}{1+x} & \text{für} \quad x \neq -1\,, \\ 0 & \text{für} \quad x = -1 \end{cases} \qquad \text{mit} \quad x_0 = -1\,,$$

$$\text{(ii)} \quad f(x) = \begin{cases} 1-x & \text{für} \quad x < 2 \\ x-2 & \text{für} \quad x > 2 \end{cases} \qquad \text{mit} \quad x_0 = 2\,,$$

$$\text{(iii)} \quad f(x) = \begin{cases} x^2 & \text{für} \quad x < 1\,, \\ 2-x & \text{für} \quad x > 1\,, \\ 0 & \text{für} \quad x = 1 \end{cases} \qquad \text{mit} \quad x_0 = 1\,.$$

### Aufgabe 9.1.2

a) Man berechne für die folgenden Mengen $D_j$ die Menge aller Häufungspunkte $D'_j$ und die Menge aller inneren Punkte $D_j^0$. Welche der Mengen $D_j$ sind abgeschlossen bzw. offen?

$$D_1 = \left\{ \frac{n}{n+1} \,\middle|\, n \in \mathbb{N} \right\} \cup [-1,0]\,, \quad D_2 = \left\{ 1 + \frac{1}{n} \,\middle|\, n \in \mathbb{N} \right\} \cup \left]1,\infty\right[\,,$$

$$D_3 = \left\{ \frac{n}{n^2+1} + (-1)^n \,\middle|\, n \in \mathbb{N} \right\} \cup \left\{ \left(\frac{1}{n} - 1\right)^n \,\middle|\, n \in \mathbb{N} \right\}$$

b) Man berechne für folgende Funktionen $f : \mathbb{R} \to \mathbb{R}$ die Grenzwerte $\lim\limits_{x \to x_0} f(x)$, falls dies möglich ist:

$$\text{(i)} \quad f(x) = \begin{cases} \ln x & \text{für} \quad x > 0 \\ \dfrac{1}{x} & \text{für} \quad x < 0 \end{cases} \qquad \text{mit} \quad x_0 = 0\,,$$

$$\text{(ii)} \quad f(x) = \begin{cases} x^3 & \text{für} \quad x < 1 \\ x & \text{für} \quad 1 < x < 2 \\ e^x & \text{für} \quad 2 < x \end{cases} \qquad \text{mit} \quad x_0 = 1\,,$$

$$\text{(iii)} \quad f(x) = \begin{cases} -\sin x & \text{für} \quad x < \pi \\ 1 & \text{für} \quad \pi < x \end{cases} \qquad \text{mit} \quad x_0 = \pi\,.$$

### Aufgabe 9.1.3

Man bestimme die folgenden Funktionsgrenzwerte (ohne Verwendung der Regeln von de l'Hospital):

$$\text{a)} \lim_{x \to 1} \frac{x^3 - 2x + 1}{x - 1}\,, \quad \text{b)} \lim_{x \to 0} \frac{1 - \sqrt{x+1}}{x}\,, \quad \text{c)} \lim_{x \to 1} \frac{x^5 - 1}{x^4 - 1}\,, \quad \text{d)} \lim_{x \to \infty} 2x - \sqrt{4x^2 - x}\,.$$

*Aufgaben und Lösungen zu Mathematik für Ingenieure 1, 4.Aufl.*, R. Ansorge, H. J. Oberle, K. Rothe und Th. Sonar

ISBN: 978-3-527-40987-7

**Aufgabe 9.1.4**
Ohne Verwendung der Regeln von de l'Hospital berechne man die folgenden Funktionsgrenzwerte:

a) $\lim\limits_{x\to-1+} \ln(x^2+4x+3)-\ln(x+1)\,,$ b) $\lim\limits_{x\to 1} \dfrac{1-x^{20}}{1-x}\,,$

c) $\lim\limits_{x\to\frac{\pi}{2}} \left(\tan^2 x - \dfrac{1}{\cos^2 x}\right)\,,$ d) $\lim\limits_{x\to\infty} 5x(\sqrt{9x^2+2}-3x)\,.$

**Aufgabe 9.1.5**
Für die durch folgende Zuordnungsvorschriften definierten Funktionen

a) $f(x)=\dfrac{x+x^2}{|x|}\,,$ b) $g(x)=\ln\dfrac{x}{x^2-1}\,,$ c) $h(x)=\dfrac{\sqrt{x^2-1}}{x-1}$

gebe man, nach eventueller stetiger Ergänzung, den größtmöglichen Definitionsbereich an und berechne ggf. noch einseitig existierende Grenzwerte.

**Aufgabe 9.1.6**
Man untersuche mit der $\varepsilon$-$\delta$-Charakterisierung die folgenden reellen Funktionen auf Stetigkeit im Punkt $x_0$:

a) $f(x)=\begin{cases} x & \text{für } -1\le x \\ |x| & \text{für } x<-1 \end{cases}$ mit $x_0=-1,$

b) $g(x)=\begin{cases} \sqrt{|x-\pi|}\cdot\sin\dfrac{1}{(x-\pi)^2}+1 & \text{für } x\neq\pi \\ 1 & \text{für } x=\pi \end{cases}$ mit $x_0=\pi$ .

**Aufgabe 9.1.7**
Man untersuche direkt mit der $\varepsilon$-$\delta$-Charakterisierung die folgenden reellen Funktionen $f$ auf Stetigkeit im Punkt $x_0$:

a) $f(x)=\begin{cases} 1 & \text{für } x>0 \\ \dfrac{1}{2} & \text{für } x_0=0 \\ 0 & \text{für } x<0 \end{cases}$ , b) $g(x)=\begin{cases} (x-1)^2 & \text{für } x\ge 1 \\ x-1 & \text{für } x<1 \end{cases}$ mit $x_0=1\,,$

c) $h(x)=\begin{cases} x\cdot\cos\dfrac{1}{x} & \text{für } x>0 \\ x & \text{für } x\le 0 \end{cases}$ mit $x_0=0\,.$

**Aufgabe 9.1.8**
Die Funktion $f: D\to\mathbb{R}$ sei für $D=\mathbb{R}\setminus\{-2,2\}$ durch $f(x)=\dfrac{x-2}{x^2-4}$ gegeben. Für $x_0=2$ bestimme man einen geeigneten Funktionswert $f(x_0)$, so dass $f$ in $x_0$ stetig wird. Anschließend weise man die Stetigkeit in $x_0$ mit Hilfe der $\varepsilon$-$\delta$-Definition nach.

**Aufgabe 9.1.9**

a) Man berechne die folgenden Grenzwerte, falls sie (ggf. uneigentlich) existieren:

(i) $\lim\limits_{x\to 0}\dfrac{4+x^2}{2+x}\,,$ (ii) $\lim\limits_{x\to 3}\dfrac{1}{x-3}\,.$

b) Man zeige, dass der Grenzwert nicht existiert und berechne alle Häufungspunkte:

(i) $\lim\limits_{x\to 0+}\cos\left(\dfrac{1}{x}\right)\,,$ (ii) $\lim\limits_{(x,y)\to(0,0)}\dfrac{x^2}{x^2+y^2}\,.$

**Aufgabe 9.1.10**

a) Man bestimme die folgenden Funktionsgrenzwerte, falls sie existieren:

$$\text{(i)} \quad \lim_{(x,y)\to(0,0)} \frac{|x^2-y^2|}{|x|+|y|}, \qquad \text{(ii)} \quad \lim_{(x,y)\to(0,0)} \frac{x^4+y^2}{x^2+y^4}.$$

b) Kann die Funktion $f : \mathbb{R}^2 \backslash \{(0,0)\} \to \mathbb{R}$ mit $f(x,y) = 2(x+y)\cos\left(\frac{1}{x^2+y^2}\right)$ stetig in $(0,0)$ fortgesetzt werden?

## A.9.2 Differentialrechnung einer Variablen

**Aufgabe 9.2.1**
Eine Funktion $f : \mathbb{R} \to \mathbb{R}$ heißt *gerade*, wenn $f(x) = f(-x)$, und *ungerade*, wenn $f(x) = -f(-x)$ für alle $x \in \mathbb{R}$ gilt.

Man überprüfe, welche der folgenden Funktionen gerade oder ungerade sind und gebe dies auch für die entsprechenden Ableitungen an:

a) $f(x) = x^2 + \cos x$, b) $g(x) = x^2 \tan x$, c) $h(x) = x \sin x$,

d) $k(x) = \mathrm{e}^x$, e) $\ell(x) = \ln(1 + x^2)$, f) $m(x) = 1 + \sinh x$.

**Aufgabe 9.2.2**
Man berechne eine für alle $x \in \mathbb{R}$ stetige Funktion $h$, für die gilt:

$$\begin{array}{rcll} h(1) & = & 1 & , \\ h'(x) & = & 1 & \text{für} \quad -\infty < x < 0, \\ h'(x) & = & -2x & \text{für} \quad 0 < x < 1, \\ h'(x) & = & 0 & \text{für} \quad 1 < x < 2, \\ h'(x) & = & 2 & \text{für} \quad 2 < x < \infty. \end{array}$$

**Aufgabe 9.2.3**
Gegeben sei die Funktion $f : \mathbb{R} \to \mathbb{R}$ mit

$$f(x) = \begin{cases} x^3 & \text{für} \quad x \notin [-1,1], \\ a\sin(\pi x) + b\sin\left(\frac{\pi x}{2}\right) & \text{für} \quad x \in [-1,1]. \end{cases}$$

Man bestimme die reellen Konstanten $a$ und $b$ so, dass $f$ auf $\mathbb{R}$ differenzierbar wird.

**Aufgabe 9.2.4**
Gegeben sei die Funktion $f : \mathbb{R} \to \mathbb{R}$ mit

$$f(x) = \begin{cases} (x+3)^2 & \text{für} \quad x \le 0, \\ 4\sin(ax) + b & \text{für} \quad x > 0. \end{cases}$$

Man bestimme die reellen Konstanten $a$ und $b$ so, dass $f$ auf $\mathbb{R}$ differenzierbar wird.

**(Klausur-)Aufgabe 9.2.5**
Gegeben sei die durch $g(x) = \begin{cases} ax^2, & x \le 1 \\ b - (2-x)^2, & x > 1 \end{cases}$ mit $a, b \in \mathbb{R}$ definierte Funktion.

a) Man bestimme $a$ und $b$ so, dass $g$ stetig und differenzierbar wird und zeichne $g$.

b) Für die in (a) berechnete Funktion $g$ stelle man die Gleichung der Tangente im Punkt $x_0 = 1$ auf.

**(Klausur-)Aufgabe 9.2.6**

a) Man berechne die Tangentengleichung zu $f(x) = 3^{(x^2-8)}$ im Punkt $x_0 = 3$.

b) Gegeben sei die Funktion $f : \mathbb{R} \to \mathbb{R}$ mit

$$f(x) = \begin{cases} ax^3 + b & \text{für} \quad x < 1\,, \\ \log(x) & \text{für} \quad x \geq 1\,. \end{cases}$$

Man bestimme die reellen Konstanten $a$ und $b$ so, dass $f$ auf $\mathbb{R}$ differenzierbar wird und skizziere dann $f$ im Intervall $[0, \exp(1)]$.

Dabei bezeichnet exp die e-Funktion, d.h. $\exp(x) = e^x$ und $\log(x)$ die zugehörige Umkehrfunktion, also den natürlichen Logarithmus.

c) Man berechne die erste Ableitung von

$$\text{(i)} \quad f(x) = \log\left(\frac{x^2+2}{x^4+4}\right), \qquad \text{(ii)} \quad g(x) = \sqrt[5]{4x^3 + 2x^2 + 1}\,.$$

**Aufgabe 9.2.7**

a) Man zeige, dass die Funktion $f$ in $x_0 = 0$ unstetig ist, mit $f(x) = \begin{cases} \cos\frac{1}{x} & \text{für} \quad x \neq 0\,, \\ 0 & \text{für} \quad x = 0\,. \end{cases}$

b) Man zeige, dass die Funktion $g$ in $x_0 = 0$ stetig, aber nicht differenzierbar ist, mit

$$g(x) = \begin{cases} x\cos\frac{1}{x} & \text{für} \quad x \neq 0\,, \\ 0 & \text{für} \quad x = 0\,. \end{cases}$$

**Aufgabe 9.2.8**

Man berechne die Ableitungen der folgenden Funktionen und vereinfache die sich ergebenden Ausdrücke:

a) $f(x) = (x+2)^2 - 8(x+2) + 8\ln(x+2)$, b) $g(x) = 3\arctan x + \dfrac{3x}{(x^2+1)} + \dfrac{2x}{(x^2+1)^2}$,

c) $h(x) = \ln\dfrac{x^2+1}{x^2-1}$, d) $p(x) = \dfrac{\sqrt{2x+3}}{\sqrt{4x+5}}$, e) $q(x) = \arccos\dfrac{1}{x}$, f) $r(x) = x\tan x + \ln(\cos x)$.

**Aufgabe 9.2.9**

Man berechne die Ableitungen der folgenden Funktionen und vereinfache die sich ergebenden Ausdrücke:

a) $f(x) = \arcsin\dfrac{x}{2} + \dfrac{\sqrt{4-x^2}}{x}$, b) $g(x) = \arctan\sqrt{x} + \dfrac{\sqrt{x}}{x+1}$, c) $h(x) = \ln(\tan x) - \dfrac{\cos 2x}{\sin^2 2x}$,

d) $p(x) = \dfrac{2\sqrt{x^2+3x}}{3x}$, e) $q(x) = \ln(\ln x)$, f) $r(x) = \ln(\sin x) - x\cot x$.

**Aufgabe 9.2.10**

Man berechne die ersten beiden Ableitungen der folgenden Funktionen:

a) $f(x) = \arctan x^2$, b) $g(x) = \ln(1-x^4)$,

c) $h(x) = x(\sin(\ln x) - \cos(\ln x))$, d) $p(x) = \arccos\left(3x^{-\frac{5}{2}}\right)$.

**Aufgabe 9.2.11**

Man berechne die ersten drei Ableitungen der folgenden Funktionen:

a) $f(x) = x\ln x - x$, b) $g(x) = \dfrac{1}{\sqrt{9-x^2}}$,

c) $h(x) = \operatorname{arcosh} x$, d) $p(x) = x\ln^2 x - 2x\ln x + 2x$.

**Aufgabe 9.2.12**

a) Man berechne die Ableitungen der folgenden Funktionen und vereinfache die sich ergebenden Ausdrücke:

$$\text{i) } f(x) = \frac{1}{2}\sinh x \cosh x + \frac{x}{2}\,, \qquad \text{ii) } g(x) = -x\cot x + \ln(\sin x)\,.$$

b) Man berechne die ersten beiden Ableitungen der folgenden Funktionen:

$$\text{i) } h(x) = \frac{x}{x^2+1}\,, \qquad \text{ii) } k(x) = x^x\,.$$

c) Man berechne die ersten drei Ableitungen der folgenden Funktionen:

$$\text{i) } u(x) = 7(2x+5)^2 - 2(8-9x) + 3\,, \qquad \text{ii) } v(x) = \sqrt{(4-7x)^3}\,.$$

**Aufgabe 9.2.13**
Man stelle für die folgenden Funktionen im Punkt $x_0$ die Gleichung der Tangente auf:

a) $f(x) = \log_a x \quad \text{mit} \quad x_0 = 2\,,$ b) $g(x) = \sinh x \quad \text{mit} \quad x_0 = -1\,,$

c) $h(x) = \begin{vmatrix} \sin 2x & e^x \\ \cosh 5x & 3x^4 \end{vmatrix} \quad \text{mit} \quad x_0 = 0\,,$ d) $\mathbf{p}(x) = \begin{pmatrix} \cos x \\ \sin x \end{pmatrix} \quad \text{mit} \quad x_0 = \frac{3\pi}{4}\,.$

**Aufgabe 9.2.14**
Man stelle für die folgenden Funktionen im Punkte $x_0$ die Gleichung der Tangente auf. Anschließend zeichne man die Funktionen mit ihren Tangenten.

a) $f(x) = a^x \quad \text{mit} \quad x_0 = 1\,,$

b) $g(x) = \begin{vmatrix} \tan x & \ln x \\ x^2 & \cos x \end{vmatrix} \quad \text{mit} \quad x_0 = \pi\,,$

c) $\mathbf{h}(x) = \frac{x^2-1}{x^2+1} \cdot \begin{pmatrix} 1 \\ x \end{pmatrix} \quad \text{mit} \quad x_0 = 0\,.$

# A.10 Weiterer Ausbau der Differentialrechnung

## A.10.1 Mittelwertsätze, Satz von Taylor

**Aufgabe 10.1.1**
Gegeben sei eine Kugel vom Radius $R$. Wie groß ist das maximale Volumen eines der Kugel einbeschriebenen Zylinders?

**Aufgabe 10.1.2**

a) Gegeben sei die Funktion $f : \mathbb{R} \to \mathbb{R}$ mit $f(x) = \begin{cases} x^2 & \text{für } x \geq 0\,, \\ -x^2 & \text{für } x < 0\,. \end{cases}$

Ist der Mittelwertsatz $g'(x_0) = \dfrac{g(b) - g(a)}{b - a}$ mit $x_0 \in ]a, b[$ für $a = -1$ und $b = 1$ auf $f$ bzw. $f'$ anwendbar? Man bestimme gegebenenfalls die Zwischenstelle(n) $x_0$.

b) Man zeige mit Hilfe des Zwischenwertsatzes, dass die Funktion $h$ mit $h(x) = \mathrm{e}^x - 3x^2$ mindestens drei Nullstellen besitzt, und mit Hilfe des Satzes von Rolle, dass sie höchstens drei und damit dann genau drei Nullstellen besitzt.

**Aufgabe 10.1.3**

a) Gegeben sei die Funktion $f : \mathbb{R} \to \mathbb{R}$ mit

$$f(x) = \begin{cases} \sin x + x^2 & \text{für } x \geq 0 \\ x & \text{für } x < 0 \end{cases} .$$

Ist der Mittelwertsatz

$$g'(x_0) = \frac{g(b) - g(a)}{b - a} \quad \text{mit} \quad x_0 \in ]a, b[$$

für $a = -\frac{\pi}{2}$ und $b = \frac{\pi}{2}$ auf $f$ bzw. $f'$ anwendbar?

b) Man zeige mit Hilfe des Zwischenwertsatzes, dass die Funktion

$$h : \mathbb{R}^+ \to \mathbb{R} \qquad \text{mit} \qquad h(x) = \ln x + 2 - x$$

mindestens zwei Nullstellen besitzt und mit Hilfe des Satzes von Rolle, dass sie höchstens zwei und damit dann genau zwei Nullstellen besitzt.

**Aufgabe 10.1.4**
Gegeben sei die Funktion

$$\begin{aligned} f : \mathbb{R} &\to \mathbb{R} \\ x &\mapsto f(x) = \frac{1}{4}(4x + 3)(2x - 1) - \frac{1}{2}\mathrm{e}^x . \end{aligned}$$

a) Man zeige mit Hilfe des Zwischenwertsatzes, dass die Funktion mindestens drei Nullstellen besitzt und

b) mit Hilfe des Satzes von Rolle, dass sie höchstens drei und damit dann genau drei Nullstellen besitzt.

**(Klausur-)Aufgabe 10.1.5**
Gegeben sei die durch $f(x) = \ln(\sqrt{2 + x}) - \dfrac{1}{x + 2}$ definierte reellwertige Funktion.

a) Man bestimme $\lim\limits_{x \to -2+} f(x)$.

*Aufgaben und Lösungen zu Mathematik für Ingenieure 1, 4.Aufl.*, R. Ansorge, H. J. Oberle, K. Rothe und Th. Sonar

ISBN: 978-3-527-40987-7

b) Für $f$ berechne man zum Entwicklungspunkt $x_0 = -1$ das Taylor-Polynom $T_3(x; x_0)$.

c) Als Näherungswert für $f(-\frac{1}{2})$ bestimme man den Wert des Taylor-Polynoms $T_3(-\frac{1}{2}; -1)$ und schätze den Fehler nach oben ab.

d) Wie lautet die Tangentengleichung für $f$ im Punkt $x_0 = -1$?

e) Warum kann die Taylor-Reihe von $f$ mit Entwicklungspunkt $x_0 = -1$ im Punkt $x = -2$ nicht gegen $f$ konvergieren?

**Aufgabe 10.1.6**
Gegeben sei die Funktion $f$ mit $f(x) = (4x+5)^{-1/3}$ und $x \neq -\dfrac{5}{4}$.

a) Man berechne die Taylor-Reihe von $f$ zum Entwicklungspunkt $x_0 = 1$.

b) Man zeichne $f$ und die Taylor-Polynome $T_i(x; 1)$ für $i = 0, 1, 2, 3$.

c) Man schätze den absoluten Fehler zwischen $f\left(\dfrac{3}{2}\right)$ und dem Näherungswert $T_3\left(\dfrac{3}{2}; 1\right)$ ab.

d) Man berechne $T_3\left(\dfrac{3}{2}; 1\right)$ und vergleiche den Wert mit $f\left(\dfrac{3}{2}\right)$.

**(Klausur-)Aufgabe 10.1.7**
Gegeben sei die durch $f(x) = \sin(\pi^2 - x^2)$ definierte Funktion.

a) Man berechne das Taylor-Polynom $T_2(x; x_0)$ von $f$ zum Entwicklungspunkt $x_0 = \pi$.

b) Man schätze den Fehler zwischen $f\left(\dfrac{\pi}{2}\right)$ und $T_2\left(\dfrac{\pi}{2}; \pi\right)$ nach oben ab.

**(Klausur-)Aufgabe 10.1.8**
Man bestimme das Taylor-Polynom dritten Grades für die Funktion $f(x) = \dfrac{1}{\sqrt[3]{(x+2)^2}}$ zum Entwicklungspunkt $x_0 = -1$. Man schätze den Approximationsfehler im Intervall $\left[-\dfrac{3}{2}, -\dfrac{1}{2}\right]$ mit Hilfe der Restgliedformel nach Lagrange ab.

**(Klausur-)Aufgabe 10.1.9**
Man bestimme das Taylor-Polynom dritten Grades für die Funktion $g(x) = -\dfrac{1}{\sqrt{(x-1)^3}}$ zum Entwicklungspunkt $x_0 = 2$. Man schätze den Approximationsfehler im Intervall $\left[\dfrac{7}{4}, \dfrac{9}{4}\right]$ mit Hilfe der Restgliedformel nach Cauchy ab.

**(Klausur-)Aufgabe 10.1.10**
Gegeben sei die durch $f(x) = \exp(2x-1) \cdot \sin(\pi x)$ definierte Funktion.

a) Man berechne das Taylor-Polynom $T_2(x; x_0)$ von $f$ zum Entwicklungspunkt $x_0 = 1$.

b) Man schätze den Fehler zwischen $f(x)$ und $T_2(x; 1)$ im Intervall $\left[\dfrac{1}{2}, \dfrac{3}{2}\right]$ nach oben ab.

**Aufgabe 10.1.11**
Auf dem Intervall $I = [-1, 1]$ sei die Funktion $f(x) = \cos x$ gegeben.

a) Man berechne das Taylor-Polynom $T_2(x; x_0)$ und $T_4(x; x_0)$ von $f$ zum Entwicklungspunkt $x_0 = 0$.

b) In $I$ schätze man den absoluten Fehler, der durch Verwendung von $T_2$ bzw. $T_4$ an Stelle von $f$ entsteht, nach oben ab.

c) Man zeige, dass in $I$ folgende Einschließung gilt: $T_2(x;0) \leq f(x) \leq T_4(x;0)$ .

d) Man zeichne $f, T_2$ und $T_4$ im Intervall $[-3\pi, 3\pi]$.

**Aufgabe 10.1.12**
Gegeben sei die Funktion $f$ mit $f(x) = \ln(a(x+1)+b) + x\mathrm{e}^x\,, \quad a, b \in \mathbb{R}$ .

a) Man berechne das Taylor-Polynom 4. Grades von $f$ zum Entwicklungspunkt $x_0 = 0$.

b) Wie müssen die Konstanten $a$ und $b$ gewählt werden, damit die Taylor-Reihe von $f$ zum Entwicklungspunkt $x_0 = 0$ mit möglichst hoher Ordnung beginnt?

**(Klausur-)Aufgabe 10.1.13**
Man berechne mit Hilfe der Taylor-Reihen von $\cos x$ , $\tan x$ und $\mathrm{e}^x$ den Grenzwert

$$\lim_{x\to 0}\left(\frac{5+x}{x\tan x} - \frac{4\cos x + \mathrm{e}^x}{x^2}\right).$$

**Aufgabe 10.1.14**
Gegeben sei $y(t) = \sqrt{\mathrm{e}^{-4t} + \frac{1}{8} - \frac{t}{2}}$. Man bestätige die Gültigkeit der Differentialgleichung

$$y(t) \cdot y'(t) + 2y^2(t) + t = 0\,.$$

**Aufgabe 10.1.15**

a) Die zur Zeit $t$ noch unzerfallene Menge $N(t)$ einer radioaktiven Substanz genügt bei großer Atomanzahl einer linearen Differentialgleichung

$$\dot{N}(t) = -\lambda \cdot N(t), \quad \lambda > 0 \quad \text{Zerfallskonstante}\,.$$

Man zeige, dass es genau eine Lösung dieser Differentialgleichung mit vorgegebenem Anfangswert $N(0) = N_0$ gibt.

*Hinweis:* Man differenziere $h(t) := \mathrm{e}^{\lambda t} \cdot N(t)$.

b) Man zeige, dass die Schwingungsdifferentialgleichung $y''(x) = -y(x)$ zu den Anfangswerten $y(0) = a,\ y'(0) = b$ eindeutig lösbar ist.

*Hinweis:* Man differenziere die Hilfsfunktion $\begin{pmatrix} h_1(x) \\ h_2(x) \end{pmatrix} = \begin{pmatrix} \cos x & -\sin x \\ \sin x & \cos x \end{pmatrix} \begin{pmatrix} y(x) \\ y'(x) \end{pmatrix}$.

**Aufgabe 10.1.16**
Man ordne das Polynom $p(x) = -x^3 + 5x - 3$ nach Potenzen von $x - 1$ um.

## A.10.2 Die Regeln von de l'Hospital

**Aufgabe 10.2.1**
Man berechne die folgenden Grenzwerte, gegebenenfalls mit Hilfe der Regeln von de l'Hospital:

a) $\displaystyle\lim_{x\to 0} \frac{1 - \frac{x^2}{2} - \cos x}{x \sin x}$, b) $\displaystyle\lim_{x\to 0} x \ln x$ , c) $\displaystyle\lim_{x\to 0} x^x$ , d) $\displaystyle\lim_{x\to 0}\left(\frac{1}{x} - \frac{1}{\sin x}\right)$.

**Aufgabe 10.2.2**
Man berechne die folgenden Grenzwerte, gegebenenfalls mit Hilfe der Regeln von de l'Hospital:

a) $\lim\limits_{x\to\infty} \dfrac{\cosh x}{e^x}$, b) $\lim\limits_{x\to -1+} (x+1)\tan\dfrac{\pi x}{2}$, c) $\lim\limits_{x\to 1} \dfrac{x-1-\ln(x)}{x^2-2x+1}$, d) $\lim\limits_{x\to\frac{\pi}{2}} \dfrac{\tan 3x}{\tan 5x}$.

**(Klausur-)Aufgabe 10.2.3**

Man berechne mit Hilfe der Regeln von de l'Hospital den Grenzwert $\lim\limits_{x\to 0} \dfrac{\ln^2(1+3x)-2\sin^2 x}{1-e^{-x^2}}$.

**(Klausur-)Aufgabe 10.2.4**

Man berechne gegebenenfalls mit Hilfe der Regeln von de l'Hospital die Grenzwerte:

a) $\lim\limits_{x\to\infty} \dfrac{\cosh x}{\sinh x}$, b) $\lim\limits_{x\to 0} \dfrac{\tan x}{x}$, c) $\lim\limits_{x\to 0} \dfrac{x\sin x}{1-\cos x}$.

**(Klausur-)Aufgabe 10.2.5**

Man berechne die folgenden Grenzwerte

a) $\lim\limits_{x\to 0} \dfrac{x^2}{x/3-3+\sqrt{9-2x}}$, b) $\lim\limits_{x\to 0} \dfrac{3x^2}{2+x/2-\sqrt{4+2x}}$,

c) $\lim\limits_{x\to\pi} (x-\pi)\cdot\cot x$, d) $\lim\limits_{x\to\pi/2} \left(x-\dfrac{\pi}{2}\right)\cdot\tan x$.

**(Klausur-)Aufgabe 10.2.6**

Gegeben sei die Funktion $f(x) = \dfrac{x\tan x}{1-\cos x}$ mit $0<|x|<\dfrac{\pi}{2}$.

a) Mit der Regel von de l'Hospital berechne man den Grenzwert $\lim\limits_{x\to 0} f(x)$.

b) Man zeige, dass $f(x)$ eine gerade Funktion ist.

c) Man berechne die Reihenentwicklung von $f(x)$ zum Entwicklungspunkt $x_0 = 0$ bis einschließlich zum Term der Ordnung $x^4$.

*Hinweis:* Man verwende die bekannten Reihenentwicklungen für $\cos x$ und $\tan x$.

## A.10.3 Kurvendiskussion

**Aufgabe 10.3.1**

Gegeben sei die reellwertige Funktion $f(x) = (x^2-1)\,e^x$.

Man diskutiere die Funktion. Dazu untersuche man im Einzelnen: Definitionsbereich, Symmetrien, Pole, Verhalten im Unendlichen und Asymptoten, Nullstellen, Extrema und Monotonie, Wendepunkte und Konvexität. Abschließend zeichne man den Graphen von $f(x)$.

**Aufgabe 10.3.2**

Man diskutiere die reellwertige Funktion $f(x) = x + \dfrac{x}{|x|-2}$.

Dazu untersuche man im Einzelnen: Definitionsbereich, Symmetrien, Pole, Verhalten im Unendlichen und Asymptoten, Nullstellen, Extrema und Monotonie, Wendepunkte und Konvexität. Abschließend zeichne man den Graphen von $f(x)$.

**Aufgabe 10.3.3**

Für die Zweige der Asteroide $x^{2/3}+y^{2/3}=1$ berechne man Definitionsbereich, Symmetrie, Nullstellen, Monotoniebereiche, Extrema, Konvexitätsbereiche, Wendepunkte und skizziere die beschriebene Kurve.

**Aufgabe 10.3.4**

Man diskutiere die reellwertige Funktion $f(x) = \dfrac{x^2+1}{x^2-1}$.

**Aufgabe 10.3.5**
Man diskutiere die reellwertige Funktion $f(x) = x\sqrt{16 - x^2}$.

**Aufgabe 10.3.6**
Man diskutiere die reellwertige Funktion $f(x) = x^2 - 2|x| + 1$.

**(Klausur-)Aufgabe 10.3.7**
Man diskutiere die reellwertige Funktion $f(x) = \dfrac{7x + 5}{x^2 + 4x + 3}$.

**(Klausur-)Aufgabe 10.3.8**
Man diskutiere die reellwertige Funktion $f(x) = \ln(3x^2 + 2x + 1)$.

**(Klausur-)Aufgabe 10.3.9**
Gegeben sei die durch $f(x) = \dfrac{3x^2 + x - \sin x}{x^2 + (\ln(1 + x))^2}$ definierte Funktion.

a) Man bestimme den maximalen Definitionsbereich von $f$.

b) Man berechne $\lim\limits_{x \to 0} f(x)$.

c) Man untersuche das Verhalten von $f$ im Unendlichen ($x \to \infty$) und bestimme gegebenenfalls eine Asymptote.

**(Klausur-)Aufgabe 10.3.10**
Gegeben sei die durch $f(x) = \exp\left(-x - \dfrac{4}{x + 3}\right)$ definierte reellwertige Funktion. Dabei bezeichnet exp die e-Funktion, d.h. $\exp(x) = e^x$.

a) Man gebe den maximalen Definitionsbereich $D$ von $f$ an.

b) Wie viele Nullstellen besitzt $f$?

c) Man berechne $\lim\limits_{x \to -3+} f(x)$ und $\lim\limits_{x \to -3-} f(x)$.

d) Man untersuche das Verhalten von $f$ im Unendlichen.

e) Man untersuche das Monotonieverhalten von $f$ im Definitionsbereich $D$.

f) Man bestimme alle lokalen Extrema von $f$.

g) Wie lautet das Taylor-Polynom $T_1(x; x_0)$ von $f$ zum Entwicklungspunkt $x_0 = 1$?

## A.10.4 Fehlerrechnung

**Aufgabe 10.4.1**
Zu berechnen seien die Integrale $I_n = \displaystyle\int_1^2 (\ln x)^n \mathrm{d}x, \qquad n = 1, 2, 3, \ldots$

a) Man zeige, dass die $I_n$ der folgenden Vorwärtsrekursion genügen

$$I_n = 2n(\ln 2)^n - nI_{n-1}, \quad n \geq 2, \qquad \text{(R)}$$

und berechne $I_7$ mit dem Startwert $I_1 \doteq 0.3863$.

b) Man stelle eine Formel für die Fehlerfortpflanzung von (R) auf und bestimme damit den (absoluten) Fehler der in a) berechneten Näherungslösung für $I_7$ sowie die Fehlerprozentzahl.

c) Man schreibe (R) als Rückwärtsrekursion (R') um und stelle eine Formel für die Fehlerfortpflanzung von (R') ausgehend vom Startwert $I_{k+n} \doteq 0$ auf. Wie groß muss $k$ gewählt werden, um $I_7$ aus $I_{k+7}$ mit einem Fehler von weniger als 0.1% zu bestimmen?
*Hinweis:* Es ist $I_7 \doteq 0.0123621$.

## A.10.5 Fixpunkt-Iterationen

**Aufgabe 10.5.1**

Gegeben sei die Funktion $f$ mit $f(x) = 3(x - \ln x) - \dfrac{13}{4}$.

a) Man zeige, dass $f$ genau zwei Nullstellen besitzt.

b) Man berechne die beiden Nullstellen von $f$ mit Hilfe des Fixpunktverfahrens, wobei die Voraussetzungen des Banachschen Fixpunktsatzes jeweils zu überprüfen sind.

c) Für die berechnete Näherung $x_{10}$ führe man jeweils eine A-priori- und eine A-posteriori-Fehlerabschätzung durch.

**Aufgabe 10.5.2**

Gegeben sei die Funktion $\Phi(x) = \ln(x) + 2$.

a) Man berechne einen Fixpunkt von $\Phi$ bis auf einen absoluten Fehler von $10^{-3}$ mit dem Fixpunktverfahren und einem geeigneten Startwert.

b) Man berechne den Fixpunkt aus a) mit Hilfe des Newton-Verfahrens unter Verwendung des gleichen Startwertes.

**Aufgabe 10.5.3**

Für die durch $f(x) = \cos x - 2x$ beschriebene Funktion $f$ sollen alle Nullstellen mit dem Fixpunktverfahren bestimmt werden.

a) Wie viele Nullstellen besitzt $f$?

b) Man überprüfe die Voraussetzungen des Banachschen Fixpunktsatzes bei der verwendeten Verfahrensfunktion.

c) Man berechne $x_5$ und führe eine A-priori- und eine A-posteriori-Fehlerabschätzung durch.

**(Klausur-)Aufgabe 10.5.4**

Gegeben sei die Funktion $g(x) = (x-2)^3 + 2.1$.

a) Mit Hilfe des Fixpunktsatzes zeige man die Existenz eines Fixpunktes $x^*$ im Intervall $D = [1.5, 2.5]$.

b) Ausgehend vom Startwert $x_0 = 2$ berechne man mit Hilfe der Fixpunktiteration $x_{n+1} = g(x_n)$ den Wert $x_2$ als Näherung für den Fixpunkt $x^*$ und führe eine Fehlerabschätzung durch.

**(Klausur-)Aufgabe 10.5.5**

Gegeben sei die Fixpunktgleichung $x = x^{1/5} + \dfrac{1}{2}$.

a) Man zeige mit Hilfe des Banachschen Fixpunktsatzes, dass im Intervall $D = [1, 2]$ genau ein Fixpunkt liegt.

b) Ausgehend vom Startwert $x_0 = 1$ berechne man über das Fixpunktverfahren $x_{n+1} = x_n^{1/5} + \dfrac{1}{2}$ den Wert für $x_1$ und schätze den absoluten Fehler von $x_1$ zum Fixpunkt $x^*$ nach oben ab.

**Aufgabe 10.5.6**

Gegeben sei das nichtlineare Gleichungssystem

$$\left(100x - \sin(xy) + z^3\,,\ \mathrm{e}^{xz^2} - 200y\,,\ \frac{1}{300}\sqrt{(x^2+y^2)^3} - z\right) = (1, -2, 0)\,.$$

Man zeige, dass genau eine Lösung $\mathbf{x}^* = (x^*, y^*, z^*)^T$ des nichtlinearen Gleichungssystems mit $||\mathbf{x}^*||_\infty \le 1$ existiert. Anschließend berechne man eine Näherung für diese Lösung mit einem gesicherten absoluten Fehler von höchstens $10^{-3}$ in der Maximumnorm.

# A.11 Potenzreihen und elementare Funktionen

## A.11.1 Gleichmäßige Konvergenz

**Aufgabe 11.1.1**
Man untersuche die Funktionenfolgen

a) $f_n : [0,1[ \to \mathbb{R}, \qquad f_n(x) = x^n\,,$

b) $g_n : [0,\infty[ \to \mathbb{R}, \qquad g_n(x) = \dfrac{(nx)^2}{1+(nx)^3}\,,$

c) $h_n : [1,\infty[ \to \mathbb{R}, \qquad h_n(x) = \dfrac{(nx)^2}{1+(nx)^3}\,,$

d) $k_n : ]\dfrac{\pi}{2}, \dfrac{3\pi}{2}[ \to \mathbb{R}, \qquad k_n(x) = \dfrac{\cos(nx)}{n^2}\,,$

e) $p_n : \mathbb{R} \to \mathbb{R}, \qquad p_n(x) = \sum\limits_{k=1}^{n} \dfrac{\sin x^2}{k^3}$

auf punktweise und gleichmäßige Konvergenz.

**Aufgabe 11.1.2**
Man zeige, dass für $x \in ]0,\infty[$ die Folge $h_n(x) = \sum\limits_{k=0}^{n} \dfrac{2}{(x+k)(x+k+2)}$ gleichmäßig gegen $h(x) = \dfrac{2x+1}{x(x+1)}$ konvergiert.

**Aufgabe 11.1.3**
Man bestimme für folgende Funktionenreihen den maximalen Konvergenzbereich und untersuche welche Art von Konvergenz (punktweise, gleichmäßige) vorliegt.

$$\text{a)}\quad f(x) = \sum_{k=0}^{\infty} \frac{3^k \cdot x^4}{(3+x^4)^k}\,, \qquad \text{b)}\quad g(x) = \sum_{k=1}^{\infty} \frac{1}{(2k+3)^4\sqrt{2+3kx}}\,.$$

## A.11.2 Potenzreihen

**Aufgabe 11.2.1**
Man berechne die Konvergenzradien der folgenden Potenzreihen und untersuche die Konvergenz in den Randpunkten des Konvergenzintervalls:

$$\text{a)}\quad \sum_{n=0}^{\infty} x^n\,, \qquad \text{b)}\quad \sum_{n=1}^{\infty} \frac{x^n}{n}\,, \qquad \text{c)}\quad \sum_{n=1}^{\infty} \frac{x^n}{n^2}\,.$$

**Aufgabe 11.2.2**
Man bestimme die Konvergenzradien der Potenzreihen

$$\text{a)}\quad \sum_{n=0}^{\infty} \sinh n\, x^n\,, \qquad \text{b)}\quad \sum_{n=0}^{\infty} 2^n x^{2n}\,,$$

$$\text{c)}\quad \sum_{k=0}^{\infty} a_k x^k \qquad \text{mit} \quad a_k = \begin{cases} -k, & \text{falls } k \text{ Quadratzahl} \\ 0 & \text{sonst} \end{cases}\,.$$

*Aufgaben und Lösungen zu Mathematik für Ingenieure 1, 4.Aufl.*, R. Ansorge, H. J. Oberle, K. Rothe und Th. Sonar

ISBN: 978-3-527-40987-7

**Aufgabe 11.2.3**
Man bestimme die Konvergenzradien der Potenzreihen

$$\text{a)}\quad \sum_{n=1}^{\infty}(n^4 - 4n^3)\, z^n\ , \qquad \text{b)}\quad \sum_{\nu=0}^{\infty} \frac{z^{5\nu}}{(4+(-1)^\nu)^{3\nu}}\, , \qquad \text{c)}\quad \sum_{k=1}^{\infty} k^{(\ln k/k)} z^k\ .$$

**Aufgabe 11.2.4**
Man bestimme die Konvergenzradien und Konvergenzintervalle der folgenden Reihen

$$\text{a)}\quad \sum_{n=1}^{\infty} \frac{x^n}{n2^{n+1} - 2^n}\, , \quad \text{b)}\quad \sum_{n=1}^{\infty} \frac{(x^2+2x+1)^n}{\sqrt{2n-1}}\, , \quad \text{c)}\quad \sum_{n=1}^{\infty} \left(\frac{n}{n+2}\right)^{n^2} (x-1)^n .$$

und untersuche für a) und b) das Konvergenzverhalten in den Randpunkten des Konvergenzintervalls.

**Aufgabe 11.2.5**
Gegeben sei die Funktion

$$f(x) = \frac{4-2x}{1+\cos x}\ .$$

a) Man bestimme die ersten fünf Glieder der Potenzreihe von $f$ zum Entwicklungspunkt $x_0 = 0$.

b) Man zeichne die Funktion und begründe, warum der Konvergenzradius der Potenzreihe nicht größer als $\pi$ sein kann.

**Aufgabe 11.2.6**
Gegeben sei die durch $f(x) = \dfrac{7}{6-5x}$ definierte Funktion.

a) Man zeichne die Funktion $f$.

b) Man beweise über vollständige Induktion, dass für $k \geq 0$ gilt $f^{(k)}(x) = \dfrac{7 \cdot 5^k \cdot k!}{(6-5x)^{k+1}}$ .

c) Man berechne die Taylor-Reihe von $f$ allgemein zum Entwicklungspunkt $x_0 \neq \dfrac{6}{5}$ und bestimme den Konvergenzradius.

d) Welche Konvergenzintervalle ergeben sich für $x_0 = 1$ und $x_0 = 2$? Liegt Konvergenz in den Randpunkten vor?

e) Unter Verwendung der Summenformel für die geometrische Reihe: $\dfrac{1}{1-z} = \sum\limits_{k=0}^{\infty} z^k$ berechne man die Potenzreihe für $f$ zum Entwicklungspunkt $z_0 = i$ und bestimme deren Konvergenzradius.

**Aufgabe 11.2.7**
Gegeben sei die Funktion

$$f(x) = \frac{x}{4-x^2}\ .$$

a) Man bestimme die Potenzreihe von $f$ zum Entwicklungspunkt $x_0 = 0$.

b) Man berechne den Konvergenzradius der Potenzreihe von $f$ und zeichne $f$.

**Aufgabe 11.2.8**
Man berechne für die Funktion $f(x) = \dfrac{5}{9-x^2}$ Potenzreihenentwicklungen um den Nullpunkt unter Verwendung

a) der Summenformel der geometrischen Reihe,

b) des Cauchy-Produktes für Reihen

und bestimme deren Konvergenzradius. Konvergiert die berechnete Potenzreihe in den Randpunkten des Konvergenzintervalls?

**(Klausur-)Aufgabe 11.2.9**

Gegeben sei die Funktion $f: \left]-\frac{1}{2}, \frac{1}{2}\right[ \to \mathbb{R}$ mit

$$f(x) = \frac{e^{2x-1} - 1}{\cos(\pi x)} \quad .$$

a) Man ermittle das Verhalten von $f$ bei Annäherung an die Randpunkte des Intervalls $\left]-\frac{1}{2}, \frac{1}{2}\right[$.

b) Man berechne von der Potenzreihenentwicklung von $f$ zum Entwicklungspunkt $x_0 = 0$ die Koeffizienten bis zum Glied von $x^3$.
*Tipp:* Es gilt $e^{2x-1} - 1 = e^{-1}(e^{2x} - e)$ .

**(Klausur-)Aufgabe 11.2.10**

a) Man berechne von der Reihenentwicklung von $f(x) = \dfrac{1}{1 - \sin\left(\frac{x}{2}\right)}$ zum Entwicklungspunkt $x_0 = 0$ die Glieder bis zur 3. Ordnung einschließlich.

b) Man berechne die Reihenentwicklung zum Entwicklungspunkt $x_0 = 0$ von $g(x) = \sqrt{3 + 2x}$ und bestimme deren Konvergenzradius.

**(Klausur-)Aufgabe 11.2.11**

Man bestimme den Konvergenzradius und das Konvergenzintervall der folgenden Reihe

$$\sum_{n=0}^{\infty} \frac{(3x-2)^n}{5^n (n+2)\sqrt{n+3}}$$

und untersuche das Konvergenzverhalten in den Randpunkten des Konvergenzintervalls (mit Begründung).

**(Klausur-)Aufgabe 11.2.12**

Gegeben sei die durch $f(x) = \dfrac{3}{3-x}$ definierte Funktion.

a) Man berechne die Potenzreihe für $f$ zum Entwicklungspunkt $x_0 = 1$ und bestimme ihren Konvergenzradius.

b) Konvergiert die berechnete Potenzreihe in den Randpunkten?

## A.11.3 Elementare Funktionen

**Aufgabe 11.3.1**

a) Man berechne die Ableitung von $g(x) = \operatorname{arsinh} x$.

b) Man zeige, dass für $k \geq 1$ gilt:

$$\binom{-1/2}{k} = (-1)^k \frac{1 \cdot 3 \cdots (2k-1)}{2^k \cdot k!} \quad .$$

c) Man berechne die Potenzreihe von $g$ zum Entwicklungspunkt $x_0 = 0$.

d) Man bestimme den Konvergenzradius zu der unter c) berechneten Potenzreihe.

# A.12 Interpolation

## A.12.1 Problemstellung

**Aufgabe 12.1.1**
Gegeben sei die Funktion $f(x) = \cos x$ im Intervall $I := [-\pi, \pi]$.

a) Man interpoliere $f$ an den Stellen $0, \pm\frac{\pi}{2}, \pm\pi$ durch das Interpolationspolynom $p$ niedrigsten Grades. Man gebe die Lagrangesche Darstellung und die Darstellung in Potenzen von $x$ an.

b) Man schätze den Interpolationsfehler in $I$ ab.

c) Man zeichne die Fehlerfunktion in $I$.

## A.12.2 Polynom-Interpolation

**Aufgabe 12.2.1**
Man gebe das Interpolationspolynom $p$ niedrigsten Grades in der Newtonschen Darstellung an für die Stützstellen

a)

| $t_i$ | $-1$ | $0$ | $1$ | $3$ |
|---|---|---|---|---|
| $y_i$ | $1$ | $3$ | $3$ | $45$ |

,

b)

| $t_i$ | $-1$ | $0$ | $1$ | $2$ | $3$ |
|---|---|---|---|---|---|
| $y_i$ | $1$ | $3$ | $3$ | $-5$ | $45$ |

.

Man zeichne die für a) und b) berechneten Interpolationspolynome.

**Aufgabe 12.2.2**
Man gebe das Interpolationspolynom $p(z)$ niedrigsten Grades an, das durch folgende Daten gegeben ist:

| $z_i$ | $-1$ | $0$ | $1$ | $i$ | $2i$ |
|---|---|---|---|---|---|
| $y_i$ | $3$ | $3+i$ | $1+2i$ | $5-2i$ | $35-11i$ |

.

**Aufgabe 12.2.3**

a) Von der Funktion $g(x) = \ln x$ seien nur die Stützstellen

| $x_i$ | $0.5$ | $1$ | $2$ |
|---|---|---|---|
| $\ln x_i$ | $-0.693$ | $0$ | $0.693$ |

bekannt. Man stelle das Interpolationspolynom $p$ niedrigsten Grades auf.

b) Man berechne $p(1.5)$ als Näherungswert für $\ln 1.5$. Wie groß ist der Fehler höchstens und wie groß mindestens?

**Aufgabe 12.2.4**
Man berechne $p(0)$ und $p(0.5)$ nach dem Schema von Neville für das Interpolationspolynom $p$ niedrigsten Grades, das die folgenden Daten interpoliert:

| $x_i$ | $-3$ | $-2$ | $-1$ | $1$ | $2$ | $3$ |
|---|---|---|---|---|---|---|
| $y_i$ | $-1$ | $0$ | $-1$ | $15$ | $-16$ | $95$ |

.

**(Klausur-)Aufgabe 12.2.5**
Zu folgenden Stützstellen

| $x_i$ | $0$ | $1$ | $2$ | $3$ |
|---|---|---|---|---|
| $y_i$ | $1$ | $3$ | $13$ | $67$ |

berechne man das Interpolationspolynom $p$ niedrigsten Grades.

**(Klausur-)Aufgabe 12.2.6**
Gegeben sei die durch $f(x) = x + \sin(x)$ definierte Funktion.

*Aufgaben und Lösungen zu Mathematik für Ingenieure 1, 4.Aufl.*, R. Ansorge, H. J. Oberle, K. Rothe und Th. Sonar

ISBN: 978-3-527-40987-7

a) Für $f$ stelle man das quadratische Newtonsche Interpolationspolynom $p_2$ auf, mit den Stützstellen

$$x_0 = \frac{\pi}{2}, \quad x_1 = \pi, \quad x_2 = 2\pi .$$

b) Wie groß wird der Fehler höchstens, wenn man $p_2\left(\frac{3\pi}{2}\right)$ als Näherungswert für $f\left(\frac{3\pi}{2}\right)$ verwendet?

c) Man skizziere $p_2(x)$ im Intervall $\left[\frac{\pi}{2}, 2\pi\right]$.

## A.12.3 Spline-Interpolation

**Aufgabe 12.3.1**
Man bestimme die interpolierende kubische Spline-Funktion $S$ mit natürlichen Randbedingungen zu den Stützstellen

| $t_i$ | $-1$ | $0$ | $1$ | $3$ |
|---|---|---|---|---|
| $y_i$ | $1$ | $3$ | $3$ | $45$ |

.

Man zeichne die Spline-Funktion.

# A.13 Integration

## A.13.1 Das bestimmte Integral

**Aufgabe 13.1.1**
Gegeben sei $f(x) = x^2$ für $x \in [0,1] =: I$. Man berechne für die äquidistante Zerlegung $Z_n = \left\{0, \frac{1}{n}, \frac{2}{n}, \cdots, 1\right\}$ des Intervalls $I$ Unter- und Obersumme und damit $\int\limits_0^1 x^2\,\mathrm{d}x$.

## A.13.2 Kriterien für Integrierbarkeit

**Aufgabe 13.2.1**
Man zeige anhand des Riemannschen Integrierbarkeitskriteriums, dass $f(x) = x^3$ über $x \in [0,1]$ integrierbar ist.

**Aufgabe 13.2.2**
Gegeben sei die Funktion $f : [1,2] \to \mathbb{R}$ mit $f(x) = 5 - 2x$.

a) Man berechne für die äquidistante Zerlegung $Z_n = \left\{1, \frac{n+1}{n}, \frac{n+2}{n}, \cdots, 2\right\}$ des Intervalls $I = [1,2]$ Unter- und Obersumme zu $f$.

b) Man weise die Integrierbarkeit von $f$ nach.

c) Man berechne $\int\limits_1^2 5 - 2x\,\mathrm{d}x$ über den Hauptsatz.

## A.13.3 Der Hauptsatz und Anwendungen

**Aufgabe 13.3.1**
Man berechne die folgenden unbestimmten Integrale

a) $\displaystyle\int \frac{3x^2+1}{\sqrt{x^3+x+1}}\,\mathrm{d}x$, b) $\displaystyle\int \frac{x^5+x^3+x+1}{\sqrt[5]{x}}\,\mathrm{d}x$, c) $\displaystyle\int \frac{\ln x}{x}\,\mathrm{d}x$,

d) $\displaystyle\int \frac{\cos x}{\sqrt{1-\sin^2 x}}\,\mathrm{d}x$, e) $\displaystyle\int (x^2+1)\mathrm{e}^{2x}\,\mathrm{d}x$, f) $\displaystyle\int \sin x \cos^3 x\,\mathrm{d}x$.

**Aufgabe 13.3.2**
Man berechne die folgenden unbestimmten Integrale

a) $\displaystyle\int \frac{x}{1+\sqrt{1+x^2}}\,\mathrm{d}x$, b) $\displaystyle\int \tan x\,\mathrm{d}x$, c) $\displaystyle\int (\ln x)^2\,\mathrm{d}x$,

d) $\displaystyle\int \frac{\sqrt{1-x^2}}{x^2}\,\mathrm{d}x$, e) $\displaystyle\int \mathrm{e}^x \cosh x\,\mathrm{d}x$, f) $\displaystyle\int x \sin x\,\mathrm{d}x$.

**Aufgabe 13.3.3**
Man berechne die folgenden unbestimmten Integrale

a) $\displaystyle\int \cosh x \sin x\,\mathrm{d}x$, b) $\displaystyle\int \tanh x\,\mathrm{d}x$, c) $\displaystyle\int x^2 \cos x\,\mathrm{d}x$,

d) $\displaystyle\int \frac{x^3}{\sqrt{x^2+1}}\,\mathrm{d}x$, e) $\displaystyle\int \sin(\ln x)\,\mathrm{d}x$, f) $\displaystyle\int \frac{x^2+2}{\sqrt{x}}\,\mathrm{d}x$.

*Aufgaben und Lösungen zu Mathematik für Ingenieure 1, 4.Aufl.*, R. Ansorge, H. J. Oberle, K. Rothe und Th. Sonar

ISBN: 978-3-527-40987-7

**Aufgabe 13.3.4**
Man berechne die folgenden bestimmten Integrale

$$\text{a)} \int_0^1 u^3 e^u \, du\,, \qquad \text{b)} \int_1^2 \frac{\ln s}{s^2}\, ds\,, \qquad \text{c)} \int_2^3 x^2\sqrt{x-2}\, dx\,,$$

$$\text{d)} \int_0^{\ln 2} \frac{\sinh t}{\cosh^2 t}\, dt\,, \qquad \text{e)} \int_{-1/3}^0 \frac{x^3+x^2}{3x+2}\, dx.$$

**Aufgabe 13.3.5**
Man berechne die Flächeninhalte der drei endlichen Teilflächen zwischen $y = x^2 - 1$ und $x^2 + y^2 = 1$.

**Aufgabe 13.3.6**
Man berechne für $y \geq 0$ den Flächeninhalt, der zwischen $y = 1 - x^2$ und $|x| + |y| = 1$ liegt.

**Aufgabe 13.3.7**
Für den Abfluss $w(t)$ eines aperen Gletschers gilt unter vereinfachenden Annahmen die Beziehung

$$w(t) = \nu \cdot \int_{t-\sigma}^{t} E(\tau)\, d\tau \quad ,$$

wobei $\nu$ einen Proportionalitätsfaktor, $E(t)$ die zur Zeit $t$ zur Verfügung stehende Schmelzenergie und $\sigma$ die maximale Abflussdauer bezeichnet. Alle Zeiten sind in Stunden angegeben. Für

$$E(t) = \begin{cases} (8-t)(t-16) & \text{für} \quad 8 \leq t \leq 16\,, \\ 0 & \text{für} \quad -8 \leq t \leq 8 \quad \text{und} \quad 16 \leq t \leq 24\,, \end{cases}$$

$\nu = 1$ und $\sigma = 8$ berechne man den Abfluss $w(t)$ zum Zeitpunkt $t \in [0, 24]$.

**Aufgabe 13.3.8**
Eine zweistufige Rakete hat die Kenndaten

| | Leermasse | Treibstoffmasse | Verbrauch | Schubkraft $F$ |
|---|---|---|---|---|
| 1. Stufe | 1000 kg | 25000 kg | 500 kg/s | $2.0 \cdot 10^6$ N |
| 2. Stufe | 500 kg | 8000 kg | 40 kg/s | $3.0 \cdot 10^5$ N |

Die Rakete startet senkrecht. Wenn der Treibstoff der 1. Stufe verbraucht ist, so wird deren Hülle abgestoßen. Setzt man unabhängig von der Höhe vereinfachend $g = 9.81\,\text{m/s}^2$, so gilt für die Beschleunigung der Rakete

$$\ddot{h}(t) = \dot{v}(t) = b(t) = \frac{F}{m(t)} - g \qquad (m(t) = \text{Gesamtmasse zum Zeitpunkt } t) \quad .$$

a) Man bestimme die Funktion $m(t)$.

b) Welche Geschwindigkeit $v$ hat die Rakete 50 s bzw. 250 s nach dem Start?

c) Welche Höhe $h$ wird nach 50 s bzw. 250 s erreicht?

**Aufgabe 13.3.9**
Auf einer kreisrunden Wiese vom Radius $r = 1$ wird eine Ziege am Rand an einem Seil der Länge $R$ angebunden. Wie groß muß $R$ sein (auf 6 Stellen genau), damit die Ziege genau die Hälfte der Wiese abweiden kann?

*Hinweis:* Man zeichne im $x$-$y$-Koordinatensystem den Kreis mit Radius $r = 1$ im Ursprung ein. Der Kreis mit Radius $R$ habe dann den Mittelpunkt $(1, 0)$. Aus Symmetriegründen ist nur die Schnittfläche $F(R)$ der beiden Kreise in der oberen Halbebene etwa mittels Integration zu bestimmen. Der Radius $R$ ergibt sich dann aus dem Nullstellenproblem $F(R) - \dfrac{\pi}{4} = 0$.

## A.13.4 Integration rationaler Funktionen

**Aufgabe 13.4.1**
Man berechne die folgenden unbestimmten Integrale:

a) $$\int \frac{x-1}{x^5 - x^4 + 8x^3 - 8x^2 + 16x - 16}\,\mathrm{d}x\,,$$

b) $$\int \frac{x}{x^2 - 4x + 8}\,\mathrm{d}x\,,$$

c) $$\int \frac{2x^6 + x^5 + 12x^3 - 7x^2 + 5x - 2}{2x^5 - x^4 + 2x^3 - x^2}\,\mathrm{d}x\,.$$

**Aufgabe 13.4.2**
Man berechne die folgenden unbestimmten Integrale:

a) $$\int \frac{x^3 - x^2 - 3x + 12}{x^2 + x - 6}\,\mathrm{d}x\,,$$ b) $$\int \frac{\mathrm{e}^{3x} + \mathrm{e}^{2x} + 2\mathrm{e}^{x}}{\mathrm{e}^{3x} + \mathrm{e}^{2x} + \mathrm{e}^{x} + 1}\,\mathrm{d}x\,.$$

**Aufgabe 13.4.3**
Man berechne die folgenden unbestimmten Integrale:

a) $$\int \frac{5x^3 - x^2 + 9x + 7}{x^4 + 2x^3 - 2x^2 - 6x + 5}\,\mathrm{d}x\,,$$ b) $$\int \frac{1}{\sin x + \cos x}\,\mathrm{d}x\,.$$

**Aufgabe 13.4.4**
Man berechne die folgenden unbestimmten Integrale:

a) $$\int \frac{2\mathrm{e}^{2x} + 3\mathrm{e}^{x} - 2}{\mathrm{e}^{2x} - \mathrm{e}^{x} - 2}\,\mathrm{d}x\,,$$ b) $$\int \frac{1 + \sin x}{1 + \cos x}\,\mathrm{d}x\,.$$

**(Klausur-)Aufgabe 13.4.5**
Man berechne die folgenden unbestimmten Integrale:

a) $$\int \frac{4x^3 - 7x + 2}{2x + 1}\,\mathrm{d}x\,,$$ b) $$\int \frac{x^2 - x + 7}{x^3 - 3x^2 + 4x - 12}\,\mathrm{d}x\,.$$

**(Klausur-)Aufgabe 13.4.6**
Man berechne die folgenden unbestimmten Integrale:

a) $$\int \frac{2x + 1}{x^2 + 2x + 2}\,\mathrm{d}x\,,$$ b) $$\int \frac{2x + 1}{x^3 + 2x^2 + x}\,\mathrm{d}x\,.$$

**(Klausur-)Aufgabe 13.4.7**
Man berechne die folgenden unbestimmten Integrale:

a) $$\int \frac{2x^4 + 5x^2 + 2x + 16}{x^4 - x^3 + 2x^2 + 4x}\,\mathrm{d}x\,,$$ b) $$\int \frac{\mathrm{e}^{3x} + 3\mathrm{e}^{2x} - 2\mathrm{e}^{x}}{\mathrm{e}^{3x} - \mathrm{e}^{2x} + \mathrm{e}^{x} - 1}\,\mathrm{d}x\,.$$

**(Klausur-)Aufgabe 13.4.8**
Man berechne die folgenden unbestimmten Integrale:

a) $$\int \frac{x^3 - 4x^2 - 12x + 13}{x^2 - x - 12}\,\mathrm{d}x\,,$$ b) $$\int \frac{\mathrm{e}^{x}}{\mathrm{e}^{2x} + 1}\,\mathrm{d}x\,.$$

**(Klausur-)Aufgabe 13.4.9**
Man berechne die folgenden unbestimmten Integrale:

$$\text{a)} \quad \int \frac{7x^2+4x+9}{(x+3)(x^2-2x+5)}\,\mathrm{d}x\,, \qquad \text{b)} \quad \int \frac{2\mathrm{e}^{2x}+\mathrm{e}^x}{\mathrm{e}^{2x}+1}\,\mathrm{d}x\,.$$

## A.13.5 Uneigentliche Integrale

**Aufgabe 13.5.1**
Man beweise die Funktionalgleichung der Gamma-Funktion

$$\Gamma(x+1) = x\Gamma(x) \quad \text{für} \quad x > 0$$

und zeige damit über Induktion

$$\Gamma(n) = (n-1)! \quad \forall n \in \mathbb{N}\,.$$

**Aufgabe 13.5.2**

a) Man untersuche die folgenden uneigentlichen Integrale auf Konvergenz (ohne sie zu berechnen):

$$\text{(i)} \quad \int_0^\infty \frac{x}{x^4+2x^2+1}\,\mathrm{d}x\,, \qquad \text{(ii)} \quad \int_0^\infty \frac{x+1}{\sqrt{x^4+1}}\,\mathrm{d}x\,.$$

b) Man berechne die folgenden uneigentlichen Integrale bzw. deren Cauchyschen Hauptwerte:

$$\text{(i)} \quad \int_0^2 \frac{\mathrm{d}x}{\sqrt{|1-x^2|}}\,, \qquad \text{(ii)} \quad \int_0^3 \frac{x+1}{x^2-1}\,\mathrm{d}x\,.$$

**Aufgabe 13.5.3**

a) Man untersuche die folgenden uneigentlichen Integrale auf Konvergenz (ohne sie zu berechnen):

$$\text{(i)} \quad \int_0^\infty \frac{x-1}{x^3+1}\,\mathrm{d}x\,, \qquad \text{(ii)} \quad \int_0^\infty \frac{x^2}{\sqrt{x^6+2x^2+1}}\,\mathrm{d}x\,.$$

b) Man berechne die folgenden uneigentlichen Integrale bzw. deren Cauchyschen Hauptwerte:

$$\text{(i)} \quad \int_{-2}^0 \frac{\mathrm{d}x}{\sqrt{|x+1|}}\,, \qquad \text{(ii)} \quad \int_{-2}^2 \frac{1}{x+1}\,\mathrm{d}x\,.$$

**(Klausur-)Aufgabe 13.5.4**
Man berechne die folgenden uneigentlichen Integrale bzw. deren Cauchyschen Hauptwerte, falls diese existieren:

$$\text{a)} \quad \int_0^\infty x\mathrm{e}^{-x}\,\mathrm{d}x\,, \qquad \text{b)} \quad \int_{-1}^7 \frac{\mathrm{d}x}{(x-5)^3}\,, \qquad \text{c)} \quad \int_{-2}^2 \frac{\mathrm{d}x}{(x+1)^2}\,.$$

**(Klausur-)Aufgabe 13.5.5**

a) Man untersuche das uneigentliche Integral $\displaystyle\int_0^1 \frac{\sin x}{x\sqrt{x}}\mathrm{d}x$ auf Existenz.

b) Existiert das Integral $\displaystyle\int_6^7 \frac{\mathrm{d}x}{\sqrt[7]{(x-6)^8}}$ ? Falls ja, so berechne man dessen Wert.

## A.13.6 Parameterabhängige Integrale

**Aufgabe 13.6.1**

Man berechne das Integral $\int_0^b x^2 e^x \, dx$

a) durch partielle Integration und

b) durch Differenzieren der Funktion $F(y) := \int_0^b e^{xy} \, dx$ .

**Aufgabe 13.6.2**

Gegeben sei das parameterabhängige Integral $F(x) = \int_{a(x)}^{b(x)} f(t,x) \, dt$ mit stetigem $f$ und $\frac{\partial f}{\partial x}$ und stetig differenzierbaren Funktionen $a$ und $b$. Dann gilt

$$F'(x) = \int_{a(x)}^{b(x)} \frac{\partial}{\partial x} f(t,x) \, dt + f(b(x),x)\, b'(x) - f(a(x),x)\, a'(x) \quad .$$

Man berechne die Ableitungen der folgenden Funktionen

a) $\mathrm{Si}(x) = \int_0^x \frac{\sin t}{t} \, dt$ , b) $\mathrm{erf}(x) = \frac{2}{\sqrt{\pi}} \int_0^x e^{-t^2} \, dt$ ,

c) $G(x) = \int_{x^2}^{x^3} \ln(xt) \, dt$ , d) $H(x) = \int_{\ln x}^{1+x} e^t \, dt$ .

# A.14 Anwendungen der Integralrechnung

## A.14.1 Rotationskörper

**Aufgabe 14.1.1**
Gegeben sei die Funktion $f : [0, a] \longrightarrow \mathbb{R}$ mit $f(x) = x^2$.

Man berechne das Volumen des Rotationskörpers, wenn der Funktionsgraph von $f$ um

a) die $x$–Achse und b) die $y$–Achse rotiert.

**Aufgabe 14.1.2**
Man berechne das Volumen und die Oberfläche des Körpers, der entsteht, wenn die Fläche zwischen den Funktionsgraphen $f(x) = \sin x$ und $g(x) = \dfrac{2x}{\pi}$ im Intervall $\left[0, \dfrac{\pi}{2}\right]$ um die $x$-Achse rotiert.

**Aufgabe 14.1.3**
Die Parabeln $p(x) = 3-x^2$ und $q(x) = x^2+1$ schließen im Intervall $[-1, 1]$ eine Fläche ein. Man berechne das Volumen und die Oberfläche des Körpers, der entsteht, wenn diese Fläche um die $x$-Achse rotiert.

**Aufgabe 14.1.4**
Man berechne das Volumen und die Oberfläche des Torus, der entsteht, wenn der Kreis $x^2+(y-R)^2 = r^2$ mit $r < R$ um die $x$-Achse rotiert.

**Aufgabe 14.1.5**
Man berechne das Volumen des Torus mit elliptischem Querschnitt, der entsteht, wenn die Ellipse $\dfrac{x^2}{a^2} + \dfrac{(y-R)^2}{b^2} = 1$ mit $b < R$ um die $x$-Achse rotiert.

**(Klausur-)Aufgabe 14.1.6**
Gegeben sei die Funktion $f : [1, 4] \to \mathbb{R}$ mit $y = f(x) = \dfrac{4x-1}{3}$. Man skizziere den Rotationskörper, der durch Rotieren des Funktionsgraphen von $f$ um die $y$-Achse entsteht und berechne seine Mantelfläche.

**(Klausur-)Aufgabe 14.1.7**
Gegeben sei die Funktion $f : [0, 2] \to \mathbb{R}$ mit $f(x) = |x-1|$.

a) Man skizziere den entstehenden Rotationskörper, wenn $f$ um die $x$-Achse rotiert und

b) berechne das zugehörige Volumen.

## A.14.2 Kurven und Bogenlänge

**Aufgabe 14.2.1**
Man berechne die Bogenlängen der folgenden Kurven:

a) $\mathbf{c} : [0, \infty[ \to \mathbb{R}^2$ mit $\mathbf{c}(t) = e^{-2t} \begin{pmatrix} \cos t \\ \sin t \end{pmatrix}$,

b) $\mathbf{c} : [0, a] \to \mathbb{R}^3$ mit $\mathbf{c}(t) = t \begin{pmatrix} \cos t \\ \sin t \\ 1 \end{pmatrix}$.

*Aufgaben und Lösungen zu Mathematik für Ingenieure 1, 4.Aufl.*, R. Ansorge, H. J. Oberle, K. Rothe und Th. Sonar

ISBN: 978-3-527-40987-7

**Aufgabe 14.2.2**

Man zeichne eine der Schraubenlinien $\mathbf{c}_k : [0, k\pi] \to \mathbb{R}^3\,,\ k \in \mathbb{N}$ mit $\mathbf{c}_k(t) = \begin{pmatrix} \cos t \\ \sin t \\ t/k \end{pmatrix}$

und berechne die Bogenlänge von $\mathbf{c}_k$.

**(Klausur-)Aufgabe 14.2.3**

Für $t \in [-2, 2]$ sei die Strophoide mit $\mathbf{c}(t) = \begin{pmatrix} \dfrac{t^2-1}{t^2+1} \\ \dfrac{t(t^2-1)}{t^2+1} \end{pmatrix}$ gegeben.

a) Man skizziere die Strophoide.

b) Man berechne die von der Kurve $\mathbf{c}$ umschlossene Fläche für $t \in [-1, 1]$.

**Aufgabe 14.2.4**
Mit $r(\varphi) = \sin(3\varphi)$ ist das dreiblättrige Kleeblatt $\mathbf{c}$ in Polarkoordinaten gegeben.

a) Man skizziere das Kleeblatt.

b) Man berechne den Tangentenvektor und

c) die Fläche eines Blattes von $\mathbf{c}$.

**Aufgabe 14.2.5**
Durch $r(\varphi) = 1/\varphi$ ist eine hyperbolische Spirale in Polarkoordinaten gegeben.

a) Man zeichne die Kurve.

b) Man berechne den Tangentenvektor der Kurve für $\varphi = 2k\pi$ mit $k \in \mathbb{N}$.

c) Man berechne die von der Spirale für $\varphi \in [2k\pi, (2k+2)\pi]$ überstrichene Fläche mit $k \in \mathbb{N}$.

**Aufgabe 14.2.6**
Die Asteroide ist gegeben durch $\mathbf{c}(t) = R\begin{pmatrix} \cos^3 t \\ \sin^3 t \end{pmatrix}$.

a) Man skizziere die Asteroide.

b) Man berechne die Bogenlänge und

c) den Flächeninhalt der Asteroide.

## A.14.3 Kurvenintegrale

**Aufgabe 14.3.1**

a) Gegeben sei die Funktion $f(x, y) = x$. Man berechne das Kurvenintegral 1. Art von $f$ längs der Ellipse $x^2 + \dfrac{y^2}{4} = 1$.

b) Durch $\mathbf{c}(t) = (\cos^3 t,\, \sin^3 t)$ mit $t \in \left[0, \dfrac{\pi}{2}\right]$ sei ein Draht parametrisiert. Er besitze die Massendichte $\rho(\mathbf{c}(t)) = \sin t$. Man berechne die Gesamtmasse des Drahtes.

**Aufgabe 14.3.2**
Ein Draht liege in Form einer Schraubenlinie vor. Die Parametrisierung des Drahtes sei gegeben durch

$$\mathbf{c}(z) = \begin{pmatrix} z\cos z \\ z\sin z \\ z \end{pmatrix} \quad \text{mit} \quad z \in [0, 4\pi]\,.$$

Die Massendicht des Drahtes betrage $\rho(\mathbf{c}(z)) = \dfrac{1}{\sqrt{2+z^2}}$.

a) Man berechne den Schwerpunkt des Drahtes und

b) das Trägheitsmoment um die $z$-Achse.

**Aufgabe 14.3.3**

Für die durch $g(x,y) = xy$ gegebene Funktion $g$ berechne man das Kurvenintegral 1. Art längs der im Bild angegebenen Kurve $\mathbf{c}$.

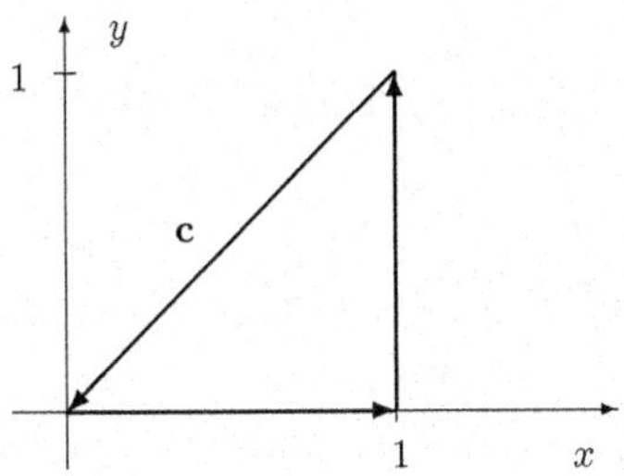


**Bild 14.3.3** Kurve $\mathbf{c}$

**(Klausur-)Aufgabe 14.3.4**

a) Durch $\mathbf{c}(t) = (t, t^2)$ mit $t \in [1,2]$ sei ein Draht parametrisiert. Er besitze die Massendichte $\rho(\mathbf{c}(t)) = t$. Man berechne die Gesamtmasse des Drahtes.

b) Durch $\mathbf{c}(t) = \begin{pmatrix} \cos t \\ \sin t \end{pmatrix}$ mit $0 \le t \le \pi/4$ werde ein Draht parametrisiert mit der Massendichte $\rho(x,y) = \dfrac{y}{x^2}$. Man berechne die Gesamtmasse des Drahtes.

# A.15 Numerische Quadratur

## A.15.1 Newton-Cotes-Formeln

**Aufgabe 15.1.1**
Gegeben sei die Funktion $f(x) = \sqrt{4 - x^2}$ .

a) Man bestimme $\int\limits_0^1 f(x)\,\mathrm{d}x$ exakt.

b) Man berechne mit der Trapezregel einen Näherungswert für $\int\limits_0^1 f(x)\,\mathrm{d}x$.

c) Man führe eine Fehlerabschätzung für den Näherungswert durch und vergleiche diese mit dem tatsächlichen Fehler.

**Aufgabe 15.1.2**
Man zeige für die $\frac{3}{8}$-Regel die Fehlerabschätzung

$$|\,R[f]\,| \le \frac{(b-a)^5}{6480} \max_{x\in[a,b]} \left| f^{(4)}(x) \right| .$$

**Aufgabe 15.1.3**
Man entwickle eine Quadraturformel $Q$

$$Q(f) = g_0 f(x_0) + g_1 f(1) \approx \int\limits_0^1 f(x)\,\mathrm{d}x\,,$$

die Polynome von möglichst hohem Grad exakt integriert.

**Aufgabe 15.1.4**
Gegeben sei die Funktion $f(x) = x\cos x$ .

a) Man bestimme $\int\limits_0^{\pi/2} f(x)\,\mathrm{d}x$ exakt.

b) Man berechne mit der zusammengesetzten Simpson-Regel mit einer Schrittweite von $h = \frac{\pi}{8}$ einen Näherungswert für $\int\limits_0^{\pi/2} f(x)\,\mathrm{d}x$.

c) Man führe eine Fehlerabschätzung für den Näherungswert durch und vergleiche mit dem tatsächlichen Fehler.

*Aufgaben und Lösungen zu Mathematik für Ingenieure 1, 4.Aufl.*, R. Ansorge, H. J. Oberle, K. Rothe und Th. Sonar

ISBN: 978-3-527-40987-7

# A.16 Periodische Funktionen, Fourier-Reihen

## A.16.1 Grundlegende Begriffe

**Aufgabe 16.1.1**
Die Funktion $f(t)$ sei $T$-periodisch und integrierbar über kompakten Intervallen. Man zeige, dass dann für beliebiges $a \in \mathbb{R}$ gilt:

$$\int_0^T f(x)\,\mathrm{d}x = \int_a^{a+T} f(x)\,\mathrm{d}x\,.$$

## A.16.2 Fourier-Reihen

**Aufgabe 16.2.1**
Gegeben sei die Funktion $f\,:\,[-\pi,\pi[\to \mathbb{R}$ mit $f(x)=|x\cos x|$.

a) Man zeichne die Funktion $f$ im Intervall $[-\pi,\pi[$.

b) Man berechne die Fourier-Reihe der $2\pi$-periodischen Fortsetzung.

**(Klausur-)Aufgabe 16.2.2**
Gegeben sei die 4-periodische Funktion $f$ mit

$$f(x)=\begin{cases} 0 & , \quad -2\le x<-1 \;, \\ (x+1)^2 & , \quad -1\le x<0 \;, \\ (x-1)^2 & , \quad 0\le x<1 \;, \\ 0 & , \quad 1\le x\le 2 \;. \end{cases}$$

Man skizziere die Funktion im Intervall $[-2,2]$ und berechne ihre Fourier-Reihe.

**(Klausur-)Aufgabe 16.2.3**
Gegeben sei die 2-periodische Funktion $f(x)=\begin{cases} 1 & , \quad -1\le x\le 0 \;, \\ 1-x & , \quad 0\le x<1 \;. \end{cases}$

a) Man berechne die Fourier-Reihe der Funktion.

b) Man zeige mit Hilfe von a) die Identität $\displaystyle\sum_{k=1}^{\infty}\frac{1}{(2k-1)^2}=\frac{\pi^2}{8}$.

**(Klausur-)Aufgabe 16.2.4**
Gegeben sei die Funktion $f\,:\,[0,2]\to\mathbb{R}$ mit $f(x)=-(x-1)^2$.

a) Man skizziere die 2-periodische direkte Fortsetzung der Funktion $f$.

b) Man berechne die Fourier-Reihe dieser 2-periodischen Fortsetzung von $f$.

c) Man zeige mit Hilfe von b) die Identität $\displaystyle\sum_{k=1}^{\infty}\frac{1}{k^2}=\frac{\pi^2}{6}$.

**Aufgabe 16.2.5**
Gegeben sei die Funktion $f\,:\,]-1,1]\to\mathbb{R}$ mit $f(x)=x^3$. Man berechne die Fourier-Reihe der 2-periodischen Fortsetzung der Funktion.

*Aufgaben und Lösungen zu Mathematik für Ingenieure 1, 4.Aufl.*, R. Ansorge, H. J. Oberle, K. Rothe und Th. Sonar

ISBN: 978-3-527-40987-7

**Aufgabe 16.2.6**
Man bestimme die Fourier-Koeffizienten der folgenden $2\pi$-periodischen Funktionen:

a) $\sin^4(2x)$ , b) $\cos^4(3x)$ , c) $\sin x \cos x$ ,

d) $3\sin(5x) - 4\sin^3(7x)$ , e) $\cos^2(3x) - \sin^2(3x)$ , f) $1 + 2\sin(9x) + 3\cos(5x)$ .

**Aufgabe 16.2.7**
Gegeben sei die Funktion $f\,:\,[0,\pi[\to \mathbb{R}$ mit $f(x) = x^2$ .

a) Man berechne die komplexe Fourier-Reihe der ungeraden ($2\pi$-periodischen) Fortsetzung.

b) Man gebe die reellen Fourier-Koeffizienten der Reihe aus a) an.

**Aufgabe 16.2.8**
Man bestimme mit Hilfe des Fourierreihenansatzes $y(x) \sim \dfrac{a_0}{2} + \sum\limits_{k=1}^{\infty} a_k \cos(kx) + b_k \sin(kx)$ Lösungen der Differentialgleichungen:

a) $y'(x) = y(x) + \cos(x)$ und b) $y'(x) = 2y(x) - 4\sin(2x)$ .

# L.1 Aussagen, Mengen und Funktionen

## L.1.1 Aussagen

**Lösung 1.1.1**

a), b)

| $A$ | $B$ | $C$ | $A \Rightarrow B$ | $(A \Rightarrow B) \Rightarrow C$ | $A \vee B$ | $(A \vee B) \wedge C$ |
|---|---|---|---|---|---|---|
| 1 | 1 | 1 | 1 | 1 | 1 | 1 |
| 1 | 1 | 0 | 1 | 0 | 1 | 0 |
| 1 | 0 | 1 | 0 | 1 | 1 | 1 |
| 1 | 0 | 0 | 0 | 1 | 1 | 0 |
| 0 | 1 | 1 | 1 | 1 | 1 | 1 |
| 0 | 1 | 0 | 1 | 0 | 1 | 0 |
| 0 | 0 | 1 | 1 | 1 | 0 | 0 |
| 0 | 0 | 0 | 1 | 0 | 0 | 0 |

c)

| $A$ | $B$ | $C$ | $A \wedge B$ | $B \wedge C$ | $\neg(B \wedge C)$ | $(A \wedge B) \vee \neg(B \wedge C)$ |
|---|---|---|---|---|---|---|
| 1 | 1 | 1 | 1 | 1 | 0 | 1 |
| 1 | 1 | 0 | 1 | 0 | 1 | 1 |
| 1 | 0 | 1 | 0 | 0 | 1 | 1 |
| 1 | 0 | 0 | 0 | 0 | 1 | 1 |
| 0 | 1 | 1 | 0 | 1 | 0 | 0 |
| 0 | 1 | 0 | 0 | 0 | 1 | 1 |
| 0 | 0 | 1 | 0 | 0 | 1 | 1 |
| 0 | 0 | 0 | 0 | 0 | 1 | 1 |

d)

| $A$ | $B$ | $A \Rightarrow B$ | $(A \Rightarrow B) \wedge B$ |
|---|---|---|---|
| 1 | 1 | 1 | 1 |
| 1 | 0 | 0 | 0 |
| 0 | 1 | 1 | 1 |
| 0 | 0 | 1 | 0 |

c) Die Aussage ist äquivalent zu $\neg(\neg A \wedge B \wedge C)$,
d) Die Aussage ist äquivalent zu $B$.

**Lösung 1.1.2**

a)

| $A$ | $B$ | $\neg A$ | $\neg B$ | $A \wedge B$ | $(A \wedge B) \vee \neg A$ | $(A \wedge B) \vee \neg B$ | $((A \wedge B) \vee \neg A)$ $\wedge((A \wedge B) \vee \neg B)$ |
|---|---|---|---|---|---|---|---|
| 1 | 1 | 0 | 0 | 1 | 1 | 1 | 1 |
| 1 | 0 | 0 | 1 | 0 | 0 | 1 | 0 |
| 0 | 1 | 1 | 0 | 0 | 1 | 0 | 0 |
| 0 | 0 | 1 | 1 | 0 | 1 | 1 | 1 |

b)

| $A$ | $B$ | $A \Rightarrow B$ | $B \Rightarrow A$ | $(A \Rightarrow B) \wedge (B \Rightarrow A)$ | $A \iff B$ |
|---|---|---|---|---|---|
| 1 | 1 | 1 | 1 | 1 | 1 |
| 1 | 0 | 0 | 1 | 0 | 0 |
| 0 | 1 | 1 | 0 | 0 | 0 |
| 0 | 0 | 1 | 1 | 1 | 1 |

| $A$ | $B$ | $C$ | $B \wedge C$ | $A \vee (B \wedge C)$ | $A \vee B$ | $A \vee C$ | $(A \vee B) \wedge (A \vee C)$ |
|---|---|---|---|---|---|---|---|
| 1 | 1 | 1 | 1 | 1 | 1 | 1 | 1 |
| 1 | 1 | 0 | 0 | 1 | 1 | 1 | 1 |
| 1 | 0 | 1 | 0 | 1 | 1 | 1 | 1 |
| 1 | 0 | 0 | 0 | 1 | 1 | 1 | 1 |
| 0 | 1 | 1 | 1 | 1 | 1 | 1 | 1 |
| 0 | 1 | 0 | 0 | 0 | 1 | 0 | 0 |
| 0 | 0 | 1 | 0 | 0 | 0 | 1 | 0 |
| 0 | 0 | 0 | 0 | 0 | 0 | 0 | 0 |

**Lösung 1.1.3**

a) Annahme: Es gibt reelle Zahlen $a$ und $b$, für die gilt:

$$\frac{|a+b|}{1+|a+b|} > \frac{|a|}{1+|a|} + \frac{|b|}{1+|b|}\,.$$

$$\Rightarrow |a+b|(1+|a|)(1+|b|) > (1+|a+b|)(|a|(1+|b|)+|b|(1+|a|))$$
$$\Rightarrow |a+b|(1+|a|+|b|+|ab|) > (1+|a+b|)(|a|+|b|+2|ab|)$$

*Aufgaben und Lösungen zu Mathematik für Ingenieure 1, 4.Aufl.*, R. Ansorge, H. J. Oberle, K. Rothe und Th. Sonar

ISBN: 978-3-527-40987-7

$\Rightarrow |a+b| > |a| + |b| + 2|ab| + |a+b||ab|$
$\Rightarrow |a+b| > |a| + |b|$
im Widerspruch zur Dreiecksungleichung.

b) Annahme: Es sei $\log_{10} 2 = \frac{n}{m}$ mit teilerfremden $n, m \in \mathbb{N}$
$\Rightarrow 10^{n/m} = 2 \Rightarrow 10^n = 2^m \Rightarrow 5^n = 2^{m-n}$
im Widerspruch zur Eindeutigkeit der Primfaktorenzerlegung.

c) Annahme: Es gibt reelle Zahlen $a, b$ mit $0 < a < b$, so dass gilt
$\sqrt{b} - \sqrt{a} \geq \sqrt{b-a} \Rightarrow b + a - 2\sqrt{ab} \geq b - a \Rightarrow a \geq \sqrt{ab} \Rightarrow a \geq b$
im Widerspruch zur Annahme.

**Lösung 1.1.4**

a) Annahme: Es sei $x = \frac{n}{m}$ mit teilerfremden $n \in \mathbb{Z}, m \in \mathbb{N}$

$$\Rightarrow \quad a\frac{n^2}{m^2} + b\frac{n}{m} + c = 0 \quad \Rightarrow \quad an^2 + bmn + cm^2 = 0\,.$$

Da $m$ und $n$ teilerfremd sind, können nicht beide Zahlen gerade sein.
Angenommen, $n$ ist gerade:
$\Rightarrow an^2 + bmn$ ist gerade $\Rightarrow cm^2$ ist gerade $\Rightarrow m$ ist gerade (Widerspruch).
Angenommen, $m$ ist gerade:
$\Rightarrow bmn + cm^2$ ist gerade $\Rightarrow an^2$ ist gerade $\Rightarrow n$ ist gerade (Widerspruch).
Also sind $n, m$ ungerade Zahlen
$\Rightarrow an^2 + bmn + cm^2$ ist ungerade (Widerspruch).

b) Es gilt $|a| = |a-b+b| \leq |a-b| + |b| \Rightarrow |a| - |b| \leq |a-b|$
und $|b| = |b-a+a| \leq |b-a| + |a| \Rightarrow |b| - |a| \leq |b-a| = |a-b|\,.$
Damit folgt die Behauptung.

**Lösung 1.1.5**

a) Es gilt $(1 + q + q^2 + \cdots + q^n)(1-q) = 1 - q^{n+1}$, mit $q \neq 1$ folgt die Behauptung.

b) Sei $n$ zunächst gerade: Man addiert den ersten und den letzten Summanden zu $n+1$, den zweiten und den vorletzen zu $2 + (n-1) = n+1$ usw. und erhält so $\frac{n}{2}$ Zwischensummen vom Wert $n+1$. Also ist $1 + 2 + 3 + \cdots + n = \frac{n}{2}(n+1)$. Ist $n$ ungerade, so ist $n-1$ gerade und man erhält mit der vorangegangenen Argumentation $1 + 2 + 3 + \cdots + n = \frac{n-1}{2}((n-1)+1) + n = \frac{n}{2}(n+1)$.

**Lösung 1.1.6**

a) (i) Die Zahl lautet $N = 8$.
Beweis: Es gilt $3^7 = 2187 < 2401 = 7^4$, und für $n \geq 5$ erhält man:

$$\left(\frac{n}{n-1}\right)^4 = (1 + \frac{1}{n-1})^4 = 1 + \frac{4}{n-1} + \frac{6}{(n-1)^2} + \frac{4}{(n-1)^3} + \frac{1}{(n-1)^4}$$
$$< 1 + \frac{4}{4} + \frac{6}{16} + \frac{4}{64} + \frac{1}{256} < 3.$$

Für $n \geq 8$ gilt also : $\frac{3^n}{n^4} = \frac{3^n}{8^4\,(9/8)^4 \cdots (n/(n-1))^4} > \frac{3^n}{8^4 3^{n-8}} = \frac{3^8}{8^4} = \frac{6561}{4096} > 1.$

(ii) Die Zahl lautet $N = 9$.
Beweis: Es gilt $8! = 40320 < 65536 = 4^8$.

Für $n \geq 9$ erhält man: $\frac{n!}{4^n} = \frac{9! \cdot 10 \cdots n}{4^9 \cdot 4^{n-9}} > \frac{9!}{4^9} = \frac{362880}{262144} > 1.$

b) Es gilt: $n^2 + m^2 = (2j(j+1))^2 + (2j+1)^2 = (2j(j+1))^2 + 4j^2 + 4j + 1$

$$= (2j(j+1))^2 + 2 \cdot 2j(j+1) + 1 = (2j(j+1)+1)^2.$$

**Lösung 1.1.7**

a) Voraussetzung: A: $a, b \in \mathbb{R}$ mit $0 < a \leq b$, Behauptung: B: $a \leq \dfrac{2ab}{a+b}$

(i) indirekter Beweis:

$$\neg\text{B}: \quad a > \frac{2ab}{a+b} \quad \Rightarrow \quad a(a+b) > 2ab \quad \Rightarrow \quad a^2 > ab \quad \Rightarrow \quad a > b \quad : \neg\text{A}$$

(ii) direkter Beweis:

$$\text{A}: \quad 0 < a \leq b \quad \Rightarrow \quad a^2 \leq ab \quad \Rightarrow \quad a^2 + ab \leq 2ab$$

$$\Rightarrow \quad a(a+b) \leq 2ab \quad \Rightarrow \quad a \leq \frac{2ab}{a+b} \quad : \text{B}.$$

b) Voraussetzung: A: Satz über die Primfaktorzerlegung

Behauptung: B: $\sqrt{23}$ ist irrational.

$\text{A} \wedge \neg\text{B}$: $\sqrt{23}$ ist rational

$\Rightarrow$ $\exists m, n \in \mathbb{N}$ teilerfremd (man beachte: $\sqrt{23} > 0$): $\sqrt{23} = \dfrac{m}{n}$

$\Rightarrow$ $23 = \dfrac{m^2}{n^2}$ (quadrieren)

$\Rightarrow$ $23n^2 = m^2$

$\Rightarrow$ 23 teilt $m^2$ und damit $m$ also $m = 23k$

$\Rightarrow$ $23n^2 = 23^2k^2 \Rightarrow n^2 = 23k^2$

$\Rightarrow$ 23 teilt $n^2$ und damit $n$

Widerspruch zur Teilerfremdheit von $n, m$

c) Widerspruchsbeweis: Angenommen es gilt $\sqrt{7} + \sqrt{11} \geq \sqrt{8} + \sqrt{10}$

$$\begin{array}{rrcl}
\Rightarrow & (\sqrt{7} + \sqrt{11})^2 & \geq & (\sqrt{8} + \sqrt{10})^2 \\
\Rightarrow & 7 + 2\sqrt{7}\sqrt{11} + 11 & \geq & 8 + 2\sqrt{8}\sqrt{10} + 10 \\
\Rightarrow & \sqrt{7}\sqrt{11} & \geq & \sqrt{8}\sqrt{10} \\
\Rightarrow & \sqrt{77} & \geq & \sqrt{80} \\
\Rightarrow & 77 & \geq & 80 \quad \text{(falsche Aussage)}
\end{array}$$

Damit gilt $\sqrt{7} + \sqrt{11} < \sqrt{8} + \sqrt{10}$.

## L.1.2 Mengen

**Lösung 1.2.1**

(i) $C$, (ii) $2 \leq x < 4$, (iii) $-3 < x$, (iv) $C \cup [2,4[$,

(v) $x < 2$, (vi) $]-3,-1[\, \cup\, [1,4[$, (vii) $]-\infty,-1[\, \cup\, [1,+\infty[$, (viii) $x < 2$,

(ix) $-3 < x$, (x) $x < 2$, (xi) $A$, (xii) $\emptyset$.

**Lösung 1.2.2**

a) $A = [-2,2]$,

b) $B = \{-2,-1,0,1,2\}$,

c) $C = \{1,2\}$,

d) $D = \{0,1,2,3\}$

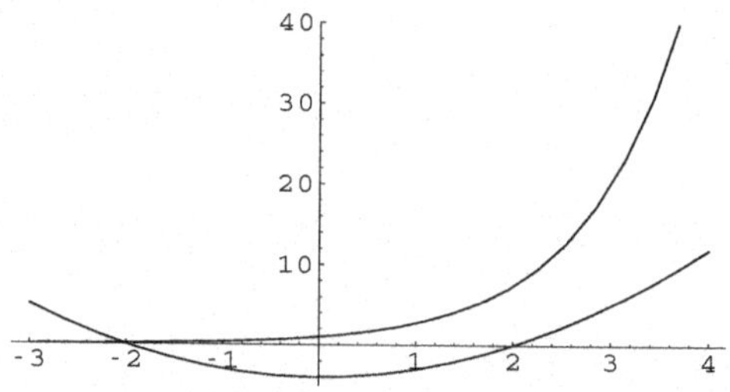


**Bild 1.2.2** $f(x) = x^2 - 4\,,\quad g(x) = \mathrm{e}^x$

$A \cup D = [-2,2] \cup \{3\}$, $D \backslash C = \{0,3\}$, $B \cap D = \{0,1,2\}$

**Lösung 1.2.3**

a) (i) $x < -\frac{7}{3}$ und $\frac{-2-\sqrt{7}}{3} < x < \frac{-2+\sqrt{7}}{3}$,

(ii) $x \leq \frac{-1-\sqrt{5}}{2}$ und $\frac{-1+\sqrt{5}}{2} \leq x$

b) $1.106 \leq \frac{1.9 \cdot 28}{50-1.9} \leq x \leq \frac{2.1 \cdot 29}{50-2.1} \leq 1.2714$

**Lösung 1.2.4**

a) $x = 0 \vee x = 2$, b) $x \in \mathbb{R}\backslash\{-2,-1,0\}$, c) $x = 4$, d) $x = -10$,

e) $x = -1 \vee x = 2$, f) $x = 2$, g) $x \in [-6,6]$, h) $x = 2$.

**Lösung 1.2.5**

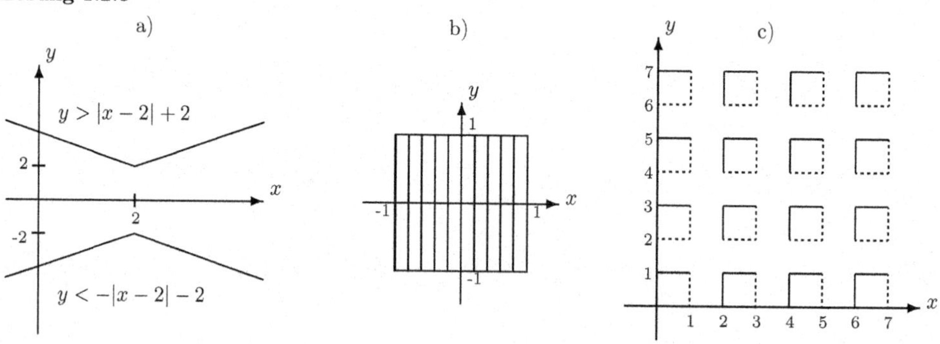


**Bild 1.2.5**

**Lösung 1.2.6**

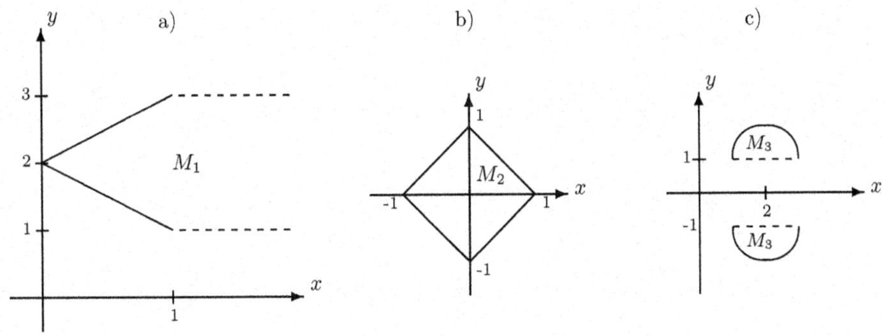


**Bild 1.2.6**

**Lösung 1.2.7**

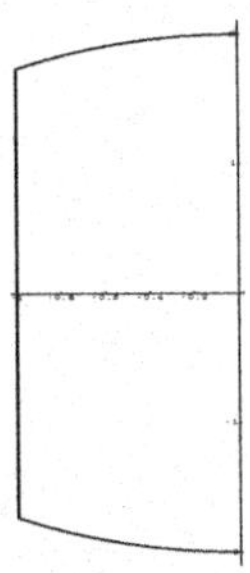

**Bild 1.2.7 a)** $M_1$

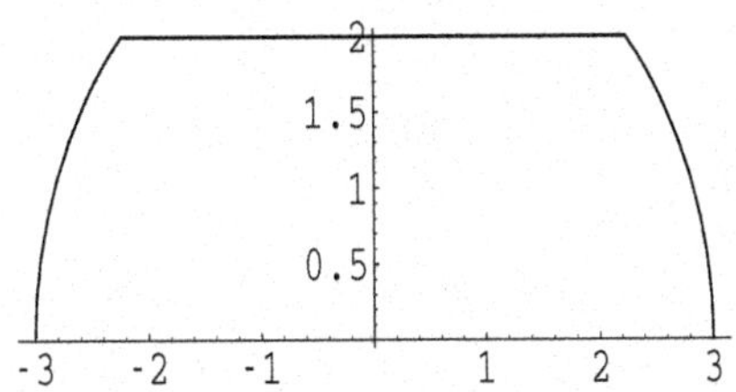


**Bild 1.2.7 b)** $M_2$

## L.1.3 Funktionen

**Lösung 1.3.1**

a) Mit dem Additionstheorem $\sin(\alpha + \beta) = \sin\alpha\cos\beta + \cos\alpha\sin\beta$ erhält man:

$$\frac{1}{4} \le \sin\left(\frac{x}{2}\right)\cos\left(\frac{x}{2}\right) = \frac{\sin x}{2} \quad \Leftrightarrow \quad \frac{1}{2} \le \sin x$$

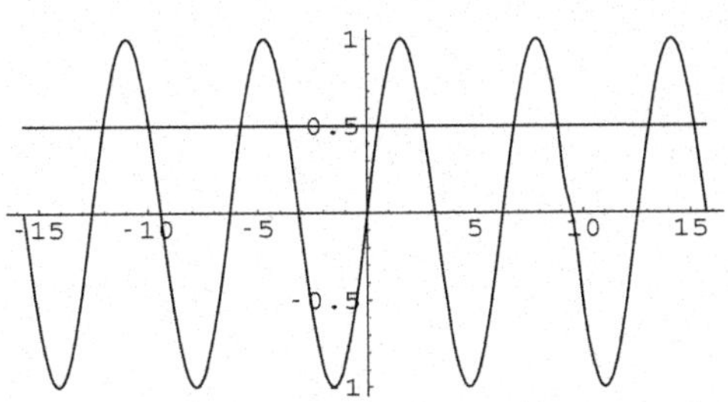


**Bild 1.3.1 a)** $g_1(x) = \frac{1}{2}$, $g_2(x) = \sin x$

$$\Rightarrow \quad x \in \cdots \bigcup \left[\frac{\pi}{6}, \frac{5\pi}{6}\right] \bigcup \left[\frac{13\pi}{6}, \frac{17\pi}{6}\right] \bigcup \cdots = \bigcup_{k=-\infty}^{\infty} \left[\frac{\pi}{6} + 2k\pi, \frac{5\pi}{6} + 2k\pi\right]$$

b)

$$e^x \leq \frac{1}{e^{2x+1}}$$

$$\Rightarrow \quad e^{3x+1} = e^x \cdot e^{2x+1} \leq 1$$

$$\Rightarrow \quad 3x + 1 \leq 0$$

$$\Rightarrow \quad x \leq -\frac{1}{3}$$

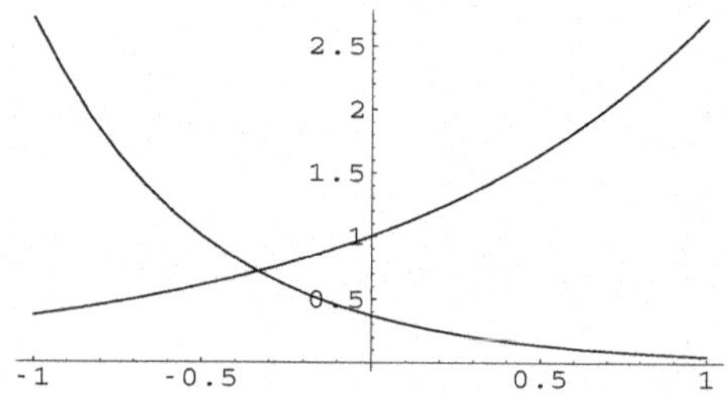


**Bild 1.3.1 b)** $h_1(x) = e^x, \quad h_2(x) = \dfrac{1}{e^{2x+1}}$

**Lösung 1.3.2**

a) Setze $x = 2\alpha$, d.h. $\cos 2\alpha > 0$, dann gilt:

$$\frac{\tan x}{1 + \sqrt{1 + \tan^2 x}} = \frac{\sin 2\alpha}{\cos 2\alpha + \sqrt{\cos^2 2\alpha + \sin^2 2\alpha}} = \frac{2 \sin\alpha \cos\alpha}{1 + \cos^2\alpha - \sin^2\alpha} = \frac{2 \sin\alpha \cos\alpha}{2\cos^2\alpha} = \tan\alpha = \tan\frac{x}{2},$$

b) $D = \mathbb{R} \backslash \{-2, 1\}$, $f(D) = \mathbb{R} \backslash \{0, 1/3\}$, c) $D = [-1, 1]$, $f(D) = [0, 1]$,
d) $D = \mathbb{R} \backslash [-2, -1]$, $f(D) = \mathbb{R}$.

**Lösung 1.3.3**

a) $D = ]-a, +\infty[$, $f(D) = \mathbb{R}$, b) $D = ]-\infty, 0[$, $f(D) = ]0, +\infty[$,

c) $D = \mathbb{R} \backslash \{1, 4\}$, $f(D) = \mathbb{R} \backslash \{-1/3, 0\}$, d) $D = [2, 3]$, $f(D) = [0, 1/2]$,

e) $D = \mathbb{R}$, $f(D) = \mathbb{Z}$, f) $D = \mathbb{R} \backslash [-1/3, 1[$, $f(D) = [0, +\infty[$.

**Lösung 1.3.4**

a) $a \neq 0 \Rightarrow f$ ist weder injektiv noch surjektiv,
$a = 0, b \neq 0 \Rightarrow f$ ist bijektiv und
$a = 0 = b \Rightarrow f$ ist weder injektiv noch surjektiv.

b) Es sei $g(x) = \sqrt{1 - \sqrt{\sin x}}$ und $h(x) = (1 - \cos^2(\sqrt{x}))^5$. Dann gilt:
$g = g_2 \circ g_3 \circ g_2 \circ g_1$ mit $g_1(x) = \sin x$, $g_2(x) = \sqrt{x}$, $g_3(x) = 1 - x$, $Dg = \bigcup_{k \in \mathbb{Z}} [2k\pi, (2k+1)\pi]$,
$h = h_5 \circ h_4 \circ h_3 \circ h_2 \circ h_1$ mit
$h_1(x) = \sqrt{x}$, $h_2(x) = \cos x$, $h_3(x) = x^2$, $h_4(x) = 1 - x$, $h_5(x) = x^5$,
$Dh = [0, \infty[ \quad \Rightarrow \quad Df = (Dg \cap Dh) \backslash \{k^2\pi^2 | k \in \mathbb{Z}\}$.

**Lösung 1.3.5**

a) Es gilt $(e - 1)^2 > 2 \Rightarrow e^2 - 2e + 1 > 2 \Rightarrow e^2 - 1 > 2e \Rightarrow (e - 1/e)/2 > 1 \Rightarrow \sinh 1 > 1$.

b) $f$ ist gerade, $g$ ist ungerade und $h$ ist weder gerade noch ungerade.

## L.2 Zahlenbereiche

### L.2.1 Natürliche Zahlen

**Lösung 2.1.1**

a) $1-3+5-7+9\mp\cdots-55 = \sum_{k=0}^{27}(-1)^k(2k+1) = \sum_{j=1}^{28}(-1)^{j-1}(2j-1)$

b) $1-3+9-27+81\mp\cdots \quad = \sum_{k=0}^{\infty}(-3)^k \quad = \sum_{j=1}^{\infty}(-3)^{j-1}$

c) $\frac{2}{1}\cdot\frac{4}{5}\cdot\frac{6}{25}\cdot\frac{8}{125}\cdot\cdots\cdot\frac{18}{390625} = \prod_{n=1}^{9}\frac{2n}{5^{(n-1)}}$

d) $\frac{1}{2}\cdot\frac{3}{4}\cdot\frac{5}{8}\cdot\cdots \quad = \prod_{n=1}^{\infty}\frac{2n-1}{2^n}$

**Lösung 2.1.2**

a) $n=k: \quad \sum_{j=k}^{k}\frac{1}{j}\binom{j}{k} = \frac{1}{k}\binom{k}{k},$

$n\to n+1:$

$$\begin{aligned}\sum_{j=k}^{n+1}\frac{1}{j}\binom{j}{k} &= \sum_{j=k}^{n}\frac{1}{j}\binom{j}{k} + \frac{1}{n+1}\binom{n+1}{k} = \frac{1}{k}\binom{n}{k} + \frac{1}{n+1}\binom{n+1}{k}\\ &= \frac{1}{k}\binom{n}{k} + \frac{(n+1)!}{(n+1)k!(n+1-k)!} = \frac{1}{k}\binom{n}{k} + \frac{1}{k}\binom{n}{k-1} = \frac{1}{k}\binom{n+1}{k},\end{aligned}$$

b) $n=1: \quad \prod_{j=1}^{1}\frac{j+1}{j} = \frac{1+1}{1} = 1+1\,,$

$$n\to n+1: \quad \prod_{j=1}^{n+1}\frac{j+1}{j} = \left(\prod_{j=1}^{n}\frac{j+1}{j}\right)\left(\frac{n+2}{n+1}\right) = (n+1)\left(\frac{n+2}{n+1}\right) = (n+1)+1\,,$$

c) $n=0: x_0 = (2a+b)(-1)^0-(a+b)(-2)^0 = a, \qquad n=1: x_1 = (2a+b)(-1)^1-(a+b)(-2)^1 = b,$

$n-1, n\to n+1:$

$$\begin{aligned}x_{n+1} &= -3x_n - 2x_{n-1}\\ &= -3((2a+b)(-1)^n-(a+b)(-2)^n) - 2((2a+b)(-1)^{n-1}-(a+b)(-2)^{n-1})\\ &= (2a+b)(-3(-1)^n-2(-1)^{n-1}) - (a+b)(-3(-2)^n-2(-2)^{n-1})\\ &= (2a+b)(-1)^{n+1}-(a+b)(-2)^{n+1}\,.\end{aligned}$$

*Aufgaben und Lösungen zu Mathematik für Ingenieure 1, 4.Aufl.*, R. Ansorge, H. J. Oberle, K. Rothe und Th. Sonar

ISBN: 978-3-527-40987-7

**Lösung 2.1.3**

Die Beweise von a) und c) erfolgen über vollständige Induktion:

a) $$n=1: \quad \sum_{i=1}^{1}(2i-1) = 2\cdot 1 - 1 = 1^2\,,$$

$$n \to n+1: \quad \sum_{i=1}^{n+1}(2i-1) = \sum_{i=1}^{n}(2i-1) + 2(n+1) - 1 = n^2+2n+1 = (n+1)^2\,.$$

c) $$n=1: \quad \sum_{i=1}^{1}(i^2-1) = 1^2 - 1 = 0 = \frac{1}{6}\left(2\cdot 1^3 + 3\cdot 1^2 - 5\cdot 1\right),$$

$$\begin{aligned} n \to n+1: \quad \sum_{i=1}^{n+1}(i^2-1) &= \sum_{i=1}^{n}(i^2-1) + (n+1)^2 - 1 \\ &= \frac{1}{6}\left(2n^3+3n^2-5n\right) + n^2 + 2n = \frac{1}{6}\left(2n^3+9n^2+7n\right) \\ &= \frac{1}{6}\left(2(n^3+3n^2+3n+1) + 3(n^2+2n+1) - 5(n+1)\right) \\ &= \frac{1}{6}\left(2(n+1)^3 + 3(n+1)^2 - 5(n+1)\right). \end{aligned}$$

Der Beweis von b) ergibt sich aus dem binomischen Lehrsatz:

b) $$\sum_{i=0}^{n}\frac{1}{i!(n-i)!} = \frac{1}{n!}\sum_{i=0}^{n}\frac{n!}{i!(n-i)!} = \frac{1}{n!}\sum_{i=0}^{n}\binom{n}{i}1^i 1^{n-i} = \frac{1}{n!}(1+1)^n = \frac{2^n}{n!}\,.$$

**Lösung 2.1.4**

a) $$n=1: \quad \sum_{k=1}^{1}k\cdot k! = 1\cdot 1! = (1+1)! - 1\,,$$

$$\begin{aligned} n \to n+1: \quad \sum_{k=1}^{n+1}k\cdot k! &= \left(\sum_{k=1}^{n}k\cdot k!\right) + (n+1)(n+1)! \\ &= (n+1)! - 1 + (n+1)(n+1)! = (n+1)!(n+2) - 1 = (n+2)! - 1\,, \end{aligned}$$

b) $$n=1: \quad 1+x \geq 1+x\,,$$

$$\begin{aligned} n \to n+1: \quad (1+x)^{n+1} &= (1+x)^n(1+x) \geq (1+nx)(1+x) \\ &= 1 + (n+1)x + nx^2 \geq 1 + (n+1)x\,, \end{aligned}$$

c) $n=1:$ $\quad a_1 = 5^1 - 1 = 4$ ist durch 4 teilbar,

$n \to n+1:$ $\quad a_{n+1} = 5^{n+1} - 1 = 5^n - 1 + 5^{n+1} - 5^n = a_n + 4\cdot 5^n$ ist durch 4 teilbar.

**Lösung 2.1.5**

a) $$n=3: \quad \sum_{j=3}^{3}\frac{2}{j^2-2j} = \frac{2}{3^2-6} = \frac{2}{3}\,, \quad \frac{3}{2} - \frac{6-1}{3(3-1)} = \frac{3}{2} - \frac{5}{6} = \frac{2}{3}$$

$$\begin{aligned} n \to n+1: \quad \sum_{j=3}^{n+1}\frac{2}{j^2-2j} &= \left(\sum_{j=3}^{n}\frac{2}{j^2-2j}\right) + \frac{2}{(n+1)^2-2(n+1)} \\ &= \frac{3}{2} - \frac{2n-1}{n(n-1)} + \frac{2}{(n+1)(n-1)} = \frac{3}{2} - \frac{(2n-1)(n+1)-2n}{(n-1)n(n+1)} \\ &= \frac{3}{2} - \frac{2n^2-n-1}{(n-1)n(n+1)} = \frac{3}{2} - \frac{(n-1)(2n+1)}{(n-1)n(n+1)} \\ &= \frac{3}{2} - \frac{2n+1}{n(n+1)} \end{aligned}$$

b) $n=2: \quad \sum_{j=2}^{2}\frac{2}{j^2-1}=\frac{2}{2^2-1}=\frac{2}{3}, \quad \frac{3}{2}-\frac{4+1}{2(2+1)}=\frac{3}{2}-\frac{5}{6}=\frac{2}{3}$

$$n\to n+1: \quad \sum_{j=2}^{n+1}\frac{2}{j^2-1}=\left(\sum_{j=2}^{n}\frac{2}{j^2-1}\right)+\frac{2}{(n+1)^2-1}$$
$$=\frac{3}{2}-\frac{2n+1}{n(n+1)}+\frac{2}{(n+1)^2-1}=\frac{3}{2}-\frac{2n+1}{n(n+1)}+\frac{2}{n(n+2)}$$
$$=\frac{3}{2}-\frac{(2n+1)(n+2)-2(n+1)}{n(n+1)(n+2)}=\frac{3}{2}-\frac{2n^2+3n}{n(n+1)(n+2)}$$
$$=\frac{3}{2}-\frac{2n+3}{(n+1)(n+2)}$$

**Lösung 2.1.6**
direkter Beweis

$$\prod_{k=1}^{n}\left(1+\frac{2}{k}\right)=\prod_{k=1}^{n}\frac{k+2}{k}=\frac{3\cdot4\cdot5\cdots n\cdot(n+1)\cdot(n+2)}{1\cdot2\cdot3\cdots n}=\frac{(n+1)(n+2)}{2}$$

Beweis von $\prod_{k=1}^{n}\left(1+\frac{2}{k}\right)=\frac{(n+1)(n+2)}{2}$ durch vollständige Induktion:

$$n=1: \quad \prod_{k=1}^{1}\left(1+\frac{2}{k}\right) = 1+\frac{2}{1}=\frac{2\cdot3}{2}$$

$$n\to n+1: \quad \prod_{k=1}^{n+1}\left(1+\frac{2}{k}\right) = \prod_{k=1}^{n}\left(1+\frac{2}{k}\right)\cdot\left(1+\frac{2}{n+1}\right)$$
$$= \frac{(n+1)(n+2)}{2}\cdot\frac{n+3}{n+1}=\frac{((n+1)+1)((n+1)+2)}{2}$$

**Lösung 2.1.7**
Die Beweise von a) und b) erfolgen über vollständige Induktion:

a) $n=1: \quad a_1=6^1-5\cdot1+4=5$ ist durch 5 teilbar,

$n\to n+1: \quad a_{n+1}=6^{n+1}-5(n+1)+4=a_n+6^{n+1}-6^n-5$

$=a_n+5(6^n-1)$ ist durch 5 teilbar,

b) $n=1: \quad b_1=\frac{1}{6}\left(1+3\cdot1^2+2\cdot1^3\right)=1\in\mathbb{N}$,

$n\to n+1: \quad b_{n+1}=\frac{1}{6}\left(n+1+3(n+1)^2+2(n+1)^3\right)=\frac{1}{6}\left(n+3n^2+2n^3+6(n^2+2n+1)\right)$

$=b_n+(n+1)^2\in\mathbb{N}$.

Der Beweis von c) ergibt sich aus dem binomischen Lehrsatz:

c) $\sum_{k=0}^{n}(-1)^k\binom{n}{k}=\sum_{k=0}^{n}\binom{n}{k}(-1)^k1^{n-k}=(-1+1)^n=0$.

**Lösung 2.1.8**

a) $(1+x)^n=\sum_{k=0}^{n}\binom{n}{k}x^k1^{n-k}=\binom{n}{0}+\binom{n}{1}x+\binom{n}{2}x^2+\cdots+\binom{n}{n}x^n$

$\geq\binom{n}{0}+\binom{n}{2}x^2=1+\frac{(n-1)n}{2}x^2\geq1+\frac{n^2}{4}x^2$, da $n-1\geq\frac{n}{2}$ für $n\geq2$.

b) Der Beweis erfolgt über Induktion:

$$\begin{aligned} n=1: &\quad a_1=(1-1)^3+1^3+(1+1)^3=9 \quad \text{ist durch 9 teilbar,}\\ n\to n+1: &\quad a_{n+1}=n^3+(n+1)^3+(n+2)^3=n^3+(n+1)^3+((n-1)+3)^3\\ &\quad =(n-1)^3+n^3+(n+1)^3+9(n-1)^2+27(n-1)+27\\ &\quad =a_n+9((n-1)^2+3(n-1)+3) \quad \text{ist durch 9 teilbar.}\end{aligned}$$

**Lösung 2.1.9**

$$n=0:\quad a_0=0\le\left(\frac{1+\sqrt5}{2}\right)^{0-1},\qquad n=1:\quad a_1=1\le\left(\frac{1+\sqrt5}{2}\right)^{1-1},$$

$$n-2,n-1\to n:\quad a_n=a_{n-1}+a_{n-2}\le\left(\frac{1+\sqrt5}{2}\right)^{n-2}+\left(\frac{1+\sqrt5}{2}\right)^{n-3}$$

$$=\left(\frac{1+\sqrt5}{2}\right)^{n-3}\left(1+\frac{1+\sqrt5}{2}\right)=\left(\frac{1+\sqrt5}{2}\right)^{n-3}\left(\frac{1+\sqrt5}{2}\right)^{2}=\left(\frac{1+\sqrt5}{2}\right)^{n-1}.$$

**Lösung 2.1.10**

a) $1!=1,\quad 2!=2,\quad 3!=6,\quad 4!=24,\quad 5!=120$

Damit sind nur die Ziffern $0,1,2,4,6$ möglich, denn ab $n=5$ endet $n!$ auf 0, da die Faktoren 2 und 5 in der Primfaktorzerlegung auftauchen.

b) Die Anzahl der Nullen, auf die 26! endet, wird durch die Häufigkeit des Faktors $10=2\cdot5$ in der Primfaktorzerlegung entschieden.

Der Faktor 2 taucht mehr als 13 mal auf und der Faktor 5 genau 6 mal. Damit endet 26! mit 6 Nullen.

**Lösung 2.1.11**

a) Der Euklidische Algorithmus liefert $\mathrm{ggT}(2304,960)=192$, denn
$2304=2\cdot960+384, 960=2\cdot384+192, 384=2\cdot192,$
$\Rightarrow 192=960-2\cdot384=960-2(2304-2\cdot960)=5\cdot960-2\cdot2304.$

b) Es sei $k=\mathrm{ggT}(m,n)r$ mit $r\in\mathbb{N}$, die $\mathbb{Z}$-Kombination liefert $\mathrm{ggT}(m,n)=sm+tn$ mit $s,t\in\mathbb{Z}$. Damit lösen $x=rs$ und $y=rt$ die diophantische Gleichung $mx+ny=k$. Löst umgekehrt $x,y\in\mathbb{Z}$ die diophantische Gleichung und ist $d$ gemeinsamer Teiler von $m$ und $n$, dann teilt $d$ auch $k$.
Zur Lösung der diophantischen Gleichung berechnet man also über den Euklidischen Algorithmus den $\mathrm{ggT}(m,n)$ und prüft, ob $\mathrm{ggT}(m,n)r=k$ gilt. Ist dies der Fall, so stellt man den $\mathrm{ggT}(m,n)$ als $\mathbb{Z}$-Kombination von $m$ und $n$ dar und multipliziert beide Seiten mit $r$.

c) Für $2304x+960y=576=3\cdot192$ folgt mit a) und b) $x=-6$ und $y=15$.

## L.2.2 Reelle Zahlen

**Lösung 2.2.1**
Es gilt $\quad y=\dfrac{2x}{3}\quad\Leftrightarrow\quad 4x-6y=0.$ Die letzte Implikation ist also falsch.

**Lösung 2.2.2**

a) Es gilt: $\quad R_h-4R_p=R_1+R_2-4\dfrac{R_1R_2}{R_1+R_2}=\dfrac{(R_1+R_2)^2-4R_1R_2}{R_1+R_2}=\dfrac{(R_1-R_2)^2}{R_1+R_2}\ge0,$
da $R_1,R_2>0$. Das Gleichheitszeichen gilt genau für $R_1=R_2$.

b) $x\in M$ ergibt sich für $k=1,2,\dots$ durch $x_{2k-1}=\dfrac{1}{2k}\ge0$, d.h. $x_1=\dfrac12$, $x_3=\dfrac14,\dots$ monoton fallend oder $x_{2k}=\dfrac{1}{2k+1}+\dfrac{1}{2k}\ge0$, d.h. $x_2=\dfrac56$, $x_3=\dfrac{9}{20},\dots$ monoton fallend

$\Rightarrow 0 < x \leq x_2 = \dfrac{5}{6} = \sup M$. Die Menge $M$ ist also nach oben und nach unten beschränkt. Außerdem gilt $\inf M = 0$.

**Lösung 2.2.3**

a) $(711)_{10} = (1011000111)_2 = (222100)_3$, b) $(973)_{10} = (12343)_5$,

c) $4^2 r_1 - r_1 = (312.\overline{12})_4 - (3.\overline{12})_4 = 312_4 - 3_4 = 51_{10} \Rightarrow r_1 = \dfrac{51_{10}}{(4^2-1)_{10}} = \dfrac{51}{15}$,

$5^3 r_2 - r_2 = (4121.\overline{121})_5 - (4.\overline{121})_5 \Rightarrow r_2 = \dfrac{133}{31}$,

$10^2 r_3 - r_3 = (4169.\overline{69})_{10} - (41.\overline{69})_{10} \Rightarrow r_3 = \dfrac{1376}{33}$,

d) $(4.165)_7 = 4_7 + (0.165)_7 = (11)_3 + (0.165)_7 = (11.02112\ldots)_3$.

**Lösung 2.2.4**

a) (i) $1285 = (10100000101)_2$

(ii) $1285 = ((1 \cdot 10 + 2)10 + 8)10 + 5$
$= ((1 \cdot (1010)_2 + (10)_2)(1010)_2 + (1000)_2)(1010)_2 + (101)_2 = (10100000101)_2$,

b) $x_0 = (0.7431)_8 = (0.2211102122\ldots)_3$,

c) $r_1 = 31.5\overline{271} = \dfrac{157478}{4995}$, $r_2 = (0.\overline{123})_4 = \dfrac{3}{7}$, $r_3 = (5.\overline{65})_7 = \dfrac{287}{48}$.

## L.2.3 Komplexe Zahlen

**Lösung 2.3.1**

$G_1$: Halbgerade,

$G_2$: Kreis um Null mit Radius $\dfrac{5}{\sqrt{2}}$, denn $|(1+i)z| = 5 \Leftrightarrow |z| = \dfrac{5}{\sqrt{2}}$,

$G_3$: Kreis um $(3+i)$ mit Radius 5,

$G_4$: Außenkreisgebiet um $-5$ mit Radius 4, denn
$|z-3| < 2|z+3| \Leftrightarrow (x-3)^2 + y^2 < 4((x+3)^2 + y^2) \Leftrightarrow (x+5)^2 + y^2 > 16$,

$G_5$: Kreis um $\dfrac{1}{2}$ mit Radius $\dfrac{1}{2}$ ohne Null ($z \neq 0$),
denn $\operatorname{Re}\left(\dfrac{1}{z}\right) = \operatorname{Re}\left(\dfrac{x-iy}{x^2+y^2}\right) = \dfrac{x}{x^2+y^2} = 1 \Leftrightarrow \left(x - \dfrac{1}{2}\right)^2 + y^2 = \dfrac{1}{4}$,

$G_6$: Gebiet zwischen zwei Hyperbeln, denn $\operatorname{Im}\left(z^2\right) = 2xy \leq 2 \Leftrightarrow xy \leq 1$.

**Lösung 2.3.2**

a) Kreis um 0 mit Radius 2,

b) $\operatorname{Im}(z+i) = \operatorname{Im}(x + i(y+1)) = y + 1 = 4 \Rightarrow$ konstante Funktion $y = 3$,

c) Kreis um $-3+4i$ mit Radius 5,

d) $\arg\left(z \cdot \exp\left(\dfrac{-\pi i}{4}\right)\right) = 0 \Rightarrow \arg z = \dfrac{\pi}{4} \Rightarrow$ Winkelhalbierende $y = x$ für $x \geq 0$,

e) $z\bar{z} - 3iz + 3i\bar{z} + 8 = (x+iy)(x-iy) - 3i(x+iy) + 3i(x-iy) + 8 = 0 \Rightarrow x^2 + (y+3)^2 = 1$
$\Rightarrow$ Kreis um $-3i$ mit Radius 1,

f) $\operatorname{Re}(z^2) = x^2 - y^2 = 0 \Rightarrow |x| = |y| \Rightarrow$ die Winkelhalbierenden $y = x$ und $y = -x$.

**Lösung 2.3.3**

a) (i) $z = \frac{1}{5}(-1+2i)$, (ii) $z = 1-i$, (iii) $z = -8$,

b) (i) $z = \sqrt{2}\,\mathrm{e}^{\frac{7\pi i}{4}}$, (ii) $z = \sqrt{2}\,\mathrm{e}^{\frac{\pi i}{4}}$, (iii) $z = 8\sqrt{2}\,\mathrm{e}^{\frac{\pi i}{4}}$.

**Lösung 2.3.4**

a) $z_1 = \pm\frac{1}{2}(\sqrt{3}-i)$, $|z_1| = 1$, $\varphi_1 = \frac{5\pi}{6}, \frac{11\pi}{6}$, $z_2 = \frac{1}{5}(-1+3i)$, $|z_2| = \frac{1}{5}\sqrt{10}$,

$\varphi_2 = 1.892546882\cdots$, $z_3 = 16(-1+i)$, $|z_3| = 2^{9/2}$, $\varphi_3 = \frac{3\pi}{4}$,

b) (i) $z_0 = \mathrm{e}^{-\pi i/6}$, $z_1 = \mathrm{e}^{\pi i/2}$, $z_2 = \mathrm{e}^{7\pi i/6}$,

(ii) $z_0 = 2\mathrm{e}^{\pi i/15}$, $z_1 = 2\mathrm{e}^{7\pi i/15}$, $z_2 = 2\mathrm{e}^{13\pi i/15}$, $z_3 = 2\mathrm{e}^{19\pi i/15}$, $z_4 = 2\mathrm{e}^{5\pi i/3}$,

(iii) $z_{1,2} = \frac{1}{5}(1 \pm i\sqrt{24})$,

(iv) $z_{1,2} = -1 \pm 2^{1/4}\mathrm{e}^{\pi i/8}$.

**Lösung 2.3.5**

a) $z_1 = -\frac{1}{2} + \frac{1}{2}i$, $|z_1| = \frac{1}{2}\sqrt{2}$, $\varphi_1 = \frac{3\pi}{4}$, $z_1 = \frac{1}{2}\sqrt{2}\mathrm{e}^{3\pi i/4}$, $z_2 = 2\mathrm{e}^{\pi i/4}$,

b) $z_2^8 = 2^8$,

c) $w_0 = 4\mathrm{e}^{\pi i/4} = 2\sqrt{2}(1+i)$, $w_1 = 2\sqrt{2}\mathrm{e}^{\pi i/2} = 2\sqrt{2}\,i$, $w_2 = 0$, $w_3 = 2\sqrt{2}\mathrm{e}^{2\pi i} = 2\sqrt{2}$.

**Lösung 2.3.6**

a) $|z_1| = 1$, $\varphi_1 = 8\cdot\frac{7\pi}{4}$, $z_1 = 1$, $|z_2| = 2$, $\varphi_2 = 11\cdot\frac{2\pi}{3}$, $z_2 = -1024(1+\sqrt{3}\,i)$

b) (i) $z_{0,1} = 3 \pm 2i$, (iii) $z_0 = \frac{1}{2}(3-i)$, $z_1 = -i$

(ii)$z_0 = \frac{1}{\sqrt{2}}(1+i)$, $z_1 = \frac{1}{\sqrt{2}}(-1+i)$, $z_2 = -\frac{1}{\sqrt{2}}(1+i)$, $z_3 = \frac{1}{\sqrt{2}}(1-i)$

**Lösung 2.3.7**

a) $z_1 = -\frac{1}{2} - \frac{1}{2}i$, $|z_1| = \frac{1}{2}\sqrt{2}$, $\varphi_1 = \frac{5\pi}{4}$, $z_1 = \frac{1}{2}\sqrt{2}\mathrm{e}^{5\pi i/4}$, $z_2 = 2\mathrm{e}^{3\pi i/4}$

b) $z_2^4 = -16$

c) $w_0 = (2-\sqrt{2}) + \sqrt{2}\,i$, $w_1 = -\sqrt{2} + (2+\sqrt{2})i$, $w_2 = -(2+\sqrt{2}) + \sqrt{2}\,i$, $w_3 = -\sqrt{2} - (2-\sqrt{2})i$.

**Lösung 2.3.8**

Man erhält $p(1) = 0$ und $p(2i) = 0$ (Horner-Schema) und damit die ersten beiden Nullstellen $z_0 = 1 = \mathrm{e}^{0\cdot i}$ und $z_1 = 2i = 2\mathrm{e}^{\pi i/2}$. Weiter kann man aus dem Horner-Schema $p(z) = (z-1)(z-2i)(z^2+(i+1)z+i)$ ablesen. Damit ergeben sich die noch fehlenden beiden Nullstellen $z_2 = -1 = \mathrm{e}^{\pi i}$ und $z_3 = -i = \mathrm{e}^{3\pi i/2}$.

**Lösung 2.3.9**

a) $z_0 = \frac{1}{2} - \frac{i}{2}$, $z_1 = -\frac{1}{2} - \frac{i}{2}$

b) $z_0 = 2^{1/8}\left(\cos\left(\frac{3\pi}{16}\right) + i\sin\left(\frac{3\pi}{16}\right)\right)$, $z_1 = 2^{1/8}\left(\cos\left(\frac{11\pi}{16}\right) + i\sin\left(\frac{11\pi}{16}\right)\right)$,

$z_2 = 2^{1/8}\left(\cos\left(\frac{19\pi}{16}\right) + i\sin\left(\frac{19\pi}{16}\right)\right)$, $z_3 = 2^{1/8}\left(\cos\left(\frac{27\pi}{16}\right) + i\sin\left(\frac{27\pi}{16}\right)\right)$

c) $z_{0,1} = 1$, $z_2 = -1$

d) Nach dem Abspalten des Faktors $(z-2)^2$, der sich aus den ersten beiden Nullstellen $z_{0,1} = 2$

ergibt, sind noch die Nullstellen der biquadratischen Gleichung $z^4 + z^2 + 1 = 0$ zu bestimmen. Sie lauten $z_{2,3} = \pm\left(\frac{1}{2} + \frac{\sqrt{3}}{2}i\right)$ und $z_{4,5} = \pm\left(-\frac{1}{2} + \frac{\sqrt{3}}{2}i\right)$.

**Lösung 2.3.10**

a) $p(z) = (z^2 + 2z + 3)(z - 1) + 4$

b) Das Horner-Schema liefert $p(-2) = 0$ und $p(z) : (z+2) = 7z^6 - 14z^5 + 28z^4 - 56z^3 + 115z^2 - 30z + 10$.

**Lösung 2.3.11**

a) $p(b) = \sum\limits_{k=0}^{n} a_k b^k = 0 \quad \Rightarrow \quad 0 = \overline{p(b)} = \overline{\sum\limits_{k=0}^{n} a_k b^k} = \sum\limits_{k=0}^{n} \overline{a}_k \overline{b}^k = \sum\limits_{k=0}^{n} a_k \overline{b}^k = p(\overline{b})$

b) Über das Horner-Schema erhält man $p(1+2i) = 0$ und $p(-i) = 0$. Mit b) folgt $p(1-2i) = 0$ und $p(i) = 0$. Damit ergibt sich

$$\begin{aligned} p(z) &= (z - (1+2i))\,(z - (1-2i))\,(z+i)\,(z-i)\,(z^2 + z - 2) \\ &= (z - (1+2i))\,(z - (1-2i))\,(z+i)\,(z-i)\,(z-1)\,(z+2)\,. \end{aligned}$$

**Lösung 2.3.12**

a) $e^z = e^x e^{iy} = e^x(\cos y + i \sin y) \quad \Rightarrow \quad \text{Re}\;(e^z) = e^x \cos y \quad \text{und} \quad \text{Im}\;(e^z) = e^x \sin y$

$$\cos z = \frac{1}{2}(e^{iz} + e^{-iz}) = \frac{1}{2}(e^{ix}e^{-y} + e^{-ix}e^{y}) = \frac{1}{2}((\cos x e^{-y} + \cos x e^{y}) + i(\sin x e^{-y} - \sin x e^{y}))$$

$\Rightarrow \quad \text{Re}\;(\cos z) = \cos x \cosh y \quad$ und $\quad \text{Im}\;(\cos z) = -\sin x \sinh y$

b) Es sei $z_1 = x_1 + iy_1$ und $z_2 = x_2 + iy_2$. Zunächst gilt

$$\begin{aligned} e^{i(y_1+y_2)} &= \cos(y_1 + y_2) + i\sin(y_1 + y_2) \\ &= (\cos y_1 \cos y_2 - \sin y_1 \sin y_2) + i(\sin y_1 \cos y_2 + \cos y_1 \sin y_2) \\ &= (\cos y_1 + i \sin y_1)(\cos y_2 + i \sin y_2) \quad = \quad e^{iy_1} e^{iy_2}. \end{aligned}$$

Damit erhält man $e^{z_1+z_2} = e^{x_1+x_2}e^{i(y_1+y_2)} = e^{x_1}e^{iy_1}e^{x_1}e^{iy_2} = e^{z_1}e^{z_2}$.

$$\begin{aligned} \cos z_1 \cos z_2 - \sin z_1 \sin z_2 &= \frac{1}{4}(e^{iz_1} + e^{-iz_1})(e^{iz_2} + e^{-iz_2}) + \frac{1}{4}(e^{iz_1} - e^{-iz_1})(e^{iz_2} - e^{-iz_2}) \\ &= \frac{1}{2}(e^{i(z_1+z_2)} + e^{-i(z_1+z_2)}) = \cos(z_1 + z_2). \end{aligned}$$

Eine analoge Rechnung liefert das entsprechende Ergebnis für $\sin(z_1 + z_2)$.

**Lösung 2.3.13**

a) Für $z = e^{2\pi i/n}$ gilt $\sum\limits_{k=0}^{n-1} z^k = \dfrac{z^n - 1}{z - 1} = \dfrac{\left(e^{2\pi i/n}\right)^n - 1}{e^{2\pi i/n} - 1} = \dfrac{e^{2\pi i} - 1}{e^{2\pi i/n} - 1} = \dfrac{1 - 1}{e^{2\pi i/n} - 1} = 0\,.$

b) Mit $V_1 = U_0 e^{i\omega t}$, $V_2 = U_0 e^{i(\omega t + 2\pi/3)}$, $V_3 = U_0 e^{i(\omega t + 4\pi/3)}$ ist $U_j = \text{Re}\;(V_j)$, $j = 1, 2, 3$.

Aus a) folgt (mit $n = 3$) $V_1 + V_2 + V_3 = U_0 e^{i\omega t}\left(1 + e^{2\pi i/3} + e^{4\pi i/3}\right) = 0$
$\Rightarrow \quad U_1 + U_2 + U_3 = \text{Re}\;(V_1 + V_2 + V_3) = 0\,.$

c) $U_2 - U_1 = \text{Re}\;(V_2 - V_1) = \text{Re}\;\left(U_0 e^{i\omega t}\left(e^{2\pi i/3} - 1\right)\right) = \text{Re}\;(U_0 e^{i\omega t}\sqrt{3}e^{5\pi i/6})$
$= U_0\sqrt{3}\cos\left(\omega t + \frac{5\pi}{6}\right)\,.$

# L.3 Vektorrechnung, analytische Geometrie

## L.3.1 Vektoren

**Lösung 3.1.1**
Die Spannkraft $\mathbf{F}_1$ bzw. $\mathbf{F}_2$ besitzt die Richtung $\mathbf{v}_1 = (-5, -0.2)^T$ bzw. $\mathbf{v}_2 = (5, -0.2)^T$. Die Gewichtskraft $\mathbf{G}$ der Lampe wirkt in Richtung $\mathbf{w} = (0, -1)^T$. Der Gleichgewichtszustand stellt sich für $\mathbf{F}_1 + \mathbf{F}_2 = \mathbf{G}$ ein, also für

$$\alpha \begin{pmatrix} -5 \\ -0.2 \end{pmatrix} + \beta \begin{pmatrix} 5 \\ -0.2 \end{pmatrix} = \begin{pmatrix} 0 \\ -24 \end{pmatrix}.$$

Für die Unbekannten $\alpha$ und $\beta$ erhält man nach kurzer Rechnung $\alpha = 60 = \beta$. Damit ergibt sich für die Kräfte:

$$\mathbf{F}_1 = \begin{pmatrix} -300\,\mathrm{N} \\ -12\,\mathrm{N} \end{pmatrix}, \ ||\mathbf{F}_1|| \approx 300.24\,\mathrm{N} \quad \text{und} \quad \mathbf{F}_2 = \begin{pmatrix} 300\,\mathrm{N} \\ -12\,\mathrm{N} \end{pmatrix}, \ ||\mathbf{F}_2|| \approx 300.24\,\mathrm{N}\,.$$

**Lösung 3.1.2**
Die Dachkraft $\mathbf{F}_1$ bzw. $\mathbf{F}_2$ besitzt die Richtung $\mathbf{v}_1 = (\cos\beta, -\sin\beta)^T$ bzw. $\mathbf{v}_2 = (-\cos\alpha, -\sin\alpha)^T$. Die Gewichtskraft $\mathbf{G}$ der Last wirkt in Richtung $\mathbf{w} = (0, -1)^T$. Der Gleichgewichtszustand stellt sich für $\mathbf{F}_1 + \mathbf{F}_2 = \mathbf{G}$ ein, also für

$$\lambda \begin{pmatrix} \frac{1}{2} \\ -\frac{\sqrt{3}}{2} \end{pmatrix} + \mu \begin{pmatrix} -\frac{1}{\sqrt{2}} \\ -\frac{1}{\sqrt{2}} \end{pmatrix} = \begin{pmatrix} 0 \\ -20000 \end{pmatrix}.$$

Für die Unbekannten $\lambda$ und $\mu$ erhält man nach kurzer Rechnung $\lambda = \dfrac{40000}{1+\sqrt{3}} \approx 14641.02$ und $\mu = \dfrac{1}{\sqrt{2}} \cdot \dfrac{40000}{1+\sqrt{3}} \approx 10352.76$. Damit ergibt sich für die Belastungskräfte in den Dachschrägen:

$$\mathbf{F}_1 = \frac{20000}{1+\sqrt{3}} \begin{pmatrix} 1\,\mathrm{N} \\ -\sqrt{3}\,\mathrm{N} \end{pmatrix}, \ ||\mathbf{F}_1|| \approx 14641.02\,\mathrm{N} \quad \text{und} \quad \mathbf{F}_2 = -\frac{20000}{1+\sqrt{3}} \begin{pmatrix} 1\,\mathrm{N} \\ 1\,\mathrm{N} \end{pmatrix}, \ ||\mathbf{F}_2|| \approx 10352.76\,\mathrm{N}\,.$$

Damit lauten die senkrecht zu den Wänden wirkenden Querkräfte:

$$\mathbf{Q}_1 = \frac{20000}{1+\sqrt{3}} \begin{pmatrix} 1\,\mathrm{N} \\ 0 \end{pmatrix}, \quad ||\mathbf{Q}_1|| \approx 7320.51\,\mathrm{N} \quad \text{und} \quad \mathbf{Q}_2 = -\frac{20000}{1+\sqrt{3}} \begin{pmatrix} 1\,\mathrm{N} \\ 0 \end{pmatrix}, \quad ||\mathbf{Q}_2|| \approx 7320.51\,\mathrm{N}\,.$$

**Lösung 3.1.3**

a) $\cos\varphi = \frac{\langle \mathbf{p}, \mathbf{q}\rangle}{||\mathbf{p}||\,||\mathbf{q}||} = \dfrac{-11}{15} \quad \Rightarrow \quad \varphi = 2.394\cdots \doteq 137.167^\circ, \quad \left|\dfrac{\langle \mathbf{p}, \mathbf{q}\rangle}{||\mathbf{q}||}\right| = \left|\dfrac{-11}{3}\right| = 3.\overline{66}$

b) $\mathbf{p} \times \mathbf{q} = (\ -8,\ \ 2,\ \ 6\ )^T \quad \Rightarrow \quad ||\mathbf{p} \times \mathbf{q}|| = \sqrt{104}$

$\Rightarrow \quad \mathbf{n} = \pm\frac{\mathbf{p}\times\mathbf{q}}{||\mathbf{p}\times\mathbf{q}||} = \pm\dfrac{1}{\sqrt{104}}(\ -8,\ \ 2,\ \ 6\ )^T = \pm\dfrac{1}{\sqrt{26}}(\ -4,\ \ 1,\ \ 3\ )^T$

c) $||\mathbf{p} + \mathbf{q} + \lambda\mathbf{n}|| = \sqrt{13} \quad \Rightarrow \quad 13 = ||\mathbf{p} + \mathbf{q} + \lambda\mathbf{n}||^2 = \langle \mathbf{p} + \mathbf{q} + \lambda\mathbf{n}, \mathbf{p} + \mathbf{q} + \lambda\mathbf{n}\rangle$

$= \langle \mathbf{p}, \mathbf{p}\rangle + 2\,\langle \mathbf{p}, \mathbf{q}\rangle + \langle \mathbf{q}, \mathbf{q}\rangle + \lambda^2 = 25 - 22 + 9 + \lambda^2 \quad \Rightarrow \quad \lambda = \pm 1$

d) $F = ||\mathbf{p} \times \mathbf{q}|| = \sqrt{104}$

e) $V = \left|\left[\mathbf{p}, \mathbf{q}, \pm\frac{\mathbf{p}\times\mathbf{q}}{||\mathbf{p}\times\mathbf{q}||}\right]\right| = \left|\left\langle \mathbf{p} \times \mathbf{q}, \pm\frac{\mathbf{p}\times\mathbf{q}}{||\mathbf{p}\times\mathbf{q}||}\right\rangle\right| = ||\mathbf{p} \times \mathbf{q}|| = \sqrt{104}$

*Aufgaben und Lösungen zu Mathematik für Ingenieure 1, 4.Aufl.*, R. Ansorge, H. J. Oberle, K. Rothe und Th. Sonar

ISBN: 978-3-527-40987-7

**Lösung 3.1.4**

a)
$$\begin{aligned}
\cos \sphericalangle(\mathbf{a},\mathbf{b}) &= \frac{\langle \mathbf{a},\mathbf{b}\rangle}{\|\mathbf{a}\|\,\|\mathbf{b}\|} = \frac{-1}{2} \Rightarrow \sphericalangle(\mathbf{a},\mathbf{b}) = \frac{2\pi}{3} \doteq 120^\circ\\
\cos \sphericalangle(\mathbf{a},\mathbf{c}) &= \frac{\langle \mathbf{a},\mathbf{c}\rangle}{\|\mathbf{a}\|\,\|\mathbf{c}\|} = \frac{1}{2} \Rightarrow \sphericalangle(\mathbf{a},\mathbf{c}) = \frac{\pi}{3} \doteq 60^\circ\\
\cos \sphericalangle(\mathbf{b},\mathbf{c}) &= \frac{\langle \mathbf{b},\mathbf{c}\rangle}{\|\mathbf{b}\|\,\|\mathbf{c}\|} = 0 \Rightarrow \sphericalangle(\mathbf{b},\mathbf{c}) = \frac{\pi}{2} \doteq 90^\circ
\end{aligned}$$

b) $\left|\frac{\langle \mathbf{a}+\mathbf{b},\mathbf{c}\rangle}{\|\mathbf{c}\|}\right| = \frac{1}{\sqrt{2}}$

c) $\mathbf{n} = \pm\frac{\mathbf{b}\times(\mathbf{a}+\mathbf{c})}{\|\mathbf{b}\times(\mathbf{a}+\mathbf{c})\|} = \mp\frac{1}{\sqrt{27}}(\ 1,\ \ -5,\ \ 1\ )^T$

**Lösung 3.1.5**

a) $F = \|\mathbf{u}\times\mathbf{v}\| = \|(-6,16,-7)^T\| = \sqrt{341} = 18.4661853\ldots$

b) Das Dreieck wird durch die Vektoren $\mathbf{u} = (2,3,5)^T - (1,0,-1)^T = (1,3,6)^T$ und $\mathbf{v} = (4,2,1)^T - (1,0,-1)^T = (3,2,2)^T$ aus a) aufgespannt. Man erhält also $D = F/2 = 9.23309265\ldots$

c) $V = |[\mathbf{u},\mathbf{v},\mathbf{w}]| = |\langle \mathbf{u}\times\mathbf{v},\mathbf{w}\rangle| = |(-6)\cdot(-2) + 16\cdot 8 + (-7)\cdot 7| = 91$

**Lösung 3.1.6**

a) $(1,2,4)^T \times (-2,3,1)^T = (-10,-9,7)^T$

b)
$$\begin{aligned}
(3\mathbf{a}-2\mathbf{b})\times(\mathbf{a}+\mathbf{b}) &= (3\mathbf{a}-2\mathbf{b})\times\mathbf{a} + (3\mathbf{a}-2\mathbf{b})\times\mathbf{b}\\
&= -(\mathbf{a}\times(3\mathbf{a}-2\mathbf{b})) - (\mathbf{b}\times(3\mathbf{a}-2\mathbf{b}))\\
&= -(\mathbf{a}\times(3\mathbf{a}) + \mathbf{a}\times(-2\mathbf{b})) - (\mathbf{b}\times(3\mathbf{a}) + \mathbf{b}\times(-2\mathbf{b}))\\
&= (-2\mathbf{b})\times\mathbf{a} + (3\mathbf{a})\times\mathbf{b} \;=\; 5(\mathbf{a}\times\mathbf{b})
\end{aligned}$$

c)
$$\begin{aligned}
F &= \frac{1}{2}\|(P_2-P_1)\times(P_3-P_1)\| = \frac{1}{2}\|(-3,-2,2)^T \times (2,-3,-2)^T\|\\
&= \frac{1}{2}\|(10,-2,13)^T\| = \frac{1}{2}\sqrt{273} = 8.2613558\ldots
\end{aligned}$$

**Lösung 3.1.7**

a) Die Bedingung $(\mathbf{x}-\mathbf{x}_1)\times\mathbf{u} = \mathbf{0}$ besagt, dass die Fläche des durch $\mathbf{x}-\mathbf{x}_1$ und $\mathbf{u}$ aufgespannten Dreiecks verschwindet. $\mathbf{x}-\mathbf{x}_1$ und $\mathbf{u}$ sind also parallel, d.h. $\mathbf{x}-\mathbf{x}_1 = \lambda\mathbf{u}$ mit $\lambda \in \mathbb{R}$. Damit ergibt sich $\mathbf{x} \in G$ als Parameterform einer Geraden: $\mathbf{x} = \mathbf{x}_1 + \lambda\mathbf{u}$.

b)
$$\begin{aligned}
\mathbf{a}\times(\mathbf{b}\times\mathbf{c}) &= \begin{vmatrix} \mathbf{e}_1 & \mathbf{e}_2 & \mathbf{e}_3\\ a_1 & a_2 & a_3\\ b_2c_3-b_3c_2 & b_3c_1-b_1c_3 & b_1c_2-b_2c_1 \end{vmatrix}\\
&= \begin{pmatrix} b_1(a_1c_1+a_2c_2+a_3c_3) - c_1(a_1b_1+a_2b_2+a_3b_3)\\ b_2(a_1c_1+a_2c_2+a_3c_3) - c_2(a_1b_1+a_2b_2+a_3b_3)\\ b_3(a_1c_1+a_2c_2+a_3c_3) - c_3(a_1b_1+a_2b_2+a_3b_3) \end{pmatrix} = \langle\mathbf{a},\mathbf{c}\rangle\,\mathbf{b} - \langle\mathbf{a},\mathbf{b}\rangle\,\mathbf{c}
\end{aligned}$$

c)
$$\begin{aligned}
\mathbf{a}\times(\mathbf{b}\times\mathbf{c}) - (\mathbf{a}\times\mathbf{b})\times\mathbf{c} &= \langle\mathbf{a},\mathbf{c}\rangle\,\mathbf{b} - \langle\mathbf{a},\mathbf{b}\rangle\,\mathbf{c} + \mathbf{c}\times(\mathbf{a}\times\mathbf{b})\\
&= \langle\mathbf{a},\mathbf{c}\rangle\,\mathbf{b} - \langle\mathbf{a},\mathbf{b}\rangle\,\mathbf{c} - \langle\mathbf{a},\mathbf{c}\rangle\,\mathbf{b} + \langle\mathbf{c},\mathbf{b}\rangle\,\mathbf{a}\\
&= -\langle\mathbf{a},\mathbf{b}\rangle\,\mathbf{c} + \langle\mathbf{c},\mathbf{b}\rangle\,\mathbf{a} \quad = 0
\end{aligned}$$

Da $\mathbf{a} \neq \mathbf{0}$ und $\mathbf{c} \neq \mathbf{0}$ und nicht parallel sind, folgt $\langle\mathbf{a},\mathbf{b}\rangle = 0 = \langle\mathbf{c},\mathbf{b}\rangle$, d.h. $\mathbf{b}\perp\mathbf{a}$ und $\mathbf{b}\perp\mathbf{c}$ bzw. $\mathbf{b}$ parallel zu $\mathbf{a}\times\mathbf{c}$.

**Lösung 3.1.8**

a) $\mathbf{y} \| \mathbf{b} \quad\Rightarrow\quad \mathbf{y} = \lambda(-8,-8,6)^T \quad \text{mit} \quad \lambda \in \mathbb{R}$

$\mathbf{x}+\mathbf{y}=\mathbf{a} \quad\Rightarrow\quad x_1 = 5+8\lambda, \quad x_2 = 6+8\lambda, \quad x_3 = 1-6\lambda$

$\mathbf{x} \perp \mathbf{b} \quad\Rightarrow\quad 0 = \langle \mathbf{x}, \mathbf{b}\rangle = -8x_1 - 8x_2 + 6x_3 = -8(5+8\lambda) - 8(6+8\lambda) + 6(1-6\lambda) = -82 - 164\lambda$

$\Rightarrow \quad \lambda = -\frac{1}{2} \quad\Rightarrow\quad \mathbf{y} = (4,4,-3)^T, \quad\Rightarrow\quad \mathbf{x} = (1,2,4)^T$

b) Die Oberfläche $M$ berechnet sich als Summe der vier Teilflächen $F_i$, die sich wie folgt ergeben:

$$F_1 = \frac{1}{2}||(P_2-P_1)\times(P_3-P_1)|| = \frac{1}{2}||(-2,0,1)^T \times (2,1,0)^T|| = \frac{1}{2}||(-1,2,-2)^T|| = \frac{3}{2}$$

$$F_2 = \frac{1}{2}||(P_2-P_1)\times(P_4-P_1)|| = \frac{1}{2}||(-2,0,1)^T \times (1,3,1)^T|| = \frac{1}{2}||(-3,3,-6)^T|| = \frac{\sqrt{54}}{2}$$

$$F_3 = \frac{1}{2}||(P_3-P_1)\times(P_4-P_1)|| = \frac{1}{2}||(2,1,0)^T \times (1,3,1)^T|| = \frac{1}{2}||(1,-2,5)^T|| = \frac{\sqrt{30}}{2}$$

$$F_4 = \frac{1}{2}||(P_3-P_2)\times(P_4-P_2)|| = \frac{1}{2}||(4,1,-1)^T \times (3,3,0)^T|| = \frac{1}{2}||(3,3,9)^T|| = \frac{\sqrt{99}}{2}$$

$$\Rightarrow M = F_1+F_2+F_3+F_4 = \frac{3}{2} + \frac{\sqrt{54}}{2} + \frac{\sqrt{30}}{2} + \frac{\sqrt{99}}{2} = 12.8877845\cdots$$

**Lösung 3.1.9**

$$V(t) = [\mathbf{a},\mathbf{b},\mathbf{c}] = \begin{vmatrix} -1 & 7 & 2t-8 \\ -t & 1 & 2-2t \\ -1-t & 0 & 2t \end{vmatrix} = 30t^2 - 8t - 22\,, \quad V(t) = 0 \Rightarrow t = 1 \vee t = -\frac{11}{15}\,.$$

Mit $\mathbf{a}\times\mathbf{b} = (1+t, -7-7t, -1+7t)^T$ ergibt sich für $t=1$ der Normalenvektor $\mathbf{n}(1) = \pm\frac{1}{\sqrt{59}}(1,-7,3)^T$ und damit die Hessesche Normalform $\pm\frac{1}{\sqrt{59}}(x_1 - 7x_2 + 3x_3) = 0$.

Für $t = \frac{11}{15}$ erhält man den Normalenvektor $\mathbf{n}\left(-\frac{11}{15}\right) = \pm\frac{1}{\sqrt{8481}}(2,-14,-91)^T$ und damit die Hessesche Normalform $\pm\frac{1}{\sqrt{8481}}(2x_1 - 14x_2 - 91x_3) = 0$.

## L.3.2 Geraden und Ebenen im $\mathbb{R}^3$

**Lösung 3.2.1**

a) $\mathbf{n} = \pm(B-A)\times(C-A) = \pm(0,1,-1)^T \times (-1,1,-2)^T = \pm(-1,1,1)^T$.

Wegen $\langle A, (-1,1,1)^T\rangle \leq 0$ folgt $\mathbf{n}_0 = \frac{1}{\sqrt{3}}(1,-1,-1)^T$ und es ergibt sich $\langle A, \mathbf{n}_0\rangle = \sqrt{3}$. Die Hessesche Normalform lautet also:

$\langle \mathbf{x}, \mathbf{n}_0\rangle - \langle A, \mathbf{n}_0\rangle = \frac{1}{\sqrt{3}}x_1 - \frac{1}{\sqrt{3}}x_2 - \frac{1}{\sqrt{3}}x_3 - \sqrt{3} = 0.$

Abstand von $D$ zur Ebene:

$d = |\langle D, \mathbf{n}_0\rangle - \langle A, \mathbf{n}_0\rangle| = \left|\left\langle \frac{1}{2}(0,2,-5)^T, \frac{1}{\sqrt{3}}(1,-1,-1)^T \right\rangle - \sqrt{3}\right| = \frac{\sqrt{3}}{2}$

b) Eine Parameterdarstellung der Geraden lautet: $D + \lambda\mathbf{n} = \frac{1}{2}(0,2,-5)^T + \lambda(-1,1,1)^T$. Der Durchstoßpunkt $P = D + \lambda\mathbf{n} = \left(-\lambda, 1+\lambda, -\frac{5}{2}+\lambda\right)^T$ mit der Ebene ergibt sich durch Einsetzen in die Ebenengleichung:

$\frac{1}{\sqrt{3}}\left(-\lambda-(1+\lambda)-\left(-\frac{5}{2}+\lambda\right)\right)-\sqrt{3}=0$. Damit ergibt sich $\lambda=-\frac{1}{2}$ und $P=\frac{1}{2}(1,1,-6)^T$.
Der Durchstoßpunkt $P=A+\alpha(B-A)+\beta(C-B)$ liegt innerhalb des Dreiecks $\Delta ABC$, falls $\alpha,\beta>0$ und $\alpha+\beta\leq 1$ gilt. Dies ist der Fall, denn eine kurze Rechnung ergibt $\alpha=\frac{1}{2}$ und $\beta=\frac{1}{2}$.

c) Für die Spiegelung wählen wir die Householder-Matrix $\mathbf{H}=\mathbf{I}-2\mathbf{n}_0\mathbf{n}_0^T=\frac{1}{3}\begin{pmatrix}1&2&2\\2&1&-2\\2&-2&1\end{pmatrix}$.

**Lösung 3.2.2**

a) $\mathbf{n}=\pm(C-A)\times(B-A)=\pm(-6,2,8)^T\times(0,4,4)^T=\pm(-24,24,-24)^T$.
Wegen $\langle A,(-24,24,-24)^T\rangle\geq 0$ folgt $\mathbf{n}_0=\frac{1}{\sqrt{3}}(-1,1,-1)^T$ und es ergibt sich $\langle A,\mathbf{n}_0\rangle=\frac{1}{\sqrt{3}}$.
Die Hessesche Normalform lautet also:
$\langle\mathbf{x},\mathbf{n}_0\rangle-\langle A,\mathbf{n}_0\rangle=-\frac{1}{\sqrt{3}}x_1+\frac{1}{\sqrt{3}}x_2-\frac{1}{\sqrt{3}}x_3-\frac{1}{\sqrt{3}}=0.$
Abstand von $P$ zur Ebene $E$:
$d=\langle P,\mathbf{n}_0\rangle-\langle A,\mathbf{n}_0\rangle=\left\langle\frac{1}{\sqrt{3}}(-1,1,-1)^T,(3,2,1)^T\right\rangle-\frac{1}{\sqrt{3}}=-\sqrt{3}\,.$
Der Fußpunkt $F=P+\lambda\mathbf{n}_0$ ergibt sich durch Einsetzen in die Ebenengleichung:
$0=\langle F,\mathbf{n}_0\rangle-\langle A,\mathbf{n}_0\rangle=\langle P,\mathbf{n}_0\rangle-\langle A,\mathbf{n}_0\rangle+\lambda\langle\mathbf{n}_0,\mathbf{n}_0\rangle$. Damit ergibt sich $\lambda=\sqrt{3}$ und $F=(2,3,0)^T$.
Der Fußpunkt $F=A+\alpha(B-A)+\beta(C-A)$ liegt innerhalb des Dreiecks $\Delta ABC$, falls $\alpha,\beta>0$ und $\alpha+\beta<1$ gilt. Dies ist der Fall, denn eine kurze Rechnung ergibt $\alpha=\frac{2}{3}$ und $\beta=\frac{1}{6}$.

b) $V=\left|\frac{1}{2}[C-A,B-A,\mathbf{v}]\right|=\frac{1}{2}\left|\left[\begin{pmatrix}-6\\2\\8\end{pmatrix},\begin{pmatrix}0\\4\\4\end{pmatrix},\begin{pmatrix}2\\1\\2\end{pmatrix}\right]\right|=\frac{1}{2}\left|\det\begin{pmatrix}-6&2&8\\0&4&4\\2&1&2\end{pmatrix}\right|=36$

**Lösung 3.2.3**

a) $\mathbf{g}(\lambda)=A-\lambda(B-A)=(-4,0,3)^T+\lambda(4,4,0)^T$

b) Einsetzen der Geraden $\mathbf{g}(\lambda)$ in die Ebenengleichung:

$3(-4+4\lambda)-4\lambda+6-4=0\quad\Rightarrow\quad\lambda=\frac{5}{4}\quad\Rightarrow\quad D=(1,5,3)^T$

c) Die Gleichung der Seitenhalbierenden $\mathbf{x}(\lambda)$ durch $A$ lautet:
$\mathbf{x}(\lambda)=A+\lambda\left(\frac{1}{2}(B+C)-A\right)=(-4,0,3)^T+\lambda(6,3,-3)^T$. Mit $\lambda=\frac{2}{3}$ folgt $S=(0,2,1)^T$.
Alternativ: $S=\frac{1}{3}(A+B+C)$.

d) Es seien $\mathbf{a}=C-B=(4,-2,-6)^T$, $\mathbf{b}=C-A=(8,2,-6)^T$ und $\mathbf{c}=B-A=(4,4,0)^T$ die Richtungsvektoren der Dreiecksseiten. Die Normalenrichtung zur Ebene, in der das Dreieck $\Delta ABC$ liegt, ergibt sich beispielsweise durch $\mathbf{n}=\mathbf{b}\times\mathbf{c}=(24,-24,24)^T$. Nun lassen sich die Höhenrichtungen im Dreieck berechnen:
$\mathbf{h}_A=\mathbf{n}\times\mathbf{a}=48\cdot(1,-1,1)^T\times(2,-1,-3)^T=48\cdot(4,5,1)^T$ (Höhenrichtung durch $A$),
$\mathbf{h}_B=\mathbf{n}\times\mathbf{a}=48\cdot(1,-1,1)^T\times(4,1,-3)^T=48\cdot(2,7,5)^T$ (Höhenrichtung durch $B$).
Damit lauten die Höhen durch $A$ bzw. $B$:
$\mathbf{x}_A(\lambda)=(-4,0,3)^T+\lambda(4,5,1)^T$ bzw. $\mathbf{x}_B(\mu)=(0,4,3)^T+\mu(2,7,5)^T$.
Aus $\mathbf{x}_A(\lambda)=\mathbf{x}_B(\mu)$ folgt $\lambda=\frac{10}{9}$ und $\mu=\frac{2}{9}$.
Der Schnittpunkt der Höhen ist also $H=\mathbf{x}_A\left(\frac{10}{9}\right)=\mathbf{x}_B\left(\frac{2}{9}\right)=\frac{1}{9}(4,50,37)^T$.

**Lösung 3.2.4**

a) Die Höhenrichtung $\mathbf{h}$ im Tetraeder durch den Punkt $D$ ist gleich der Normalenrichtung der Ebene, in der das Dreieck mit den Eckpunkten $A, B$ und $C$ liegt:
$\mathbf{h} = (B - A) \times (C - A) = (-6, -12, -12)^T$.
Damit ergibt sich die Parameterdarstellung der Geraden längs der Höhe durch $D$:
$\mathbf{g}(\lambda) = (-4, 1, 2)^T + \lambda(1, 2, 2)^T$.

b) Die Normalenrichtung zur Dreiecksebene $A, B, C$ ergibt sich aus a). Die richtige Vorzeichenwahl führt zu $\mathbf{n}_0 = \frac{1}{3}(1, 2, 2)^T$ und damit auf die Hessesche Normalform:
$\langle \mathbf{n}_0, \mathbf{x}\rangle - \langle \mathbf{n}_0, A\rangle = \frac{1}{3}(x_1 + 2x_2 + 2x_3) - 1 = 0.$

c) Der gesuchte Winkel ergibt sich aus dem Winkel zwischen dem Normalenvektor $\mathbf{n}_1 = (1, 2, 2)^T$ der Ebene durch $A, B, C$ und dem der Ebene durch $A, B, D$ $\quad \mathbf{n}_2 = (B-D)\times(A-D) = (3, 8, 7)^T$.
$\Rightarrow \cos \sphericalangle(\mathbf{n}_1, \mathbf{n}_2) = \dfrac{\langle \mathbf{n}_1, \mathbf{n}_2\rangle}{||\mathbf{n}_1|| \cdot ||\mathbf{n}_2||} = \dfrac{33}{3\sqrt{122}} \quad \Rightarrow \quad \sphericalangle(\mathbf{n}_1, \mathbf{n}_2) = 0.09065989\cdots \doteq 5.19442920°.$

**Lösung 3.2.5**

a) $\pm\frac{1}{3}(-2x + y + 2z) = 0$

b) Punkte, die die Ebenengleichung erfüllen, sind beispielsweise $(0, 0, 0)^T, (1, 2, 0)^T$ und $(1, 0, 1)^T$. Damit erhält man die Parameterform $\quad E(\lambda, \mu) = \lambda(1, 2, 0)^T + \mu(1, 0, 1)^T$.

c) $F = \frac{1}{2}||P_1 \times P_2|| = \frac{1}{2}||(2, 0, -2)^T|| = \sqrt{2}.$

d) Der Ursprung $O$ liegt bereits in der Ebene, der senkrecht projezierte Punkt $Q_1$ von $P_1$ auf die Ebene ergibt sich durch Einsetzen der Geraden $\mathbf{g}_1(\lambda) = P_1 + \lambda\mathbf{n}$ in die Ebenengleichung, wobei $\mathbf{n} = (-2, 1, 2)^T$ Normalenvektor zur Ebene ist.
$0 = \left\langle(-2, 1, 2)^T, (1, 1, 1)^T + \lambda(-2, 1, 2)^T\right\rangle = 1 + 9\lambda \Rightarrow \lambda = -\frac{1}{9}$
$\Rightarrow Q_1 = \mathbf{g}_1\left(-\frac{1}{9}\right) = (1, 1, 1)^T - \frac{1}{9}(-2, 1, 2)^T = \frac{1}{9}(11, 8, 7)^T.$
Analog ergibt sich die senkrechte Projektion von $P_2$ auf die Ebene
$Q_2 = \frac{1}{9}(7, -8, 11)^T \;\Rightarrow\; F_p = \frac{1}{2}||Q_1 \times Q_2|| = \frac{1}{2\cdot 9\cdot 9}||(144, -72, -144)^T|| = \frac{4}{3}.$

e) Einsetzen der Punkte $P_1$ und $P_2$ in die Hessesche Normalform der Ebene ergibt:
$\left\langle\frac{1}{3}(-2, 1, 2)^T, P_1\right\rangle = \frac{1}{3}$ und $\left\langle\frac{1}{3}(-2, 1, 2)^T, P_2\right\rangle = -\frac{1}{3}$. Damit liegen $P_1$ und $P_2$ auf verschiedenen Seiten der Ebene, und der Schnittpunkt $S$ liegt zwischen $P_1$ und $P_2$.

**Lösung 3.2.6**

a) Die Parameterform der Geraden $\mathbf{g}(\lambda) = (1, 2, 3)^T + \lambda(1, -1, 1)^T$ wird in die Ebenengleichung eingesetzt:

$$1 + \lambda - (2 - \lambda) + 3 + \lambda = 4 \quad\Rightarrow\quad \lambda = \frac{2}{3} \quad\Rightarrow\quad D = \mathbf{g}\left(\frac{2}{3}\right) = \frac{1}{3}(5, 4, 11)^T.$$

b) Die Normalenrichtung zur Ebene ergibt sich durch
$\mathbf{n} = \pm\mathbf{a} \times \mathbf{b} = \pm(3, 0, 4)^T \times (-1, 2, -2)^T = \pm(-8, 2, 6)^T$.

Aus der Bedingung $\langle \mathbf{n}_0, P\rangle \geq 0$ erhält man $\mathbf{n}_0 = \frac{1}{\sqrt{26}}(-4, 1, 3)^T$ und damit die Hessesche Normalform: $\quad \frac{1}{\sqrt{26}}(-4x_1 + x_2 + 3x_3) = \frac{7}{\sqrt{26}} = d.$

c) (i) Die Normalenvektoren von $E_1$ und $E_2$ sind linear abhängig und die Ebenen damit parallel. Die Hesseschen Normalformen lauten:
$E_1 : \dfrac{1}{\sqrt{38}}(2x_1 - 5x_2 + 3x_3 - 5) = 0$ und $E_2 : \dfrac{1}{\sqrt{38}}(-2x_1 + 5x_2 - 3x_3 - 4) = 0$.
Die Ebenen liegen auf verschiedenen Seiten des Nullpunktes und der Abstand beträgt somit $\dfrac{9}{\sqrt{38}}$.

(ii) Der Richtungsvektor der Schnittgeraden steht senkrecht auf den Normalenvektoren $\mathbf{n}_1 = (1,0,1)^T$ der Ebene $E_1$ und $\mathbf{n}_2 = (1,1,0)^T$ der Ebene $E_2$: $\mathbf{r} = \mathbf{n}_1 \times \mathbf{n}_2 = (-1,1,1)^T$. Einen Punkt $Q$ auf der Schnittgeraden erhält man durch Auflösen der beiden Ebenengleichungen. Setzt man eine der Variablen etwa $x_3 = 0$, so ist $Q = (1,1,0)^T$. Die Schnittgerade lautet damit

$$\mathbf{g}(\lambda) = (1,1,0)^T + \lambda(-1,1,1)^T.$$

**Lösung 3.2.7**

a) $||\mathbf{x}(\lambda) - P|| = \min \quad \Leftrightarrow \quad \mathbf{x}(\lambda) - P \perp \mathbf{u} \quad \Leftrightarrow \quad \langle \mathbf{a} + \lambda\mathbf{u} - P, \mathbf{u}\rangle = 0 \quad \Leftrightarrow \quad \lambda = \dfrac{\langle P - \mathbf{a}, \mathbf{u}\rangle}{\langle \mathbf{u}, \mathbf{u}\rangle}$

$$\Rightarrow \quad \lambda = \frac{1}{2}\left\langle \begin{pmatrix} -1 \\ -2 \\ -3 \end{pmatrix}, \begin{pmatrix} 1 \\ 0 \\ 1 \end{pmatrix} \right\rangle = -2 \quad \Rightarrow \quad ||\mathbf{x}(-2) - \mathbf{0}|| = \left\| \begin{pmatrix} 1 \\ 2 \\ 3 \end{pmatrix} - 2\begin{pmatrix} 1 \\ 0 \\ 1 \end{pmatrix} \right\| = \sqrt{6}$$

Alternative Lösung: $||\mathbf{x}(\lambda) - P|| = ||\mathbf{x}(\lambda) - \mathbf{0}|| = \min \quad \Leftrightarrow \quad f(\lambda) := \langle \mathbf{x}(\lambda), \mathbf{x}(\lambda)\rangle = \min$.
Man erhält $f(\lambda) = (1+\lambda)^2 + 2^2 + (3+\lambda)^2 = 2\lambda^2 + 8\lambda + 14$, $f'(\lambda) = 4\lambda + 8$ und $f''(\lambda) = 4$. Aus $f'(\lambda) = 0$ erhält man das Minimum ($f'' > 0$) für $\lambda = -2$. Der (minimale) Abstand der Geraden zum Nullpunkt ergibt sich daher durch $||\mathbf{x}(-2)|| = \sqrt{f(-2)} = \sqrt{2 \cdot (-2)^2 + 8 \cdot (-2) + 14} = \sqrt{6}$.

b) Es sei $\mathbf{d} := \mathbf{g}(\lambda) - \mathbf{h}(\mu) = \mathbf{a} - \mathbf{b} + \lambda\mathbf{u} - \mu\mathbf{v}$ der Abstandsvektor von $\mathbf{g}$ zu $\mathbf{h}$.

(i) Hier ist das überbestimmte Gleichungssystem für $\mathbf{d} = \mathbf{0}$ lösbar:
$(0,0,0) = (\lambda - \mu, 1 - \mu, -1 + \lambda)$. Die eindeutige Lösung lautet $\lambda = 1 = \mu$. Es gibt daher einen Schnittpunkt $S = \mathbf{g}(1) = \mathbf{h}(1) = (2,1,2)^T$.

(ii) Hier ist das überbestimmte Gleichungssystem für $\mathbf{d} = \mathbf{0}$ nicht lösbar. Der (minimale) Abstand der Geraden ergibt sich aus den Bedingungen

$$\langle \mathbf{d}, \mathbf{u}\rangle = 0 \quad \wedge \quad \langle \mathbf{d}, \mathbf{v}\rangle = 0$$

$$\Leftrightarrow \left\{ \begin{array}{rcl} \langle \mathbf{u}, \mathbf{u}\rangle\,\lambda - \langle \mathbf{v}, \mathbf{u}\rangle\,\mu & = & \langle \mathbf{b} - \mathbf{a}, \mathbf{u}\rangle \\ \langle \mathbf{u}, \mathbf{v}\rangle\,\lambda - \langle \mathbf{v}, \mathbf{v}\rangle\,\mu & = & \langle \mathbf{b} - \mathbf{a}, \mathbf{v}\rangle \end{array} \right\} \Leftrightarrow \left\{ \begin{array}{rcl} 2\lambda - \mu & = & 3 \\ \lambda - 2\mu & = & 0 \end{array} \right\}$$

mit der Lösung $\lambda = 2$ und $\mu = 1$. Der Abstand berechnet sich dann durch

$$d = ||\mathbf{d}|| = ||\mathbf{g}(2) - \mathbf{h}(1)|| = ||(1,2,3)^T - (2,1,2)^T|| = ||(-1,1,1)^T|| = \sqrt{3}\,.$$

**Lösung 3.2.8**

a) Die Koordinaten des Einheitsvektors $\mathbf{g}$ der ersten Peilrichtung können aus den Dreiecken in Bild 3.2.8 abgelesen werden: $\mathbf{g} = \begin{pmatrix} g_1 \\ g_2 \\ g_3 \end{pmatrix} = \begin{pmatrix} \cos\alpha_1 \cos\varepsilon_1 \\ \sin\alpha_1 \cos\varepsilon_1 \\ \sin\varepsilon_1 \end{pmatrix}$. Entsprechendes gilt für die zweite Peilrichtung $\mathbf{h}$.

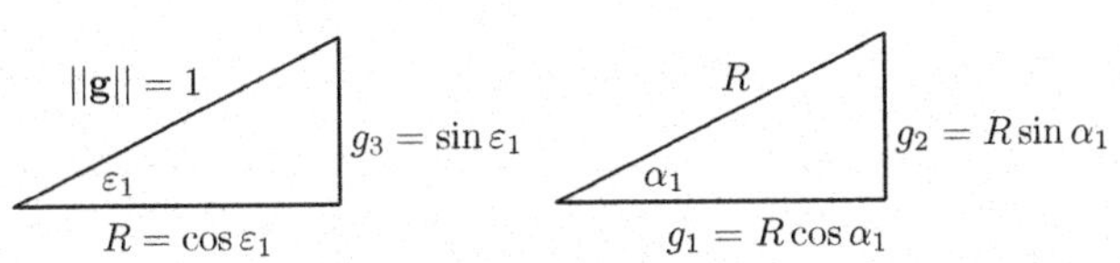


**Bild 3.2.8**

b) Der kürzeste Abstand zwischen den im Allgemeinen windschiefen Peilgeraden, der zwischen den Punkten $C = T_1 + \lambda\mathbf{g}$ und $D = T_2 + \mu\mathbf{h}$ angenommen wird, zeichnet sich dadurch aus, dass die Richtung $D - C$ senkrecht auf den Peilrichtungen $\mathbf{g}$ und $\mathbf{h}$ steht, d.h.

$$\begin{aligned} 0 &= \langle D - C, \mathbf{g}\rangle = \langle T_2 - T_1, \mathbf{g}\rangle + \mu\langle \mathbf{h}, \mathbf{g}\rangle - \lambda\langle \mathbf{g}, \mathbf{g}\rangle \\ 0 &= \langle D - C, \mathbf{h}\rangle = \langle T_2 - T_1, \mathbf{h}\rangle + \mu\langle \mathbf{h}, \mathbf{h}\rangle - \lambda\langle \mathbf{g}, \mathbf{h}\rangle . \end{aligned}$$

Die Lösung unter Berücksichtigung von $\langle \mathbf{g}, \mathbf{g}\rangle = 1 = \langle \mathbf{h}, \mathbf{h}\rangle$ lautet:

$$\begin{aligned} \lambda &= \frac{\langle T_2 - T_1, \mathbf{h}\rangle\langle \mathbf{h}, \mathbf{g}\rangle - \langle T_2 - T_1, \mathbf{g}\rangle\langle \mathbf{h}, \mathbf{h}\rangle}{\langle \mathbf{g}, \mathbf{h}\rangle^2 - \langle \mathbf{g}, \mathbf{g}\rangle\langle \mathbf{h}, \mathbf{h}\rangle} = \frac{(g_1B + g_3H) - (h_1B + h_3H)(\Sigma g_i h_i)}{1 - (\Sigma g_i h_i)^2} \\ \mu &= \frac{\langle T_2 - T_1, \mathbf{h}\rangle\langle \mathbf{g}, \mathbf{g}\rangle - \langle T_2 - T_1, \mathbf{g}\rangle\langle \mathbf{h}, \mathbf{g}\rangle}{\langle \mathbf{g}, \mathbf{h}\rangle^2 - \langle \mathbf{g}, \mathbf{g}\rangle\langle \mathbf{h}, \mathbf{h}\rangle} = \frac{-(h_1B + h_3H) + (g_1B + g_3H)(\Sigma g_i h_i)}{1 - (\Sigma g_i h_i)^2} . \end{aligned}$$

**Lösung 3.2.9**

Die Mastspitze liegt bei $P = (20, 0, H)^T$ und der Schatten der Mastspitze bei $Q = (0, q_2, 5)^T$. Nun gilt:

$$\begin{pmatrix} 20 \\ 0 \\ H \end{pmatrix} + \alpha \begin{pmatrix} -4 \\ 1 \\ -4 \end{pmatrix} = \begin{pmatrix} 0 \\ q_2 \\ 5 \end{pmatrix} \quad \Rightarrow \quad \alpha = 5 \quad \Rightarrow \quad q_2 = 5 \wedge H = 25 .$$

Die Schattenlänge auf dem Platz ist $\left\| \begin{pmatrix} 20 \\ 0 \\ 0 \end{pmatrix} - \begin{pmatrix} 0 \\ q_2 \\ 0 \end{pmatrix} \right\| = \left\| \begin{pmatrix} 20 \\ -5 \\ 0 \end{pmatrix} \right\| = 5\sqrt{17} \approx 20.61553 .$

**Lösung 3.2.10**

Der LKW bewegt sich längs der Gerade $\mathbf{g}(t) = A + \frac{12.5t}{||C - A||}(C - A) = (30, 0)^T + \frac{12.5t}{50}(40, 30)^T$

und der PKW längs der Geraden $\mathbf{h}(t) = B + \frac{15t}{||C - B||}(C - B) = (110, -30)^T + \frac{3t}{2\sqrt{52}}(-40, 60)^T .$

Um den gleichen Zeitparameter $t$ verwenden zu können, wurden die Geschwindigkeiten in m/s umgerechnet und die Richtungsvektoren auf 1 normiert.

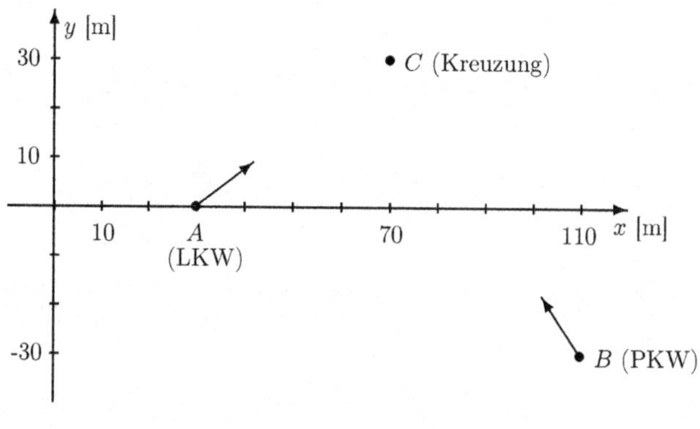


**Bild 3.2.10**

Die vordere Stoßstange des LKW erreicht die Kreuzung $C$ somit nach $t_1 = \frac{50}{12.5}\,\mathrm{s} = 4\,\mathrm{s}$ und die des PKW nach $t_2 = \frac{2\sqrt{52}}{3}\,\mathrm{s} = 4.807401701\,\mathrm{s}$. In der Zeit $t_2 - t_1 = 0.807401701\,\mathrm{s}$ legt der LKW eine Strecke von $S = 12.5\,\mathrm{m/s} \cdot (t_2 - t_1)\mathrm{s} = 10.0925\,\mathrm{m}$ zurück. Dies reicht nicht aus, um die Rückleuchte seines 11 m langen Fahrzeuges rechtzeitig über den Kreuzungspunkt $C$ zu ziehen. Es kommt also zum Zusammmenstoß.

**Lösung 3.2.11**
Die Eckpunkte des Dreieckschattens auf der Ebene sind die Durchstoßpunkte $P_A, P_B$ und $P_C$ der folgenden Geraden mit der Ebene:

$$\mathbf{g}_A(\lambda) = P + \lambda(A - P) = (1,1,1)^T + \frac{\lambda}{3}(0,1,-2)^T, \quad \mathbf{g}_B(\mu) = P + \mu(B - P) = (1,1,1)^T + \frac{\mu}{2}(0,1,0)^T,$$

$$\mathbf{g}_C(\nu) = P + \nu(C - P) = (1,1,1)^T + \frac{\nu}{2}(3,-1,-2)^T.$$

Einsetzen in die Ebenengleichung liefert: $4 + 6\left(1 + \frac{\lambda}{3}\right) - 3\left(1 - \frac{2\lambda}{3}\right) = 19 \Rightarrow \lambda = 3$. Analog ergeben sich $\mu = 4$ und $\nu = 2$ und damit die Schatteneckpunkte: $P_A = (1,2,-1)^T$, $P_B = (1,3,1)^T$ und $P_C = (4,0,-1)^T$.

Die Fläche des Dreieckschattens erhält man durch:

$$F = \frac{1}{2}||(P_C - P_A) \times (P_B - P_A)|| = \frac{1}{2}||(3,-2,0)^T \times (0,1,2)^T|| = \frac{1}{2}||(-4,-6,3)^T|| = \frac{\sqrt{61}}{2}.$$

**Lösung 3.2.12**
Umrechnung der Kugelkoordinatenwinkel vom Gradmaß ins Bogenmaß:

$$\begin{array}{lll} \text{Moskau}: & \lambda = 37°35' \doteq \left(37 + \frac{35}{60}\right)\frac{2\pi}{360} = 0.6559529, & \varphi = 55°45' \doteq 0.9730210, \\ \text{Genf}: & \lambda = 6°9' \doteq 0.1073377, & \varphi = 46°12' \doteq 0.8063421, \\ \text{Washington}: & \lambda = -77°1' \doteq -1.3441944, & \varphi = 38°54' \doteq 0.6789330. \end{array}$$

Damit ergeben sich die Einheitsvektoren in Ortsrichtung (kartesische Koordinaten):

$$\begin{array}{lcl} \mathbf{e}_M &=& (0.446004385,\ 0.343262982,\ 0.826589749)^T, \\ \mathbf{e}_G &=& (0.688159774,\ 0.074150513,\ 0.721760022)^T, \quad \Rightarrow \\ \mathbf{e}_W &=& (0.174846029,\ -0.758347719,\ 0.627963057)^T \end{array}$$

$$\begin{array}{lclclcl} \cos\sphericalangle(M,G) &=& \langle \mathbf{e}_M, \mathbf{e}_G \rangle &=& 0.92897483 \Rightarrow \sphericalangle(M,G) &=& 0.37916281, \\ \cos\sphericalangle(M,W) &=& \langle \mathbf{e}_M, \mathbf{e}_W \rangle &=& 0.33737222 \Rightarrow \sphericalangle(M,W) &=& 1.22734673, \\ \cos\sphericalangle(G,W) &=& \langle \mathbf{e}_G, \mathbf{e}_W \rangle &=& 0.51738763 \Rightarrow \sphericalangle(G,W) &=& 1.02700092\,. \end{array}$$

Ist $\alpha$ der Winkel zwischen den Ortsvektoren zweier Punkte auf der Oberfläche einer Kugel vom Radius $R$, so berechnet sich der Abstand $d$ zwischen diesen Punkten durch $d = |\alpha R|$. Damit ergibt sich $d_{M,G} = 2415.64629\,\text{km}$, $d_{M,W} = 7819.426033\,\text{km}$ und $d_{G,W} = 6543.022884\,\text{km}$.

## L.3.3 Allgemeine Vektorräume

**Lösung 3.3.1**

a) Die Vektoren $\mathbf{v}_1, \mathbf{v}_2$ und $\mathbf{v}_3$ sind linear unabhängig, denn aus:

$$\mathbf{0} = \lambda_1 \begin{pmatrix} 2 \\ 1 \\ 2 \end{pmatrix} + \lambda_2 \begin{pmatrix} 0 \\ 0 \\ 4 \end{pmatrix} + \lambda_3 \begin{pmatrix} 5 \\ 0 \\ -3 \end{pmatrix} = \begin{pmatrix} 2\lambda_1 + 5\lambda_3 \\ \lambda_1 \\ 2\lambda_1 + 4\lambda_2 - 3\lambda_3 \end{pmatrix}$$

$\Rightarrow \lambda_1 = 0 \Rightarrow \lambda_3 = 0 \Rightarrow \lambda_2 = 0$. Wegen $\dim \text{Spann}(\mathbf{v}_1, \mathbf{v}_2, \mathbf{v}_3) = 3 = \dim \mathbb{R}^3$ bilden die Vektoren eine Basis. Für einen beliebigen Vektor $\mathbf{x} = (x_1, x_2, x_3)^T$ ist

$$\lambda_1 = \frac{1}{20}(3x_1 - 16x_2 + 5x_3), \quad \lambda_2 = x_2, \quad \lambda_3 = \frac{1}{5}(x_1 - 2x_2)$$

Lösung der Linearkombination $\mathbf{x} = \lambda_1\mathbf{v}_1 + \lambda_2\mathbf{v}_2 + \lambda_3\mathbf{v}_3$.

b) Es seien $\mathbf{v}_1 = (1,1,1)^T$ und $\mathbf{v}_2 = (0,1,1)^T$, dann ist $\begin{pmatrix} x_1 \\ x_1 + x_2 \\ x_1 + x_2 \end{pmatrix} = x_1\mathbf{v}_1 + x_2\mathbf{v}_2$

$\Rightarrow W = \text{Spann}(\mathbf{v}_1, \mathbf{v}_2)$. Da die Vektoren $\mathbf{v}_1$ und $\mathbf{v}_1 - \mathbf{v}_2 = (1,0,0)^T$ linear unabhängig sind und auch den Unterraum $W$ aufspannen, bilden sie eine Basis von $W$.

**Lösung 3.3.2**

a) $W_1$ beschreibt eine Ebene durch den Ursprung und ist Untervektorraum des $\mathbb{R}^3$. Zu überprüfen sind die Unterraumkriterien mit $\mathbf{x}, \mathbf{y} \in W_1$ und $\lambda \in \mathbb{R}$ (vgl. Lehrbuch Definition 3.3.2):

(i) $\mathbf{0} \in W_1$, denn $\langle \mathbf{0}, \mathbf{n} \rangle = 0$, (ii)$\mathbf{x} + \mathbf{y} \in W_1$, denn $\langle \mathbf{x} + \mathbf{y}, \mathbf{n} \rangle = \langle \mathbf{x}, \mathbf{n} \rangle + \langle \mathbf{y}, \mathbf{n} \rangle = 0$ und (iii)$\lambda\mathbf{x} \in W_1$, denn $\langle \lambda\mathbf{x}, \mathbf{n} \rangle = \lambda \langle \mathbf{x}, \mathbf{n} \rangle = 0$.

b) $W_2$ ist eine Ebene, die nicht durch den Nullpunkt verläuft, und ist kein Untervektorraum, da $\mathbf{0} \notin W_2$.

c) $W_3$ ist ein Spezialfall von $W_1$ mit $\mathbf{n} = (1, 3, 7)^T$.

d) $W_4$ ist der Untervektorraum der geraden Polynome, denn für $p, q \in W_4$ und $\lambda \in \mathbb{R}$ gilt: (i) $0 \in W_4$, denn $0(x) = 0(-x)$, (ii)$p+q \in W_4$, denn $(p+q)(x) = p(x)+q(x) = p(-x)+q(-x) = (p+q)(-x)$ und (iii)$\lambda p \in W_1$, denn $(\lambda p)(x) = \lambda p(x) = \lambda p(-x) = (\lambda p)(-x)$.

e) $W_5$ ist kein Untervektorraum, denn mit $p \neq 0$ ist $-p \notin \Pi_n$.

f) $W_6$ ist der Untervektorraum der ungeraden Polynome, wie man analog zu $W_4$ zeigen kann.

**Lösung 3.3.3**

a) Die Aussage ist falsch, denn $\mathbf{x} := \mathbf{e}_3, \mathbf{y} := \mathbf{e}_4$ und $\mathbf{z} := \mathbf{e}_3 + \mathbf{e}_4$ sind paarweise linear unabhängig, aber alle drei Vektoren sind linear abhängig.

b) (i) Zunächst wird überprüft, ob die vier Vektoren linear unabhängig sind:
$0 = \lambda_1 \cdot 1 + \lambda_2(1-x) + \lambda_3(1-x)^2 + \lambda_4(1-x)^3$
$= \lambda_1 + \lambda_2 + \lambda_3 + \lambda_4 + x(-\lambda_2 - 2\lambda_3 - 3\lambda_4) + x^2(\lambda_3 + 3\lambda_4) + x^3\lambda_4$,
ein Koeffizientenvergleich mit dem Nullpolynom ergibt
$\lambda_4 = 0 \Rightarrow \lambda_3 = 0 \Rightarrow \lambda_2 = 0 \Rightarrow \lambda_1 = 0$.
Damit sind $1$, $1-x$, $(1-x)^2$ und $(1-x)^3$ linear unabhängig. Aus der gleichen Darstellung kann man auch ablesen, dass sich die Koeffizienten $\lambda_i$ eindeutig aus einem Koeffizientenvergleich mit einem beliebigen Polynom aus $\Pi_3$ berechnen lassen. Also ist $B$ eine Basis von $\Pi_3$.

(ii) Es ist $p(x) = 11 - 6(1-x) + (1-x)^2 - (1-x)^3$. Dies erhält man beispielsweise durch obigen Koeffizientenvergleich oder über das vollständige Horner-Schema (Umordnung von Polynomen).

**Lösung 3.3.4**

a) (i) $$\begin{pmatrix} 0 \\ 0 \\ 0 \end{pmatrix} = \lambda_1 \begin{pmatrix} 3 \\ 0 \\ -1 \end{pmatrix} + \lambda_2 \begin{pmatrix} 1 \\ 28 \\ 4 \end{pmatrix} = \begin{pmatrix} 3\lambda_1 + \lambda_2 \\ 28\lambda_2 \\ -\lambda_1 + 4\lambda_2 \end{pmatrix}$$
$\Rightarrow \lambda_2 = 0 \Rightarrow \lambda_1 = 0 \Rightarrow$ die Vektoren sind linear unabhängig.

(ii) Vier Vektoren im $\mathbb{R}^3$ sind linear abhängig.

(iii) Die Vektoren sind linear abhängig, da der Nullvektor dabei ist.

(iv) Die Vektoren werden zeilenweise notiert. Durch Zeilenumformungen nach dem Gaußschen Eliminationsverfahren versucht man in der letzten Zeile eine Nullzeile zu erzeugen:

$$\left\{ \begin{array}{rrrrl} (1, & 0, & -3, & 1) & = \mathbf{v}_1^T \\ (4, & 1, & 5, & -2) & = \mathbf{v}_2^T \\ (10, & 3, & 21, & -8) & = \mathbf{v}_3^T \end{array} \right\} \Rightarrow \left\{ \begin{array}{rrrrl} (1, & 0, & -3, & 1) & = \mathbf{v}_1^T \\ (0, & 1, & 17, & -6) & = \mathbf{v}_2^T - 4\mathbf{v}_1^T \\ (0, & 3, & 51, & -18) & = \mathbf{v}_3^T - 10\mathbf{v}_1^T \end{array} \right\}$$

$$\Rightarrow \left\{ \begin{array}{rrrrl} (1, & 0, & -3, & 1) & = \mathbf{v}_1^T \\ (0, & 1, & 17, & -6) & = \mathbf{v}_2^T - 4\mathbf{v}_1^T \\ (0, & 0, & 0, & 0) & = \mathbf{v}_3^T - 10\mathbf{v}_1^T - 3(\mathbf{v}_2^T - 4\mathbf{v}_1^T) \end{array} \right\}$$

$\Rightarrow$ die Vektoren sind linear abhängig, denn es gilt $2\mathbf{v}_1 - 3\mathbf{v}_2 + \mathbf{v}_3 = 0$.

b)

$$\left\{\begin{array}{rrrl}(1, & 0, & 1) & = \mathbf{v}_1^T \\ (-1, & 1, & 1) & = \mathbf{v}_2^T \\ (0, & 2, & \alpha) & = \mathbf{v}_3^T\end{array}\right\} \Rightarrow \left\{\begin{array}{rrrl}(1, & 0, & 1) & = \mathbf{v}_1^T \\ (0, & 1, & 2) & = \mathbf{v}_2^T + \mathbf{v}_1^T \\ (0, & 2, & \alpha) & = \mathbf{v}_3^T\end{array}\right\}$$

$$\Rightarrow \left\{\begin{array}{rrrl}(1, & 0, & 1) & = \mathbf{v}_1^T \\ (0, & 1, & 2) & = \mathbf{v}_2^T + \mathbf{v}_1^T \\ (0, & 0, & \alpha - 4) & = \mathbf{v}_3^T - 2(\mathbf{v}_2^T + \mathbf{v}_1^T)\end{array}\right\}$$

$\Rightarrow$ die Vektoren sind genau dann linear abhängig, wenn $\alpha = 4$ und damit $\mathbf{v}_3 - 2\mathbf{v}_2 - 2\mathbf{v}_1 = \mathbf{0}$ gilt. Man erhält $\mathbf{v}_3 = 2\mathbf{v}_1 + 2\mathbf{v}_2$, $\mathbf{v}_2 = \frac{1}{2}(-2\mathbf{v}_1 + \mathbf{v}_3)$ und $\mathbf{v}_1 = \frac{1}{2}(-2\mathbf{v}_2 + \mathbf{v}_3)$.

**Lösung 3.3.5**

a) (i) $\dim W_1 = 2$, $\left\{\begin{pmatrix}1\\5\end{pmatrix}, \begin{pmatrix}5\\1\end{pmatrix}\right\}$ ist Basis, (ii) $\dim W_2 = 2$, $\left\{\begin{pmatrix}2\\4\\8\end{pmatrix}, \begin{pmatrix}1\\3\\1\end{pmatrix}\right\}$ ist Basis,

(iii) $\dim W_3 = 2$, $\left\{\begin{pmatrix}2\\1\\3\end{pmatrix}, \begin{pmatrix}-4\\-1\\1\end{pmatrix}\right\}$ ist Basis, (iv) $\dim W_4 = 3$, $\left\{\begin{pmatrix}1\\1\\1\\1\end{pmatrix}, \begin{pmatrix}0\\1\\2\\3\end{pmatrix}, \begin{pmatrix}0\\0\\-1\\-1\end{pmatrix}\right\}$

ist Basis

b) Die Vektoren sind genau dann linear abhängig, wenn $\alpha = 1$ gilt. Auf gleiche Weise wie in Lösung 3.3.4 erhält man dann $-2\mathbf{v}_1 + \mathbf{v}_2 + \mathbf{v}_3 = \mathbf{0}$, und damit $\mathbf{v}_1 = \frac{1}{2}(\mathbf{v}_2 + \mathbf{v}_3)$, $\mathbf{v}_2 = 2\mathbf{v}_1 - \mathbf{v}_3$ und $\mathbf{v}_3 = 2\mathbf{v}_1 - \mathbf{v}_2$.

**Lösung 3.3.6**

a) $T_1$ ist nicht linear, denn $T_1(x) + T_1(y) = (x, 1)^T + (y, 1)^T = (x + y, 2) \neq T_1(x + y)$.

b) $T_2$ ist nicht linear, denn für $\lambda \neq 0$ und $\lambda \neq 1$ und $x_2 \neq 0$ gilt $T_2(\lambda\mathbf{x}) = \lambda x_1 + (\lambda x_2)^2 \neq \lambda T_2(\mathbf{x})$.

c) $T_3$ ist linear, denn es gilt $T_3(\mathbf{x}+\mathbf{y}) = ((x_1+y_1)+(x_2+y_2), x_3+y_3)^T = (x_1+x_2, x_3)^T + (y_1+y_2, y_3)^T = T_3(\mathbf{x}) + T_3(\mathbf{y})$ und $T_3(\lambda\mathbf{x}) = (\lambda x_1 + \lambda x_2, \lambda x_3)^T = \lambda(x_1 + x_2, x_3)^T = \lambda T_3(\mathbf{x})$.

d) $T_4$ ist linear, dies zeigt man genauso wie bei $T_3$.

e) $T_5$ ist nicht linear, denn für $\mathbf{w} \neq \mathbf{0}$ gilt $T_5(-\mathbf{w}) = ||-\mathbf{w}|| \neq -||\mathbf{w}|| = -T_5(\mathbf{w})$.

f) $T_6$ ist linear, denn $T_6(\lambda p + \mu q) = (\lambda p(t) + \mu q(t))' = \lambda p'(t) + \mu q'(t) = \lambda T_6(p) + \mu T_6(q)$.

g) $T_7$ ist nicht linear, denn $T_7(f+g) = (f(x)+g(x))+1 \neq (f(x)+1)+(g(x)+1) = T_7(f)+T_7(g)$.

# L.4 Lineare Gleichungssysteme

## L.4.1 Matrizenkalkül

**Lösung 4.1.1**

$$\mathbf{A}+\mathbf{C}=\begin{pmatrix} -1 & 7 \\ 4 & -1 \\ 2 & 10 \end{pmatrix}, \quad 2\mathbf{B}=\begin{pmatrix} 6 & 0 \\ 2 & -14 \end{pmatrix}, \quad \mathbf{A}(\mathbf{y}+\mathbf{z})=\begin{pmatrix} -31 \\ 41 \\ -26 \end{pmatrix},$$

$$\mathbf{C}(-4\mathbf{z})=\begin{pmatrix} -44 \\ 16 \\ -76 \end{pmatrix}, \quad (\mathbf{A}+\mathbf{C})\mathbf{y}=\begin{pmatrix} -43 \\ 37 \\ -34 \end{pmatrix}, \quad \mathbf{AB}=\begin{pmatrix} -3 & -21 \\ 13 & -7 \\ 2 & -35 \end{pmatrix},$$

$$\mathbf{AC}^T=\begin{pmatrix} 10 & -6 & 9 \\ 8 & -2 & 17 \\ 19 & -10 & 22 \end{pmatrix}, \quad \mathbf{x}^T=(\ 2, \ \ -17\ ), \quad \mathbf{y}^T\mathbf{z}=14, \quad \mathbf{yz}^T=\begin{pmatrix} 24 & 16 \\ -15 & -10 \end{pmatrix}.$$

**Lösung 4.1.2**

a) $\mathbf{A}_1\mathbf{A}_2=\begin{pmatrix} 1 & 8 & 8 \\ 3 & 18 & 16 \end{pmatrix}, \quad \mathbf{A}_2\mathbf{A}_3=\begin{pmatrix} 5 & 4 & 7 \\ 18 & 11 & 10 \end{pmatrix}, \quad \mathbf{A}_2\mathbf{A}_4=\begin{pmatrix} 9 \\ 20 \end{pmatrix},$

$\mathbf{A}_2\mathbf{A}_5=\begin{pmatrix} 4 \\ 7 \end{pmatrix}, \quad \mathbf{A}_3\mathbf{A}_4=\begin{pmatrix} 15 \\ 10 \\ 13 \end{pmatrix}, \quad \mathbf{A}_3\mathbf{A}_5=\begin{pmatrix} 7 \\ 7 \\ 9 \end{pmatrix}$

b) $\mathbf{A}_2^T\mathbf{A}_1=\begin{pmatrix} 1 & 2 \\ 11 & 16 \\ 12 & 16 \end{pmatrix}, \quad \mathbf{A}_1^T\mathbf{A}_2=\begin{pmatrix} 1 & 11 & 12 \\ 2 & 16 & 16 \end{pmatrix}, \quad \mathbf{A}_3^T\mathbf{A}_4=\mathbf{A}_3\mathbf{A}_4,$

$\mathbf{A}_3^T\mathbf{A}_5=\mathbf{A}_3\mathbf{A}_5, \quad \mathbf{A}_4^T\mathbf{A}_3=(\mathbf{A}_3\mathbf{A}_4)^T, \quad \mathbf{A}_5^T\mathbf{A}_3=(\mathbf{A}_3\mathbf{A}_5)^T, \mathbf{A}_5^T\mathbf{A}_4=8=\mathbf{A}_4^T\mathbf{A}_5,$

$\mathbf{A}_3\mathbf{A}_2^T=(\mathbf{A}_2\mathbf{A}_3)^T, \quad \mathbf{A}_2\mathbf{A}_3^T=\mathbf{A}_2\mathbf{A}_3, \quad \mathbf{A}_4\mathbf{A}_5^T=\begin{pmatrix} 2 & 1 & 1 \\ 8 & 4 & 4 \\ 4 & 2 & 2 \end{pmatrix}$

**Lösung 4.1.3**

$$3\mathbf{A}^2-4\mathbf{A}+5\mathbf{I}=\begin{pmatrix} 43 & 52 & 66 \\ 52 & 80 & 98 \\ 66 & 98 & 135 \end{pmatrix}, \quad \exp(\mathbf{A})\approx\begin{pmatrix} 31 & 44 & 58 \\ 44 & 65 & 84 \\ 58 & 84 & 111 \end{pmatrix}$$

**Lösung 4.1.4**

a)

$$\mathbf{A}\cdot\mathbf{B}=\begin{pmatrix} 10-6i & 6-8i \\ 8+7i & 9+3i \end{pmatrix}, \quad \mathbf{B}\cdot\mathbf{A}=\begin{pmatrix} 9+i & 6+6i \\ 8-7i & 8-4i \end{pmatrix},$$

$$\mathbf{A}\cdot\mathbf{b}=\begin{pmatrix} 8-i \\ 9+3i \end{pmatrix}, \quad \mathbf{A}^*=\begin{pmatrix} 1+2i & 3-i \\ 3+i & 1-2i \end{pmatrix}, \quad \mathbf{B}^*=\begin{pmatrix} 1-i & 2+i \\ 2 & 1+i \end{pmatrix}$$

b) $\mathbf{x}=\begin{pmatrix} i \\ 1-i \end{pmatrix}$

c) Nein, denn es gilt $a_{11}\cdot\bar{a}_{11}+a_{12}\cdot\bar{a}_{12}=13-6i\neq 1$ und damit ist $\mathbf{AA}^*\neq\mathbf{I}$.

**Lösung 4.1.5**

a) $\mathbf{A}^*\mathbf{A}=\mathbf{I}, \quad \mathbf{BB}^*=\mathbf{I}, \quad \mathbf{Ab}=\begin{pmatrix} 1+i \\ 1-i \end{pmatrix}, \mathbf{B}^2=\begin{pmatrix} 0 & i \\ i & 0 \end{pmatrix}, \quad \mathbf{B}^4=-\mathbf{I}, \quad \mathbf{B}^8=\mathbf{I}.$

b) $\mathbf{A}$ ist unitär und hermitesch, denn $\mathbf{A}^*=\mathbf{A}$ und $\mathbf{B}$ ist unitär.

c) $\mathbf{x}=\mathbf{Ab}, \quad \mathbf{y}=\mathbf{B}^*\mathbf{b}=\begin{pmatrix} -1+i \\ 1+i \end{pmatrix}.$

*Aufgaben und Lösungen zu Mathematik für Ingenieure 1, 4.Aufl.*, R. Ansorge, H. J. Oberle, K. Rothe und Th. Sonar

ISBN: 978-3-527-40987-7

**Lösung 4.1.6**

$$\mathbf{A}\mathbf{A}^T = \begin{pmatrix} 0.25 + b_1^2 & 0.5(a_1 + b_1) \\ 0.5(a_1 + b_1) & 0.25 + a_1^2 \end{pmatrix} = \mathbf{I} \Longrightarrow \quad a_1^2 = b_1^2 = 0.75, \quad a_1 = -b_1$$

$$\Longrightarrow \mathbf{A} = \begin{pmatrix} 0.5 & -0.5\sqrt{3} \\ 0.5\sqrt{3} & 0.5 \end{pmatrix} \quad \text{oder} \quad \mathbf{A} = \begin{pmatrix} 0.5 & 0.5\sqrt{3} \\ -0.5\sqrt{3} & 0.5 \end{pmatrix}$$

$$\mathbf{B} = \mathbf{B}^T \Longrightarrow b_2 = 0.5, \quad \mathbf{B}\mathbf{B}^T = \mathbf{I} \quad \Longrightarrow \quad a_2^2 = c_2^2 = 0.75, \quad a_2 = -c_2$$

$$\Longrightarrow \mathbf{B} = \begin{pmatrix} 0.5\sqrt{3} & 0.5 \\ 0.5 & -0.5\sqrt{3} \end{pmatrix} \quad \text{oder} \quad \mathbf{B} = \begin{pmatrix} -0.5\sqrt{3} & 0.5 \\ 0.5 & 0.5\sqrt{3} \end{pmatrix}$$

$$\mathbf{C} = \mathbf{C}^* \Longrightarrow \quad b_3 = f_3 = 0, \quad l_3 = -0.5, \quad d_3 = c_3,$$

$$\mathbf{C}\mathbf{C}^* = \begin{pmatrix} 0.25 + a_3^2 + c_3^2 & (a_3 + 0.5)(c_3 + 0.5i) \\ (a_3 + 0.5)(c_3 + 0.5i) & 0.5 + c_3^2 \end{pmatrix} = \mathbf{I} \Longrightarrow a_3 = -0.5, \quad c_3 = \pm 0.5\sqrt{2}$$

$$\Longrightarrow \mathbf{C} = \begin{pmatrix} -0.5 & 0.5(\sqrt{2} + i) \\ 0.5(\sqrt{2} - i) & 0.5 \end{pmatrix} \quad \text{oder} \quad \mathbf{C} = \begin{pmatrix} -0.5 & 0.5(-\sqrt{2} + i) \\ -0.5(\sqrt{2} + i) & 0.5 \end{pmatrix}$$

$$\mathbf{D} = \mathbf{D}^* \Longrightarrow b_4 = 0, d_4 = -f_4, l_4 = c_4, \quad \mathbf{D}\mathbf{D}^* = \begin{pmatrix} a_4^2 + c_4^2 + d_4^2 & 2a_4(c_4 + d_4 i) \\ 2a_4(c_4 - d_4 i) & a_4^2 + c_4^2 + d_4^2 \end{pmatrix} = \mathbf{I}$$

$$\Longrightarrow \quad 1. \quad a_4 = 0 \Rightarrow d_4 = \pm\sqrt{1 - c_4^2} \text{ mit } |c| \le 1 \qquad 2. \quad a_4 \neq 0 \Rightarrow c_4 = 0 = d_4 \Rightarrow a_4 = \pm 1$$

$$\Longrightarrow \mathbf{D} = \pm\mathbf{I} \quad \text{oder} \quad \mathbf{D} = \pm \begin{pmatrix} 0 & c_4 + i\sqrt{1 - c_4^2} \\ c_4 - i\sqrt{1 - c_4^2} & 0 \end{pmatrix}$$

**Lösung 4.1.7**

a) $\mathbf{A}\mathbf{X} + \mathbf{X}\mathbf{A}^T = \begin{pmatrix} 4x_{11} & 3x_{12} - x_{11} \\ 3x_{21} - x_{11} & 2x_{22} - x_{12} - x_{21} \end{pmatrix} = \begin{pmatrix} 1 & 0 \\ 0 & 1 \end{pmatrix} \Longrightarrow \mathbf{X} = \frac{1}{12}\begin{pmatrix} 3 & 1 \\ 1 & 7 \end{pmatrix}$

b) $\mathbf{X}^2 - \mathbf{X} = \begin{pmatrix} x_{11}(x_{11} - 1) + x_{12}x_{21} & x_{12}(x_{11} + x_{22} - 1) \\ x_{21}(x_{11} + x_{22} - 1) & x_{12}x_{21} + x_{22}(x_{22} - 1) \end{pmatrix} = \begin{pmatrix} 2 & 0 \\ 8 & 6 \end{pmatrix}$

$\Longrightarrow \mathbf{X}_1 = \begin{pmatrix} 2 & 0 \\ 2 & 3 \end{pmatrix}, \mathbf{X}_2 = \begin{pmatrix} 2 & 0 \\ -8 & -2 \end{pmatrix}, \mathbf{X}_3 = \begin{pmatrix} -1 & 0 \\ 8 & 3 \end{pmatrix}, \mathbf{X}_4 = \begin{pmatrix} -1 & 0 \\ -2 & -2 \end{pmatrix}$

c) $\mathbf{A}^2 = (\mathbf{I}_n - 2\mathbf{a}\mathbf{a}^T)(\mathbf{I}_n - 2\mathbf{a}\mathbf{a}^T) = \mathbf{I}_n - 4\mathbf{a}\mathbf{a}^T + 4\mathbf{a}(\mathbf{a}^T\mathbf{a})\mathbf{a}^T = \mathbf{I}_n$

$\Longrightarrow \mathbf{A}^{-1} = \mathbf{A} \Longrightarrow \mathbf{A}^{2k} = \mathbf{I}_n, \mathbf{A}^{2k-1} = \mathbf{A}$ für $k \in \mathbb{Z}$.

## L.4.2 Gauß-Elimination

**Lösung 4.2.1**

a) $\left(\begin{array}{ccc|c} 2 & 0 & 1 & 3 \\ 4 & 2 & 1 & 3 \\ -2 & 8 & 2 & -8 \end{array}\right) \to \left(\begin{array}{ccc|c} 2 & 0 & 1 & 3 \\ 0 & 2 & -1 & -3 \\ 0 & 8 & 3 & -5 \end{array}\right) \to \left(\begin{array}{ccc|c} 2 & 0 & 1 & 3 \\ 0 & 2 & -1 & -3 \\ 0 & 0 & 7 & 7 \end{array}\right) \Rightarrow \begin{pmatrix} x_1 \\ x_2 \\ x_3 \end{pmatrix} = \begin{pmatrix} 1 \\ -1 \\ 1 \end{pmatrix}$

b) $\left(\begin{array}{ccc|c} 1 & 1 & 2 & 3 \\ 2 & 2 & 5 & -4 \\ 5 & 5 & 11 & 6 \end{array}\right) \to \left(\begin{array}{ccc|c} 1 & 1 & 2 & 3 \\ 0 & 0 & 1 & -10 \\ 0 & 0 & 1 & -9 \end{array}\right) \to \left(\begin{array}{ccc|c} 1 & 1 & 2 & 3 \\ 0 & 0 & 1 & -10 \\ 0 & 0 & 0 & 1 \end{array}\right)$

$\Rightarrow$ das Gleichungssystem besitzt keine Lösung

c) $\left(\begin{array}{ccc|c} 2 & 1 & -3 & 1 \\ 4 & 2 & -6 & 2 \\ -6 & -3 & 9 & -3 \end{array}\right) \to \left(\begin{array}{ccc|c} 2 & 1 & -3 & 1 \\ 0 & 0 & 0 & 0 \\ 0 & 0 & 0 & 0 \end{array}\right)$

$\Rightarrow \begin{pmatrix} x_1 \\ x_2 \\ x_3 \end{pmatrix} = \begin{pmatrix} 1/2 \\ 0 \\ 0 \end{pmatrix} + \lambda \begin{pmatrix} 3/2 \\ 0 \\ 1 \end{pmatrix} + \mu \begin{pmatrix} -1/2 \\ 1 \\ 0 \end{pmatrix}$ mit $\lambda, \mu \in \mathbb{R}$

d) $\left(\begin{array}{ccc|c} 3 & -5 & 1 & -1 \\ -3 & 6 & 0 & 2 \\ 3 & -4 & 2 & 0 \end{array}\right) \to \left(\begin{array}{ccc|c} 3 & -5 & 1 & -1 \\ 0 & 1 & 1 & 1 \\ 0 & 1 & 1 & 1 \end{array}\right) \to \left(\begin{array}{ccc|c} 3 & -5 & 1 & -1 \\ 0 & 1 & 1 & 1 \\ 0 & 0 & 0 & 0 \end{array}\right)$

$\Rightarrow \begin{pmatrix} x_1 \\ x_2 \\ x_3 \end{pmatrix} = \begin{pmatrix} 4/3 \\ 1 \\ 0 \end{pmatrix} + \lambda \begin{pmatrix} -2 \\ -1 \\ 1 \end{pmatrix}$ mit $\lambda \in \mathbb{R}$

**Lösung 4.2.2**

a) $\left(\begin{array}{rr|r} 3 & -5 & 2 \\ -9 & 15 & -6 \end{array}\right) \to \left(\begin{array}{rr|r} 3 & -5 & 2 \\ 0 & 0 & 0 \end{array}\right) \Rightarrow \begin{pmatrix} x_1 \\ x_2 \end{pmatrix} = \begin{pmatrix} 2/3 \\ 0 \end{pmatrix} + \lambda \begin{pmatrix} 5 \\ 3 \end{pmatrix}$ mit $\lambda \in \mathbb{R}$

b) $$\left(\begin{array}{rrrr|r} -2 & 1 & 3 & -4 & -12 \\ -4 & 3 & 6 & -5 & -21 \\ 2 & -2 & -1 & 6 & 10 \\ -6 & 6 & 13 & 10 & -22 \end{array}\right) \to \left(\begin{array}{rrrr|r} -2 & 1 & 3 & -4 & -12 \\ 0 & 1 & 0 & 3 & 3 \\ 0 & -1 & 2 & 2 & -2 \\ 0 & 3 & 4 & 22 & 14 \end{array}\right) \to \left(\begin{array}{rrrr|r} -2 & 1 & 3 & -4 & -12 \\ 0 & 1 & 0 & 3 & 3 \\ 0 & 0 & 2 & 5 & 1 \\ 0 & 0 & 4 & 13 & 5 \end{array}\right)$$

$$\to \left(\begin{array}{rrrr|r} -2 & 1 & 3 & -4 & -12 \\ 0 & 1 & 0 & 3 & 3 \\ 0 & 0 & 2 & 5 & 1 \\ 0 & 0 & 0 & 3 & 3 \end{array}\right) \Rightarrow \begin{pmatrix} x_1 \\ x_2 \\ x_3 \\ x_4 \end{pmatrix} = \begin{pmatrix} 1 \\ 0 \\ -2 \\ 1 \end{pmatrix}$$

c) $$\left(\begin{array}{rrrrr|r} 1 & 2 & 3 & 4 & 5 & 6 \\ 5 & 4 & 3 & 2 & 1 & 0 \\ 1 & 1 & 1 & 1 & 1 & 1 \\ 0 & 2 & 2 & 2 & 2 & 2 \end{array}\right) \to \left(\begin{array}{rrrrr|r} 1 & 2 & 3 & 4 & 5 & 6 \\ 0 & -6 & -12 & -18 & -24 & -30 \\ 0 & -1 & -2 & -3 & -4 & -5 \\ 0 & 2 & 2 & 2 & 2 & 2 \end{array}\right)$$

$$\to \left(\begin{array}{rrrrr|r} 1 & 2 & 3 & 4 & 5 & 6 \\ 0 & -6 & -12 & -18 & -24 & -30 \\ 0 & 0 & 0 & 0 & 0 & 0 \\ 0 & 0 & -2 & -4 & -6 & -8 \end{array}\right)$$

$$\Rightarrow \begin{pmatrix} x_1 \\ x_2 \\ x_3 \\ x_4 \\ x_5 \end{pmatrix} = \begin{pmatrix} 0 \\ -3 \\ 4 \\ 0 \\ 0 \end{pmatrix} + \lambda \begin{pmatrix} 0 \\ 2 \\ -3 \\ 0 \\ 1 \end{pmatrix} + \mu \begin{pmatrix} 0 \\ 1 \\ -2 \\ 1 \\ 0 \end{pmatrix} \quad \text{mit } \lambda, \mu \in \mathbb{R}$$

**Lösung 4.2.3**

$$\left(\begin{array}{cccc|c} 2 & 1 & 0 & 0 & 0 \\ 1 & 2 & 1 & 0 & 0 \\ 0 & 1 & 2 & 1 & 0 \\ 0 & 0 & 1 & \alpha & \beta \end{array}\right) \to \left(\begin{array}{cccc|c} 2 & 1 & 0 & 0 & 0 \\ 0 & 3/2 & 1 & 0 & 0 \\ 0 & 0 & 4/3 & 1 & 0 \\ 0 & 0 & 0 & \alpha - 3/4 & \beta \end{array}\right)$$

a) $\alpha \neq \dfrac{3}{4} \Rightarrow \begin{pmatrix} x_1 \\ x_2 \\ x_3 \\ x_4 \end{pmatrix} = \dfrac{\beta}{4\alpha - 3} \begin{pmatrix} -1 \\ 2 \\ -3 \\ 4 \end{pmatrix}$

b) $\alpha = \dfrac{3}{4} \wedge \beta = 0 \Rightarrow \begin{pmatrix} x_1 \\ x_2 \\ x_3 \\ x_4 \end{pmatrix} = \lambda \begin{pmatrix} -1 \\ 2 \\ -3 \\ 4 \end{pmatrix}$ mit $\lambda \in \mathbb{R}$

c) $\alpha = \dfrac{3}{4} \wedge \beta \neq 0$

d) $\det \mathbf{A} = 2 \cdot \dfrac{3}{2} \cdot \dfrac{4}{3} \cdot \left(\alpha - \dfrac{3}{4}\right) = 4\alpha - 3$

**Lösung 4.2.4**

$$\left(\begin{array}{rrrrr|r} -1 & 2 & 3 & 1 & 1 & -1 \\ 2 & -3 & -6 & -3 & 0 & 3 \\ 3 & -5 & -8 & 0 & -2 & 3 \\ 1 & 0 & 0 & -1 & 2 & 2 \end{array}\right) \to \left(\begin{array}{rrrrr|r} -1 & 2 & 3 & 1 & 1 & -1 \\ 0 & 1 & 0 & -1 & 2 & 1 \\ 0 & 0 & 1 & 4 & -1 & -1 \\ 0 & 0 & 0 & -10 & 2 & 2 \end{array}\right)$$

$$\Rightarrow \begin{pmatrix} x_1 \\ x_2 \\ x_3 \\ x_4 \\ x_5 \end{pmatrix} = \frac{1}{5} \begin{pmatrix} 9 \\ 4 \\ -1 \\ -1 \\ 0 \end{pmatrix} + \lambda \begin{pmatrix} -9 \\ -9 \\ 1 \\ 1 \\ 5 \end{pmatrix} \quad \text{mit } \lambda \in \mathbb{R}$$

**Lösung 4.2.5**

$$\left(\begin{array}{rrrr|l} -1 & 5 & 4 & -6 & b_1 \\ 2 & -3 & -1 & 5 & b_2 \\ 3 & 1 & 4 & 2 & b_3 \\ 4 & -2 & 2 & 6 & b_4 \end{array}\right) \to \left(\begin{array}{rrrr|l} -1 & 5 & 4 & -6 & b_1 \\ 0 & 7 & 7 & -7 & b_2 + 2b_1 \\ 0 & 16 & 16 & -16 & b_3 + 3b_1 \\ 0 & 18 & 18 & -18 & b_4 + 4b_1 \end{array}\right)$$

$$\rightarrow \left(\begin{array}{cccc|c} -1 & 5 & 4 & -6 & b_1 \\ 0 & 7 & 7 & -7 & b_2+2b_1 \\ 0 & 0 & 0 & 0 & b_3-\frac{11}{7}b_1-\frac{16}{7}b_2 \\ 0 & 0 & 0 & 0 & b_4-\frac{8}{7}b_1-\frac{18}{7}b_2 \end{array}\right)$$

Das lineare Gleichungssystem ist lösbar, falls $b_3 = \frac{11}{7}b_1 + \frac{16}{7}b_2$ und $b_4 = \frac{8}{7}b_1 + \frac{18}{7}b_2$ gilt.

Die allgemeine Lösung lautet $\begin{pmatrix} x_1 \\ x_2 \\ x_3 \\ x_4 \end{pmatrix} = \frac{1}{7}\begin{pmatrix} 3b_1+5b_2 \\ 2b_1+b_2 \\ 0 \\ 0 \end{pmatrix} + \lambda\begin{pmatrix} -1 \\ 1 \\ 0 \\ 1 \end{pmatrix} + \mu\begin{pmatrix} -1 \\ -1 \\ 1 \\ 0 \end{pmatrix}$ mit $\lambda, \mu \in \mathbb{R}$

**Lösung 4.2.6**

$$\left(\begin{array}{cccc|c} -1 & -1 & 2 & 1 & 3 \\ 1 & 1 & 2 & 3 & 9 \\ 1 & 2 & 3 & 1 & 7 \\ -3 & 0 & 5 & -7 & -9 \end{array}\right) \rightarrow \left(\begin{array}{cccc|c} -1 & -1 & 2 & 1 & 3 \\ 0 & 1 & 5 & 2 & 10 \\ 0 & 0 & 4 & 4 & 12 \\ 0 & 0 & 0 & 0 & 0 \end{array}\right) \Rightarrow \begin{pmatrix} x_1 \\ x_2 \\ x_3 \\ x_4 \end{pmatrix} = \begin{pmatrix} 8 \\ -5 \\ 3 \\ 0 \end{pmatrix} + \lambda\begin{pmatrix} -4 \\ 3 \\ -1 \\ 1 \end{pmatrix}$$

mit $\lambda \in \mathbb{R}$. $\|x\|_2 = \sqrt{6} \Rightarrow (8-4\lambda)^2 + (3\lambda-5)^2 + (3-\lambda)^2 + \lambda^2 = 6 \Rightarrow \lambda_1 = 2, \lambda_2 = \frac{46}{27}$

$$\Rightarrow \mathbf{x}_1 = \begin{pmatrix} 0 \\ 1 \\ 1 \\ 2 \end{pmatrix}, \quad \mathbf{x}_2 = \frac{1}{27}\begin{pmatrix} 32 \\ 3 \\ 35 \\ 46 \end{pmatrix}.$$

**Lösung 4.2.7**

a) $$\left(\begin{array}{cccccc|c} 1 & 2 & 3 & 4 & 5 & 6 & 6 \\ 1 & 1 & 1 & 1 & 1 & 2 & 1 \\ 0 & 2 & 5 & 6 & 7 & 7 & 12 \end{array}\right) \rightarrow \left(\begin{array}{cccccc|c} 1 & 2 & 3 & 4 & 5 & 6 & 6 \\ 0 & -1 & -2 & -3 & -4 & -4 & -5 \\ 0 & 2 & 5 & 6 & 7 & 7 & 12 \end{array}\right)$$

$$\rightarrow \left(\begin{array}{cccccc|c} 1 & 2 & 3 & 4 & 5 & 6 & 6 \\ 0 & -1 & -2 & -3 & -4 & -4 & -5 \\ 0 & 0 & 1 & 0 & -1 & -1 & 2 \end{array}\right)$$

$$\Rightarrow \begin{pmatrix} x_1 \\ x_2 \\ x_3 \\ x_4 \\ x_5 \\ x_6 \end{pmatrix} = \begin{pmatrix} -2 \\ 1 \\ 2 \\ 0 \\ 0 \\ 0 \end{pmatrix} + \lambda\begin{pmatrix} 3 \\ -6 \\ 1 \\ 0 \\ 0 \\ 1 \end{pmatrix} + \mu\begin{pmatrix} 4 \\ -6 \\ 1 \\ 0 \\ 1 \\ 0 \end{pmatrix} + \nu\begin{pmatrix} 2 \\ -3 \\ 0 \\ 1 \\ 0 \\ 0 \end{pmatrix} \text{ mit } \lambda, \mu, \nu \in \mathbb{R}$$

b) $$\left(\begin{array}{ccc|c} 1 & 2 & 3 & 6 \\ 1 & 1 & 1 & 1 \\ 0 & 2 & a & b \end{array}\right) \rightarrow \left(\begin{array}{ccc|c} 1 & 2 & 3 & 6 \\ 0 & -1 & -2 & -5 \\ 0 & 2 & a & b \end{array}\right) \rightarrow \left(\begin{array}{ccc|c} 1 & 2 & 3 & 6 \\ 0 & -1 & -2 & -5 \\ 0 & 0 & a-4 & b-10 \end{array}\right) \Rightarrow$$

(i) Die Lösung ist eindeutig für $a \neq 4$. Sie lautet $\begin{pmatrix} x_1 \\ x_2 \\ x_3 \end{pmatrix} = \frac{1}{a-4}\begin{pmatrix} -4a+b+6 \\ 5a-2b \\ b-10 \end{pmatrix}$

(ii) Für $a = 4 \wedge b = 10$ gibt es unendlich viele Lösungen mit $\lambda \in \mathbb{R}$:

$$\begin{pmatrix} x_1 \\ x_2 \\ x_3 \end{pmatrix} = \begin{pmatrix} -4 \\ 5 \\ 0 \end{pmatrix} + \lambda\begin{pmatrix} 1 \\ -2 \\ 1 \end{pmatrix}.$$

(iii) Im Falle $a = 4 \wedge b \neq 10$ gibt es keine Lösung.

**Lösung 4.2.8**

$$\left(\begin{array}{cccc|c} 1 & 2 & -1 & -1 & 0 \\ 2 & 5 & 1 & 1 & 2 \\ 3 & 7 & 2 & 2 & \beta \\ -1 & 0 & 1 & \alpha & 16 \end{array}\right) \rightarrow \left(\begin{array}{cccc|c} 1 & 2 & -1 & -1 & 0 \\ 0 & 1 & 3 & 3 & 2 \\ 0 & 0 & 2 & 2 & \beta-2 \\ 0 & 0 & 0 & \alpha-1 & 3(\beta+2) \end{array}\right)$$

a) (i) eindeutige Lösung $\Leftrightarrow \alpha \neq 1$,
(ii) keine Lösung $\Leftrightarrow \alpha = 1 \wedge \beta \neq -2$,
(iii) unendlich viele Lösungen $\Leftrightarrow \alpha = 1 \wedge \beta = -2$

b) $$\begin{pmatrix} x_1 \\ x_2 \\ x_3 \\ x_4 \end{pmatrix} = \begin{pmatrix} \frac{7}{2}(\beta - 2) - 4 \\ 2 - 3\frac{\beta - 2}{2} \\ \frac{1}{2}\left(\beta - 2 - 6\frac{\beta + 2}{\alpha - 1}\right) \\ 3\frac{\beta + 2}{\alpha - 1} \end{pmatrix}$$

c) $$\begin{pmatrix} x_1 \\ x_2 \\ x_3 \\ x_4 \end{pmatrix} = \begin{pmatrix} -18 \\ 8 \\ -1 \\ -1 \end{pmatrix} + \lambda \begin{pmatrix} 0 \\ 0 \\ -1 \\ 1 \end{pmatrix} \text{ mit } \lambda \in \mathbb{R}$$

d) $\det \mathbf{A} = 1 \cdot 1 \cdot 2 \cdot (\alpha - 1) = 2(\alpha - 1)$

**Lösung 4.2.9**

$$\left(\begin{array}{cccc|c} 1 & 1 & 2 & 1 & -2 \\ 2 & a & 0 & 1 & -1 \\ 2 & 1 & 1 & 1 & -2 \\ 1 & 2 & 1 & 2 & 0 \end{array}\right) \to \left(\begin{array}{cccc|c} 1 & 2 & 1 & 2 & 0 \\ 1 & 1 & 2 & 1 & -2 \\ 2 & 1 & 1 & 1 & -2 \\ 2 & 1 & 0 & a & -1 \end{array}\right) \to \left(\begin{array}{cccc|c} 1 & 2 & 1 & 2 & 0 \\ 0 & 1 & -1 & 1 & 2 \\ 0 & 0 & 1 & 0 & -1 \\ 0 & 0 & 0 & a-1 & 0 \end{array}\right)$$

a) Für $a = 1$ gibt es unendlich viele Lösungen mit der Darstellung
$$\begin{pmatrix} x_1 \\ x_2 \\ x_3 \\ x_4 \end{pmatrix} = \begin{pmatrix} -1 \\ 1 \\ -1 \\ 0 \end{pmatrix} + \lambda \begin{pmatrix} 0 \\ -1 \\ 0 \\ 1 \end{pmatrix} \text{ mit } \lambda \in \mathbb{R}. \quad 7 = \|\mathbf{x}\|_2^2 = 1 + (1-\lambda)^2 + 1 + \lambda^2$$

$$\Rightarrow \quad \lambda_1 = 2 \text{ und } \lambda_2 = -1 \quad \Rightarrow \quad \mathbf{x}_1 = \begin{pmatrix} -1 \\ -1 \\ -1 \\ 2 \end{pmatrix}, \quad \mathbf{x}_2 = \begin{pmatrix} -1 \\ 2 \\ -1 \\ -1 \end{pmatrix}.$$

b) Für $a \neq 1$ lautet die eindeutig bestimmte Lösung $\begin{pmatrix} x_1 \\ x_2 \\ x_3 \\ x_4 \end{pmatrix} = \begin{pmatrix} -1 \\ 0 \\ -1 \\ 1 \end{pmatrix}$

**Lösung 4.2.10**

a) $$\left(\begin{array}{cccc|c} 2 & -2 & 1 & -3 & 1 \\ -2 & -2t & t & 4+t & 0 \\ -4t & -4 & 2-2t & 8t & 2 \\ 6 & -6 & 3+t & -9+t & 3-t^2 \end{array}\right) \to \left(\begin{array}{cccc|c} 2 & -2 & 1 & -3 & 1 \\ 0 & -2-2t & 1+t & 1+t & 1 \\ 0 & 0 & -2t & -2 & 2t \\ 0 & 0 & 0 & t-1 & t-t^2 \end{array}\right)$$

b) $\det \mathbf{A}(t) = 2 \cdot (-2-2t) \cdot (-2t) \cdot (t-1) = 8t(t-1)(t+1) \Rightarrow$

(i) $\operatorname{Rang} \mathbf{A}(0) = \operatorname{Rang} \mathbf{A}(1) = \operatorname{Rang} \mathbf{A}(-1) = 3$ und $\operatorname{Rang} \mathbf{A}(t) = 4$ für alle anderen $t \in \mathbb{R}$

(ii) $\dim(\operatorname{Kern} \mathbf{A}(0)) = \dim(\operatorname{Kern} \mathbf{A}(1)) = \dim(\operatorname{Kern} \mathbf{A}(-1)) = 1$ und $\dim(\operatorname{Kern} \mathbf{A}(t)) = 0$ für alle anderen $t \in \mathbb{R}$

$$\operatorname{Kern}(\mathbf{A}(0)) = \operatorname{Spann}\left(\begin{pmatrix} 0 \\ 1 \\ 2 \\ 0 \end{pmatrix}\right)$$

c) (i) Für $t \neq 0, 1, -1$ ist das Gleichungssystem eindeutig lösbar.

(ii) $t = 0$ : $\left(\begin{array}{cccc|c} 2 & -2 & 1 & -3 & 1 \\ 0 & -2 & 1 & 1 & 1 \\ 0 & 0 & 0 & -2 & 0 \\ 0 & 0 & 0 & -1 & 0 \end{array}\right) \Rightarrow \operatorname{Rang} \mathbf{A} = \operatorname{Rang}(\mathbf{A}|\mathbf{b}) \Rightarrow$ das Gleichungssystem ist lösbar.

(iii) $t = 1$ : $\left(\begin{array}{cccc|c} 2 & -2 & 1 & -3 & 1 \\ 0 & -4 & 2 & 2 & 1 \\ 0 & 0 & -2 & -2 & 2 \\ 0 & 0 & 0 & 0 & 0 \end{array}\right) \Rightarrow \operatorname{Rang} \mathbf{A} = \operatorname{Rang}(\mathbf{A}|\mathbf{b}) \Rightarrow$ das Gleichungssystem ist lösbar.

(iv) $t = -1$ : $\left(\begin{array}{cccc|c} 2 & -2 & 1 & -3 & 1 \\ 0 & 0 & 0 & 0 & 1 \\ 0 & 0 & 2 & -2 & -2 \\ 0 & 0 & 0 & -2 & -2 \end{array}\right) \Rightarrow$ das Gleichungssystem ist nicht lösbar.

**Lösung 4.2.11**
Setzt man $x_2 = 9$, so erhält man das lineare Gleichungssystem

$$\left(\begin{array}{ccccccccc|c} 1 & 1 & 1 & 0 & 0 & 0 & 0 & 0 & 0 & 15 \\ 0 & 0 & 0 & 1 & 1 & 1 & 0 & 0 & 0 & 15 \\ 0 & 0 & 0 & 0 & 0 & 0 & 1 & 1 & 1 & 15 \\ 1 & 0 & 0 & 1 & 0 & 0 & 1 & 0 & 0 & 15 \\ 0 & 1 & 0 & 0 & 1 & 0 & 0 & 1 & 0 & 15 \\ 0 & 0 & 1 & 0 & 0 & 1 & 0 & 0 & 1 & 15 \\ 1 & 0 & 0 & 0 & 1 & 0 & 0 & 0 & 1 & 15 \\ 0 & 0 & 1 & 0 & 1 & 0 & 1 & 0 & 0 & 15 \\ 0 & 1 & 0 & 0 & 0 & 0 & 0 & 0 & 0 & 9 \end{array}\right) \rightarrow \left(\begin{array}{ccccccccc|c} 1 & 1 & 1 & 0 & 0 & 0 & 0 & 0 & 0 & 15 \\ 0 & 1 & 0 & 0 & 0 & 0 & 0 & 0 & 0 & 9 \\ 0 & 0 & -1 & 1 & 0 & 0 & 1 & 0 & 0 & 9 \\ 0 & 0 & 0 & 1 & 1 & 1 & 0 & 0 & 0 & 15 \\ 0 & 0 & 0 & 0 & 1 & 0 & 0 & 1 & 0 & 6 \\ 0 & 0 & 0 & 0 & 0 & -1 & 2 & 0 & 0 & 9 \\ 0 & 0 & 0 & 0 & 0 & 0 & 1 & 1 & 1 & 15 \\ 0 & 0 & 0 & 0 & 0 & 0 & 0 & 3 & 0 & 3 \\ 0 & 0 & 0 & 0 & 0 & 0 & 0 & 0 & 0 & 0 \end{array}\right)$$

Die allgemeine Lösung mit $\lambda \in \mathbb{R}$ lautet:

$$\begin{pmatrix} x_1 \\ x_2 \\ x_3 \\ x_4 \\ x_5 \\ x_6 \\ x_7 \\ x_8 \\ x_9 \end{pmatrix} = \begin{pmatrix} 10 \\ 9 \\ -4 \\ -9 \\ 5 \\ 19 \\ 14 \\ 1 \\ 0 \end{pmatrix} + \lambda \begin{pmatrix} -1 \\ 0 \\ 1 \\ 2 \\ 0 \\ -2 \\ -1 \\ 0 \\ 1 \end{pmatrix}.$$

Alle Ziffern zwischen 1 und 9 erhält man für $\lambda = 6$. Es ergibt sich so das magische Quadrat

| | | |
|---|---|---|
| 4 | 9 | 2 |
| 3 | 5 | 7 |
| 8 | 1 | 6 |

aus dem sich andere durch Spiegelung an den Symmetrieachsen ableiten lassen. Durch Spiegelung an der zweiten Spalte erhält man eine zweite Lösung (der Fall $\lambda = 8$). Spiegelungen an den anderen Symmetrieachsen ergeben Lösungen, bei denen die 9 nicht mehr an ihrer Position verbleibt.

**Lösung 4.2.12**
In der linken Masche fließe der Strom $I_1$ und in der rechten der Strom $I_2$, jeweils im Uhrzeigersinn. Die Kirchhoff'sche Maschenregel liefert dann

$$\begin{aligned} -R_1 I_0 + (R_1 + R_2 + R_3) I_1 - R_3 I_2 &= 0\,, \\ -R_4 I_0 - R_3 I_1 + (R_3 + R_4 + R_5) I_2 &= 0\,. \end{aligned}$$

Einsetzen der Eingangsdaten liefert für die unbekannten Ströme $I_1$ und $I_2$

$$\left(\begin{array}{cc|c} 6 & -3 & I_0 \\ -3 & 12 & 4I_0 \end{array}\right) \rightarrow \left(\begin{array}{cc|c} 6 & -3 & I_0 \\ 0 & \frac{21}{2} & \frac{9}{2} I_0 \end{array}\right) \quad \Rightarrow \quad I_1 = \frac{8}{21} I_0, \quad I_2 = \frac{9}{21} I_0.$$

Mit der Knotenregel lassen sich jetzt die Teilströme berechnen.

**Lösung 4.2.13**
Das Netzwerk besteht aus drei Maschen. In der linken Masche fließe der Strom $I_1$ gegen den Uhrzeigersinn. In der rechten oberen Masche fließe der Strom $I_2$ im Uhrzeigersinn. In der rechten unteren Masche fließe der Strom $I_3$ im Uhrzeigersinn. Nach dem zweiten Kirchhoff'schen Gesetz ergibt sich:

$$\begin{aligned} (R_1 + R_3 + R_5) I_1 + R_3 I_2 + R_5 I_3 &= e_1 + e_5 - e_3\,, \\ R_3 I_1 + (R_2 + R_3 + R_4) I_2 - R_2 I_3 &= e_4 - e_2 - e_3\,, \\ R_5 I_1 - R_2 I_2 + (R_2 + R_5 + R_6) I_3 &= e_2 + e_5 - e_6\,. \end{aligned}$$

Die speziellen Werte eingesetzt, liefert für die Ströme:

$$\begin{array}{rcrcrcr} 6I_1 & + & 3I_2 & + & 2I_3 & = & 1 \\ 3I_1 & + & 12I_2 & - & 4I_3 & = & -1 \\ 2I_1 & - & 4I_2 & + & 10I_3 & = & 4 \end{array} \Rightarrow \begin{pmatrix} I_1 \\ I_2 \\ I_3 \end{pmatrix} = \frac{1}{219} \begin{pmatrix} -1 \\ 13 \\ 93 \end{pmatrix}.$$

**Lösung 4.2.14**

Im Knoten A ist durch die feste Einspannung das Kräftegleichgewicht bereits gegeben. In den übrigen Knoten wird der Gleichgewichtszustand durch die Kräfte $F_i$, $i = 1, \ldots, 17$ in der horizontalen und vertikalen Komponente mit $\alpha = \sqrt{2}/2$ wie folgt beschrieben:

$$\begin{array}{lrcllrcl} \mathrm{B}: & -\alpha F_1 + F_4 + \alpha F_5 & = & 0 & \wedge & -\alpha F_1 - F_3 - \alpha F_5 & = & 0 \\ \mathrm{C}: & -F_2 + F_6 & = & 0 & \wedge & F_3 - 2000 & = & 0 \\ \mathrm{D}: & -F_4 + F_8 & = & 0 & \wedge & -F_7 & = & 0 \\ \mathrm{E}: & -\alpha F_5 - F_6 + \alpha F_9 + F_{10} & = & 0 & \wedge & \alpha F_5 + F_7 + \alpha F_9 - 1000 & = & 0 \\ \mathrm{F}: & -F_8 - \alpha F_9 + F_{12} + \alpha F_{13} & = & 0 & \wedge & -\alpha F_9 - F_{11} - \alpha F_{13} & = & 0\,. \\ \mathrm{G}: & -F_{10} + \alpha F_{14} & = & 0 & \wedge & F_{11} & = & 0 \\ \mathrm{H}: & -F_{12} + \alpha F_{16} & = & 0 & \wedge & -F_{15} - \alpha F_{16} & = & 0 \\ \mathrm{I}: & -\alpha F_{13} - F_{14} + F_{17} & = & 0 & \wedge & \alpha F_{13} + F_{15} - 1500 & = & 0 \\ \mathrm{J}: & -\alpha F_{16} - F_{17} & = & 0 & & & & \end{array}$$

In Matrixschreibweise $\mathbf{Ax} = \mathbf{b}$ lauten:

$$\mathbf{A} = \begin{pmatrix} -\alpha & & & 1 & \alpha & & & & & & & & & & & & \\ -\alpha & & -1 & & -\alpha & & & & & & & & & & & & \\ & -1 & & & & 1 & & & & & & & & & & & \\ & & 1 & & & & & & & & & & & & & & \\ & & & -1 & & & & 1 & & & & & & & & & \\ & & & & & & -1 & & & & & & & & & & \\ & & & & -\alpha & -1 & & & \alpha & 1 & & & & & & & \\ & & & & \alpha & & 1 & & \alpha & & & & & & & & \\ & & & & & & & -1 & -\alpha & & & 1 & \alpha & & & & \\ & & & & & & & & -\alpha & & -1 & & -\alpha & & & & \\ & & & & & & & & & -1 & & & & 1 & & & \\ & & & & & & & & & & 1 & & & & & & \\ & & & & & & & & & & & -1 & & & & \alpha & \\ & & & & & & & & & & & & & & -1 & -\alpha & \\ & & & & & & & & & & & & -\alpha & -1 & & & 1 \\ & & & & & & & & & & & & \alpha & & 1 & & \\ & & & & & & & & & & & & & & & -\alpha & -1 \end{pmatrix}$$

$$\mathbf{x} = (\ F_1, F_2, F_3, F_4, F_5, F_6, F_7, F_8, F_9, F_{10}, F_{11}, F_{12}, F_{13}, F_{14}, F_{15}, F_{16}, F_{17}\ )^T,$$

$$\mathbf{b} = (\ 0, 0, 0, 2000, 0, 0, 0, 1000, 0, 0, 0, 0, 0, 0, 0, 1500, 0\ )^T.$$

**Lösung 4.2.15**

Die Richtungen der Halteseile berechnen sich durch $\mathbf{r}_i = L - M_i$

$$\mathbf{r}_1 = \begin{pmatrix} 0 \\ 10 \\ -1 \end{pmatrix}, \quad \mathbf{r}_2 = \begin{pmatrix} -10 \\ -20 \\ -2 \end{pmatrix}, \quad \mathbf{r}_3 = \begin{pmatrix} 10 \\ -10 \\ 1 \end{pmatrix}.$$

An der Lampe greift entweder nur die Gewichtskraft $K = (0, 0, -20)^T$ oder zusätzlich auch noch die Sturmkraft $S$ an. Der Gleichgewichtszustand $x_1\mathbf{r}_1 + x_2\mathbf{r}_2 + x_3\mathbf{r}_3 = K$ bzw. $= K + S$ führt auf die Gleichungssysteme

$$\left(\begin{array}{rrr|rr} 0 & -10 & 10 & 0 & 30 \\ 10 & -20 & -10 & 0 & 20 \\ -1 & -2 & -1 & -20 & -20 \end{array}\right) \rightarrow \left(\begin{array}{rrr|rr} 10 & -20 & -10 & 0 & 20 \\ 0 & -10 & 10 & 0 & 30 \\ -1 & -2 & -1 & -20 & -20 \end{array}\right)$$

$$\rightarrow \left(\begin{array}{rrr|rr} 1 & -2 & -1 & 0 & 2 \\ 0 & -1 & 1 & 0 & 3 \\ 0 & 0 & -6 & -20 & -30 \end{array}\right)$$

mit der Lösung $\mathbf{x} = (x_1, x_2, x_3)^T = (30, 10, 10)^T/3$ ohne Sturm bzw. $\mathbf{x} = (11, 2, 5)^T$ mit Sturm. Die Kräfte in den Halteseilen ergeben sich aus $F_i = ||x_i \cdot \mathbf{r}_i||$.

Ohne Sturm sind

$$F_1 = 10\sqrt{101}\,\mathrm{N} \approx 100.499\,\mathrm{N},\ F_2 = \frac{10\sqrt{504}}{3}\,\mathrm{N} \approx 78.833\,\mathrm{N},\ F_3 = \frac{10\sqrt{201}}{3}\,\mathrm{N} \approx 47.258\,\mathrm{N}$$

und mit Sturm sind

$$F_1 = 11\sqrt{101}\,\mathrm{N} \approx 110.549\,\mathrm{N},\ F_2 = 2\sqrt{504}\,\mathrm{N} \approx 44.900\,\mathrm{N},\ F_3 = 5\sqrt{201}\,\mathrm{N} \approx 70.887\,\mathrm{N}.$$

## L.4.3 Inverse Matrizen

**Lösung 4.3.1**
Die Inverse kann über den Gauß-Jordan-Algorithmus berechnet werden

$$\left(\begin{array}{ccc|ccc} 1 & 3 & -1 & 1 & 0 & 0 \\ 2 & 5 & -1 & 0 & 1 & 0 \\ 0 & 4 & -3 & 0 & 0 & 1 \end{array}\right) \to \left(\begin{array}{ccc|ccc} 1 & 3 & -1 & 1 & 0 & 0 \\ 0 & -1 & 1 & -2 & 1 & 0 \\ 0 & 4 & -3 & 0 & 0 & 1 \end{array}\right) \to \left(\begin{array}{ccc|ccc} 1 & 3 & -1 & 1 & 0 & 0 \\ 0 & -1 & 1 & -2 & 1 & 0 \\ 0 & 0 & 1 & -8 & 4 & 1 \end{array}\right)$$

$$\to \left(\begin{array}{ccc|ccc} 1 & 3 & 0 & -7 & 4 & 1 \\ 0 & 1 & 0 & -6 & 3 & 1 \\ 0 & 0 & 1 & -8 & 4 & 1 \end{array}\right) \to \left(\begin{array}{ccc|ccc} 1 & 0 & 0 & 11 & -5 & -2 \\ 0 & 1 & 0 & -6 & 3 & 1 \\ 0 & 0 & 1 & -8 & 4 & 1 \end{array}\right) \Rightarrow \mathbf{A}^{-1} = \begin{pmatrix} 11 & -5 & -2 \\ -6 & 3 & 1 \\ -8 & 4 & 1 \end{pmatrix}$$

$$\left(\begin{array}{ccc|ccc} 1 & 3 & 1 & 1 & 0 & 0 \\ 1 & 4 & 3 & 0 & 1 & 0 \\ 2 & 3 & -4 & 0 & 0 & 1 \end{array}\right) \to \left(\begin{array}{ccc|ccc} 1 & 3 & 1 & 1 & 0 & 0 \\ 0 & 1 & 2 & -1 & 1 & 0 \\ 0 & -3 & -6 & -2 & 0 & 1 \end{array}\right) \to \left(\begin{array}{ccc|ccc} 1 & 3 & 1 & 1 & 0 & 0 \\ 0 & 1 & 2 & -1 & 1 & 0 \\ 0 & 0 & 0 & -5 & 3 & 1 \end{array}\right)$$

$$\Rightarrow \mathbf{B}^{-1} \text{ existiert nicht.} \quad \mathbf{X} = \mathbf{A}^{-1}\mathbf{B} = \begin{pmatrix} 2 & 7 & 4 \\ -1 & -3 & -1 \\ -2 & -5 & 0 \end{pmatrix}$$

*Bemerkung:* Die Inverse lässt sich auch mit Hilfe des Gauß-Algorithmus aus $\mathbf{AX} = \mathbf{I}$ berechnen.

**Lösung 4.3.2**

a)
$$\left(\begin{array}{ccc|ccc} 1 & 2 & -2 & 1 & 0 & 0 \\ 2 & -1 & -4 & 0 & 1 & 0 \\ 2 & 0 & 5 & 0 & 0 & 1 \end{array}\right) \to \left(\begin{array}{ccc|ccc} 1 & 2 & -2 & 1 & 0 & 0 \\ 0 & -5 & 0 & -2 & 1 & 0 \\ 0 & -4 & 9 & -2 & 0 & 1 \end{array}\right) \to \left(\begin{array}{ccc|ccc} 1 & 2 & -2 & 1 & 0 & 0 \\ 0 & -5 & 0 & -2 & 1 & 0 \\ 0 & 0 & 9 & -\frac{2}{5} & -\frac{4}{5} & 1 \end{array}\right)$$

$$\to \left(\begin{array}{ccc|ccc} 1 & 2 & 0 & \frac{41}{45} & -\frac{8}{45} & \frac{10}{45} \\ 0 & -5 & 0 & -2 & 1 & 0 \\ 0 & 0 & 1 & -\frac{2}{45} & -\frac{4}{45} & \frac{5}{45} \end{array}\right) \to \left(\begin{array}{ccc|ccc} 1 & 0 & 0 & \frac{5}{45} & \frac{10}{45} & \frac{10}{45} \\ 0 & 1 & 0 & \frac{2}{5} & -\frac{1}{5} & 0 \\ 0 & 0 & 1 & -\frac{2}{45} & -\frac{4}{45} & \frac{5}{45} \end{array}\right)$$

$$\Rightarrow \quad \mathbf{A}^{-1} = \frac{1}{45}\begin{pmatrix} 5 & 10 & 10 \\ 18 & -9 & 0 \\ -2 & -4 & 5 \end{pmatrix}$$

b) Wenn $\mathbf{T}$ eine Inverse besitzt, dann gilt $\mathbf{T} = \mathbf{TI}_n = \mathbf{T}(\mathbf{TT}^{-1}) = \mathbf{T}^2\mathbf{T}^{-1} = \mathbf{TT}^{-1} = \mathbf{I}_n$.

c) Wenn $\mathbf{S}$ eine Inverse besitzt, dann gilt $\mathbf{T} = \mathbf{I}_n\mathbf{T} = (\mathbf{S}^{-1}\mathbf{S})\mathbf{T} = \mathbf{S}^{-1}(\mathbf{ST}) = \mathbf{O}$.

**Lösung 4.3.3**

a)
$$(\mathbf{A} - \mathbf{uv}^T)\left(\mathbf{A}^{-1} + \frac{1}{1 - \mathbf{v}^T\mathbf{A}^{-1}\mathbf{u}}\mathbf{A}^{-1}\mathbf{uv}^T\mathbf{A}^{-1}\right)$$
$$= \mathbf{I} + \frac{1}{1 - \mathbf{v}^T\mathbf{A}^{-1}\mathbf{u}}\mathbf{uv}^T\mathbf{A}^{-1} - \mathbf{uv}^T\mathbf{A}^{-1} - \frac{1}{1 - \mathbf{v}^T\mathbf{A}^{-1}\mathbf{u}}\mathbf{u}(\mathbf{v}^T\mathbf{A}^{-1}\mathbf{u})\mathbf{v}^T\mathbf{A}^{-1}$$
$$= \mathbf{I} + \left(\frac{1}{1 - \mathbf{v}^T\mathbf{A}^{-1}\mathbf{u}} - 1 - \frac{\mathbf{v}^T\mathbf{A}^{-1}\mathbf{u}}{1 - \mathbf{v}^T\mathbf{A}^{-1}\mathbf{u}}\right)\mathbf{uv}^T\mathbf{A}^{-1} = \mathbf{I}$$

b) Es sei $\mathbf{v}^T\mathbf{A}^{-1}\mathbf{u} = 1$. Für den Vektor $\mathbf{w} := \mathbf{A}^{-1}\mathbf{u}\ (\neq \mathbf{0})$ gilt dann $(\mathbf{A} - \mathbf{uv}^T)\mathbf{w} = \mathbf{AA}^{-1}\mathbf{u} - \mathbf{uv}^T\mathbf{A}^{-1}\mathbf{u} = \mathbf{0}$.

c)
$$\mathbf{B} = \mathbf{A} + \begin{pmatrix} 0 & 0 & 0 & -1 & 0 \\ 0 & 0 & 0 & -1 & 0 \\ 0 & 0 & 0 & 0 & 0 \\ 0 & 0 & 0 & 0 & 0 \\ 0 & 0 & 0 & 0 & 0 \end{pmatrix} = \mathbf{A} - \begin{pmatrix} 1 \\ 1 \\ 0 \\ 0 \\ 0 \end{pmatrix}\begin{pmatrix} 0 & 0 & 0 & 1 & 0 \end{pmatrix} =: \mathbf{A} - \mathbf{uv}^T$$

$\Rightarrow \mathbf{v}^T\mathbf{A}^{-1}\mathbf{u} = 1 \Rightarrow \mathbf{B}$ ist singulär

$$\mathbf{C} = \mathbf{A} + \begin{pmatrix} 0 & -1 & 0 & -1 & 0 \\ 0 & 0 & 0 & 0 & 0 \\ 0 & -1 & 0 & -1 & 0 \\ 0 & 0 & 0 & 0 & 0 \\ 0 & 0 & 0 & 0 & 0 \end{pmatrix} = \mathbf{A} - \begin{pmatrix} 1 \\ 0 \\ 1 \\ 0 \\ 0 \end{pmatrix}\begin{pmatrix} 0 & 1 & 0 & 1 & 0 \end{pmatrix} =: \mathbf{A} - \mathbf{uv}^T$$

$\Rightarrow \mathbf{v}^T\mathbf{A}^{-1}\mathbf{u} = 3 \Rightarrow \mathbf{C}$ ist regulär

$$\mathbf{C}^{-1} = \left(\mathbf{I} + \frac{1}{1-3}\mathbf{A}^{-1}\begin{pmatrix} 0 & -1 & 0 & -1 & 0 \\ 0 & 0 & 0 & 0 & 0 \\ 0 & -1 & 0 & -1 & 0 \\ 0 & 0 & 0 & 0 & 0 \\ 0 & 0 & 0 & 0 & 0 \end{pmatrix}\right)\mathbf{A}^{-1} = \frac{1}{6}\begin{pmatrix} 1 & -4 & -5 & -6 & -3 \\ -1 & -2 & -4 & -6 & -3 \\ -3 & -6 & -3 & -6 & -3 \\ -2 & -4 & -2 & 0 & 0 \\ -1 & -2 & -1 & 0 & 3 \end{pmatrix}$$

**Lösung 4.3.4**

Es ist $\mathbf{A} = \begin{pmatrix} \mathbf{A}_{11} & \mathbf{0} \\ \mathbf{A}_{21} & \mathbf{I}_3 \end{pmatrix}$ mit $\mathbf{A}_{11} = \begin{pmatrix} 2 & 1 & 2 \\ 1 & 2 & 0 \\ 0 & 0 & 1 \end{pmatrix}$ und $\mathbf{A}_{21} = \begin{pmatrix} 4 & 3 & 2 \\ 3 & 2 & 4 \\ 2 & 4 & 3 \end{pmatrix}$.

$\Rightarrow \mathbf{A}^{-1} = \begin{pmatrix} \mathbf{A}_{11}^{-1} & \mathbf{0} \\ -\mathbf{A}_{21}\mathbf{A}_{11}^{-1} & \mathbf{I}_3 \end{pmatrix}$ mit $\mathbf{A}_{11}^{-1} = \frac{1}{3}\begin{pmatrix} 2 & -1 & -4 \\ -1 & 2 & 2 \\ 0 & 0 & 3 \end{pmatrix}$ und

$$\mathbf{A}_{21}\mathbf{A}_{11}^{-1} = \frac{1}{3}\begin{pmatrix} 5 & 2 & -4 \\ 4 & 1 & 4 \\ 0 & 6 & 9 \end{pmatrix} \Rightarrow \mathbf{A}^{-1} = \frac{1}{3}\begin{pmatrix} 2 & -1 & -4 & 0 & 0 & 0 \\ -1 & 2 & 2 & 0 & 0 & 0 \\ 0 & 0 & 3 & 0 & 0 & 0 \\ -5 & -2 & 4 & 3 & 0 & 0 \\ -4 & -1 & -4 & 0 & 3 & 0 \\ 0 & -6 & -9 & 0 & 0 & 3 \end{pmatrix}$$

Es ist $\mathbf{B} = \begin{pmatrix} \mathbf{B}_{11} & \mathbf{B}_{12} \\ \mathbf{0} & \mathbf{I}_2 \end{pmatrix}$ mit $\mathbf{B}_{11} = \begin{pmatrix} 1 & 2 & 3 \\ 2 & 5 & 7 \\ 0 & 1 & 2 \end{pmatrix}$ und $\mathbf{B}_{12} = \begin{pmatrix} 1 & 0 \\ 1 & 1 \\ 1 & 1 \end{pmatrix}$

$\Rightarrow \mathbf{B}^{-1} = \begin{pmatrix} \mathbf{B}_{11}^{-1} & -\mathbf{B}_{11}^{-1}\mathbf{B}_{12} \\ \mathbf{0} & \mathbf{I}_2 \end{pmatrix}$ mit $\mathbf{B}_{11}^{-1} = \begin{pmatrix} 3 & -1 & -1 \\ -4 & 2 & -1 \\ 2 & -1 & 1 \end{pmatrix}$ und

$$\mathbf{B}_{11}^{-1}\mathbf{A}_{12} = \begin{pmatrix} -1 & 2 \\ 3 & -1 \\ -2 & 0 \end{pmatrix} \Rightarrow \mathbf{B}^{-1} = \begin{pmatrix} 3 & -1 & -1 & -1 & 2 \\ -4 & 2 & -1 & 3 & -1 \\ 2 & -1 & 1 & -2 & 0 \\ 0 & 0 & 0 & 1 & 0 \\ 0 & 0 & 0 & 0 & 1 \end{pmatrix}.$$

## L.4.4 Dreieckszerlegung einer Matrix

**Lösung 4.4.1**

a) $\mathbf{A}_1 = \mathbf{L}_1\mathbf{R}_1$ mit $\mathbf{L}_1 = \begin{pmatrix} 1 & 0 & 0 \\ -1 & 1 & 0 \\ 0 & -1 & 1 \end{pmatrix}$ und $\mathbf{R}_1 = \begin{pmatrix} 1 & -1 & 0 \\ 0 & 1 & -1 \\ 0 & 0 & 1 \end{pmatrix}$.

b) $\mathbf{A}_2$ besitzt keine LR-Zerlegung. Mit $\mathbf{P}_2 = \begin{pmatrix} 1 & 0 & 0 \\ 0 & 0 & 1 \\ 0 & 1 & 0 \end{pmatrix}$ gilt jedoch

$\mathbf{P}_2\mathbf{A}_2 = \mathbf{L}_2\mathbf{R}_2$ mit $\mathbf{L}_2 = \begin{pmatrix} 1 & 0 & 0 \\ 3 & 1 & 0 \\ -2 & 0 & 1 \end{pmatrix}$ und $\mathbf{R}_2 = \begin{pmatrix} 1 & -1 & 2 \\ 0 & -4 & -5 \\ 0 & 0 & 4 \end{pmatrix}$.

c) $\mathbf{A}_3$ ist singulär und damit auch $\mathbf{R}_3$.

d) $\mathbf{A}_4 = \mathbf{L}_4\mathbf{R}_4$ mit $\mathbf{L}_4 = \begin{pmatrix} 1 & 0 & 0 \\ 2 & 1 & 0 \\ 2 & \frac{4}{5} & 1 \end{pmatrix}$ und $\mathbf{R}_4 = \begin{pmatrix} 1 & 2 & -2 \\ 0 & -5 & 0 \\ 0 & 0 & 9 \end{pmatrix}$.

e) $\mathbf{A}_5$ besitzt keine LR-Zerlegung. Mit $\mathbf{P}_5 = \mathbf{A}_5$ gilt jedoch $\mathbf{P}_5\mathbf{A}_5 = \mathbf{I} = \mathbf{L}_5\mathbf{R}_5$. Also $\mathbf{L}_5 = \mathbf{I} = \mathbf{R}_5$.

f) $\mathbf{A}_6 = \mathbf{L}_6\mathbf{R}_6$ mit $\mathbf{L}_6 = \mathbf{I}$ und $\mathbf{R}_6 = \mathbf{A}_6$.

**Lösung 4.4.2**

a) $\mathbf{L} = \begin{pmatrix} 1 & 0 & 0 \\ 2 & 1 & 0 \\ 3 & -1 & 1 \end{pmatrix}$ und $\mathbf{R} = \begin{pmatrix} 9 & 1 & 2 \\ 0 & 1 & -1 \\ 0 & 0 & -1 \end{pmatrix}$.

b) (i) $\mathbf{Ly} = \mathbf{b} \Rightarrow \mathbf{y} = \begin{pmatrix} -7 \\ -1 \\ -1 \end{pmatrix}, \quad \mathbf{Rx} = \mathbf{y} \Rightarrow \mathbf{x} = \begin{pmatrix} -1 \\ 0 \\ 1 \end{pmatrix}$

(ii) $\mathbf{Ly} = \mathbf{b} \Rightarrow \mathbf{y} = \begin{pmatrix} 5 \\ -1 \\ -2 \end{pmatrix}, \quad \mathbf{Rx} = \mathbf{y} \Rightarrow \mathbf{x} = \begin{pmatrix} 0 \\ 1 \\ 2 \end{pmatrix}$

**Lösung 4.4.3**

a) $\begin{pmatrix} \mathbf{I}_n & \mathbf{0} \\ \mathbf{CA}^{-1} & \mathbf{I}_m \end{pmatrix} \begin{pmatrix} \mathbf{A} & \mathbf{B} \\ \mathbf{0} & \mathbf{S} \end{pmatrix} = \begin{pmatrix} \mathbf{A} & \mathbf{B} \\ \mathbf{CA}^{-1}\mathbf{A} & \mathbf{CA}^{-1}\mathbf{B} + \mathbf{S} \end{pmatrix} = \mathbf{F}$

b) Es gilt $\det \mathbf{F} \neq 0 \Leftrightarrow \det \mathbf{S} \neq 0$, denn (vgl. Aufgabe 4.5.8)

$$\det \mathbf{F} = \det \begin{pmatrix} \mathbf{I}_n & \mathbf{0} \\ \mathbf{CA}^{-1} & \mathbf{I}_m \end{pmatrix} \det \begin{pmatrix} \mathbf{A} & \mathbf{B} \\ \mathbf{0} & \mathbf{S} \end{pmatrix} = \det \mathbf{A} \det \mathbf{S}$$

c) Mit $\mathbf{A} = \begin{pmatrix} 2 & 3 \\ 1 & 2 \end{pmatrix}$ und $\mathbf{A}^{-1} = \begin{pmatrix} 2 & -3 \\ -1 & 2 \end{pmatrix}$

$$\Rightarrow \begin{pmatrix} 2 & 3 & 1 & 2 \\ 1 & 2 & 1 & 1 \\ -1 & 0 & 2 & 0 \\ 2 & 1 & -1 & 3 \end{pmatrix} = \begin{pmatrix} 1 & 0 & & \\ 0 & 1 & & \\ -2 & 3 & 1 & 0 \\ 3 & -4 & 0 & 1 \end{pmatrix} \begin{pmatrix} 2 & 3 & 1 & 2 \\ 1 & 2 & 1 & 1 \\ & & 1 & 1 \\ & & 0 & 1 \end{pmatrix}$$

**Lösung 4.4.4**

Mit $\mathbf{P} = \begin{pmatrix} 1 & 0 & 0 & 0 \\ 0 & 1 & 0 & 0 \\ 0 & 0 & 0 & 1 \\ 0 & 0 & 1 & 0 \end{pmatrix}$ ergibt sich $\mathbf{PAx} = \mathbf{LRx} = \mathbf{Pb}$, wobei

$$\mathbf{L} = \begin{pmatrix} 1 & & & \\ -3 & 1 & & \\ 1 & -2 & 1 & \\ 2 & 1 & 0 & 1 \end{pmatrix} \quad \text{und} \quad \mathbf{R} = \begin{pmatrix} 2 & 3 & 1 & 0 \\ & -1 & -1 & 2 \\ & & 2 & 1 \\ & & & 1 \end{pmatrix}.$$

$$\mathbf{Ly} = \mathbf{Pb} \quad \Rightarrow \quad \mathbf{y} = \begin{pmatrix} 7 \\ 9 \\ 0 \\ 4 \end{pmatrix}, \quad \mathbf{Rx} = \mathbf{y} \quad \Rightarrow \quad \mathbf{x} = \begin{pmatrix} 3 \\ 1 \\ -2 \\ 4 \end{pmatrix}$$

**Lösung 4.4.5**

$$\mathbf{A}: \quad \mathbf{L} = \begin{pmatrix} 1 & & & \\ 2 & 1 & & \\ 3 & -2 & 1 & \\ 2 & -1 & 1 & 1 \end{pmatrix}, \quad \mathbf{R} = \begin{pmatrix} 2 & 1 & 2 & 3 \\ & 1 & 3 & 2 \\ & & 3 & 1 \\ & & & \alpha - 5 \end{pmatrix}, \quad \alpha \neq 5$$

$$\mathbf{B}: \quad \mathbf{L} = \begin{pmatrix} 1 & & & \\ 2 & 1 & & \\ -2 & 2 & 1 & \\ 3 & -1 & 1 & 1 \end{pmatrix}, \quad \mathbf{R} = \begin{pmatrix} 2 & 3 & 2 & 1 \\ & 1 & 2 & 3 \\ & & 4 & 1 \\ & & & \alpha - 1 \end{pmatrix}, \quad \alpha \neq 1$$

**Lösung 4.4.6**

$$\mathbf{L}_1 = \begin{pmatrix} 1 & & & \\ 0 & 1 & & \\ 2 & -3 & 1 & \\ -1 & 2 & 7 & 1 \end{pmatrix}, \mathbf{D}_1 = \begin{pmatrix} 1 & & & \\ & 2 & & \\ & & 1 & \\ & & & 3 \end{pmatrix}, \mathbf{L}_2 = \begin{pmatrix} 1 & & \\ -2 & 1 & \\ 1 & 3 & 1 \end{pmatrix}, \mathbf{D}_2 = \begin{pmatrix} 4 & & \\ & -5 & \\ & & 2 \end{pmatrix}$$

## L.4.5 Determinanten

**Lösung 4.5.1**
$\det(-3\mathbf{A}) = (-3)^n \det \mathbf{A}$,

$\det(\mathbf{A}^T) = \det \mathbf{A}$,

$\det \mathbf{B}^3 = \det(\mathbf{BBB}) = \det \mathbf{B} \det \mathbf{B} \det \mathbf{B} = (\det \mathbf{B})^3$,

$\det \mathbf{I} = \det(\mathbf{AA}^{-1}) = \det \mathbf{A} \det \mathbf{A}^{-1} \Rightarrow \det(\mathbf{A}^{-1}) = (\det \mathbf{A})^{-1}$,

$\det(\mathbf{BA}) = \det \mathbf{B} \det \mathbf{A}$,

$\det(\mathbf{B} - \mathbf{A})$ keine Vereinfachung möglich,

$\det \mathbf{A}^{-1}\mathbf{B} = \dfrac{\det \mathbf{B}}{\det \mathbf{A}}$,

$\det(5\mathbf{A}) = 5^n \det \mathbf{A}$

**Lösung 4.5.2**

$$\begin{vmatrix} 1 & 2 & 3 \\ -2 & 0 & 1 \\ 0 & 3 & -1 \end{vmatrix} = \begin{vmatrix} 1 & 2 & 3 \\ 0 & 4 & 7 \\ 0 & 3 & -1 \end{vmatrix} = \begin{vmatrix} 4 & 7 \\ 3 & -1 \end{vmatrix} = -25,$$

$$\begin{vmatrix} 1/2 & 1/3 & 1/4 \\ 1/3 & 1/4 & 1/5 \\ 1/4 & 1/5 & 1/6 \end{vmatrix} = \frac{1}{3\cdot 4}\frac{1}{3\cdot 4\cdot 5}\frac{1}{3\cdot 4\cdot 5}\begin{vmatrix} 6 & 4 & 3 \\ 20 & 15 & 12 \\ 15 & 12 & 10 \end{vmatrix} = \frac{1}{2^6\cdot 3^3\cdot 5^2}\begin{vmatrix} 0 & 1 & 0 \\ -4 & 3 & 3 \\ -5 & 2 & 4 \end{vmatrix} = \frac{1}{43200},$$

$$\begin{vmatrix} 1 & 1 & 1 & 1 \\ 2 & a & a & a \\ 2 & 3 & b & b \\ 2 & 3 & 4 & c \end{vmatrix} = \begin{vmatrix} 1 & 0 & 0 & 0 \\ 2 & a-2 & 0 & 0 \\ 2 & 1 & b-3 & 0 \\ 2 & 1 & 1 & c-4 \end{vmatrix} = (a-2)(b-3)(c-4),$$

$$\begin{vmatrix} 1 & x & x^2 \\ 1 & y & y^2 \\ 1 & z & z^2 \end{vmatrix} = \begin{vmatrix} 1 & x & x^2 \\ 0 & y-x & y^2-x^2 \\ 0 & z-x & z^2-x^2 \end{vmatrix} = \begin{vmatrix} y-x & y^2-x^2 \\ z-x & z^2-x^2 \end{vmatrix}$$
$$= (y-x)(z-x)\begin{vmatrix} 1 & y+x \\ 1 & z+x \end{vmatrix} = (y-x)(z-x)\begin{vmatrix} 1 & y \\ 1 & z \end{vmatrix} = (y-x)(z-x)(z-y)$$

**Lösung 4.5.3**

a) $$\begin{vmatrix} 1 & 1 & 1 \\ 1 & 3 & 3 \\ 2 & 4 & 4 \end{vmatrix} = \begin{vmatrix} 1 & 1 & 1 \\ 0 & 2 & 2 \\ 0 & 2 & 2 \end{vmatrix} = 0,$$

b) $$\begin{vmatrix} 8 & 2 & 3 \\ 8 & 4 & 3 \\ 16 & 6 & 9 \end{vmatrix} = \begin{vmatrix} 8 & 2 & 3 \\ 0 & 2 & 0 \\ 0 & 2 & 3 \end{vmatrix} = 8\cdot\begin{vmatrix} 2 & 0 \\ 2 & 3 \end{vmatrix} = 48,$$

c) $$\begin{vmatrix} 1 & 1 & 2 \\ t & 2t & 0 \\ 3a & a & a^2 \end{vmatrix} = t\cdot a\cdot\begin{vmatrix} 1 & 1 & 2 \\ 1 & 2 & 0 \\ 3 & 1 & a \end{vmatrix} = t\cdot a\cdot\begin{vmatrix} 1 & 1 & 2 \\ 0 & 1 & -2 \\ 0 & 0 & a-10 \end{vmatrix} = t\cdot a\cdot(a-10),$$

d) $$\begin{vmatrix} 4 & 1 & 1 & x+1 \\ 1 & 1 & 0 & 2 \\ 1 & 0 & 1 & 2 \\ 3 & 1 & 1 & x \end{vmatrix} = \begin{vmatrix} 1 & 0 & 0 & 1 \\ 1 & 1 & 0 & 2 \\ 1 & 0 & 1 & 2 \\ 3 & 1 & 1 & x \end{vmatrix} = \begin{vmatrix} 1 & 0 & 0 & 0 \\ 1 & 1 & 0 & 0 \\ 1 & 0 & 1 & 0 \\ 3 & 1 & 1 & x-5 \end{vmatrix} = x-5,$$

e) $$\begin{vmatrix} 2 & 6 & 2 & -4 \\ 4 & 13 & 5 & -8 \\ 1 & 5 & -1 & 0 \\ -8 & -24 & 0 & 16 \end{vmatrix} = \begin{vmatrix} 2 & 6 & 2 & -4 \\ 0 & 1 & 1 & 0 \\ 0 & 2 & -2 & 2 \\ 0 & 0 & 8 & 0 \end{vmatrix} = 2\cdot(-8)\cdot\begin{vmatrix} 1 & 0 \\ 2 & 2 \end{vmatrix} = -32$$

**Lösung 4.5.4**

$$\begin{vmatrix} 1 & 3 & 2 & 7 & 3 \\ 1 & 4 & 3 & 0 & 0 \\ 2 & 6 & 0 & 1 & 3 \\ 2 & 7 & 3 & 0 & 0 \\ 2 & 8 & 2 & 7 & 5 \end{vmatrix} = \begin{vmatrix} 1 & 3 & 2 & 7 & 1\cdot 10^4+3\cdot 10^3+2\cdot 10^2+7\cdot 10^1+3 \\ 1 & 4 & 3 & 0 & 1\cdot 10^4+4\cdot 10^3+3\cdot 10^2+0\cdot 10^1+0 \\ 2 & 6 & 0 & 1 & 2\cdot 10^4+6\cdot 10^3+0\cdot 10^2+1\cdot 10^1+3 \\ 2 & 7 & 3 & 0 & 2\cdot 10^4+7\cdot 10^3+3\cdot 10^2+0\cdot 10^1+0 \\ 2 & 8 & 2 & 7 & 2\cdot 10^4+8\cdot 10^3+2\cdot 10^2+7\cdot 10^1+5 \end{vmatrix}$$

$$= \begin{vmatrix} 1 & 3 & 2 & 7 & 13273 \\ 1 & 4 & 3 & 0 & 14300 \\ 2 & 6 & 0 & 1 & 26013 \\ 2 & 7 & 3 & 0 & 27300 \\ 2 & 8 & 2 & 7 & 28275 \end{vmatrix} = 13\cdot \begin{vmatrix} 1 & 3 & 2 & 7 & 1021 \\ 1 & 4 & 3 & 0 & 1100 \\ 2 & 6 & 0 & 1 & 2001 \\ 2 & 7 & 3 & 0 & 2100 \\ 2 & 8 & 2 & 7 & 2175 \end{vmatrix}.$$

**Lösung 4.5.5**

Der Beweis wird per Induktion über die Dimension $n$ geführt.

$$n=1: \quad \det(\ a_{11}\ ) = a_{11} = \prod_{i=1}^{1} a_{ii}$$

$$n\to n+1: \quad \det\begin{pmatrix} a_{11} & \dots & a_{1,n+1} \\ & \ddots & \vdots \\ 0 & & a_{n+1,n+1} \end{pmatrix} = a_{n+1,n+1}\cdot\det\begin{pmatrix} a_{11} & \dots & a_{1n} \\ & \ddots & \vdots \\ 0 & & a_{nn} \end{pmatrix}$$

$$= a_{n+1,n+1}\cdot\prod_{i=1}^{n} a_{ii} = \prod_{i=1}^{n+1} a_{ii}$$

**Lösung 4.5.6**

a) $$\det \mathbf{A}_n = 2\cos\rho \det \mathbf{A}_{n-1} - \begin{pmatrix} \cos\rho & 1 & & & & \\ 1 & 2\cos\rho & 1 & & & \\ & 1 & 2\cos\rho & 1 & & \\ & & \ddots & \ddots & \ddots & \\ & & & \ddots & \ddots & 0 \\ & & & & 1 & 1 \end{pmatrix} = 2\cos\rho\det\mathbf{A}_{n-1} - \det\mathbf{A}_{n-2}$$

b) $$n=1: \quad \det\mathbf{A}_1 = \det(\cos\rho) = \cos(1\cdot\rho)$$

$$n=2: \quad \det\mathbf{A}_2 = \begin{vmatrix} \cos\rho & 1 \\ 1 & 2\cos\rho \end{vmatrix} = 2\cos^2\rho - 1 = \cos^2\rho - \sin^2\rho = \cos(2\cdot\rho)$$

$n-2$,

$$n-1\to n: \quad \det\mathbf{A}_n = 2\cos\rho\det\mathbf{A}_{n-1} - \det\mathbf{A}_{n-2} = 2\cos\rho\cos((n-1)\rho) - \cos((n-2)\rho)$$

$$= 2\cos\rho\cos((n-1)\rho) - (\ \cos((n-1)\rho)\cos\rho + \sin((n-1)\rho))\sin\rho\ )$$

$$= \cos\rho\cos((n-1)\rho) - \sin((n-1)\rho))\sin\rho = \cos(n\rho)$$

**Lösung 4.5.7**

$$n=1: \quad \det\mathbf{A}_1 = 4 = 2^1\cdot(1+1)\ , \qquad n=2: \quad \det\mathbf{A}_2 = \begin{vmatrix} 4 & 1 \\ 4 & 4 \end{vmatrix} = 12 = 2^2\cdot(1+2)$$

$$n-1, n\to n+1: \quad \det\mathbf{A}_{n+1} = 4\cdot\begin{pmatrix} 4 & 1 & & \\ 4 & 4 & 1 & \\ & & \ddots & 1 \\ & & 4 & 4 \end{pmatrix} - 4\cdot\begin{pmatrix} 4 & 1 & & \\ 4 & 4 & 1 & \\ & & \ddots & 4 \quad 0 \\ & & & 4 \quad 1 \end{pmatrix}$$

$$= 4\det\mathbf{A}_n - 4\det\mathbf{A}_{n-1} = 4(2^n(1+n) - 2^{n-1}(1+(n-1)))$$

$$= 2^{n+1}(2(1+n)-n) = 2^{n+1}(1+(n+1))$$

**Lösung 4.5.8**

a) Durch Gauß-Elimination mit $i$ Zeilenvertauschungen lassen sich die ersten $n$ Zeilen der Matrix, also $(\mathbf{A}|\mathbf{B})$, umformen in $(\mathbf{R}_1|\tilde{\mathbf{B}})$, ohne Einfluss auf die folgenden Zeilen $(\mathbf{O}|\mathbf{D})$. Dabei ist $\mathbf{R}_1 \in \mathbb{R}^{(n,n)}$ obere Dreiecksmatrix, und es gilt $(-1)^i\det\mathbf{R}_1 = \det\mathbf{A}$. Entsprechend werden dann die letzten $m$ Zeilen $(\mathbf{O}|\mathbf{D})$ unter $j$ Zeilenvertauschungen durch Gauß-Elimination umgeformt in $(\mathbf{O}|\mathbf{R}_2)$ mit $(-1)^j\det\mathbf{R}_2 = \det\mathbf{D}$. Es gilt daher

$$\det\begin{pmatrix} \mathbf{A} & \mathbf{B} \\ \mathbf{O} & \mathbf{D} \end{pmatrix} = (-1)^{i+j}\det\begin{pmatrix} \mathbf{R}_1 & \tilde{\mathbf{B}} \\ \mathbf{O} & \mathbf{R}_2 \end{pmatrix} = (-1)^{i+j}\det\mathbf{R}_1\det\mathbf{R}_2 = \det\mathbf{A}\cdot\det\mathbf{D}.$$

b) $\left|\begin{pmatrix} 2 & 0 \\ 0 & 2 \end{pmatrix}\cdot\begin{pmatrix} 1 & 0 \\ 0 & 1 \end{pmatrix}\right| - \left|\begin{pmatrix} 1 & 0 \\ 0 & 1 \end{pmatrix}\cdot\begin{pmatrix} 1 & 0 \\ 0 & 1 \end{pmatrix}\right| = 4-1=3$

$$\begin{vmatrix} 2 & 0 & 1 & 0 \\ 0 & 2 & 0 & 1 \\ 1 & 0 & 1 & 0 \\ 0 & 1 & 0 & 1 \end{vmatrix} = 2\cdot\begin{vmatrix} 2 & 0 & 1 \\ 0 & 1 & 0 \\ 1 & 0 & 1 \end{vmatrix} + \begin{vmatrix} 0 & 1 & 0 \\ 2 & 0 & 1 \\ 1 & 0 & 1 \end{vmatrix} = 2\cdot\begin{vmatrix} 2 & 1 \\ 1 & 1 \end{vmatrix} - \begin{vmatrix} 2 & 1 \\ 1 & 1 \end{vmatrix} = 1$$

**Lösung 4.5.9**

$$\begin{aligned} D &= \begin{vmatrix} \cos\varphi\cos\psi & -r\sin\varphi\cos\psi & -r\cos\varphi\sin\psi \\ \sin\varphi\cos\psi & r\cos\varphi\cos\psi & -r\sin\varphi\sin\psi \\ \sin\psi & 0 & r\cos\psi \end{vmatrix} = r^2\begin{vmatrix} \cos\varphi\cos\psi & -\sin\varphi\cos\psi & -\cos\varphi\sin\psi \\ \sin\varphi\cos\psi & \cos\varphi\cos\psi & -\sin\varphi\sin\psi \\ \sin\psi & 0 & \cos\psi \end{vmatrix} \\ &= r^2\left(\sin\psi\begin{vmatrix} -\sin\varphi\cos\psi & -\cos\varphi\sin\psi \\ \cos\varphi\cos\psi & -\sin\varphi\sin\psi \end{vmatrix} + \cos\psi\begin{vmatrix} \cos\varphi\cos\psi & -\sin\varphi\cos\psi \\ \sin\varphi\cos\psi & \cos\varphi\cos\psi \end{vmatrix}\right) \\ &= r^2\left(\sin^2\psi\cos\psi\begin{vmatrix} -\sin\varphi & -\cos\varphi \\ \cos\varphi & -\sin\varphi \end{vmatrix} + \cos^3\psi\begin{vmatrix} \cos\varphi & -\sin\varphi \\ \sin\varphi & \cos\varphi \end{vmatrix}\right) \\ &= r^2\cos\psi\,(\sin^2\psi+\cos^2\psi) = r^2\cos\psi \end{aligned}$$

**Lösung 4.5.10**

Die Parallelotope $P$ bzw. $\tilde{P}$ werden aufgespannt durch die Vektoren $\mathbf{v}_1,\cdots,\mathbf{v}_n$ bzw. $\tilde{\mathbf{v}}_1,\cdots,\tilde{\mathbf{v}}_n$, wobei $\tilde{\mathbf{v}}_i = \mathbf{A}\mathbf{v}_i$. Für die zugehörigen Volumen ergibt sich dann

$$\begin{aligned} \tilde{V} &= |\det(\tilde{\mathbf{v}}_1,\cdots,\tilde{\mathbf{v}}_n)| = |\det(\mathbf{A}\mathbf{v}_1,\cdots,\mathbf{A}\mathbf{v}_n)| = |\det(\mathbf{A}\cdot(\mathbf{v}_1,\cdots,\mathbf{v}_n))| \\ &= |\det(\mathbf{A})\cdot\det(\mathbf{v}_1,\cdots,\mathbf{v}_n)| = |\det(\mathbf{A})|\cdot V. \end{aligned}$$

**Lösung 4.5.11**

a) Für $\mathbf{A} = (\mathbf{a}^1,\mathbf{a}^2,\mathbf{a}^3)$ erhalten wir $\mathbf{A}^{-1} = \left(\frac{\alpha_{i,j}}{\det\mathbf{A}}\right)_{i,j}$ mit $\det\mathbf{A} = -1$ und

$$\begin{array}{llll} \alpha_{1,1} = \det(\mathbf{e}_1,\mathbf{a}^2,\mathbf{a}^3) = -3/5, & \alpha_{2,1} = \det(\mathbf{a}^1,\mathbf{e}_1,\mathbf{a}^3) = 4/5, \\ \alpha_{3,1} = \det(\mathbf{a}^1,\mathbf{a}^2,\mathbf{e}_1) = 0, & \alpha_{1,2} = \det(\mathbf{e}_2,\mathbf{a}^2,\mathbf{a}^3) = 0, \\ \alpha_{2,2} = \det(\mathbf{a}^1,\mathbf{e}_2,\mathbf{a}^3) = 0, & \alpha_{3,2} = \det(\mathbf{a}^1,\mathbf{a}^2,\mathbf{e}_2) = -1, \\ \alpha_{1,3} = \det(\mathbf{e}_3,\mathbf{a}^2,\mathbf{a}^3) = -4/5, & \alpha_{2,3} = \det(\mathbf{a}^1,\mathbf{e}_3,\mathbf{a}^3) = -3/5, \\ \alpha_{3,3} = \det(\mathbf{a}^1,\mathbf{a}^2,\mathbf{e}_3) = 0. & \end{array}$$

Diese aufwendige und in der Praxis für Berechnungen mit Dimension $> 3$ nicht zu empfehlende Methode ergibt hier

$$\mathbf{A}^{-1} = \frac{1}{5}\begin{pmatrix} 3 & 0 & 4 \\ -4 & 0 & 3 \\ 0 & 5 & 0 \end{pmatrix}.$$

b)

$$\det(\mathbf{H}^4) = \begin{vmatrix} 1 & 1/2 & 1/3 & 1/4 \\ 1/2 & 1/3 & 1/4 & 1/5 \\ 1/3 & 1/4 & 1/5 & 1/6 \\ 1/4 & 1/5 & 1/6 & 1/7 \end{vmatrix} = \begin{vmatrix} 1 & 1/2 & 1/3 & 1/4 \\ 0 & 1/12 & 1/12 & 3/40 \\ 0 & 1/12 & 4/45 & 1/12 \\ 0 & 3/40 & 1/12 & 9/112 \end{vmatrix}$$

$$= \begin{vmatrix} 1 & 1/2 & 1/3 & 1/4 \\ 0 & 1/12 & 1/12 & 3/40 \\ 0 & 0 & 1/180 & 1/120 \\ 0 & 0 & 1/120 & 9/700 \end{vmatrix} = \begin{vmatrix} 1 & 1/2 & 1/3 & 1/4 \\ 0 & 1/12 & 1/12 & 3/40 \\ 0 & 0 & 1/180 & 1/120 \\ 0 & 0 & 0 & 1/2800 \end{vmatrix} = \frac{1}{6048000}$$

**Lösung 4.5.12**

a) $n = 1: \quad \det(\mathbf{I}_1 + \mathbf{a}\mathbf{b}^T) = \det(1 + a_1 b_1) = 1 + a_1 b_1$
$n - 1 \to n:$

$$\det(\mathbf{I}_n + \mathbf{a}\mathbf{b}^T) = \begin{vmatrix} (1+a_1b_1) & a_1b_2 & \cdots & a_1b_n \\ a_2b_1 & (1+a_2b_2) & & \\ \vdots & & \ddots & \vdots \\ a_nb_1 & & & (1+a_nb_n) \end{vmatrix}$$

$$= \begin{vmatrix} 1 & a_1b_2 & \cdots & a_1b_n \\ 0 & (1+a_2b_2) & & a_2b_n \\ 0 & a_3b_2 & \ddots & \vdots \\ \vdots & \vdots & & \\ 0 & a_nb_2 & \cdots & (1+a_nb_n) \end{vmatrix} + a_1b_1 \begin{vmatrix} 1 & b_2 & \cdots & b_n \\ a_2 & (1+a_2b_2) & & a_2b_n \\ a_3 & a_3b_2 & \ddots & \vdots \\ & \vdots & & \\ a_n & a_nb_2 & \cdots & (1+a_nb_n) \end{vmatrix}$$

$$= \left(1 + \sum_{j=2}^{n} a_j b_j\right) + a_1b_1 \begin{vmatrix} 1 & b_2 & b_3 & \cdots & b_n \\ 0 & 1 & 0 & & 0 \\ 0 & 0 & \ddots & & \vdots \\ & \vdots & & & \\ 0 & 0 & \cdots & 0 & 1 \end{vmatrix} = 1 + \mathbf{a}^T\mathbf{b}.$$

b) Mit a) gilt $\det(\mathbf{A} + \mathbf{a}\mathbf{b}^T) = \det\left(\mathbf{A}(\mathbf{I} + (\mathbf{A}^{-1}\mathbf{a})\mathbf{b}^T)\right) = \det \mathbf{A} \cdot (1 + \mathbf{b}^T(\mathbf{A}^{-1}\mathbf{a}))$.

c) Es sei $\mathbf{H} := \mathbf{I}_n - 2\mathbf{w}\mathbf{w}^T$ die Householder-Matrix mit $||\mathbf{w}||_2 = 1$. Setze $\mathbf{A} := \mathbf{I}_n$, $\mathbf{a} := -2\mathbf{w}$ und $\mathbf{b} := \mathbf{w}^T$. Dann gilt $\det \mathbf{H} = 1 - 2\mathbf{w}^T\mathbf{w} = 1 - 2 = -1$.

# L.5 Lineare Abbildungen

## L.5.1 Lineare Abbildungen, Basisdarstellung

### Lösung 5.1.1

a) Gesucht ist der Vektor $\boldsymbol{\xi} = (\xi_1, \xi_2, \xi_3)^T$ mit $\xi_1\mathbf{v}_1 + \xi_2\mathbf{v}_2 + \xi_3\mathbf{v}_3 = \mathbf{x}$ :

$$\left(\begin{array}{ccc|c} 1 & 2 & 3 & 3 \\ 1 & 1 & 1 & 5 \\ 2 & 0 & 1 & 8 \end{array}\right) \to \left(\begin{array}{ccc|c} 1 & 2 & 3 & 3 \\ 0 & -1 & -2 & 2 \\ 0 & 0 & 3 & -6 \end{array}\right) \quad \Rightarrow \quad \boldsymbol{\xi} = \begin{pmatrix} 5 \\ 2 \\ -2 \end{pmatrix}.$$

b) Gesucht ist der Vektor $\boldsymbol{\zeta} = (\zeta_1, \zeta_2, \zeta_3)^T$ mit $\zeta_1\mathbf{w}_1 + \zeta_2\mathbf{w}_2 + \zeta_3\mathbf{w}_3 = \mathbf{z}$ :

$$\left(\begin{array}{ccc|c} 1 & 1 & 1 & 2 \\ 0 & 1 & i & 1+2i \\ i & 0 & 1 & 2-i \end{array}\right) \to \left(\begin{array}{ccc|c} 1 & 1 & 1 & 2 \\ 0 & 1 & i & 1+2i \\ 0 & 0 & -i & -2i \end{array}\right) \quad \Rightarrow \quad \boldsymbol{\zeta} = \begin{pmatrix} -1 \\ 1 \\ 2 \end{pmatrix}.$$

### Lösung 5.1.2

a) $\lambda_1 e^{3t} + \lambda_2 t e^{3t} + \lambda_3 t^2 e^{3t} = 0$ für alle $t \in \mathbb{R} \Rightarrow \lambda_1 + \lambda_2 t + \lambda_3 t^2 = 0$ für alle $t \in \mathbb{R} \Rightarrow \lambda_1 = \lambda_2 = \lambda_3 = 0$.

b) Die Differentiationsregeln besagen, dass die Ableitung eine lineare Abbildung auf $C^1(\mathbb{R})$ ist. Zu untersuchen bleibt also nur noch, ob das Bild von $V$ in $V$ liegt. Dies ist der Fall, denn

$$D(\mathbf{v}_1) = 3\cdot\mathbf{v}_1 + 0\cdot\mathbf{v}_2 + 0\cdot\mathbf{v}_3\,, \quad D(\mathbf{v}_2) = 1\cdot\mathbf{v}_1 + 3\cdot\mathbf{v}_2 + 0\cdot\mathbf{v}_3\,, \quad D(\mathbf{v}_3) = 0\cdot\mathbf{v}_1 + 2\cdot\mathbf{v}_2 + 3\cdot\mathbf{v}_3\,.$$

c) Die darstellende Matrix $\mathbf{A}$ von $D$ bezüglich $(\mathbf{v}_1, \mathbf{v}_2, \mathbf{v}_3)$ folgt aus b): $\mathbf{A} = \begin{pmatrix} 3 & 1 & 0 \\ 0 & 3 & 2 \\ 0 & 0 & 3 \end{pmatrix}$.

### Lösung 5.1.3

$$\left.\begin{array}{rcl} (1)' &=& 0\cdot 1 + 0\cdot t + \cdots 0\cdot t^{n-1} \\ (t)' &=& 1\cdot 1 + 0\cdot t + \cdots 0\cdot t^{n-1} \\ (t^2)' &=& 0\cdot 1 + 2\cdot t + \cdots 0\cdot t^{n-1} \\ &\vdots& \\ (t^n)' &=& 0\cdot 1 + 0\cdot t + \cdots n\cdot t^{n-1} \end{array}\right\} \Rightarrow \mathbf{A}_D = \begin{pmatrix} 0 & 1 & 0 & 0 & & 0 \\ 0 & 0 & 2 & 0 & \cdots & 0 \\ & & \vdots & & & \\ 0 & 0 & 0 & 0 & \cdots & n \end{pmatrix}$$

$$\left.\begin{array}{rcl} \int_0^t 1 d\tau &=& 0\cdot 1 + 1\cdot t + 0\cdot t^2 + \cdots + 0\cdot t^n \\ \int_0^t \tau d\tau &=& 0\cdot 1 + 0\cdot t + \frac{1}{2}\cdot t^2 + \cdots + 0\cdot t^n \\ &\vdots& \\ \int_0^t \tau^{n-1} d\tau &=& 0\cdot 1 + 0\cdot t + 0\cdot t^2 + \cdots + \frac{1}{n}\cdot t^n \end{array}\right\} \Rightarrow \mathbf{A}_I = \begin{pmatrix} 0 & 0 & & 0 \\ 1 & 0 & \cdots & 0 \\ 0 & \frac{1}{2} & & 0 \\ & & \vdots & \\ 0 & 0 & & \frac{1}{n} \end{pmatrix}$$

### Lösung 5.1.4

a) Die Koordinaten bezüglich der Basis im Bildraum des Bildes unter der Abbildung $T$ des $j$-ten Basisvektors (aus dem Urbildraum) stehen in der $j$-ten Spalte der Abbildungsmatrix von $T$. Daher lautet die Abbildungsmatrix $\mathbf{A}$ von $T$ bezüglich der kanonischen Basis $(\mathbf{e}_1, \mathbf{e}_2, \mathbf{e}_3)$ im Urbild- und im Bildraum

$$\mathbf{A} = \begin{pmatrix} 0 & 1 & 0 \\ 0 & -1 & 2 \\ 3 & -9 & 7 \end{pmatrix}.$$

*Aufgaben und Lösungen zu Mathematik für Ingenieure 1, 4.Aufl.*, R. Ansorge, H. J. Oberle, K. Rothe und Th. Sonar

ISBN: 978-3-527-40987-7

Die Übergangsmatrix $\mathbf{S}$ des Basisüberganges von $(\mathbf{a}_1, \mathbf{a}_2, \mathbf{a}_3)$ auf $(\mathbf{e}_1, \mathbf{e}_2, \mathbf{e}_3)$ ergibt sich folgendermaßen

$$\mathbf{a}_k = \sum_{j=1}^{3} s_{jk}\mathbf{e}_j, \quad k = 1,2,3 \quad \Leftrightarrow \quad (\mathbf{a}_1|\mathbf{a}_2|\mathbf{a}_3) = (\mathbf{e}_1, \mathbf{e}_2, \mathbf{e}_3) \cdot \mathbf{S} = \mathbf{S} \quad \Rightarrow \quad \mathbf{S} = \begin{pmatrix} 1 & 1 & 1 \\ 1 & 2 & 3 \\ 1 & 3 & 6 \end{pmatrix}.$$

Die Abbildungsmatrix $\mathbf{B}$ von $T$ bezüglich der Basis $(\mathbf{a}_1, \mathbf{a}_2, \mathbf{a}_3)$ im Urbild- und im Bildraum ergibt sich nun nach Berechnung von $\mathbf{S}^{-1}$ durch $\mathbf{B} = \mathbf{S}^{-1}\mathbf{AS}$

$$\Rightarrow \quad \mathbf{B} = \begin{pmatrix} 1 & 0 & 0 \\ 0 & 2 & 0 \\ 0 & 0 & 3 \end{pmatrix} \quad \text{mit} \quad \mathbf{S}^{-1} = \begin{pmatrix} 3 & -3 & 1 \\ -3 & 5 & -2 \\ 1 & -2 & 1 \end{pmatrix},$$

oder ohne Berechnung von $\mathbf{S}^{-1}$ aus der Lösung des Gleichungssystems $\mathbf{SB} = \mathbf{AS}$.

b) Wegen $\mathbf{v}_1 = (1,1)^T = 1 \cdot \mathbf{e}_1 + 1 \cdot \mathbf{e}_2$ ist $\mathbf{v}_1$ sein eigener Koordinatenvektor bezüglich der kanonischen Basis. Damit ergeben sich die Koordinatenvektoren bezüglich der kanonischen Basis im Bildraum durch $T(\mathbf{v}_1) = \mathbf{A}\mathbf{v}_1 = (1,0,3)^T$, $T(\mathbf{v}_2) = \mathbf{A}\mathbf{v}_2 = (3,4,15)^T$ und $T(2\mathbf{e}_1 - 4\mathbf{e}_2) = (-4,12,6)^T$. Die Darstellung dieser Koordinatenvektoren in der Basis $(\mathbf{w}_1, \mathbf{w}_2, \mathbf{w}_3)$ ergibt sich aus der Lösung des Gleichungssystems

$$\left(\begin{array}{ccc|ccc} 1 & 1 & 2 & 1 & 3 & -4 \\ 2 & 3 & 4 & 0 & 4 & 12 \\ 2 & 4 & 5 & 3 & 15 & 6 \end{array}\right) \rightarrow \left(\begin{array}{ccc|ccc} 1 & 1 & 2 & 1 & 3 & -4 \\ 0 & 1 & 0 & -2 & -2 & 20 \\ 0 & 2 & 1 & 1 & 9 & 14 \end{array}\right) \rightarrow \left(\begin{array}{ccc|ccc} 1 & 1 & 2 & 1 & 3 & -4 \\ 0 & 1 & 0 & -2 & -2 & 20 \\ 0 & 0 & 1 & 5 & 13 & -26 \end{array}\right)$$

$$\rightarrow \left(\begin{array}{ccc|ccc} 1 & 1 & 0 & -9 & -23 & 48 \\ 0 & 1 & 0 & -2 & -2 & 20 \\ 0 & 0 & 1 & 5 & 13 & -26 \end{array}\right) \rightarrow \left(\begin{array}{ccc|ccc} 1 & 0 & 0 & -7 & -21 & 28 \\ 0 & 1 & 0 & -2 & -2 & 20 \\ 0 & 0 & 1 & 5 & 13 & -26 \end{array}\right)$$

Die Abbildungsmatrix $\mathbf{B}$ der Abbildung $T$ und der Koordinatenvektor $\mathbf{x}$ von $T(2\mathbf{e}_1 - 4\mathbf{e}_2)$ in der Basis $(\mathbf{v}_1, \mathbf{v}_2)$ im $\mathbb{R}^2$ und $(\mathbf{w}_1, \mathbf{w}_2, \mathbf{w}_3)$ im $\mathbb{R}^3$ lauten daher

$$\mathbf{B} = \begin{pmatrix} -7 & -21 \\ -2 & -2 \\ 5 & 13 \end{pmatrix}, \quad \mathbf{x} = \begin{pmatrix} 28 \\ 20 \\ -26 \end{pmatrix}.$$

**Lösung 5.1.5**

a) Die Abbildungsmatrix von $T$ bezüglich der kanonischen Basis lautet $\mathbf{A} = \begin{pmatrix} 2 & 5 & -3 \\ 1 & -4 & 7 \end{pmatrix}$.

Die den Basisübergang von $(\mathbf{v}_k)$ auf $(\mathbf{e}_j)$ im $\mathbb{R}^3$ beschreibende Matrix $\mathbf{S} = (s_{jk})$ ergibt sich aus der Lösung der drei Gleichungssysteme

$$(\mathbf{e}_1|\mathbf{e}_2|\mathbf{e}_3)\mathbf{S} = (\mathbf{v}_1|\mathbf{v}_2|\mathbf{v}_3) \quad \Leftrightarrow \quad \mathbf{S} = \begin{pmatrix} 1 & 1 & 1 \\ 1 & 1 & 0 \\ 1 & 0 & 0 \end{pmatrix}.$$

Entsprechend ergibt sich beim Basisübergang von $(\mathbf{w}_k)$ auf $(\mathbf{e}_j)$ im $\mathbb{R}^2$ die beschreibende Matrix $\mathbf{R} = (r_{jk})$:

$$\mathbf{R} = \begin{pmatrix} 1 & 2 \\ 3 & 5 \end{pmatrix} \Rightarrow \mathbf{R}^{-1} = \begin{pmatrix} -5 & 2 \\ 3 & -1 \end{pmatrix} \Rightarrow \mathbf{B} = \mathbf{R}^{-1}\mathbf{AS} = \begin{pmatrix} -12 & -41 & -8 \\ 8 & 24 & 5 \end{pmatrix}.$$

b) $\mathbf{R}^{-1}\mathbf{A}\begin{pmatrix} 1 \\ 2 \\ 1 \end{pmatrix} = \begin{pmatrix} -45 \\ 27 \end{pmatrix}$

**Lösung 5.1.6**

a) Die den Wechsel der Basis von $(\tilde{\mathbf{v}}_k)$ auf $(\mathbf{v}_j)$ beschreibende Matrix $\mathbf{S} = (s_{jk})$ ergibt sich aus der Lösung der drei Gleichungssysteme

$$(\mathbf{v}_1|\mathbf{v}_2|\mathbf{v}_3)\begin{pmatrix} s_{11} & s_{12} & s_{13} \\ s_{21} & s_{22} & s_{23} \\ s_{31} & s_{32} & s_{33} \end{pmatrix} = (\tilde{\mathbf{v}}_1|\tilde{\mathbf{v}}_2|\tilde{\mathbf{v}}_3) \quad \Leftrightarrow \quad \left(\begin{array}{ccc|ccc} 1 & 2 & 3 & -2 & 2 & 1 \\ 1 & 1 & 1 & 0 & 1 & 1 \\ 2 & 0 & 1 & 3 & 0 & 1 \end{array}\right)$$

$$\rightarrow \quad \left(\begin{array}{ccc|ccc} 1 & 2 & 3 & -2 & 2 & 1 \\ 0 & -1 & -2 & 2 & -1 & 0 \\ 0 & 0 & 3 & -1 & 0 & -1 \end{array}\right) \quad \Rightarrow \quad \mathbf{S} = \frac{1}{3}\begin{pmatrix} 5 & 0 & 2 \\ -4 & 3 & 2 \\ -1 & 0 & -1 \end{pmatrix}.$$

Analog ergibt sich die den Basiswechsel von $(\mathbf{w}_k)$ auf $(\tilde{\mathbf{w}}_j)$ beschreibende Matrix $\mathbf{R}^{-1} = (t_{jk})$ aus der Lösung der beiden Gleichungssysteme

$$(\tilde{\mathbf{w}}_1|\tilde{\mathbf{w}}_2)\begin{pmatrix} t_{11} & t_{12} \\ t_{21} & t_{22} \end{pmatrix} = (\mathbf{w}_1|\mathbf{w}_2) \quad \Leftrightarrow \quad \left(\begin{array}{cc|cc} 1 & 1 & \frac{7}{5} & \frac{1}{5} \\ 2 & -1 & \frac{2}{5} & \frac{11}{5} \end{array}\right) \quad \rightarrow \quad \left(\begin{array}{cc|cc} 1 & 1 & \frac{7}{5} & \frac{1}{5} \\ 0 & -3 & -\frac{12}{5} & \frac{9}{5} \end{array}\right)$$

$$\Rightarrow \quad \mathbf{R}^{-1} = \frac{1}{5}\begin{pmatrix} 3 & 4 \\ 4 & -3 \end{pmatrix} \quad \Rightarrow \quad \mathbf{B} = \mathbf{R}^{-1}\mathbf{A}\mathbf{S} = \frac{1}{5}\begin{pmatrix} -8 & 11 & 7 \\ 6 & -2 & 1 \end{pmatrix}$$

b) (i) $\mathbf{S}\tilde{\mathbf{v}} = \frac{1}{3}(15, 6, -6)^T$, (ii) $\mathbf{A}\mathbf{S}\tilde{\mathbf{v}} = \mathbf{R}^{-1}\mathbf{B}\tilde{\mathbf{v}} = (5, 3)^T$, (iii) $\mathbf{B}\tilde{\mathbf{v}} = \frac{1}{5}(27, 11)^T$.

**Lösung 5.1.7**

a)

$$\left.\begin{array}{lcl} T(1) & = & 1 \cdot 1 \\ T(t) & = & -1 \cdot 1 + 1 \cdot t \\ T(t^2) & = & 1 \cdot 1 - 2 \cdot t + 1 \cdot t^2 \\ T(t^3) & = & -1 \cdot 1 + 3 \cdot t - 3 \cdot t^2 + 1 \cdot t^3 \end{array}\right\} \quad \Rightarrow \quad \mathbf{A} = \begin{pmatrix} 1 & -1 & 1 & -1 \\ 0 & 1 & -2 & 3 \\ 0 & 0 & 1 & -3 \\ 0 & 0 & 0 & 1 \end{pmatrix}$$

b)

$$\left.\begin{array}{rcl} 1 & = & 1 \cdot 1 \\ t - 1 & = & -1 \cdot 1 + 1 \cdot t \\ (t-1)^2 & = & 1 \cdot 1 - 2 \cdot t + 1 \cdot t^2 \\ (t-1)^3 & = & -1 \cdot 1 + 3 \cdot t - 3 \cdot t^2 + 1 \cdot t^3 \end{array}\right\} \quad \Rightarrow \quad \mathbf{S} = \mathbf{A} \quad \Rightarrow \quad \mathbf{B} = \mathbf{S}^{-1}\mathbf{A}\mathbf{S} = \mathbf{A}$$

c) Das Polynom $p(t) = -5 + 7t - 10t^2 + 15t^3$ besitzt in der Basis $(1, t, t^2, t^3)$ den Koordinatenvektor $\mathbf{x} = (-5, 7, -10, 15)^T$. Der Koordinatenvektor $\mathbf{y}$ in der Basis $(1, t-1, (t-1)^2, (t-1)^3)$ ergibt sich durch $\mathbf{y} = \mathbf{S}^{-1}\mathbf{x}$, also aus

$$\left(\begin{array}{cccc|c} 1 & -1 & 1 & -1 & -5 \\ 0 & 1 & -2 & 3 & 7 \\ 0 & 0 & 1 & -3 & -10 \\ 0 & 0 & 0 & 1 & 15 \end{array}\right) \quad \Rightarrow \quad \mathbf{y} = \begin{pmatrix} 7 \\ 32 \\ 35 \\ 15 \end{pmatrix}$$

$$\Rightarrow -5 + 7t - 10t^2 + 15t^3 = 7 + 32(t-1) + 35(t-1)^2 + 15(t-1)^3\,.$$

## L.5.2 Orthogonalität

**Lösung 5.2.1**
Die Vektoren werden zeilenweise notiert. Durch Zeilenumformungen nach dem Gaußschen Eliminationsverfahren versucht man, in den unteren Zeilen Nullzeilen zu erzeugen:

$$\left\{\begin{array}{llllll}(1, & 1, & 2, & 3) & = \mathbf{v}_1^T \\ (3, & 4, & 3, & 8) & = \mathbf{v}_2^T \\ (1, & 3, & -4, & 1) & = \mathbf{v}_3^T \\ (-2, & -1, & -7, & -7) & = \mathbf{v}_4^T \\ (-3, & -4, & -3, & -8) & = \mathbf{v}_5^T\end{array}\right\} \Rightarrow \left\{\begin{array}{llllll}(1, & 1, & 2, & 3) & = \mathbf{v}_1^T \\ (0, & 1, & -3, & -1) & = \mathbf{v}_2^T - 3\mathbf{v}_1^T \\ (0, & 2, & -6, & -2) & = \mathbf{v}_3^T - \mathbf{v}_1^T \\ (0, & 1, & -3, & -1) & = \mathbf{v}_4^T + 2\mathbf{v}_1^T \\ (0, & -1, & 3, & 1) & = \mathbf{v}_5^T + 3\mathbf{v}_1^T\end{array}\right\}$$

$$\Rightarrow \left\{\begin{array}{llllll}(1, & 1, & 2, & 3) & = \mathbf{v}_1^T \\ (0, & 1, & -3, & -1) & = \mathbf{v}_2^T - 3\mathbf{v}_1^T \\ (0, & 0, & 0, & 0) & = \mathbf{v}_3^T + 5\mathbf{v}_1^T - 2\mathbf{v}_2^T \\ (0, & 0, & 0, & 0) & = \mathbf{v}_4^T + 5\mathbf{v}_1^T - \mathbf{v}_2^T \\ (0, & 0, & 0, & 0) & = \mathbf{v}_5^T + \mathbf{v}_2^T\end{array}\right\}$$

$\Rightarrow$ die Vektoren $\mathbf{v}_1$ und $\mathbf{v}_2$ sind linear unabhängig, bilden damit eine Basis von $W$, und es gilt $\mathbf{v}_3 = -5\mathbf{v}_1 + 2\mathbf{v}_2$, $\mathbf{v}_4 = -5\mathbf{v}_1 + \mathbf{v}_2$, $\mathbf{v}_5 = -\mathbf{v}_2$.

Eine Orthogonalbasis $(\mathbf{w}_1, \mathbf{w}_2)$ erhält man aus $(\mathbf{v}_1, \mathbf{v}_2)$ durch einen Schritt des Schmidtschen Orthogonalisierungsverfahrens. Setze $\mathbf{w}_1 := \mathbf{v}_1$ und berechne $\alpha$ in $\mathbf{w}_2 := \mathbf{v}_2 - \alpha\mathbf{w}_1$, so dass

$$\mathbf{w}_2 \perp \mathbf{w}_1 \Leftrightarrow \langle \mathbf{w}_2, \mathbf{w}_1\rangle = 0 \Rightarrow \alpha = \frac{\langle \mathbf{v}_2, \mathbf{w}_1\rangle}{\langle \mathbf{w}_1, \mathbf{w}_1\rangle} = \frac{37}{15} \Rightarrow \mathbf{w}_2 = \frac{1}{15}(8, 23, -29, 9)^T.$$

**Lösung 5.2.2**
Gram-Schmidt-Orthonormalisierung:

$$\begin{aligned}
\mathbf{w}_1 &:= \frac{\mathbf{a}_1}{||\mathbf{a}_1||} = \frac{1}{\sqrt{2}}(1, -1, 0, 0)^T \\
\mathbf{u}_2 &:= \mathbf{a}_2 - \langle \mathbf{a}_2, \mathbf{w}_1\rangle\, \mathbf{w}_1 = (2, 0, 1, 0)^T - \sqrt{2}\frac{1}{\sqrt{2}}(1, -1, 0, 0)^T = (1, 1, 1, 0)^T \\
\mathbf{w}_2 &:= \frac{\mathbf{u}_2}{||\mathbf{u}_2||} = \frac{1}{\sqrt{3}}(1, 1, 1, 0)^T \\
\mathbf{u}_3 &:= \mathbf{a}_3 - \langle \mathbf{a}_3, \mathbf{w}_1\rangle\, \mathbf{w}_1 - \langle \mathbf{a}_3, \mathbf{w}_2\rangle\, \mathbf{w}_2 \\
&= (6, 2, 7, 0)^T - \frac{4}{\sqrt{2}}\frac{1}{\sqrt{2}}(1, -1, 0, 0)^T - \frac{15}{\sqrt{3}}\frac{1}{\sqrt{3}}(1, 1, 1, 0)^T = (-1, -1, 2, 0)^T \\
\mathbf{w}_3 &:= \frac{\mathbf{u}_3}{||\mathbf{u}_3||} = \frac{1}{\sqrt{6}}(-1, -1, 2, 0)^T \\
\mathbf{u}_4 &:= \mathbf{a}_4 - \langle \mathbf{a}_4, \mathbf{w}_1\rangle\, \mathbf{w}_1 - \langle \mathbf{a}_4, \mathbf{w}_2\rangle\, \mathbf{w}_2 - \langle \mathbf{a}_4, \mathbf{w}_3\rangle\, \mathbf{w}_3 \\
&= (3, 1, -1, 0)^T - \frac{2}{\sqrt{2}}\frac{1}{\sqrt{2}}(1, -1, 0, 0)^T - \frac{3}{\sqrt{3}}\frac{1}{\sqrt{3}}(1, 1, 1, 0)^T - \frac{6}{\sqrt{6}}\frac{1}{\sqrt{6}}(-1, -1, 2, 0)^T \\
&= (0, 0, 0, 0)^T
\end{aligned}$$

$\Rightarrow \dim W = 3$. Als Basis kann also $(\mathbf{a}_1, \mathbf{a}_2, \mathbf{a}_3)$ und als Orthonormalbasis $(\mathbf{w}_1, \mathbf{w}_2, \mathbf{w}_3)$ verwendet werden. Die letzte Zeile im Schmidtschen Verfahren besagt $\mathbf{a}_4 \in W$.

**Lösung 5.2.3**

a) Gram-Schmidt-Orthonormalisierung:

$$\begin{aligned}
\mathbf{w}_1 &:= \frac{\mathbf{v}_1}{||\mathbf{v}_1||} = \frac{1}{\sqrt{2}}(1,0,0,0,1)^T \\
\mathbf{u}_2 &:= \mathbf{v}_2 - \langle \mathbf{v}_2, \mathbf{w}_1\rangle\, \mathbf{w}_1 = (1,0,1,0,0)^T - \frac{1}{\sqrt{2}}\frac{1}{\sqrt{2}}(1,0,0,0,1)^T = \frac{1}{2}(1,0,2,0,-1)^T \\
\mathbf{w}_2 &:= \frac{\mathbf{u}_2}{||\mathbf{u}_2||} = \frac{1}{\sqrt{6}}(1,0,2,0,-1)^T \\
\mathbf{u}_3 &:= \mathbf{v}_3 - \langle \mathbf{v}_3, \mathbf{w}_1\rangle\, \mathbf{w}_1 - \langle \mathbf{v}_3, \mathbf{w}_2\rangle\, \mathbf{w}_2 \\
&= (2,0,1,0,1)^T - \frac{3}{\sqrt{2}}\frac{1}{\sqrt{2}}(1,0,0,0,1)^T - \frac{3}{\sqrt{6}}\frac{1}{\sqrt{6}}(1,0,2,0,-1)^T = (0,0,0,0,0)^T \\
\mathbf{u}_4 &:= \mathbf{v}_4 - \langle \mathbf{v}_4, \mathbf{w}_1\rangle\, \mathbf{w}_1 - \langle \mathbf{v}_4, \mathbf{w}_2\rangle\, \mathbf{w}_2 \\
&= (0,0,0,1,0)^T - 0\cdot\frac{1}{\sqrt{2}}(1,0,0,0,1)^T - 0\cdot\frac{1}{\sqrt{6}}(1,0,2,0,-1)^T = (0,0,0,1,0)^T \\
\mathbf{w}_4 &:= \frac{\mathbf{u}_4}{||\mathbf{u}_4||} = \mathbf{u}_4
\end{aligned}$$

Damit ist $(\mathbf{w}_1, \mathbf{w}_2, \mathbf{w}_4)$ Orthonormalbasis von $V$. Außerdem gilt $\mathbf{v}_3 = \langle \mathbf{v}_3, \mathbf{w}_1\rangle\, \mathbf{w}_1 - \langle \mathbf{v}_3, \mathbf{w}_2\rangle\, \mathbf{w}_2$, d.h. $\mathbf{v}_3 \in \text{Spann}(\mathbf{w}_1, \mathbf{w}_2)$.

b) Nein, denn

$$\begin{aligned}
\mathbf{u}_5 &:= \mathbf{v}_5 - \langle \mathbf{v}_5, \mathbf{w}_1\rangle\, \mathbf{w}_1 - \langle \mathbf{v}_5, \mathbf{w}_2\rangle\, \mathbf{w}_2 - \langle \mathbf{v}_5, \mathbf{w}_4\rangle\, \mathbf{w}_4 \\
&= (0,1,0,1,0)^T - 0\cdot\frac{1}{\sqrt{2}}(1,0,0,0,1)^T - 0\cdot\frac{1}{\sqrt{6}}(1,0,2,0,-1)^T - (0,0,0,1,0)^T \\
&= (0,1,0,0,0)^T \in V^\perp.
\end{aligned}$$

**Lösung 5.2.4**

Die Vektoren werden zeilenweise notiert. Durch Zeilenumformungen nach dem Gaußschen Eliminationsverfahren versucht man, in den unteren Zeilen Nullzeilen zu erzeugen:

$$\left\{\begin{array}{llllll}
(1, & 0, & 1, & 0) & = \mathbf{v}_1^T \\
(1, & 1, & 1, & 1) & = \mathbf{v}_2^T \\
(1, & 1, & 2, & 2) & = \mathbf{v}_3^T \\
(0, & 1, & -1, & 0) & = \mathbf{v}_4^T
\end{array}\right\} \Rightarrow \left\{\begin{array}{llllll}
(1, & 0, & 1, & 0) & = \mathbf{v}_1^T \\
(0, & 1, & 0, & 1) & = \mathbf{v}_2^T - \mathbf{v}_1^T \\
(0, & 1, & 1, & 2) & = \mathbf{v}_3^T - \mathbf{v}_1^T \\
(0, & 1, & -1, & 0) & = \mathbf{v}_4^T
\end{array}\right\}$$

$$\Rightarrow \left\{\begin{array}{llllll}
(1, & 0, & 1, & 0) & = \mathbf{v}_1^T \\
(0, & 1, & 0, & 1) & = \mathbf{v}_2^T - \mathbf{v}_1^T \\
(0, & 0, & 1, & 1) & = \mathbf{v}_3^T - \mathbf{v}_2^T \\
(0, & 0, & 0, & 0) & = \mathbf{v}_4^T + \mathbf{v}_3^T - 2\mathbf{v}_2^T + \mathbf{v}_1^T
\end{array}\right\} \Rightarrow \dim W = 3$$

Als Basis von $W$ können $\tilde{\mathbf{v}}_1 = (1,0,1,0)^T$, $\tilde{\mathbf{v}}_2 = (0,1,0,1)^T$ und $\tilde{\mathbf{v}}_3 = (0,0,1,1)^T$ genommen werden. Gram-Schmidt-Orthonormalisierung:

$$\begin{aligned}
\mathbf{w}_1 &:= \frac{\tilde{\mathbf{v}}_1}{||\tilde{\mathbf{v}}_1||} = \frac{1}{\sqrt{2}}(1,0,1,0)^T \\
\mathbf{u}_2 &:= \tilde{\mathbf{v}}_2 - \langle \tilde{\mathbf{v}}_2, \mathbf{w}_1\rangle\, \mathbf{w}_1 = (0,1,0,1)^T - 0\cdot\frac{1}{\sqrt{2}}(1,0,1,0)^T = (0,1,0,1)^T \\
\mathbf{w}_2 &:= \frac{\mathbf{u}_2}{||\mathbf{u}_2||} = \frac{1}{\sqrt{2}}(0,1,0,1)^T \\
\mathbf{u}_3 &:= \tilde{\mathbf{v}}_3 - \langle \tilde{\mathbf{v}}_3, \mathbf{w}_1\rangle\, \mathbf{w}_1 - \langle \tilde{\mathbf{v}}_3, \mathbf{w}_2\rangle\, \mathbf{w}_2 = (0,0,1,1)^T - \frac{1}{2}(1,0,1,0)^T - \frac{1}{2}(0,1,0,1)^T \\
&= \frac{1}{2}(-1,-1,1,1)^T \\
\mathbf{w}_3 &:= \frac{\mathbf{u}_3}{||\mathbf{u}_3||} = \mathbf{u}_3
\end{aligned}$$

Als Orthonormalbasis von $W$ können $\mathbf{w}_1, \mathbf{w}_2$ und $\mathbf{w}_3$ genommen werden. Die orthogonale Projektion auf $W$ lautet:

$$\mathbf{P} = \sum_{i=1}^{3} \mathbf{w}_i \mathbf{w}_i^T = \frac{1}{4} \begin{pmatrix} 3 & 1 & 1 & -1 \\ 1 & 3 & -1 & 1 \\ 1 & -1 & 3 & 1 \\ -1 & 1 & 1 & 3 \end{pmatrix}.$$

Die orthogonale Projektion auf $W^\perp$ lautet:

$$\mathbf{Q} = \mathbf{I} - \mathbf{P} = \frac{1}{4} \begin{pmatrix} 1 & -1 & -1 & 1 \\ -1 & 1 & 1 & -1 \\ -1 & 1 & 1 & -1 \\ 1 & -1 & -1 & 1 \end{pmatrix}, \quad \min_{\mathbf{w}\in W} ||\mathbf{x} - \mathbf{w}||_2 = ||\mathbf{x} - \mathbf{P}\mathbf{x}||_2 = \frac{1}{2}.$$

**Lösung 5.2.5**

a) Da $m \le n$, gilt per Definition rang $\mathbf{A} = m$ genau dann, wenn die Spaltenvektoren $\mathbf{v}_1, \ldots, \mathbf{v}_m$ linear unabhängig sind. Zu zeigen ist also: $\mathbf{v}_1, \ldots, \mathbf{v}_m$ linear unabhängig $\Leftrightarrow \mathbf{A}^T\mathbf{A}$ regulär.

(i) $\mathbf{v}_1, \ldots, \mathbf{v}_m$ linear unabhängig $\Rightarrow \mathbf{A}^T\mathbf{A}$ ist regulär:
$\mathbf{A}^T\mathbf{A}\mathbf{x} = \mathbf{0} \Rightarrow \mathbf{x}^T\mathbf{A}^T\mathbf{A}\mathbf{x} = 0 \Rightarrow \langle \mathbf{A}\mathbf{x}, \mathbf{A}\mathbf{x}\rangle = 0 \Rightarrow ||\mathbf{A}\mathbf{x}|| = 0 \Rightarrow \mathbf{A}\mathbf{x} = \mathbf{0} \Rightarrow \mathbf{x} = \mathbf{0}$

(ii) $\mathbf{A}^T\mathbf{A}$ ist regulär $\Rightarrow \mathbf{v}_1, \ldots, \mathbf{v}_m$ linear unabhängig: $\quad \mathbf{A}\mathbf{x} = \mathbf{0} \quad \Rightarrow \quad \mathbf{A}^T\mathbf{A}\mathbf{x} = \mathbf{0} \quad \Rightarrow \quad \mathbf{x} = \mathbf{0}$

b) Es sei $P$ die orthogonale Projektion des $\mathbb{R}^n$ auf $W$. Für $\mathbf{x} \in \mathbb{R}^n$ folgt $P(\mathbf{x}) \in W$ und $\mathbf{x} - P(\mathbf{x}) \in W^\perp$.

$$\begin{aligned} P(\mathbf{x}) \in W \quad &\Rightarrow \quad P(\mathbf{x}) = \sum_{i=1}^{m} \lambda_i \mathbf{v}_i = \mathbf{A} \begin{pmatrix} y_1 \\ \vdots \\ y_n \end{pmatrix} =: \mathbf{A}\mathbf{y} \\ \mathbf{x} - P(\mathbf{x}) \in W^\perp \quad &\Rightarrow \quad \langle \mathbf{v}_i, \mathbf{x} - P(\mathbf{x})\rangle = 0 \quad \text{für} \quad i = 1, \cdots, m \\ &\Rightarrow \quad \mathbf{v}_i^T(\mathbf{x} - \mathbf{A}\mathbf{y}) = 0 \quad \text{für} \quad i = 1, \cdots, m \Rightarrow \begin{pmatrix} \mathbf{v}_1^T(\mathbf{x} - \mathbf{A}\mathbf{y}) \\ \vdots \\ \mathbf{v}_n^T(\mathbf{x} - \mathbf{A}\mathbf{y}) \end{pmatrix} = \mathbf{0} \\ &\Rightarrow \quad \mathbf{A}^T(\mathbf{x} - \mathbf{A}\mathbf{y}) = \mathbf{0} \Rightarrow \mathbf{y} = (\mathbf{A}^T\mathbf{A})^{-1}\mathbf{A}^T\mathbf{x} \\ &\Rightarrow \quad P(\mathbf{x}) = \mathbf{A}\mathbf{y} = \mathbf{A}(\mathbf{A}^T\mathbf{A})^{-1}\mathbf{A}^T\mathbf{x} \end{aligned}$$

c) Zunächst ergibt sich die Projektion auf $Z$ nach b) durch: $\mathbf{Q} = \mathbf{v}_3(\mathbf{v}_3^T\mathbf{v}_3)^{-1}\mathbf{v}_3^T = \frac{1}{3}\begin{pmatrix} 1 & 1 & 1 \\ 1 & 1 & 1 \\ 1 & 1 & 1 \end{pmatrix}$.

Ein Blick auf die Vektoren ergibt $Z = W^\perp$. Damit erhält man die orthogonale Projektion auf $W$ nach dem Projektionssatz (5.2.12) durch:

$$\mathbf{P} = \mathbf{I} - \mathbf{Q} = \frac{1}{3} \begin{pmatrix} 2 & -1 & -1 \\ -1 & 2 & -1 \\ -1 & -1 & 2 \end{pmatrix}.$$

**Lösung 5.2.6**

Gegeben sei der Polynomraum $\Pi_{20}$ mit folgendem Skalarprodukt und zugehöriger Norm:

$$\langle p, q\rangle := \int_{-1}^{1} p(t)q(t)\,\mathrm{d}t \quad \text{und} \quad ||p|| := \sqrt{\langle p, p\rangle}.$$

Gesucht ist dann dasjenige Polynom $a + bt \in \Pi_1$, das $t^{20}$ im Sinne der obigen Norm am besten approximiert. Es gilt also $a + bt - t^{20} \perp \Pi_1 = \text{Spann}(1, t) \Leftrightarrow \langle 1, a + bt - t^{20}\rangle = 0$ und $\langle t, a + bt - t^{20}\rangle = 0$

$$\Leftrightarrow \quad \begin{pmatrix} \int_{-1}^{1} 1 \cdot 1\,\mathrm{d}t & \int_{-1}^{1} 1 \cdot t\,\mathrm{d}t \\ \int_{-1}^{1} t \cdot 1\,\mathrm{d}t & \int_{-1}^{1} t \cdot t\,\mathrm{d}t \end{pmatrix} \begin{pmatrix} a \\ b \end{pmatrix} = \begin{pmatrix} \int_{-1}^{1} 1 \cdot t^{20}\,\mathrm{d}t \\ \int_{-1}^{1} t \cdot t^{20}\,\mathrm{d}t \end{pmatrix}$$

$$\Rightarrow \begin{pmatrix} 2 & 0 \\ 0 & \frac{2}{3} \end{pmatrix} \begin{pmatrix} a \\ b \end{pmatrix} = \begin{pmatrix} 2 \\ \frac{2}{21} \\ 0 \end{pmatrix} \Rightarrow \begin{pmatrix} a \\ b \end{pmatrix} = \begin{pmatrix} 1 \\ \frac{1}{21} \\ 0 \end{pmatrix}.$$

**Lösung 5.2.7**

a) $p(t) := a+bt+ct^2 \in W^\perp \Rightarrow 0 = \langle p(t), t^2+1\rangle = \int_0^1 (a+bt+ct^2)(t^2+1)\,\mathrm{d}t = \frac{4}{3}a + \frac{3}{4}b + \frac{8}{15}c.$

Diese Gleichung ist für $c = -\frac{5}{2}a - \frac{45}{32}b$ erfüllt. Damit ist

$$p(t) = a + bt + \left(-\frac{5}{2}a - \frac{45}{32}b\right)t^2 = a\left(1 - \frac{5}{2}t^2\right) + b\left(t - \frac{45}{32}t^2\right).$$

Also gilt $W^\perp = \operatorname{Spann}\left(1 - \frac{5}{2}t^2, t - \frac{45}{32}t^2\right)$.

b) Gram-Schmidt-Orthonormalisierung:

$$\begin{aligned}
q_1 &:= \frac{p_1}{\|p_1\|} = 1, \\
\tilde{q}_2 &:= p_2 - \langle p_2, q_1\rangle\, q_1 = t - \int_0^1 t\cdot 1\,\mathrm{d}t \cdot 1 = t - \frac{1}{2}, \\
q_2 &:= \frac{\tilde{q}_2}{\|\tilde{q}_2\|} = \frac{t-1/2}{\sqrt{\int_0^1 (t-1/2)^2\,\mathrm{d}t}} = \sqrt{3}(2t-1), \\
\tilde{q}_3 &:= p_3 - \langle p_3, q_1\rangle\, q_1 - \langle p_3, q_2\rangle\, q_2 \\
&= t^2 - \int_0^1 t^2\cdot 1\,\mathrm{d}t\cdot 1 - \int_0^1 t^2\sqrt{3}(2t-1)\,\mathrm{d}t \cdot \sqrt{3}(2t-1) = \frac{1}{6} - t + t^2, \\
q_3 &:= \frac{\tilde{q}_3}{\|\tilde{q}_3\|} = \frac{1/6 - t + t^2}{\sqrt{\int_0^1 (1/6 - t + t^2)^2\,\mathrm{d}t}} = \sqrt{5}(6t^2 - 6t + 1).
\end{aligned}$$

Die Polynome $q_1 = 1$, $q_2 = \sqrt{3}(2t-1)$ und $q_3 = \sqrt{5}(6t^2 - 6t + 1)$ bilden also bezüglich des gegebenen Skalarproduktes eine Orthonormalbasis von $\Pi_2$.

## L.5.3 Orthogonale Transformationen

**Lösung 5.3.1**

$$\mathbf{A} \text{ symmetrisch } \Rightarrow \mathbf{A} = \begin{pmatrix} 1/3 & 2/3 & 2/3 \\ 2/3 & a_1 & a_2 \\ 2/3 & a_2 & a_3 \end{pmatrix}; \quad \mathbf{A} \text{ orthogonal}$$

$$\Rightarrow \mathbf{I} = \mathbf{A}^T\mathbf{A} = \begin{pmatrix} 1 & 2/3(1/3 + a_1 + a_2) & 2/3(1/3 + a_2 + a_3) \\ 2/3(1/3 + a_1 + a_2) & 4/9 + a_1^2 + a_2^2 & 4/9 + a_1a_2 + a_2a_3 \\ 2/3(1/3 + a_2 + a_3) & 4/9 + a_1a_2 + a_2a_3 & 4/9 + a_2^2 + a_3^2 \end{pmatrix}$$

Man erhält damit zwei lineare und drei quadratische Gleichungen. Die beiden linearen Gleichungssysteme $2/3(1/3 + a_1 + a_2) = 0$ und $2/3(1/3 + a_2 + a_3) = 0$ besitzen die Lösung $(a_1, a_2, a_3) = 1/3(-1-\lambda, \lambda, -1-\lambda)$ mit $\lambda \in \mathbb{R}$. Eingesetzt in die quadratische Gleichung $4/9 + a_1^2 + a_2^2 = 1$ oder $4/9 + a_2^2 + a_3^2 = 1$ ergeben sich die Lösungen $\lambda = 1$ und $\lambda = -2$. Beide Lösungen erfüllen auch die letzte der quadratischen Gleichungen $4/9 + a_1a_2 + a_2a_3 = 0$.

Damit ergeben sich die zwei Lösungen der Aufgabe

$$\mathbf{A}_1 = \frac{1}{3}\begin{pmatrix} 1 & 2 & 2 \\ 2 & -2 & 1 \\ 2 & 1 & -2 \end{pmatrix} \quad \text{und} \quad \mathbf{A}_2 = \frac{1}{3}\begin{pmatrix} 1 & 2 & 2 \\ 2 & 1 & -2 \\ 2 & -2 & 1 \end{pmatrix}.$$

**Lösung 5.3.2**

a) Wegen $\mathbf{B}^T\mathbf{B} = 5\mathbf{I}$ ist $\mathbf{B}$ nicht orthogonal und damit keine Drehung. Es gilt $\mathbf{A}^T\mathbf{A} = \mathbf{I}$, $\mathbf{C}^T\mathbf{C} = \mathbf{I}$, $\det\mathbf{A} = -1$ und $\det\mathbf{C} = 1$, daher ist $\mathbf{A}$ eine Spiegelung und $\mathbf{C}$ eine Drehung.

b) Wegen $\mathbf{D}^T\mathbf{D} = \mathbf{I}$ und $\det\mathbf{D} = 1$ ist $\mathbf{D}$ eine Drehung. Die Drehachse erfüllt die Bedingung $\mathbf{Dd} = \mathbf{d} \Leftrightarrow (\mathbf{D}-\mathbf{I})\mathbf{d} = \mathbf{0}$

$$\Rightarrow \left(\begin{array}{ccc|c} -1 & 1 & -4 & 0 \\ 4 & -13 & 7 & 0 \\ -1 & -8 & -13 & 0 \end{array}\right) \rightarrow \left(\begin{array}{ccc|c} -1 & 1 & -4 & 0 \\ 0 & -9 & -9 & 0 \\ 0 & 0 & 0 & 0 \end{array}\right).$$

Die Drehachse wird also durch $\mathbf{d} = (-5,-1,1)^T$ erzeugt. Zur Bestimmung des Drehwinkels $\varphi$ wird ein vom Nullvektor verschiedener Vektor $\mathbf{v}$ gewählt, der senkrecht auf der Drehachse steht, beispielsweise $\mathbf{v} = (0,1,1)^T$. Dann ist

$$\cos\varphi = \frac{\langle \mathbf{v}, \mathbf{Dv}\rangle}{||\mathbf{v}||\cdot||\mathbf{Dv}||} = \frac{\left\langle \begin{pmatrix} 0 \\ 1 \\ 1 \end{pmatrix}, \frac{1}{3}\begin{pmatrix} -1 \\ 1 \\ -4 \end{pmatrix} \right\rangle}{\sqrt{2}\cdot\frac{1}{3}\sqrt{18}} = -\frac{1}{2} \quad \Rightarrow \quad \varphi = \pm\frac{2}{3}\pi.$$

**Lösung 5.3.3**

a) $$\mathbf{w}_1 = \frac{1}{\sqrt{3}}\begin{pmatrix} 1 \\ 1 \\ -1 \end{pmatrix}, \quad \mathbf{w}_2 = \frac{1}{\sqrt{2}}\begin{pmatrix} 1 \\ 0 \\ 1 \end{pmatrix}, \quad \mathbf{w}_3 = \mathbf{w}_1 \times \mathbf{w}_2 = \frac{1}{\sqrt{6}}\begin{pmatrix} 1 \\ -2 \\ -1 \end{pmatrix}$$

b) $$\mathbf{A} = \begin{pmatrix} 1 & 0 & 0 \\ 0 & \cos\pi/2 & -\sin\pi/2 \\ 0 & \sin\pi/2 & \cos\pi/2 \end{pmatrix} = \begin{pmatrix} 1 & 0 & 0 \\ 0 & 0 & -1 \\ 0 & 1 & 0 \end{pmatrix}$$

c) Die Matrix des Basiswechsels $(\mathbf{w}_k) \rightarrow (\mathbf{e}_j)$ ist $\mathbf{S}^{-1} = (\mathbf{w}_1|\mathbf{w}_2|\mathbf{w}_3)$. Wegen der Orthogonalität ist $\mathbf{S} = \mathbf{S}^{-T}$, also

$$\mathbf{S} = \begin{pmatrix} \frac{1}{\sqrt{3}} & \frac{1}{\sqrt{3}} & -\frac{1}{\sqrt{3}} \\ \frac{1}{\sqrt{2}} & 0 & \frac{1}{\sqrt{2}} \\ \frac{1}{\sqrt{6}} & -\frac{2}{\sqrt{6}} & -\frac{1}{\sqrt{6}} \end{pmatrix} \quad \text{und} \quad \mathbf{S}^T = \mathbf{S}^{-1} = \begin{pmatrix} \frac{1}{\sqrt{3}} & \frac{1}{\sqrt{2}} & \frac{1}{\sqrt{6}} \\ \frac{1}{\sqrt{3}} & 0 & -\frac{2}{\sqrt{6}} \\ -\frac{1}{\sqrt{3}} & \frac{1}{\sqrt{2}} & -\frac{1}{\sqrt{6}} \end{pmatrix}.$$

d) $$\mathbf{B} = \mathbf{S}^T\mathbf{AS} = \frac{1}{3}\begin{pmatrix} 1 & 1+\sqrt{3} & -1+\sqrt{3} \\ 1-\sqrt{3} & 1 & -1-\sqrt{3} \\ -1-\sqrt{3} & -1+\sqrt{3} & 1 \end{pmatrix}$$

**Lösung 5.3.4**

Die die linearen Abbildungen $T_i$ darstellenden Matrizen werden mit $\mathbf{T}_i$ bezeichnet. Wegen $\mathbf{T}_1^T\mathbf{T}_1 = \mathbf{I}$ und $\det\mathbf{T}_1 = 1$ ist $T_1$ eine Drehung. Die Drehachse erfüllt die Bedingung $\mathbf{T}_1\mathbf{v} = \mathbf{v} \Leftrightarrow (\mathbf{T}_1 - \mathbf{I})\mathbf{v} = \mathbf{0}$

$$\Rightarrow \left(\begin{array}{ccc|c} -10 & 10 & 10 & 0 \\ -2 & -4 & -10 & 0 \\ -14 & 2 & -10 & 0 \end{array}\right) \rightarrow \left(\begin{array}{ccc|c} -10 & 10 & 10 & 0 \\ 0 & -6 & -12 & 0 \\ 0 & 0 & 0 & 0 \end{array}\right).$$

Die Drehachse wird also durch $\mathbf{v} = (1,2,-1)^T$ erzeugt. Zur Bestimmung des Drehwinkels $\varphi$ wird ein vom Nullvektor verschiedener Vektor $\mathbf{w}$ gewählt, der senkrecht auf der Drehachse steht, beispielsweise $\mathbf{w} = (1,0,1)^T$. Dann ist

$$\cos\varphi = \frac{\langle \mathbf{w}, T_1(\mathbf{w})\rangle}{||\mathbf{w}||\cdot||T_1(\mathbf{w})||} = \frac{\left\langle \begin{pmatrix} 1 \\ 0 \\ 1 \end{pmatrix}, \frac{1}{15}\begin{pmatrix} 15 \\ -12 \\ -9 \end{pmatrix} \right\rangle}{\sqrt{2}\cdot\sqrt{2}} = \frac{1}{5} \Rightarrow \varphi = \pm 78.46^\circ \ldots$$

Wegen $\mathbf{T}_2^T\mathbf{T}_2 = \mathbf{I}$ und $\det \mathbf{T}_2 = -1$ ist $T_2$ eine Umlegung. Eine reine Spiegelung liegt nur dann vor, wenn es eine Ebene $E$ gibt, so dass für alle $\mathbf{v} \in E$ gilt $\mathbf{T}_2\mathbf{v} = \mathbf{v} \Leftrightarrow (\mathbf{T}_2 - \mathbf{I})\mathbf{v} = \mathbf{0}$

$$\Rightarrow \quad \left(\begin{array}{ccc|c} -8 & -4 & 8 & 0 \\ -4 & -2 & 4 & 0 \\ 8 & 4 & -8 & 0 \end{array}\right) \to \left(\begin{array}{ccc|c} -8 & -4 & 8 & 0 \\ 0 & 0 & 0 & 0 \\ 0 & 0 & 0 & 0 \end{array}\right).$$

Damit liegt eine reine Spiegelung vor, wobei die Spiegelebene die Hessesche Normalform

$\frac{2}{3}v_1 + \frac{1}{3}v_2 - \frac{2}{3}v_3 = 0$ besitzt.

**Lösung 5.3.5**

Für den Ansatz $\mathbf{Ha} = \alpha\mathbf{e}_1$ kommt aufgrund der Orthogonalität von $\mathbf{H}$,

die $3 = ||\mathbf{a}|| = ||\mathbf{Ha}|| = ||\alpha\mathbf{e}_1|| = |\alpha|$ ergibt, nur $\alpha = \pm||\mathbf{a}|| = \pm 3$ in Frage.

Die Hyperebene, an der die Householder-Matrix $\mathbf{H}$ spiegelt, ist gerade der Orthogonalraum zu $\mathbf{w}$, denn es gilt $\mathbf{Hw} = -\mathbf{w}$ und $\mathbf{Hv} = \mathbf{v}$ für alle $\mathbf{v} \in \mathbb{R}^4$ mit $\mathbf{w}^T\mathbf{v} = 0$. Da auch der Vektor $\mathbf{u} := \mathbf{a} - \mathbf{Ha} = \mathbf{a} - \alpha\mathbf{e}_1 = \mathbf{a} \mp 3\mathbf{e}_1$ senkrecht zur Hyperebene steht, gibt es zwei mögliche Hyperebenen, deren Normalenvektoren $\mathbf{w}_i$, $i = 1, 2$ sich durch Normierung aus $\mathbf{u}$ berechnen lassen:

$$\mathbf{w}_1 = \pm\frac{\mathbf{a} - 3\mathbf{e}_1}{||\mathbf{a} - 3\mathbf{e}_1||} = \pm\frac{1}{\sqrt{3}}\begin{pmatrix} -1 \\ 1 \\ 0 \\ 1 \end{pmatrix} \quad \text{und} \quad \mathbf{w}_2 = \pm\frac{\mathbf{a} + 3\mathbf{e}_1}{||\mathbf{a} + 3\mathbf{e}_1||} = \pm\frac{1}{\sqrt{6}}\begin{pmatrix} 2 \\ 1 \\ 0 \\ 1 \end{pmatrix}.$$

Dies führt auf die beiden Householder-Matrizen $\mathbf{H}_i = \mathbf{I}_4 - 2\mathbf{w}_i\mathbf{w}_i^T$ mit $\mathbf{H}_1\mathbf{a} = 3\mathbf{e}_1$ und $\mathbf{H}_2\mathbf{a} = -3\mathbf{e}_1$:

$$\mathbf{H}_1 = \frac{1}{3}\begin{pmatrix} 1 & 2 & 0 & 2 \\ 2 & 1 & 0 & -2 \\ 0 & 0 & 3 & 0 \\ 2 & -2 & 0 & 1 \end{pmatrix} \quad \text{und} \quad \mathbf{H}_2 = \frac{1}{3}\begin{pmatrix} -1 & -2 & 0 & -2 \\ -2 & 2 & 0 & -1 \\ 0 & 0 & 3 & 0 \\ -2 & -1 & 0 & 2 \end{pmatrix}.$$

**Lösung 5.3.6**

a) Householder-Matrizen sind Längen erhaltend. Da $||\mathbf{a}|| = 5 = ||\mathbf{b}||$ gilt, wird es also eine solche Householder-Matrix $\mathbf{H} = \mathbf{I} - 2\mathbf{w}\mathbf{w}^T$ mit $||\mathbf{w}|| = 1$ geben. Die Hyperebene, an der die Householder-Matrix $\mathbf{H}$ spiegelt, ist der Orthogonalraum zu $\mathbf{w}$, denn es gilt $\mathbf{Hw} = -\mathbf{w}$ und $\mathbf{Hv} = \mathbf{v}$ für alle $\mathbf{v} \in \mathbb{R}^6$ mit $\mathbf{w}^T\mathbf{v} = 0$. Da der Vektor $\mathbf{a} - \mathbf{Ha} = \mathbf{a} - \mathbf{b}$ senkrecht zur Hyperebene steht, ergibt sich der Normalenvektoren $\mathbf{w}$ der Ebene durch Normierung

$$\mathbf{w} = \pm\frac{\mathbf{a} - \mathbf{b}}{||\mathbf{a} - \mathbf{b}||} = \pm\frac{1}{2\sqrt{2}}(-1, 0, 2, 1, 1, 1)^T.$$

Dies führt auf die Householder-Matrix

$$\mathbf{H} = \frac{1}{4}\begin{pmatrix} 3 & 0 & 2 & 1 & 1 & 1 \\ 0 & 4 & 0 & 0 & 0 & 0 \\ 2 & 0 & 0 & -2 & -2 & -2 \\ 1 & 0 & -2 & 3 & -1 & -1 \\ 1 & 0 & -2 & -1 & 3 & -1 \\ 1 & 0 & -2 & -1 & -1 & 3 \end{pmatrix}.$$

b) Zufällig liegt $\mathbf{e}_2$ in der Hyperebene von $\mathbf{H}$, denn $\mathbf{w}^T\mathbf{e}_2 = 0$. Also gilt $\mathbf{He}_2 = \mathbf{e}_2$ und $\mathbf{x} = \mathbf{e}_2$ ist die Lösung. Wäre dies nicht der Fall, so ist allgemein $\mathbf{x} = \mathbf{H}^T\mathbf{e}_2 = \mathbf{He}_2$ die Lösung.

**Lösung 5.3.7**

a) Mit $\mathbf{H}_w := -\mathbf{D}_w$ werde die $\mathbf{D}_w$ zugeordnete Householder-Matrix bezeichnet. $\mathbf{D}_w$ ist eine Drehung, denn es gilt $\mathbf{D}_w^T\mathbf{D}_w = (-\mathbf{H}_w^T)(-\mathbf{H}_w) = \mathbf{H}_w^T\mathbf{H}_w = \mathbf{I}_3$ und

$\det \mathbf{D}_w = \det(-\mathbf{H}_w) = (-1)^3 \det \mathbf{H}_w = (-1)^3(-1) = 1$ (vgl. Aufgabe 4.5.12 c)).

Die Drehachse ist gegeben durch $\mathbf{w}$, denn $\mathbf{D}_w\mathbf{w} = -(\mathbf{I}_3 - 2\mathbf{w}\mathbf{w}^T)\mathbf{w} = -\mathbf{w} + 2\mathbf{w}(\mathbf{w}^T\mathbf{w}) = \mathbf{w}$. Sei $\mathbf{v} \in \mathbb{R}^3$ mit $||\mathbf{v}|| = 1$ und $\mathbf{w}^T\mathbf{v} = 0$ gegeben, dann gilt $\mathbf{D}_w\mathbf{v} = -(\mathbf{I}_3 - 2\mathbf{w}\mathbf{w}^T)\mathbf{v} = -\mathbf{v}$, und der Drehwinkel wird berechnet durch

$$\cos\varphi = \frac{\langle \mathbf{v}, \mathbf{D}_w\mathbf{v}\rangle}{||\mathbf{v}|| \cdot ||\mathbf{D}_w\mathbf{v}||} = \frac{\langle \mathbf{v}, -\mathbf{v}\rangle}{1 \cdot 1} = -1 \Rightarrow \varphi = \pm\pi.$$

b) $\mathbf{D}_w\mathbf{a} = -(\mathbf{I}_3 - 2\mathbf{w}\mathbf{w}^T)\mathbf{a} = -\mathbf{a} + 2\frac{\mathbf{a}+\mathbf{b}}{||\mathbf{a}+\mathbf{b}||}\cdot\frac{\mathbf{a}^T+\mathbf{b}^T}{||\mathbf{a}+\mathbf{b}||}\mathbf{a} = -\mathbf{a} + (\mathbf{a}+\mathbf{b})\frac{2(\mathbf{a}^T+\mathbf{b}^T)\mathbf{a}}{\langle\mathbf{a}+\mathbf{b},\mathbf{a}+\mathbf{b}\rangle}$

$$= -\mathbf{a} + (\mathbf{a}+\mathbf{b})\frac{2\mathbf{a}^T\mathbf{a}+2\mathbf{b}^T\mathbf{a}}{\mathbf{a}^T\mathbf{a}+2\mathbf{b}^T\mathbf{a}+\mathbf{b}^T\mathbf{b}} = -\mathbf{a} + (\mathbf{a}+\mathbf{b})\frac{2\mathbf{a}^T\mathbf{a}+2\mathbf{b}^T\mathbf{a}}{2\mathbf{a}^T\mathbf{a}+2\mathbf{b}^T\mathbf{a}} = \mathbf{b}$$

c) Setze $\mathbf{b} = \alpha\mathbf{e}_3$, wegen $||\mathbf{a}|| = 3 = ||\mathbf{b}||$ ist $\alpha = \pm 3$. Damit gibt es die beiden Möglichkeiten

$$\mathbf{w}_1 = \frac{\mathbf{a}+3\mathbf{e}_3}{||\mathbf{a}+3\mathbf{e}_3||} = \frac{1}{\sqrt{3}}\begin{pmatrix}1\\1\\1\end{pmatrix} \quad \text{und} \quad \mathbf{w}_2 = \frac{\mathbf{a}-3\mathbf{e}_3}{||\mathbf{a}-3\mathbf{e}_3||} = \frac{1}{\sqrt{6}}\begin{pmatrix}1\\1\\-2\end{pmatrix}.$$

Dies führt auf die beiden Drehmatrizen $\mathbf{D}_1 = \frac{1}{3}\begin{pmatrix}-1 & 2 & 2\\ 2 & -1 & 2\\ 2 & 2 & -1\end{pmatrix}$ und

$\mathbf{D}_2 = \frac{1}{3}\begin{pmatrix}-2 & 1 & -2\\ 1 & -2 & -2\\ -2 & -2 & 1\end{pmatrix}$ mit $\mathbf{D}_1\mathbf{a} = 3\mathbf{e}_3$ und $\mathbf{D}_2\mathbf{a} = -3\mathbf{e}_3$.

# L.6 Lineare Ausgleichsprobleme

## L.6.1 Problemstellung, Normalgleichungen

### Lösung 6.1.1

a) Das zugehörige überbestimmte Gleichungssystem lautet $\mathbf{Ax} = \mathbf{b}$ mit

$$\mathbf{A} = \begin{pmatrix} 1 & -2 \\ 1 & -1 \\ 1 & 0 \\ 1 & 1 \\ 1 & 2 \end{pmatrix}, \quad \mathbf{x} = \begin{pmatrix} a_1 \\ a_2 \end{pmatrix} \quad \text{und} \quad \mathbf{b} = \begin{pmatrix} 2 \\ 3 \\ 3 \\ 4 \\ 3 \end{pmatrix}.$$

Die Normalgleichungen $\mathbf{A}^T\mathbf{Ax} = \mathbf{A}^T\mathbf{b}$ mit $\mathbf{A}^T\mathbf{A} = \begin{pmatrix} 5 & 0 \\ 0 & 10 \end{pmatrix}$ und $\mathbf{A}^T\mathbf{b} = \begin{pmatrix} 15 \\ 3 \end{pmatrix}$ führen zur Lösung $a_1 = 3$ und $a_2 = 0.3 \quad \Rightarrow \quad g(t) = 3 + \frac{3}{10}t$.

b) Das zugehörige überbestimmte Gleichungssystem lautet $\mathbf{Ax} = \mathbf{b}$ mit

$$\mathbf{A} = \begin{pmatrix} 1 & 4 \\ 1 & 1 \\ 1 & 0 \\ 1 & 1 \\ 1 & 4 \end{pmatrix}, \quad \mathbf{x} = \begin{pmatrix} b_1 \\ b_2 \end{pmatrix} \quad \text{und} \quad \mathbf{b} = \begin{pmatrix} 2 \\ 3 \\ 3 \\ 4 \\ 3 \end{pmatrix}.$$

Die Normalgleichungen $\mathbf{A}^T\mathbf{Ax} = \mathbf{A}^T\mathbf{b}$ mit $\mathbf{A}^T\mathbf{A} = \begin{pmatrix} 5 & 10 \\ 10 & 34 \end{pmatrix}$ und $\mathbf{A}^T\mathbf{b} = \begin{pmatrix} 15 \\ 27 \end{pmatrix}$ führen zur Lösung $a_1 = \frac{24}{7}$ und $a_2 = -\frac{3}{14} \quad \Rightarrow \quad p(t) = \frac{24}{7} - \frac{3}{14}t^2$.

### Lösung 6.1.2

a) Das zugehörige überbestimmte Gleichungssystem lautet $\mathbf{Ax} = \mathbf{b}$ mit

$$\mathbf{A} = \begin{pmatrix} -2 & 1 \\ -1 & 1 \\ 0 & 1 \\ 1 & 1 \end{pmatrix}, \quad \mathbf{x} = \begin{pmatrix} a \\ b \end{pmatrix} \quad \text{und} \quad \mathbf{b} = \begin{pmatrix} 2 \\ 0 \\ 1 \\ 2 \end{pmatrix}.$$

Die Normalgleichungen $\mathbf{A}^T\mathbf{Ax} = \mathbf{A}^T\mathbf{b}$ mit $\mathbf{A}^T\mathbf{A} = \begin{pmatrix} 6 & -2 \\ -2 & 4 \end{pmatrix}$ und $\mathbf{A}^T\mathbf{b} = \begin{pmatrix} -2 \\ 5 \end{pmatrix}$ führen zur Lösung $a = \frac{1}{10}$ und $b = \frac{13}{10} \quad \Rightarrow \quad y = \frac{1}{10}x + \frac{13}{10}$.

b) Das zugehörige überbestimmte Gleichungssystem lautet $\mathbf{Ax} = \mathbf{b}$ mit

$$\mathbf{A} = \begin{pmatrix} 1 & -4 & 16 \\ 1 & -2 & 4 \\ 1 & -1 & 1 \\ 1 & 1 & 1 \\ 1 & 2 & 4 \\ 1 & 4 & 16 \end{pmatrix}, \quad \mathbf{x} = \begin{pmatrix} a_1 \\ a_2 \\ a_3 \end{pmatrix} \quad \text{und} \quad \mathbf{b} = \begin{pmatrix} 3 \\ 2 \\ 1 \\ -1 \\ -2 \\ -3 \end{pmatrix}.$$

Die Normalgleichungen $\mathbf{A}^T\mathbf{Ax} = \mathbf{A}^T\mathbf{b}$ mit $\mathbf{A}^T\mathbf{A} = \begin{pmatrix} 6 & 0 & 42 \\ 0 & 42 & 0 \\ 42 & 0 & 546 \end{pmatrix}$ und $\mathbf{A}^T\mathbf{b} = \begin{pmatrix} 0 \\ -34 \\ 0 \end{pmatrix}$ führen zur Lösung $a_1 = 0$, $a_2 = -\frac{17}{21}$ und $a_3 = 0 \quad \Rightarrow \quad p(x) = -\frac{17}{21}x$.

*Aufgaben und Lösungen zu Mathematik für Ingenieure 1, 4.Aufl.*, R. Ansorge, H. J. Oberle, K. Rothe und Th. Sonar

ISBN: 978-3-527-40987-7

**Lösung 6.1.3**

Die Normalgleichungen $\mathbf{A}^T\mathbf{A}\mathbf{x} = \mathbf{A}^T\mathbf{b}$ lauten: $\begin{pmatrix} 166 & 188 \\ 188 & 214 \end{pmatrix}\mathbf{x} = \begin{pmatrix} 210 \\ 240 \end{pmatrix} \Rightarrow \mathbf{x} = \begin{pmatrix} -1 \\ 2 \end{pmatrix}$.

**Lösung 6.1.4**

Die Messpunkte für $N = 4$ lauten

| $t_i$ | 0 | 1 | 2 | 3 | 4 |
|---|---|---|---|---|---|
| $f_i$ | 1 | $\frac{1}{2}$ | $\frac{1}{3}$ | $\frac{1}{4}$ | $\frac{1}{5}$ |

Der Hinweis führt zu dem Ansatz $p(t) = c_0 + c_1 t + c_2 t(t-4) + c_3(t-4)t^2$. Forderung a) ergibt $p(0) = 1 \Rightarrow c_0 = 1$ und $p(4) = \frac{1}{5} \Rightarrow c_1 = -\frac{1}{5}$. Damit vereinfacht sich $p$ zu $p(t) = 1 - \frac{1}{5}t + c_2 t(t-4) + c_3(t-4)t^2$.

Es verbleibt das überbestimmte Gleichungssystem in den Unbekannten $c_2$ und $c_3$:

$$\left\{\begin{array}{ccccc} \frac{1}{2} & = & p(1) & = & 1 - \frac{1}{5} - 3c_2 - 3c_3 \\ \frac{1}{3} & = & p(2) & = & 1 - \frac{2}{5} - 4c_2 - 8c_3 \\ \frac{1}{4} & = & p(3) & = & 1 - \frac{3}{5} - 3c_2 - 9c_3 \end{array}\right\} \Leftrightarrow \begin{pmatrix} -3 & -3 \\ -4 & -8 \\ -3 & -9 \end{pmatrix}\begin{pmatrix} c_2 \\ c_3 \end{pmatrix} = \frac{1}{60}\begin{pmatrix} -18 \\ -16 \\ -9 \end{pmatrix}.$$

Die Forderung b) führt zu den Normalgleichungen $\begin{pmatrix} 34 & 68 \\ 68 & 154 \end{pmatrix}\begin{pmatrix} c_2 \\ c_3 \end{pmatrix} = \frac{1}{60}\begin{pmatrix} 145 \\ 263 \end{pmatrix}$ mit der Lösung $c_2 = \frac{247}{2040}$ und $c_3 = -\frac{1}{40} \Rightarrow p(t) = 1 - \frac{1}{5}t + \frac{247}{2040}t(t-4) - \frac{1}{40}(t-4)t^2$.

**Lösung 6.1.5**

Die Transformation ergibt die Ansatzfunktion $z(v) = av + b$ mit den Messwerten

| $v_i$ | 10 | 20 | 25 | 30 | 40 | 50 |
|---|---|---|---|---|---|---|
| $z_i$ | 0.4 | 0.5 | 0.56 | 2/3 | 0.74 | 0.84 |

Das zugehörige überbestimmte Gleichungssystem lautet $\mathbf{A}\mathbf{x} = \mathbf{b}$ mit

$$\mathbf{A} = \begin{pmatrix} 10 & 1 \\ 20 & 1 \\ 25 & 1 \\ 30 & 1 \\ 40 & 1 \\ 50 & 1 \end{pmatrix}, \quad \mathbf{x} = \begin{pmatrix} a \\ b \end{pmatrix} \quad \text{und} \quad \mathbf{b} = \begin{pmatrix} 0.4 \\ 0.5 \\ 0.56 \\ 2/3 \\ 0.74 \\ 0.84 \end{pmatrix}.$$

Die Normalgleichungen $\mathbf{A}^T\mathbf{A}\mathbf{x} = \mathbf{A}^T\mathbf{b}$ mit $\mathbf{A}^T\mathbf{A} = \begin{pmatrix} 6125 & 175 \\ 175 & 6 \end{pmatrix}$ und $\mathbf{A}^T\mathbf{b} = \begin{pmatrix} 120 \\ 3.71\overline{6} \end{pmatrix}$

ergeben $a = 0.011360\ldots$ und $b = 0.28813\ldots \Rightarrow s(v) \approx 0.011360v + 0.28813$.

$\mathbf{r} := \mathbf{A}\mathbf{x} - \mathbf{b} \approx (0.0017, 0.0153, 0.0121, -0.0377, -0.0075, 0.0161)^T \Rightarrow ||\mathbf{r}|| \approx 0.0461$.

## L.6.2 Die QR-Zerlegung

**Lösung 6.2.1**
1. Schritt: Es sei $\mathbf{A} = \mathbf{A}^{(1)} = (\mathbf{a}^1|\mathbf{a}^2) = (a_{ij})$.

Bestimme $\mathbf{H}^{(1)}$, so dass $\mathbf{a}^1$ auf den Vektor $-\text{sgn}(a_{1,1}) \cdot ||\mathbf{a}^1|| \cdot \mathbf{e}_1$ gespiegelt wird. Dies ist der Fall für $\mathbf{H}^{(1)} = \mathbf{I} - 2\mathbf{w}_1\mathbf{w}_1^T$ mit

$$\mathbf{w}_1 = \frac{\mathbf{a}^1 + \text{sgn}(a_{1,1}) \cdot ||\mathbf{a}^1|| \cdot \mathbf{e}_1}{|| \mathbf{a}^1 + \text{sgn}(a_{1,1}) \cdot ||\mathbf{a}^1|| \cdot \mathbf{e}_1 ||} = \frac{1}{\sqrt{30}} \begin{pmatrix} 5 \\ 1 \\ 2 \end{pmatrix}.$$

Berechne

$$\begin{aligned}
\mathbf{H}^{(1)}\mathbf{a}^2 &= \mathbf{a}^2 - 2\mathbf{w}_1(\mathbf{w}_1^T\mathbf{a}_2) = \begin{pmatrix} 0 \\ 4 \\ 1 \end{pmatrix} - \frac{2}{5}\begin{pmatrix} 5 \\ 1 \\ 2 \end{pmatrix} = \frac{1}{5}\begin{pmatrix} -10 \\ 18 \\ 1 \end{pmatrix}, \\
\mathbf{H}^{(1)}\mathbf{b} &= \mathbf{b} - 2\mathbf{w}_1(\mathbf{w}_1^T\mathbf{b}) = \begin{pmatrix} 2 \\ 5 \\ 3 \end{pmatrix} - \frac{7}{5}\begin{pmatrix} 5 \\ 1 \\ 2 \end{pmatrix} = \frac{1}{5}\begin{pmatrix} -25 \\ 18 \\ 1 \end{pmatrix}.
\end{aligned}$$

Das durch $\mathbf{H}^{(1)}$ transformierte Problem $||\mathbf{Ax} - \mathbf{b}|| = ||\mathbf{H}^{(1)}(\mathbf{Ax} - \mathbf{b})||$ =min! besitzt nach dem 1. Schritt also die Gestalt

$$\left\| \begin{pmatrix} -3 & -2 \\ 0 & \frac{18}{5} \\ 0 & \frac{1}{5} \end{pmatrix} \mathbf{x} - \begin{pmatrix} -5 \\ \frac{18}{5} \\ \frac{1}{5} \end{pmatrix} \right\| = \text{min!}$$

2. Schritt: Es sei $\mathbf{H}^{(1)}\mathbf{A} = \mathbf{A}^{(2)} = (\tilde{a}_{ij})$ und $\mathbf{H}^{(1)}\mathbf{b} = (\tilde{b}_1, \tilde{b}_2, \tilde{b}_3)^T$.

Bestimme $\mathbf{H}^{(2)}$, so dass

$$\mathbf{H}^{(2)} \begin{pmatrix} \tilde{a}_{2,2} \\ \tilde{a}_{2,3} \end{pmatrix} = -\text{sgn}(\tilde{a}_{2,2}) \cdot \left\| \begin{pmatrix} \tilde{a}_{2,2} \\ \tilde{a}_{2,3} \end{pmatrix} \right\| \cdot \mathbf{e}_1 = \begin{pmatrix} -\sqrt{13} \\ 0 \end{pmatrix}.$$

$\mathbf{H}^{(2)}$ muss hier nicht extra berechnet werden, denn zufällig ist $(\tilde{a}_{2,2}, \tilde{a}_{2,3}) = (\tilde{b}_2, \tilde{b}_3)$, und es gilt daher auch

$$\mathbf{H}^{(2)} \begin{pmatrix} \tilde{b}_2 \\ \tilde{b}_3 \end{pmatrix} = \begin{pmatrix} -\sqrt{13} \\ 0 \end{pmatrix}.$$

Das durch $\begin{pmatrix} 1 & \mathbf{0} \\ \mathbf{0} & \mathbf{H}^{(2)} \end{pmatrix} \cdot \mathbf{H}^{(1)}$ transformierte Problem besitzt nach dem 2. Schritt somit die Gestalt

$$\left\| \begin{pmatrix} -3 & -2 \\ 0 & -\sqrt{13} \\ 0 & 0 \end{pmatrix} \mathbf{x} - \begin{pmatrix} -5 \\ -\sqrt{13} \\ 0 \end{pmatrix} \right\| = \text{min!}$$

Das Ausgleichsproblems wird jetzt durch

$$\begin{pmatrix} -3 & -2 \\ 0 & -\sqrt{13} \end{pmatrix} \mathbf{x} = \begin{pmatrix} -5 \\ -\sqrt{13} \end{pmatrix},$$

also $\mathbf{x} = (1, 1)^T$, gelöst. Da die Norm des Residuums gleich 0 ist, lag hier kein echtes überbestimmtes Gleichungssystem vor.

**Lösung 6.2.2**

a) Die Normalgleichungen $\mathbf{A}^T\mathbf{A}\mathbf{x} = \mathbf{A}^T\mathbf{b}$ lauten:

$$\begin{pmatrix} 2 & 1 & 2 \\ 1 & 2 & 0 \\ 2 & 0 & 5 \end{pmatrix} \mathbf{x} = \begin{pmatrix} 7 \\ -7 \\ 21 \end{pmatrix} \quad \Rightarrow \quad \mathbf{x} = \begin{pmatrix} 3 \\ -5 \\ 3 \end{pmatrix}.$$

Für das Residuum ergibt sich $||(2, 2, -4, -2)^T|| = \sqrt{28} \approx 5.292$.

b) Nach dem Algorithmus für die QR-Zerlegung im Lehrbuch (6.2.6)–(6.2.8) erhält man in drei Schritten mit den Householder-Matrizen $\mathbf{H}^{(i)}$, $i = 1, 2, 3$, oberer Dreiecksform durch

$$\mathbf{H}^{(3)} \cdot \mathbf{H}^{(2)} \cdot \mathbf{H}^{(1)} \cdot \mathbf{A} = \begin{pmatrix} \mathbf{R} \\ \mathbf{0} \end{pmatrix}$$

$$= \begin{pmatrix} 1 & 0 & 0 & 0 \\ 0 & 1 & 0 & 0 \\ 0 & 0 & -0.655 & 0.756 \\ 0 & 0 & 0.756 & 0.655 \end{pmatrix} \cdot \begin{pmatrix} 1 & 0 & 0 & 0 \\ 0 & -0.817 & 0 & -0.577 \\ 0 & 0 & 1 & 0 \\ 0 & -0.577 & 0 & 0.817 \end{pmatrix}$$

$$\cdot \begin{pmatrix} -0.707 & 0 & 0 & -0.707 \\ 0 & 1 & 0 & 0 \\ 0 & 0 & 1 & 0 \\ -0.707 & 0 & 0 & 0.707 \end{pmatrix} \cdot \mathbf{A} = \begin{pmatrix} -1.414 & -0.707 & -1.414 \\ 0 & -1.225 & 0.816 \\ 0 & 0 & -1.529 \\ 0 & 0 & 0 \end{pmatrix}.$$

Die rechte Seite wird transformiert in

$$\mathbf{H}^{(3)} \cdot \mathbf{H}^{(2)} \cdot \mathbf{H}^{(1)} \cdot \mathbf{b} = \begin{pmatrix} \mathbf{b}^{(1)} \\ b^{(2)} \end{pmatrix} = (-4.949, 8.575, -4.574, 5.320)^T.$$

Aus $\mathbf{R}\mathbf{x} = \mathbf{b}^{(1)}$ ergibt sich die Lösung $\mathbf{x} \approx (3.013, -5.008, 2.991)^T$. Die Norm des Residuums ist $|b^{(2)}| = 5.320$.

# L.7 Eigenwerttheorie für Matrizen

## L.7.1 Eigenwerte und Eigenvektoren

**Lösung 7.1.1**

a) $p_{\mathbf{A}}(\lambda) = (i-\lambda)(10-\lambda)((2-\lambda)(1-\lambda)-12) = (\lambda+2)(\lambda-5)(\lambda-10)(\lambda-i)$
$\Rightarrow \quad \lambda_1 = -2, \quad \lambda_2 = 5, \quad \lambda_3 = 10$ und $\lambda_4 = i$.

$p_{\mathbf{B}}(\lambda) = (\lambda+1)^2(\lambda-1)^2 \quad \Rightarrow \quad \lambda_{1,2} = -1, \quad \lambda_{3,4} = 1$

$$p_{\mathbf{C}}(\lambda) = \begin{vmatrix} 1-\lambda & 3 \\ 2 & -\lambda \end{vmatrix} \cdot \begin{vmatrix} 3-\lambda & 2 \\ 2 & -\lambda \end{vmatrix} = ((1-\lambda)(-\lambda)-6)((3-\lambda)(-\lambda)-4)$$

$$= (\lambda+2)(\lambda+1)(\lambda-3)(\lambda-4) \quad \Rightarrow \quad \lambda_1 = -2, \quad \lambda_2 = -1, \quad \lambda_3 = 3 \text{ und } \lambda_4 = 4.$$

b) $\mathbf{D} = \begin{pmatrix} 1 & 1 & 0 \\ 0 & 1 & 1 \\ 0 & 0 & 1 \end{pmatrix} \Rightarrow p_{\mathbf{D}}(\lambda) = (1-\lambda)^3 \Rightarrow \lambda_{1,2,3} = 1 \; (\mathbf{D}-\mathbf{I})\mathbf{v} = 0 \Rightarrow \left(\begin{array}{ccc|c} 0 & 1 & 0 & 0 \\ 0 & 0 & 1 & 0 \\ 0 & 0 & 0 & 0 \end{array}\right)$

$\Rightarrow \mathbf{v}_1 = \mathbf{e}_1$.

**Lösung 7.1.2**

$p_{\mathbf{A}}(\lambda) = \begin{vmatrix} -\lambda & -1 \\ 1 & -\lambda \end{vmatrix} = \lambda^2 + 1 = 0 \;\Rightarrow\; \lambda_1 = i,\; g(\lambda_1) = a(\lambda_1) = 1,\; \lambda_2 = -i,\; g(\lambda_2) = a(\lambda_2) = 1$

$$(\mathbf{A} - i\mathbf{I})\mathbf{v}_1 = \begin{pmatrix} -i & -1 \\ 1 & -i \end{pmatrix} \mathbf{v}_1 = \mathbf{0} \Rightarrow \left(\begin{array}{cc|c} -i & -1 & 0 \\ 1 & -i & 0 \end{array}\right) \to \left(\begin{array}{cc|c} -i & -1 & 0 \\ 0 & 0 & 0 \end{array}\right) \Rightarrow \mathbf{v}_1 = \begin{pmatrix} i \\ 1 \end{pmatrix}$$

Analog ergibt sich $\mathbf{v}_2 = (-i, 1)^T$.

$$p_{\mathbf{B}}(\lambda) = \begin{vmatrix} -\lambda & 1 & 2 \\ 0 & 3-\lambda & 4 \\ 0 & 0 & 5-\lambda \end{vmatrix} = -\lambda(3-\lambda)(5-\lambda) = 0 \quad \Rightarrow \quad \lambda_1 = 0,$$

$g(\lambda_1) = a(\lambda_1) = 1, \quad \lambda_2 = 3, \quad g(\lambda_2) = a(\lambda_2) = 1, \quad \lambda_3 = 5, \quad g(\lambda_3) = a(\lambda_3) = 1$

$$(\mathbf{B} - 3\mathbf{I})\mathbf{v}_2 = \begin{pmatrix} -3 & 1 & 2 \\ 0 & 0 & 4 \\ 0 & 0 & 2 \end{pmatrix} \mathbf{v}_2 = \mathbf{0} \quad \Rightarrow \quad \left(\begin{array}{ccc|c} -3 & 1 & 2 & 0 \\ 0 & 0 & 4 & 0 \\ 0 & 0 & 2 & 0 \end{array}\right) \quad \Rightarrow \quad \mathbf{v}_2 = \begin{pmatrix} 1 \\ 3 \\ 0 \end{pmatrix}.$$

Analog ergeben sich $\mathbf{v}_1 = \mathbf{e}_1$ und $\mathbf{v}_3 = (4, 10, 5)^T$.

Für die Householder-Matrix $\mathbf{H} = \mathbf{I}_n - 2\mathbf{w}\mathbf{w}^T$ gilt $\mathbf{H}\mathbf{w} = -\mathbf{w}$ und $\mathbf{H}\mathbf{v} = \mathbf{v}$ für alle $\mathbf{v} \perp \mathbf{w}$. Also ist $\lambda_1 = -1$ mit $g(\lambda_1) = a(\lambda_1) = 1$ und $\mathbf{v}_1 = \mathbf{w}$. Außerdem ist $\lambda_2 = 1$ mit $g(\lambda_2) = a(\lambda_2) = n-1$ und $\mathbf{v}_i \perp \mathbf{v}_1$ sowie $\mathbf{v}_i$ linear unabhängig für $i = 2, \ldots, n$.

**Lösung 7.1.3**

a) $p_{\mathbf{A}}(\lambda) = \begin{vmatrix} 2-\lambda & -3 \\ 0 & 2-\lambda \end{vmatrix} = (2-\lambda)^2 \quad \Rightarrow \quad \lambda_{1,2} = 2$

$$p_{\mathbf{B}}(\lambda) = \begin{vmatrix} 1-\lambda & 0 & 3 \\ 3 & -2-\lambda & -1 \\ 1 & -1 & 1-\lambda \end{vmatrix} = -(\lambda-1)(\lambda-2)(\lambda+3) \quad \Rightarrow \quad \lambda_1 = 1, \quad \lambda_2 = 2, \quad \lambda_3 = -3$$

$$p_{\mathbf{C}}(\lambda) = \begin{vmatrix} -\lambda & 1 & 0 & 0 \\ 0 & -\lambda & 1 & 0 \\ 0 & 0 & -\lambda & 1 \\ 4 & -2 & -2 & 3-\lambda \end{vmatrix} = (\lambda+1)(\lambda-2)(\lambda^2 - 2\lambda + 2)$$

$\Rightarrow \quad \lambda_1 = -1, \quad \lambda_2 = 2, \quad \lambda_3 = 1+i, \quad \lambda_4 = 1-i$

b) Nach Voraussetzung gilt $\mathbf{B}\mathbf{v}_i = \lambda_i \mathbf{v}_i$ für $i = 1, \cdots, n$

$$\Rightarrow \mathbf{BS} = (\mathbf{B}\mathbf{v}_1 | \cdots | \mathbf{B}\mathbf{v}_n) = (\lambda_1 \mathbf{v}_1 | \cdots | \lambda_n \mathbf{v}_n) = \operatorname{diag}(\lambda_i)(\mathbf{v}_1 | \cdots | \mathbf{v}_n) = \mathbf{SD}.$$

*Aufgaben und Lösungen zu Mathematik für Ingenieure 1, 4.Aufl.*, R. Ansorge, H. J. Oberle, K. Rothe und Th. Sonar

ISBN: 978-3-527-40987-7

Da die Eigenvektoren linear unabhängig sind, ist $\mathbf{S}$ invertierbar, und es gilt $\mathbf{D} = \mathbf{S}^{-1}\mathbf{BS}$. Die Eigenvektoren der Matrix $\mathbf{B}$ aus a) sind linear unabhängig, da die Eigenwerte verschieden sind. Sie ergeben sich aus der Lösung von $(\mathbf{B} - \lambda_i\mathbf{I})\mathbf{v}_i = \mathbf{0}$ zu $\mathbf{v}_1 = (1,1,0)^T$, $\mathbf{v}_2 = (3,2,1)^T$, $\mathbf{v}_3 = (3,-13,-4)^T$. Es gilt daher $\mathbf{D} = \mathbf{S}^{-1}\mathbf{BS}$ mit

$$\mathbf{S} = \begin{pmatrix} 1 & 3 & 3 \\ 1 & 2 & -13 \\ 0 & 1 & -4 \end{pmatrix} \quad \text{und} \quad \mathbf{D} = \begin{pmatrix} 1 & 0 & 0 \\ 0 & 2 & 0 \\ 0 & 0 & -3 \end{pmatrix}.$$

**Lösung 7.1.4**

$$p_{\mathbf{A}}(\lambda) = \begin{vmatrix} -\lambda & 1 & -1 \\ 0 & 1-\lambda & 0 \\ 1 & 0 & -\lambda \end{vmatrix} = (1-\lambda)(\lambda^2+1) \quad \Rightarrow \quad \lambda_1 = 1, \quad \lambda_2 = i, \quad \lambda_3 = -i$$

$$(\mathbf{A} - \mathbf{I})\mathbf{v}_1 = \begin{pmatrix} -1 & 1 & -1 \\ 0 & 0 & 0 \\ 1 & 0 & -1 \end{pmatrix}\mathbf{v}_1 = \mathbf{0} \quad \Rightarrow \quad \mathbf{v}_1 = \begin{pmatrix} 1 \\ 2 \\ 1 \end{pmatrix}$$

Analog ergeben sich $\mathbf{v}_2 = \begin{pmatrix} 1 \\ 0 \\ -i \end{pmatrix}$ und $\mathbf{v}_3 = \begin{pmatrix} 1 \\ 0 \\ i \end{pmatrix} \quad \Rightarrow \quad \mathbf{S} = \begin{pmatrix} 1 & 1 & 1 \\ 2 & 0 & 0 \\ 1 & -i & i \end{pmatrix}$.

$$p_{\mathbf{B}}(\lambda) = \begin{vmatrix} 1-\lambda & 0 & 0 \\ -1 & -2-\lambda & 1 \\ 0 & -2 & 1-\lambda \end{vmatrix} = (1-\lambda)\lambda(\lambda+1) \quad \Rightarrow \quad \lambda_1 = 1, \quad \lambda_2 = 0, \quad \lambda_3 = -1$$

$$(\mathbf{B} - \mathbf{I})\mathbf{v}_1 = \begin{pmatrix} 0 & 0 & 0 \\ -1 & -3 & 1 \\ 0 & -2 & 0 \end{pmatrix}\mathbf{v}_1 = \mathbf{0} \quad \Rightarrow \quad \mathbf{v}_1 = \begin{pmatrix} 1 \\ 0 \\ 1 \end{pmatrix}$$

Analog ergeben sich $\mathbf{v}_2 = \begin{pmatrix} 0 \\ 1 \\ 2 \end{pmatrix}$ und $\mathbf{v}_3 = \begin{pmatrix} 0 \\ 1 \\ 1 \end{pmatrix} \quad \Rightarrow \quad \mathbf{S} = \begin{pmatrix} 1 & 0 & 0 \\ 0 & 1 & 1 \\ 1 & 2 & 1 \end{pmatrix}$.

$$p_{\mathbf{C}}(\lambda) = \begin{vmatrix} 5-\lambda & -2 & -4 \\ -2 & 8-\lambda & -2 \\ -4 & -2 & 5-\lambda \end{vmatrix} = (9-\lambda)^2\lambda \quad \Rightarrow \quad \lambda_{1,2} = 9, \quad \lambda_3 = 0$$

$$(\mathbf{C} - 9\mathbf{I})\mathbf{v} = \begin{pmatrix} -4 & -2 & -4 \\ -2 & -1 & -2 \\ -4 & -2 & -4 \end{pmatrix}\mathbf{v} = \mathbf{0} \quad \Rightarrow \quad \mathbf{v}_1 = \begin{pmatrix} -1 \\ 0 \\ 1 \end{pmatrix}, \quad \mathbf{v}_2 = \begin{pmatrix} -1 \\ 2 \\ 0 \end{pmatrix}$$

Analog ergibt sich $\mathbf{v}_3 = \begin{pmatrix} 2 \\ 1 \\ 2 \end{pmatrix} \quad \Rightarrow \quad \mathbf{S} = \begin{pmatrix} -1 & -1 & 2 \\ 0 & 2 & 1 \\ 1 & 0 & 2 \end{pmatrix}$.

**Lösung 7.1.5**

$$p_{\mathbf{A}}(\lambda) = \begin{vmatrix} -\lambda & -1 & -2 \\ -1 & -\lambda & -2 \\ -2 & -2 & -3-\lambda \end{vmatrix} = -(5+\lambda)(1-\lambda)^2 \quad \Rightarrow \quad \lambda_1 = -5, \quad \lambda_{2,3} = 1$$

Da $\mathbf{A}$ symmetrisch ist, kann eine orthonormale Eigenvektorbasis gefunden werden.

$$(\mathbf{A} - \mathbf{I})\mathbf{v} = \begin{pmatrix} -1 & 1 & -1 \\ 0 & 0 & 0 \\ 1 & 0 & -1 \end{pmatrix}\mathbf{v} = \mathbf{0} \quad \Rightarrow \quad \mathbf{v}_2 = \frac{1}{\sqrt{5}}\begin{pmatrix} 0 \\ -2 \\ 1 \end{pmatrix}, \quad \tilde{\mathbf{v}}_3 = \begin{pmatrix} 1 \\ -1 \\ 0 \end{pmatrix}$$

$\tilde{\mathbf{v}}_3$ wird noch im Eigenraum $E_{\lambda_{2,3}}$ zu $\mathbf{v}_2$ orthonormalisiert, etwa durch das Gram-Schmidtsche-Verfahren zu $\mathbf{v}_3 = \dfrac{-1}{\sqrt{30}}(-5,1,2)^T$.

Da $\mathbf{v}_1$ orthogonal zu $\mathbf{v}_2$ und $\mathbf{v}_3$ ist, kann $\mathbf{v}_1$ entweder aus $\mathbf{v}_1 = \mathbf{v}_3 \times \mathbf{v}_2$ oder aus $(\mathbf{A} + 5\mathbf{I})\mathbf{v} = \mathbf{0}$ berechnet werden: $\mathbf{v}_1 = \dfrac{1}{\sqrt{6}}(1,1,2)^T$

$$\Rightarrow \quad \mathbf{U} = \frac{1}{\sqrt{30}}\begin{pmatrix} \sqrt{5} & 0 & -5 \\ \sqrt{5} & -2\sqrt{6} & 1 \\ 2\sqrt{5} & \sqrt{6} & 2 \end{pmatrix} \quad \Rightarrow \quad \mathbf{U}^T\mathbf{AU} = \begin{pmatrix} -5 & 0 & 0 \\ 0 & 1 & 0 \\ 0 & 0 & 1 \end{pmatrix}.$$

**Lösung 7.1.6**

a)

$$p_{\mathbf{A}}(\lambda) = \begin{vmatrix} -\lambda & 1 & 1 & \cdots & 1 \\ 1 & -\lambda & 1 & \cdots & 1 \\ 1 & 1 & -\lambda & & 1 \\ \vdots & & & \ddots & \vdots \\ 1 & 1 & \cdots & 1 & -\lambda \end{vmatrix} = \begin{vmatrix} -\lambda & 1 & 1 & & 1 \\ 1+\lambda & -1-\lambda & 0 & \cdots & 0 \\ 1+\lambda & 0 & -1-\lambda & & 0 \\ \vdots & \vdots & & \ddots & \vdots \\ 1+\lambda & 0 & \cdots & 0 & -1-\lambda \end{vmatrix}$$

$$= \begin{vmatrix} n-1-\lambda & 1 & 1 & & 1 \\ 0 & -1-\lambda & 0 & \cdots & 0 \\ 0 & 0 & -1-\lambda & & 0 \\ \vdots & \vdots & & \ddots & \vdots \\ 0 & 0 & \cdots & 0 & -1-\lambda \end{vmatrix} = (n-1-\lambda)(-1-\lambda)^{n-1}$$

$\Rightarrow \quad \lambda_1 = n-1$ und $\lambda_2 = -1$.

Die Berechnung der Eigenvektoren zu $\lambda_2$ erfolgt über $(\mathbf{A} - \lambda_2 \mathbf{I})\mathbf{v} = \mathbf{0}$ :

$$\left(\begin{array}{ccc|c} 1 & & 1 & 0 \\ 1 & \cdots & 1 & 0 \\ & \vdots & & \vdots \\ 1 & \cdots & 1 & 0 \end{array}\right) \rightarrow \left(\begin{array}{ccc|c} 1 & & 1 & 0 \\ 0 & \cdots & 0 & 0 \\ & \vdots & & \vdots \\ 0 & \cdots & 0 & 0 \end{array}\right) \Rightarrow \mathbf{v}_2 = \begin{pmatrix} -1 \\ 1 \\ 0 \\ \vdots \\ 0 \end{pmatrix}, \cdots, \mathbf{v}_n = \begin{pmatrix} -1 \\ 0 \\ 0 \\ \vdots \\ 1 \end{pmatrix}.$$

In gleicher Weise ergibt sich $\mathbf{v}_1 = (1, \cdots, 1)^T$ als Eigenvektor zu $\lambda_1$.

b) Sei $\mathbf{v}$ einer der in a) für die Matrix $\mathbf{A}$ zum Eigenwert $\lambda$ berechneten Eigenvektoren, dann gilt $\mathbf{Bv} = ((n-1)\mathbf{I} - \mathbf{A})\mathbf{v} = (n-1-\lambda)\mathbf{v}$. Die Matrix $\mathbf{B}$ besitzt also die Eigenwerte $\lambda_1 = 0$ und $\lambda_2 = n$ mit den gleichen Eigenvektoren wie auch die Matrix $\mathbf{A}$, d.h. in entsprechend gleicher Vielfachheit.

**Lösung 7.1.7**

$\lambda_1 = -1, \quad g(\lambda_1) = 1, \quad a(\lambda_1) = 3, \quad E_{\lambda_1} = \text{Spann}(\mathbf{e}_1), \quad \lambda_2 = 1, \quad g(\lambda_2) = 2, \quad a(\lambda_2) = 4,$

$E_{\lambda_2} = \text{Spann}(\mathbf{e}_4, \mathbf{e}_6), \quad \lambda_3 = 2, \quad g(\lambda_3) = 3, \quad a(\lambda_3) = 4, \quad E_{\lambda_3} = \text{Spann}(\mathbf{e}_8, \mathbf{e}_9, \mathbf{e}_{10})$

**Lösung 7.1.8**

a) $p_{\mathbf{A}}(\lambda) = (1-\lambda)(2-\lambda)^2 \quad \Rightarrow \quad \lambda_1 = 1, \quad \lambda_2 = 2$

b) Der Eigenvektor zu $\lambda_1$ berechnet sich zu $\mathbf{v}_1 = (1,1,1)^T$.

Die Eigenvektoren zu $\lambda_2 = 2$ berechnen sich aus $(\mathbf{A} - 2\mathbf{I})\mathbf{v} = \mathbf{0}$ :

$$\left(\begin{array}{ccc|c} -5 & 7 & -3 & 0 \\ -4 & 5 & -2 & 0 \\ -3 & 3 & -1 & 0 \end{array}\right) \rightarrow \left(\begin{array}{ccc|c} -5 & 7 & -3 & 0 \\ 0 & -3 & 2 & 0 \\ 0 & 0 & 0 & 0 \end{array}\right) \Rightarrow \mathbf{v}_2 = \begin{pmatrix} 1 \\ 2 \\ 3 \end{pmatrix}.$$

Da $1 = g(\lambda_2) < a(\lambda_2) = 2$ ist ein Hauptvektor 1. Stufe über den Ansatz $(\mathbf{A} - 2\mathbf{I})\mathbf{v}_3 = \mathbf{v}_2$ zu berechnen:

$$\left(\begin{array}{ccc|c} -5 & 7 & -3 & 1 \\ -4 & 5 & -2 & 2 \\ -3 & 3 & -1 & 3 \end{array}\right) \rightarrow \left(\begin{array}{ccc|c} -5 & 7 & -3 & 1 \\ 0 & -3 & 2 & 6 \\ 0 & 0 & 0 & 0 \end{array}\right) \Rightarrow \mathbf{v}_3 = \begin{pmatrix} -3 \\ -2 \\ 0 \end{pmatrix}.$$

c)

$$\mathbf{J} = \begin{pmatrix} 1 & 0 & 0 \\ 0 & 2 & 1 \\ 0 & 0 & 2 \end{pmatrix}, \quad \mathbf{S} = \begin{pmatrix} 1 & 1 & -3 \\ 1 & 2 & -2 \\ 1 & 3 & 0 \end{pmatrix}$$

**Lösung 7.1.9**

$p_{\mathbf{A}_1}(\lambda) = (2-\lambda)(1-\lambda)^3 \quad \Rightarrow \quad \lambda_1 = 2, \quad \lambda_2 = 1$

Der Eigenvektor zu $\lambda_1 = 2$ berechnet sich zu $\mathbf{v}_1 = (-3,-3,2,0)^T$.

Die Eigenvektoren zu $\lambda_2 = 1$ berechnen sich aus $(\mathbf{A}_1 - \mathbf{I})\mathbf{v} = \mathbf{0}$ :

$$\left(\begin{array}{cccc|c} 0 & 1 & 0 & 0 & 0 \\ 0 & 3 & 3 & 0 & 0 \\ 0 & -2 & -2 & 0 & 0 \\ 0 & 0 & 0 & 0 & 0 \end{array}\right) \quad \Rightarrow \quad \mathbf{v}_2 = \mathbf{e}_4, \quad \mathbf{v}_3 = \mathbf{e}_1.$$

Da $2 = g(\lambda_2) < a(\lambda_2) = 3$ ist ein Hauptvektor 1. Stufe über den Ansatz $(\mathbf{A}_1 - \mathbf{I})\mathbf{v}_4 = \alpha\mathbf{v}_2 + \beta\mathbf{v}_3$ zu berechnen:

$$\left(\begin{array}{cccc|c} 0 & 1 & 0 & 0 & \beta \\ 0 & 3 & 3 & 0 & 0 \\ 0 & -2 & -2 & 0 & 0 \\ 0 & 0 & 0 & 0 & \alpha \end{array}\right) \quad \text{mit } \beta = 1 \text{ und } \alpha = 0 \quad \Rightarrow \quad \mathbf{v}_4 = \begin{pmatrix} 0 \\ 1 \\ -1 \\ 0 \end{pmatrix}$$

$$\Rightarrow \quad \mathbf{J}_1 = \begin{pmatrix} 2 & 0 & 0 & 0 \\ 0 & 1 & 0 & 0 \\ 0 & 0 & 1 & 1 \\ 0 & 0 & 0 & 1 \end{pmatrix}, \quad \mathbf{S}_1 = \begin{pmatrix} -3 & 0 & 1 & 0 \\ -3 & 0 & 0 & 1 \\ 2 & 0 & 0 & -1 \\ 0 & 1 & 0 & 0 \end{pmatrix}.$$

$p_{\mathbf{A}_2}(\lambda) = (1+\lambda)^4 \quad \Rightarrow \quad \lambda_1 = -1$

Die Eigenvektoren zu $\lambda_1 = -1$ berechnen sich aus $(\mathbf{A}_2 + \mathbf{I})\mathbf{x} = \mathbf{0}$ :

$$\left(\begin{array}{cccc|c} -6 & -1 & 1 & 3 & 0 \\ 0 & 0 & 0 & 0 & 0 \\ 0 & -3 & 0 & 0 & 0 \\ -12 & -1 & 2 & 6 & 0 \end{array}\right) \longrightarrow \left(\begin{array}{cccc|c} -6 & -1 & 1 & 3 & 0 \\ 0 & -3 & 0 & 0 & 0 \\ 0 & 0 & 0 & 0 & 0 \\ 0 & 0 & 0 & 0 & 0 \end{array}\right) \quad \Rightarrow \quad \mathbf{x}_1 = \begin{pmatrix} 1 \\ 0 \\ 0 \\ 2 \end{pmatrix}, \quad \mathbf{x}_2 = \begin{pmatrix} 1 \\ 0 \\ 6 \\ 0 \end{pmatrix}.$$

Da $2 = g(\lambda_1) < a(\lambda_1) = 4$ sind Hauptvektoren über den Ansatz $(\mathbf{A}_2 + \mathbf{I})\mathbf{v} = \alpha\mathbf{x}_1 + \beta\mathbf{x}_2$ zu berechnen:

$$\left(\begin{array}{cccc|c} -6 & -1 & 1 & 3 & \alpha+\beta \\ 0 & 0 & 0 & 0 & 0 \\ 0 & -3 & 0 & 0 & 6\beta \\ -12 & -1 & 2 & 6 & 2\alpha \end{array}\right) \longrightarrow \left(\begin{array}{cccc|c} -6 & -1 & 1 & 3 & \alpha+\beta \\ 0 & -3 & 0 & 0 & 6\beta \\ 0 & 0 & 0 & 0 & 0 \\ 0 & 0 & 0 & 0 & 0 \end{array}\right)$$

Es ergeben sich zwei linear unabhängige Hauptvektoren 1. Stufe durch die Wahl von $\alpha = 1$, $\beta = 1$ $\Rightarrow \quad \mathbf{v}_2 = (0,-2,0,0)^T$ und $\alpha = 1$, $\beta = -1 \Rightarrow \quad \mathbf{v}_4 = (-1/3, 2, 0, 0)^T$.

Zu $\mathbf{v}_2$ gehört der Eigenvektor $\mathbf{v}_1 = \mathbf{x}_1 + \mathbf{x}_2 = (2,0,6,2)^T$ und zu $\mathbf{v}_4$ der Eigenvektor $\mathbf{v}_3 = \mathbf{x}_1 - \mathbf{x}_2 = (0,0,-6,2)^T$

$$\Rightarrow \quad \mathbf{J}_2 = \begin{pmatrix} -1 & 1 & 0 & 0 \\ 0 & -1 & 0 & 0 \\ 0 & 0 & -1 & 1 \\ 0 & 0 & 0 & -1 \end{pmatrix}, \quad \mathbf{S}_2 = \begin{pmatrix} 2 & 0 & -\frac{1}{3} & 0 \\ 0 & -2 & 2 & 0 \\ 6 & 0 & 0 & -6 \\ 0 & 0 & 0 & 2 \end{pmatrix}.$$

**Lösung 7.1.10**

$p_{\mathbf{A}}(\lambda) = (1-\lambda)^4 \quad \Rightarrow \quad \lambda_1 = 1$. Die Eigenvektoren zu $\lambda_1 = 1$ berechnen sich aus $(\mathbf{A}-\mathbf{I})\mathbf{x} = \mathbf{0}$ :

$$\left(\begin{array}{cccc|c} -24 & 12 & -1 & 3 & 0 \\ -40 & 20 & -1 & 5 & 0 \\ 0 & 0 & 0 & 0 & 0 \\ -32 & 16 & -3 & 4 & 0 \end{array}\right) \rightarrow \left(\begin{array}{cccc|c} -24 & 12 & -1 & 3 & 0 \\ 0 & 0 & 2 & 0 & 0 \\ 0 & 0 & 0 & 0 & 0 \\ 0 & 0 & 0 & 0 & 0 \end{array}\right) \Rightarrow \mathbf{x}_1 = \begin{pmatrix} 1 \\ 0 \\ 0 \\ 8 \end{pmatrix}, \mathbf{x}_2 = \begin{pmatrix} 1 \\ 2 \\ 0 \\ 0 \end{pmatrix}.$$

Da $2 = g(\lambda_1) < a(\lambda_1) = 4$ sind Hauptvektoren zu berechnen. Hauptvektoren 1. Stufe ergeben sich aus dem Ansatz $(\mathbf{A}-\mathbf{I})\mathbf{y} = \alpha\mathbf{x}_1 + \beta\mathbf{x}_2$:

$$\left(\begin{array}{cccc|c} -24 & 12 & -1 & 3 & \alpha+\beta \\ -40 & 20 & -1 & 5 & 2\beta \\ 0 & 0 & 0 & 0 & 0 \\ -32 & 16 & -3 & 4 & 8\alpha \end{array}\right) \rightarrow \left(\begin{array}{cccc|c} -24 & 12 & -1 & 3 & \alpha+\beta \\ 0 & 0 & 2 & 0 & -5\alpha+\beta \\ 0 & 0 & 0 & 0 & 5\alpha-\beta \\ 0 & 0 & 0 & 0 & 0 \end{array}\right)$$

$\Rightarrow \beta = 5\alpha \Rightarrow y_3 = 0 \Rightarrow -24y_1 + 12y_2 + 3y_4 = 6\alpha$. Aus $y_2 = 0 = y_4 \Rightarrow y_1 = -\frac{1}{4}\alpha$.

Durch die Wahl von $\alpha = -4$ ergibt sich ein Hauptvektor 1. Stufe $\mathbf{y} = (1,0,0,0)^T$, und es gilt $\beta = -20$.

Der zugehörige Eigenvektor $\mathbf{x}_3$, für den also $(\mathbf{A}-\mathbf{I})\mathbf{y} = \mathbf{x}_3$ gilt, berechnet sich durch $\mathbf{x}_3 = -4\mathbf{x}_1 - 20\mathbf{x}_2 = (-24,-40,0,-32)^T$.

Der noch fehlende Hauptvektor 2. Stufe lässt sich aus dem Ansatz $(\mathbf{A}-\mathbf{I})\mathbf{z} = \lambda\mathbf{x}_1 + \mu\mathbf{x}_3 + \nu\mathbf{y}$ berechnen, da auch $\mathbf{x}_1$ und $\mathbf{x}_3$ den Eigenraum aufspannen:

$$\left(\begin{array}{cccc|c} -24 & 12 & -1 & 3 & \lambda-24\mu+\nu \\ -40 & 20 & -1 & 5 & -40\mu \\ 0 & 0 & 0 & 0 & 0 \\ -32 & 16 & -3 & 4 & 8\lambda-32\mu \end{array}\right) \rightarrow \left(\begin{array}{cccc|c} -24 & 12 & -1 & 3 & \lambda-24\mu+\nu \\ 0 & 0 & 2 & 0 & -5\lambda-5\nu \\ 0 & 0 & 0 & 0 & 5\lambda-11\nu \\ 0 & 0 & 0 & 0 & 0 \end{array}\right)$$

$\Rightarrow \lambda = \frac{11\nu}{5} \Rightarrow z_3 = -8\nu \Rightarrow -24z_1 + 12z_2 + -z_3 + 3z_4 = \frac{16\nu}{5} - 24\mu$. Aus $z_2 = z_4 = 0 = \mu \Rightarrow z_1 = \frac{\nu}{5}$.

Durch die Wahl von $\nu = 5$ ergibt sich als Ende einer Kette der Hauptvektor 2. Stufe $\mathbf{v}_4 := \mathbf{z} = (1,0,-40,0)^T$, und es gilt $\lambda = 11$.

Der zugehörige Hauptvektor 1. Stufe $\mathbf{v}_3$, für den also $(\mathbf{A}-\mathbf{I})\mathbf{v}_4 = \mathbf{v}_3$ gilt, berechnet sich dann durch $\mathbf{v}_3 = 11\mathbf{x}_1 + 5\mathbf{y} = (16,0,0,88)^T$.

Der zugehörige Eigenvektor $\mathbf{v}_2$, für den also $(\mathbf{A}-\mathbf{I})\mathbf{v}_3 = \mathbf{v}_2$ gilt, berechnet sich folglich durch $\mathbf{v}_2 = 5\mathbf{x}_3 = (-120,-200,0,-160)^T$.

Damit erhält man die Jordansche Normalform $\mathbf{J_A} = \mathbf{S_A^{-1}AS_A}$ mit

$$\mathbf{J_A} = \begin{pmatrix} 1 & 0 & 0 & 0 \\ 0 & 1 & 1 & 0 \\ 0 & 0 & 1 & 1 \\ 0 & 0 & 0 & 1 \end{pmatrix} \quad \text{und} \quad \mathbf{S_A} = \begin{pmatrix} 1 & -120 & 16 & 1 \\ 0 & -200 & 0 & 0 \\ 0 & 0 & 0 & -40 \\ 8 & -160 & 88 & 0 \end{pmatrix}.$$

$p_{\mathbf{B}}(\lambda) = (2+\lambda)^4 \quad \Rightarrow \quad \lambda_1 = -2$. Die Eigenvektoren zu $\lambda_1 = -2$ berechnen sich aus $(\mathbf{A}+2\mathbf{I})\mathbf{x} = \mathbf{0}$ :

$$\left(\begin{array}{cccc|c} 0 & 5 & 0 & -7 & 0 \\ -4 & 0 & 6 & 0 & 0 \\ 0 & 3 & 0 & -4 & 0 \\ -2 & 0 & 3 & 0 & 0 \end{array}\right) \rightarrow \left(\begin{array}{cccc|c} -2 & 0 & 3 & 0 & 0 \\ 0 & 5 & 0 & -7 & 0 \\ 0 & 0 & 0 & 1 & 0 \\ 0 & 0 & 0 & 0 & 0 \end{array}\right) \Rightarrow \mathbf{x} = \begin{pmatrix} 3 \\ 0 \\ 2 \\ 0 \end{pmatrix}.$$

Da $1 = g(\lambda_1) < a(\lambda_1) = 4$, sind Hauptvektoren 1. bis 3. Stufe zu berechnen. Ein Hauptvektor 1. Stufe ergibt sich aus dem Ansatz $(\mathbf{A}+2\mathbf{I})\mathbf{y} = \alpha\mathbf{x}$:

$$\left(\begin{array}{cccc|c} 0 & 5 & 0 & -7 & 3\alpha \\ -4 & 0 & 6 & 0 & 0 \\ 0 & 3 & 0 & -4 & 2\alpha \\ -2 & 0 & 3 & 0 & 0 \end{array}\right) \rightarrow \left(\begin{array}{cccc|c} -2 & 0 & 3 & 0 & 0 \\ 0 & 5 & 0 & -7 & 3\alpha \\ 0 & 0 & 0 & 1 & \alpha \\ 0 & 0 & 0 & 0 & 0 \end{array}\right) \quad \text{mit } \alpha = 1 \quad \Rightarrow \quad \mathbf{y} = \begin{pmatrix} 0 \\ 2 \\ 0 \\ 1 \end{pmatrix}.$$

Ein Hauptvektor 2. Stufe ergibt sich aus dem Ansatz $(\mathbf{A}+2\mathbf{I})\mathbf{z} = \beta\mathbf{x}+\gamma\mathbf{y}$:

$$\left(\begin{array}{rrrr|c} 0 & 5 & 0 & -7 & 3\beta \\ -4 & 0 & 6 & 0 & 2\gamma \\ 0 & 3 & 0 & -4 & 2\beta \\ -2 & 0 & 3 & 0 & \gamma \end{array}\right) \rightarrow \left(\begin{array}{rrrr|c} -2 & 0 & 3 & 0 & \gamma \\ 0 & 5 & 0 & -7 & 3\beta \\ 0 & 0 & 0 & 1 & \beta \\ 0 & 0 & 0 & 0 & 0 \end{array}\right) \Rightarrow \mathbf{z} = \begin{pmatrix} 1 \\ 0 \\ 1 \\ 0 \end{pmatrix}$$

für $\beta = 0$ und $\gamma = 1$. Ein Hauptvektor 3. Stufe ergibt sich aus dem Ansatz $(\mathbf{A}+2\mathbf{I})\mathbf{v} = \lambda\mathbf{x}+\mu\mathbf{y}+\nu\mathbf{z}$:

$$\left(\begin{array}{rrrr|c} 0 & 5 & 0 & -7 & 3\lambda+\nu \\ -4 & 0 & 6 & 0 & 2\mu \\ 0 & 3 & 0 & -4 & 2\lambda+\nu \\ -2 & 0 & 3 & 0 & \mu \end{array}\right) \rightarrow \left(\begin{array}{rrrr|c} -2 & 0 & 3 & 0 & \mu \\ 0 & 5 & 0 & -7 & 3\lambda+\nu \\ 0 & 0 & 0 & 1 & \lambda+2\nu \\ 0 & 0 & 0 & 0 & 0 \end{array}\right) \Rightarrow \mathbf{v} = \begin{pmatrix} 0 \\ 3 \\ 0 \\ 2 \end{pmatrix}$$

für $\lambda = 0 = \mu$ und $\nu = 1$. Damit ist folgende Kette berechnet worden

$$(\mathbf{A}+2\mathbf{I})^4\mathbf{v} = (\mathbf{A}+2\mathbf{I})^3\mathbf{z} = (\mathbf{A}+2\mathbf{I})^2\mathbf{y} = (\mathbf{A}+2\mathbf{I})\mathbf{x} = \mathbf{0},$$

und man erhält die Jordansche Normalform $\mathbf{J_B} = \mathbf{S_B^{-1}BS_B}$ mit

$$\mathbf{J_B} = \begin{pmatrix} -2 & 1 & 0 & 0 \\ 0 & -2 & 1 & 0 \\ 0 & 0 & -2 & 1 \\ 0 & 0 & 0 & -2 \end{pmatrix} \quad \text{und} \quad \mathbf{S_B} = \begin{pmatrix} 3 & 0 & 1 & 0 \\ 0 & 2 & 0 & 3 \\ 2 & 0 & 1 & 0 \\ 0 & 1 & 0 & 2 \end{pmatrix}.$$

**Lösung 7.1.11**
Es ergeben sich die Matrizen

$$\mathbf{T} = \begin{pmatrix} 2 & 0 & 0 \\ 0 & 1 & 0 \\ 0 & 0 & 2 \end{pmatrix} \quad \text{und} \quad \mathbf{K} = \begin{pmatrix} -1 & 1 & 0 \\ 1 & -2 & 1 \\ 0 & 1 & -1 \end{pmatrix}.$$

Das charakteristische Polynom ergibt sich durch

$$p(\lambda) = \det(\mathbf{K}+\omega^2\mathbf{T}) = \begin{vmatrix} -1+2\omega^2 & 1 & 0 \\ 1 & -2+\omega^2 & 1 \\ 0 & 1 & -1+2\omega^2 \end{vmatrix} = \omega^2(2\omega^2-1)(2\omega^2-5).$$

Man erhält $\quad \omega_0^2 = 0, \quad \omega_1^2 = 0.5 \quad$ und $\quad \omega_2^2 = 2.5.$

**Lösung 7.1.12**
Ist $\lambda \neq 0$ ein Eigenwert von $\mathbf{AB}$, so existiert ein $\mathbf{w} \neq \mathbf{0}$ mit $\mathbf{ABw} = \lambda\mathbf{w}$. Damit ist auch $\mathbf{v} := \mathbf{Bw} \neq \mathbf{0}$, und es gilt $\mathbf{BAv} = \mathbf{BABw} = \lambda\mathbf{Bw} = \lambda\mathbf{v}$, also ist $\lambda$ auch ein Eigenwert von $\mathbf{BA}$. Vertauscht man die Rollen von $\mathbf{A}$ und $\mathbf{B}$, ergibt sich, dass $\mathbf{A}$ und $\mathbf{B}$ die gleichen von 0 verschiedenen Eigenwerte haben. Damit folgt die Behauptung.

## L.7.2 Symmetrische Matrizen, Hauptachsentransformation

**Lösung 7.2.1**
Die Quadriken seien dargestellt durch $\mathbf{x}^T\mathbf{A}\mathbf{x}+\mathbf{b}^T\mathbf{x}+c = 0$. Mit $\mathbf{x} = \mathbf{S}\mathbf{y} = \mathbf{S}(\mathbf{z}-\mathbf{p})$ wird auf Normalform transformiert.

a) $\mathbf{A} = \begin{pmatrix} 5 & 4 \\ 4 & 5 \end{pmatrix}, \quad \mathbf{b} = -\sqrt{2}\begin{pmatrix} 20 \\ 16 \end{pmatrix}, \quad c = 31$

Eigenwerte: $\lambda_1 = 9,\ \lambda_2 = 1,$ Eigenvektoren: $\mathbf{v}_1 = \begin{pmatrix} 1 \\ 1 \end{pmatrix},\ \mathbf{v}_2 = \begin{pmatrix} -1 \\ 1 \end{pmatrix}$

$\Rightarrow$ Koordinatenwechsel $\mathbf{x} = \mathbf{S}\mathbf{y}$ mit Drehmatrix: $\mathbf{S} = \dfrac{1}{\sqrt{2}}\begin{pmatrix} 1 & -1 \\ 1 & 1 \end{pmatrix}$

Quadrik nach Hauptachsentransformation: $\quad 9y_1^2 + y_2^2 - 36y_1 + 4y_2 + 31 = 0$

Quadratische Ergänzung: $\quad 9(y_1-2)^2 + (y_2+2)^2 - 9 = 0$

Verschiebung: $\quad \mathbf{z} = \mathbf{y}+\mathbf{p}$ mit $\mathbf{p} = (-2, 2)^T$

Quadrik nach Verschiebung: $\quad z_1^2 + \dfrac{z_2^2}{9} - 1 = 0 \quad$ (Ellipse)

b) $\mathbf{A} = \begin{pmatrix} 25 & 60 \\ 60 & 144 \end{pmatrix}$, $\mathbf{b} = \begin{pmatrix} 130 \\ 312 \end{pmatrix}$, $c = 0$

Eigenwerte: $\lambda_1 = 169$, $\lambda_2 = 0$, Eigenvektoren: $\mathbf{v}_1 = \begin{pmatrix} 5 \\ 12 \end{pmatrix}$, $\mathbf{v}_2 = \begin{pmatrix} -12 \\ 5 \end{pmatrix}$

$\Rightarrow$ Koordinatenwechsel $\mathbf{x} = \mathbf{S}\mathbf{y}$ mit Drehmatrix: $\mathbf{S} = \frac{1}{13}\begin{pmatrix} 5 & -12 \\ 12 & 5 \end{pmatrix}$

Quadrik nach Hauptachsentransformation: $169y_1^2 + 338y_1 = 0$

Quadratische Ergänzung: $(y_1 + 1)^2 - 1 = 0$

Verschiebung: $\mathbf{z} = \mathbf{y} + \mathbf{p}$ mit $\mathbf{p} = (1, 0)^T$

Quadrik nach Verschiebung: $z_1^2 - 1 = 0$ (parallele Geraden)

c) $\mathbf{A} = \begin{pmatrix} 1 & 2 \\ 2 & -2 \end{pmatrix}$, $\mathbf{b} = -\frac{1}{\sqrt{5}}\begin{pmatrix} 8 \\ 4 \end{pmatrix}$, $c = -4$

Eigenwerte: $\lambda_1 = 2$, $\lambda_2 = -3$, Eigenvektoren: $\mathbf{v}_1 = \begin{pmatrix} 2 \\ 1 \end{pmatrix}$, $\mathbf{v}_2 = \begin{pmatrix} -1 \\ 2 \end{pmatrix}$

$\Rightarrow$ Koordinatenwechsel $\mathbf{x} = \mathbf{S}\mathbf{y}$ mit Drehmatrix: $\mathbf{S} = \frac{1}{\sqrt{5}}\begin{pmatrix} 2 & -1 \\ 1 & 2 \end{pmatrix}$

Quadrik nach Hauptachsentransformation: $2y_1^2 - 3y_2^2 - 4y_1 - 4 = 0$

Quadratische Ergänzung: $2(y_1 - 1)^2 - 3y_2^2 - 6 = 0$

Verschiebung: $\mathbf{z} = \mathbf{y} + \mathbf{p}$ mit $\mathbf{p} = (-1, 0)^T$

Quadrik nach Verschiebung: $\frac{z_1^2}{3} - \frac{z_2^2}{2} - 1 = 0$ (Hyperbel)

**Lösung 7.2.2**

Die Quadriken seien dargestellt durch $\mathbf{x}^T\mathbf{A}\mathbf{x} + \mathbf{b}^T\mathbf{x} + c = 0$. Mit $\mathbf{x} = \mathbf{S}\mathbf{y} = \mathbf{S}(\mathbf{z} - \mathbf{p})$ wird auf Normalform transformiert.

a) $\mathbf{A} = \begin{pmatrix} 9 & 12 \\ 12 & 16 \end{pmatrix}$, $\mathbf{b} = \begin{pmatrix} -4 \\ 3 \end{pmatrix}$, $c = 15$

Eigenwerte: $\lambda_1 = 25$, $\lambda_2 = 0$, Eigenvektoren: $\mathbf{v}_1 = \begin{pmatrix} 3 \\ 4 \end{pmatrix}$, $\mathbf{v}_2 = \begin{pmatrix} -4 \\ 3 \end{pmatrix}$

$\Rightarrow$ Koordinatenwechsel $\mathbf{x} = \mathbf{S}\mathbf{y}$ mit Drehmatrix: $\mathbf{S} = \frac{1}{5}\begin{pmatrix} 3 & -4 \\ 4 & 3 \end{pmatrix}$

Quadrik nach Hauptachsentransformation: $25y_1^2 + 5y_2 + 15 = 0$

Verschiebung: $5y_1^2 + (y_2 + 3) = 0$, mit $\mathbf{z} = \mathbf{y} + \mathbf{p}$ und $\mathbf{p} = (0, 3)^T$

Quadrik nach Verschiebung: $5z_1^2 + z_2 = 0$ (Parabel)

b) $\mathbf{A} = \begin{pmatrix} 4 & 0 & 2 \\ 0 & 2 & -2 \\ 2 & -2 & 3 \end{pmatrix}$, $\mathbf{b} = \begin{pmatrix} 8 \\ -4 \\ 8 \end{pmatrix}$, $c = 0$. Eigenwerte: $\lambda_1 = 3$, $\lambda_2 = 6$, $\lambda_3 = 0$

Eigenvektoren: $\mathbf{v}_1 = \begin{pmatrix} 2 \\ 2 \\ -1 \end{pmatrix}$, $\mathbf{v}_2 = \begin{pmatrix} 2 \\ -1 \\ 2 \end{pmatrix}$, $\mathbf{v}_3 = \begin{pmatrix} 1 \\ -2 \\ -2 \end{pmatrix}$

$\Rightarrow$ Koordinatenwechsel $\mathbf{x} = \mathbf{S}\mathbf{y}$ mit Drehmatrix: $\mathbf{S} = \frac{1}{3}\begin{pmatrix} 2 & 2 & 1 \\ 2 & -1 & -2 \\ -1 & 2 & -2 \end{pmatrix}$

Quadrik nach Hauptachsentransformation: $3y_1^2 + 6y_2^2 + 12y_2 = 0$

Quadratische Ergänzung: $3y_1^2 + 6(y_2 + 1)^2 - 6 = 0$

Verschiebung: $\mathbf{z} = \mathbf{y} + \mathbf{p}$ mit $\mathbf{p} = (0, 1, 0)^T$

Quadrik nach Verschiebung: $\frac{z_1^2}{2} + z_2^2 - 1 = 0$ (elliptischer Zylinder)

c) $\mathbf{A} = \begin{pmatrix} 1 & -1 & 0 \\ -1 & 1 & 0 \\ 0 & 0 & 1 \end{pmatrix}$, $\mathbf{b} = \begin{pmatrix} 0 \\ \sqrt{2} \\ 2 \end{pmatrix}$, $c = \frac{1}{8}$

Eigenwerte: $\lambda_1 = 1$, $\lambda_2 = 2$, $\lambda_3 = 0$

Eigenvektoren: $\mathbf{v}_1 = \begin{pmatrix} 0 \\ 0 \\ 1 \end{pmatrix}$, $\mathbf{v}_2 = \begin{pmatrix} 1 \\ -1 \\ 0 \end{pmatrix}$, $\mathbf{v}_3 = \begin{pmatrix} 1 \\ 1 \\ 0 \end{pmatrix}$

$\Rightarrow$ Koordinatenwechsel $\mathbf{x} = \mathbf{Sy}$ mit Drehmatrix: $\mathbf{S} = \frac{1}{\sqrt{2}} \begin{pmatrix} 0 & 1 & 1 \\ 0 & -1 & 1 \\ \sqrt{2} & 0 & 0 \end{pmatrix}$

Quadrik nach Hauptachsentransformation: $y_1^2 + 2y_2^2 + 2y_1 - y_2 + y_3 + \frac{1}{8} = 0$

Quadratische Ergänzung: $(y_1 + 1)^2 + 2(y_2 - \frac{1}{4})^2 + y_3 - 1 = 0$

Verschiebung: $\mathbf{z} = \mathbf{y} + \mathbf{p}$ mit $\mathbf{p} = \left(1, -\frac{1}{4}, -1\right)^T$

Quadrik nach Verschiebung: $z_1^2 + 2z_2^2 + z_3 = 0$ (elliptisches Paraboloid)

**Lösung 7.2.3**

Die Quadrik sei dargestellt durch $\mathbf{x}^T\mathbf{A}\mathbf{x} + \mathbf{b}^T\mathbf{x} + c = 0$. Mit $\mathbf{x} = \mathbf{Sy} = \mathbf{S}(\mathbf{z} - \mathbf{p})$ wird auf Normalform transformiert.

$$\mathbf{A} = \begin{pmatrix} 10 & 0 & 2 \\ 0 & 4 & 0 \\ 2 & 0 & 10 \end{pmatrix}, \quad \mathbf{b} = \begin{pmatrix} 0 \\ 4 \\ 0 \end{pmatrix}, \quad c = -3$$

Eigenwerte: $\lambda_1 = 4,\ \lambda_2 = 8,\ \lambda_3 = 12$

Eigenvektoren: $\mathbf{v}_1 = \begin{pmatrix} 0 \\ 1 \\ 0 \end{pmatrix}$, $\mathbf{v}_2 = \begin{pmatrix} -1 \\ 0 \\ 1 \end{pmatrix}$, $\mathbf{v}_3 = \begin{pmatrix} 1 \\ 0 \\ 1 \end{pmatrix}$

$\Rightarrow$ Koordinatenwechsel $\mathbf{x} = \mathbf{Sy}$ mit Drehmatrix: $\mathbf{S} = \frac{1}{\sqrt{2}} \begin{pmatrix} 0 & -1 & 1 \\ \sqrt{2} & 0 & 0 \\ 0 & 1 & 1 \end{pmatrix}$

Quadrik nach Hauptachsentransformation: $4y_1^2 + 8y_2^2 + 12y_3^2 + 4y_1 - 3 = 0$

Quadratische Ergänzung: $4\left(y_1 + \frac{1}{2}\right)^2 + 8y_2^2 + 12y_3^2 - 4 = 0$

Verschiebung: $\mathbf{z} = \mathbf{y} + \mathbf{p}$ mit $\mathbf{p} = (\frac{1}{2}, 0, 0)^T$

Quadrik nach Verschiebung: $z_1^2 + 2z_2^2 + 3z_3^2 - 1 = 0$ (Ellipsoid)

Länge der Hauptachsen: $a = 1,\ b = \frac{1}{\sqrt{2}},\ c = \frac{1}{\sqrt{3}}$

Mittelpunkt, d.h. $\mathbf{z} = \mathbf{0}$: $\Rightarrow$ $\mathbf{x} = \mathbf{S}(\mathbf{z} - \mathbf{p}) = -\mathbf{Sp} = -\left(0, \frac{1}{2}, 0\right)^T$

**Lösung 7.2.4**

Die Quadrik sei dargestellt durch $\mathbf{x}^T\mathbf{A}\mathbf{x} + \mathbf{b}^T\mathbf{x} + c = 0$. Mit $\mathbf{x} = \mathbf{Sy} = \mathbf{S}(\mathbf{z} - \mathbf{p})$ wird auf Normalform transformiert.

$$\mathbf{A} = \begin{pmatrix} -23 & 0 & 36 \\ 0 & 25 & 0 \\ 36 & 0 & -2 \end{pmatrix}, \quad \mathbf{b} = \begin{pmatrix} -30 \\ 50 \\ -40 \end{pmatrix}, \quad c = 75$$

Eigenwerte: $\lambda_{1,2} = 25,\ \lambda_3 = -50$

Eigenvektoren: $\mathbf{v}_1 = \begin{pmatrix} 0 \\ 1 \\ 0 \end{pmatrix}$, $\mathbf{v}_2 = \begin{pmatrix} 3 \\ 0 \\ 4 \end{pmatrix}$, $\mathbf{v}_3 = \begin{pmatrix} 4 \\ 0 \\ -3 \end{pmatrix}$

Wichtig ist hier, dass im Eigenraum zu $\lambda_{1,2} = 25$ eine orthogonale Basis bestimmt wird. Dies geschieht entweder durch einen Orthogonalisierungsschritt oder in diesem Spezialfall durch $\mathbf{v}_2 = \mathbf{v}_3 \times \mathbf{v}_1$.

$\Rightarrow$ Koordinatenwechsel $\mathbf{x} = \mathbf{S}\mathbf{y}$ mit Drehmatrix: $\mathbf{S} = \frac{1}{5}\begin{pmatrix} 0 & 3 & 4 \\ 5 & 0 & 0 \\ 0 & 4 & -3 \end{pmatrix}$

Quadrik nach Hauptachsentransformation: $25y_1^2 + 25y_2^2 - 50y_3^2 + 50y_1 - 50y_2 + 75 = 0$

Quadratische Ergänzung: $25(y_1+1)^2 + 25(y_2-1)^2 - 50y_3^2 + 25 = 0$

Verschiebung: $\mathbf{z} = \mathbf{y} + \mathbf{p}$ mit $\mathbf{p} = (1, -1, 0)^T$

Quadrik nach Verschiebung: $z_1^2 + z_2^2 - 2z_3^2 + 1 = 0$ (zweischaliges Hyperboloid)

**Lösung 7.2.5**
Die Quadrik sei dargestellt durch $\mathbf{x}^T\mathbf{A}\mathbf{x} + \mathbf{b}^T\mathbf{x} + c = 0$ mit $\mathbf{x} = (x, y, z)^T$.

a) $\mathbf{A} = \begin{pmatrix} 1 & 0 & a \\ 0 & 1 & 0 \\ a & 0 & 1 \end{pmatrix}, \quad \mathbf{b} = \begin{pmatrix} 0 \\ 0 \\ 0 \end{pmatrix}, \quad c = -1$

Eigenwerte: $\lambda_1 = 1,\ \lambda_2 = 1 - a,\ \lambda_3 = 1 + a$

(i) $|a| < 1 \Rightarrow$ drei positive Eigenwerte $\Rightarrow$ Ellipsoid

(ii) $|a| > 1 \Rightarrow$ zwei positive und ein negativer Eigenwert $\Rightarrow$ einschaliges Hyperboloid

(iii) $|a| = 1 \Rightarrow$ zwei positive Eigenwerte und ein Eigenwert gleich 0 $\Rightarrow$ elliptischer Zylinder

b) Eigenvektoren: $\mathbf{v}_1 = \begin{pmatrix} 0 \\ 1 \\ 0 \end{pmatrix}, \ \mathbf{v}_2 = \begin{pmatrix} -1 \\ 0 \\ 1 \end{pmatrix}, \ \mathbf{v}_3 = \begin{pmatrix} 1 \\ 0 \\ 1 \end{pmatrix}$

$\Rightarrow$ Koordinatenwechsel $\mathbf{x} = \mathbf{S}\mathbf{y}$ mit $\mathbf{y} = (u, v, w)^T$ und Drehmatrix:

$$\mathbf{S} = \frac{1}{\sqrt{2}}\begin{pmatrix} 0 & -1 & 1 \\ \sqrt{2} & 0 & 0 \\ 0 & 1 & 1 \end{pmatrix}$$

Quadrik nach Hauptachsentransformation: $u^2 + (1-a)v^2 + (1+a)w^2 - 1 = 0$

**Lösung 7.2.6**
Per Konstruktion liegt hier eine Ellipse mit den Brennpunkten $F_1 = (1, -1)^T$ und $F_2 = (-1, 1)^T$ vor.

Rechnerisch ergibt sich:

$$\sqrt{(x_1-1)^2 + (x_2+1)^2} + \sqrt{(x_1+1)^2 + (x_2-1)^2} = 4\sqrt{2}$$

$$\Rightarrow \left(\sqrt{(x_1-1)^2 + (x_2+1)^2}\right)^2 = \left(4\sqrt{2} - \sqrt{(x_1+1)^2 + (x_2-1)^2}\right)^2$$

$$\Rightarrow x_1^2 - 2x_1 + x_2^2 + 2x_2 + 2 = 34 + x_1^2 + 2x_1 + x_2^2 - 2x_2 - 8\sqrt{2}\sqrt{(x_1+1)^2 + (x_2-1)^2}$$

$$\Rightarrow (x_1 - x_2 + 8)^2 = \left(2\sqrt{2}\sqrt{(x_1+1)^2 + (x_2-1)^2}\right)^2$$

$$\Rightarrow 7x_1^2 + 2x_1x_2 + 7x_2^2 - 48 = 0$$

$$\Rightarrow (x_1, x_2)\begin{pmatrix} 7 & 1 \\ 1 & 7 \end{pmatrix}\begin{pmatrix} x_1 \\ x_2 \end{pmatrix} - 48 = 0$$

Eigenwerte: $\lambda_1 = 8,\ \lambda_2 = 6,$ Eigenvektoren: $\mathbf{v}_1 = \begin{pmatrix} 1 \\ 1 \end{pmatrix}, \ \mathbf{v}_2 = \begin{pmatrix} -1 \\ 1 \end{pmatrix}$

$\Rightarrow$ Koordinatenwechsel $\mathbf{x} = \mathbf{S}\mathbf{y}$ mit Drehmatrix: $\mathbf{S} = \frac{1}{\sqrt{2}}\begin{pmatrix} 1 & -1 \\ 1 & 1 \end{pmatrix}$

Quadrik nach Hauptachsentransformation:

$8y_1^2 + 6y_2^2 - 48 = 0 \quad \Rightarrow \quad \frac{y_1^2}{(\sqrt{6})^2} + \frac{y_2^2}{(2\sqrt{2})^2} - 1 = 0$ (Ellipse)

Damit liegen auf der Hauptachse $\mathbf{v}_1$ die beiden Nebenscheitelpunkte $N_{1,2} = \pm\sqrt{3}(1,1)^T$ mit (kleinstem) Abstand $\sqrt{6}$ vom Nullpunkt und auf der Hauptachse $\mathbf{v}_2$ die beiden Hauptscheitelpunkte $S_{1,2} = \pm(-2,2)^T$ mit (größtem) Abstand $2\sqrt{2}$ vom Nullpunkt.

**Lösung 7.2.7**

a) $\mathbf{A}$ ist positiv definit, denn das Hauptunterdeterminantenkriterium liefert:

$$\det(a_{11}) = 1 > 0, \quad \begin{vmatrix} 1 & 3 \\ 3 & 10 \end{vmatrix} = 1 > 0, \quad \begin{pmatrix} 1 & 3 & 2 \\ 3 & 10 & 3 \\ 2 & 3 & 15 \end{pmatrix} = 2 > 0\,.$$

b) $\mathbf{B}$ ist nicht positiv definit, denn ein Diagonalelement in der Cholesky-Zerlegung ist negativ:

$$\begin{pmatrix} 2 & 1 & 4 \\ 1 & 2 & 2 \\ 4 & 2 & 3 \end{pmatrix} \rightarrow \begin{pmatrix} 2 & 1 & 4 \\ 0 & \frac{3}{2} & 0 \\ 0 & 0 & -5 \end{pmatrix}.$$

c) $\mathbf{C}$ ist positiv definit, denn mit $\mathbf{x} \in \mathbb{R}^3$ und $\mathbf{x} \neq \mathbf{0}$ gilt:

$\mathbf{x}^T\mathbf{C}\mathbf{x} = \mathbf{x}^T(\mathbf{D} + \mathbf{v}\mathbf{v}^T)\mathbf{x} = \mathbf{x}^T\mathbf{D}\mathbf{x} + \mathbf{x}^T\mathbf{v}\mathbf{v}^T\mathbf{x} = \mathbf{x}^T\mathbf{D}\mathbf{x} + (\mathbf{v}^T\mathbf{x})^2 > 0$, da $\mathbf{D}$ positiv definit ist.

**Lösung 7.2.8**

Die Cholesky-Zerlegung $\mathbf{A} = \mathbf{L}\mathbf{D}\mathbf{L}^T$ wird hier über den Gauß-Algorithmus erzeugt:

$$\begin{pmatrix} 1 & 1 & 0 \\ 1 & 5 & -2 \\ 0 & -2 & 10 \end{pmatrix} \rightarrow \begin{pmatrix} 1 & 1 & 0 \\ 1 & 4 & -2 \\ 0 & -2 & 10 \end{pmatrix} \rightarrow \begin{pmatrix} 1 & 1 & 0 \\ 1 & 4 & -2 \\ 0 & -1/2 & 9 \end{pmatrix}$$

$$\Rightarrow \quad \mathbf{C} = \mathbf{D}^{1/2}\mathbf{L}^T = \begin{pmatrix} 1 & 0 & 0 \\ 0 & 2 & 0 \\ 0 & 0 & 3 \end{pmatrix} \cdot \begin{pmatrix} 1 & 1 & 0 \\ 0 & 1 & -1/2 \\ 0 & 0 & 1 \end{pmatrix} = \begin{pmatrix} 1 & 1 & 0 \\ 0 & 2 & -1 \\ 0 & 0 & 3 \end{pmatrix}$$

Symmetrie von $\mathbf{A} = \mathbf{C}^T\mathbf{C}$: $\quad \mathbf{A}^T = (\mathbf{C}^T\mathbf{C})^T = \mathbf{C}^T(\mathbf{C}^T)^T = \mathbf{A}$

Positive Definitheit von $\mathbf{A} = \mathbf{C}^T\mathbf{C}$: $\quad$ sei $\mathbf{x} \in \mathbb{R}^n \Rightarrow \mathbf{x}^T\mathbf{A}\mathbf{x} = \mathbf{x}^T\mathbf{C}^T\mathbf{C}\mathbf{x} = (\mathbf{C}\mathbf{x})^T\mathbf{C}\mathbf{x} = ||\mathbf{C}\mathbf{x}||^2 \geq 0$

$||\mathbf{C}\mathbf{x}||^2 = 0 \quad \Leftrightarrow \quad \mathbf{C}\mathbf{x} = 0 \quad \Leftrightarrow \quad \mathbf{x} = 0$, da $\mathbf{C}$ regulär.

**Lösung 7.2.9**

a) Es ergibt sich die Cholesky-Zerlegung für $\mathbf{A} = \mathbf{L}\mathbf{D}\mathbf{L}^T = \mathbf{C}^T\mathbf{C}$ mit

$$\mathbf{L} = \begin{pmatrix} 1 & 0 & 0 & 0 \\ -2 & 1 & 0 & 0 \\ -1 & 2 & 1 & 0 \\ 1 & 3 & 2 & 1 \end{pmatrix}, \quad \mathbf{D} = \begin{pmatrix} 1 & 0 & 0 & 0 \\ 0 & 4 & 0 & 0 \\ 0 & 0 & 9 & 0 \\ 0 & 0 & 0 & 16 \end{pmatrix}, \quad \mathbf{C} = \begin{pmatrix} 1 & -2 & -1 & 1 \\ 0 & 2 & 4 & 6 \\ 0 & 0 & 3 & 6 \\ 0 & 0 & 0 & 4 \end{pmatrix}.$$

b) Unter Verwendung der Cholesky-Zerlegung erhält man $\mathbf{A}^{-1} = \mathbf{L}^{-T}\mathbf{D}^{-1}\mathbf{L}^{-1}$:

$$\mathbf{L}^{-1} = \begin{pmatrix} 1 & 0 & 0 & 0 \\ 2 & 1 & 0 & 0 \\ -3 & -2 & 1 & 0 \\ -1 & 1 & -2 & 1 \end{pmatrix}, \quad \mathbf{A}^{-1} = \frac{1}{144} \begin{pmatrix} 441 & 159 & -30 & -9 \\ 159 & 109 & -50 & 9 \\ -30 & -50 & 52 & -18 \\ -9 & 9 & -18 & 9 \end{pmatrix}.$$

**Lösung 7.2.10**

Bei der Gauß-Elimination erhält man nach dem ersten Schritt die neuen Matrixelemente durch

$$a_{ij}^{(2)} = a_{ij} - \frac{a_{i1}}{a_{11}} a_{1j}, \quad i,j = 2,\ldots,n.$$

a) Die Restmatrix ist diagonaldominant, denn:

$$\begin{aligned}
\sum_{j=2,\,j\neq i}^{n} |a_{ij}^{(2)}| &= \sum_{j=2,\,j\neq i}^{n} \left| a_{ij} - \frac{a_{i1}}{a_{11}} a_{1j} \right| \leq \sum_{j=2,\,j\neq i}^{n} |a_{ij}| + \frac{|a_{i1}|}{|a_{11}|} \sum_{j=2,\,j\neq i}^{n} |a_{1j}| \\
&= \left( \sum_{j=1,\,j\neq i}^{n} |a_{ij}| \right) - |a_{i1}| + \frac{|a_{i1}|}{|a_{11}|} \left\{ \left( \sum_{j=2}^{n} |a_{1j}| \right) - |a_{1i}| \right\} \\
&< (|a_{ii}| - |a_{i1}|) + \frac{|a_{i1}|}{|a_{11}|} (|a_{11}| - |a_{1i}|) = |a_{ii}| - \frac{|a_{i1}|}{|a_{11}|} |a_{1i}| \\
&\leq \left| a_{ii} - \frac{a_{i1}}{a_{11}} a_{1i} \right| = |a_{ii}^{(2)}|
\end{aligned}$$

b) Die Restmatrix ist symmetrisch: $a_{ij}^{(2)} = a_{ij} - \dfrac{a_{i1}}{a_{11}} a_{1j} = a_{ij} - \dfrac{a_{j1}}{a_{11}} a_{1i} = a_{ji}^{(2)}$

c) Die Diagonalelemente der Restmatrix sind positiv: $a_{ii}^{(2)} = a_{ii} - \dfrac{a_{i1}}{a_{11}} a_{1i} = a_{ii} - \sigma a_{1i} > 0$,

denn $\mathbf{A}$ ist diagonaldominant, und es gilt $|\sigma| = \dfrac{|a_{i1}|}{|a_{11}|} < 1$.

In der Cholesky-Zerlegung $\mathbf{A} = \mathbf{LDL}^T$ besitzt per Induktion $\mathbf{D}$ daher positive Diagonalelemente.

**Lösung 7.2.11**
Nach Aufgabe 4.4.3 besitzt $\mathbf{A}$ die Block-Cholesky-Zerlegung $\mathbf{A} = \mathbf{LDL}^T$ mit

$$\begin{pmatrix} \mathbf{A}_{11} & \mathbf{A}_{12} \\ \mathbf{A}_{12}^T & \mathbf{A}_{22} \end{pmatrix} = \begin{pmatrix} \mathbf{I}_m & \mathbf{0} \\ \mathbf{A}_{12}^T \mathbf{A}_{11}^{-1} & \mathbf{I}_{n-m} \end{pmatrix} \cdot \begin{pmatrix} \mathbf{A}_{11} & \mathbf{0} \\ \mathbf{0} & \mathbf{S} \end{pmatrix} \cdot \begin{pmatrix} \mathbf{I}_m & \mathbf{A}_{11}^{-1} \mathbf{A}_{12} \\ \mathbf{0} & \mathbf{I}_{n-m} \end{pmatrix}.$$

Sind $\mathbf{A}_{11}$ und $\mathbf{S}$ positiv definit, so folgt für $\mathbf{z} \in \mathbb{R}^n$ mit $\mathbf{z} \neq \mathbf{0}$ und $\mathbf{v} := \mathbf{L}^T \mathbf{z} = \begin{pmatrix} \mathbf{v}_1 \\ \mathbf{v}_2 \end{pmatrix} \neq \mathbf{0}$:

$$\mathbf{z}^T \mathbf{A} \mathbf{z} = \mathbf{z}^T (\mathbf{LDL}^T) \mathbf{z} = \mathbf{v}^T \mathbf{D} \mathbf{v} = \mathbf{v}_1^T \mathbf{A}_{11} \mathbf{v}_1 + \mathbf{v}_2^T \mathbf{S} \mathbf{v}_2 > 0$$

also die positive Definitheit von $\mathbf{A}$.

Ist umgekehrt $\mathbf{A}$ positiv definit, so folgt für $\mathbf{v}_1 \in \mathbb{R}^m$ mit $\mathbf{v}_1 \neq \mathbf{0}$ und $\mathbf{z} := \mathbf{L}^{-T} \begin{pmatrix} \mathbf{v}_1 \\ \mathbf{0} \end{pmatrix} \neq \mathbf{0}$ :

$$\mathbf{v}_1^T \mathbf{A}_{11} \mathbf{v}_1 = \mathbf{z}^T \mathbf{A} \mathbf{z} > 0,$$

also die positive Definitheit von $\mathbf{A}_{11}$.

Analog folgt für $\mathbf{v}_2 \in \mathbb{R}^{n-m}$ mit $\mathbf{v}_2 \neq \mathbf{0}$ und $\mathbf{z} := \mathbf{L}^{-T} \begin{pmatrix} \mathbf{0} \\ \mathbf{v}_2 \end{pmatrix} \neq \mathbf{0}$ :

$$\mathbf{v}_2^T \mathbf{S} \mathbf{v}_2 = \mathbf{z}^T \mathbf{A} \mathbf{z} > 0,$$

und damit die positive Definitheit von $\mathbf{S}$.

## L.7.3 Numerische Berechnung von Eigenwerten und Eigenvektoren

**Lösung 7.3.1**

a) $||\mathbf{A}||_1 = \max\limits_{1\le k\le 4} \sum\limits_{i=1}^{4} |a_{ik}| = \max\{5,7,9,8\} = 9$

$$\det(\mathbf{A}^T\mathbf{A} - \lambda\mathbf{I}) = \begin{vmatrix} 13-\lambda & 0 & 23 & 0 \\ 0 & 25-\lambda & 0 & 29 \\ 23 & 0 & 41-\lambda & 0 \\ 0 & 29 & 0 & 34-\lambda \end{vmatrix} = (\lambda^2 - 54\lambda + 4)(\lambda^2 - 59\lambda + 9)$$

$$\Rightarrow \quad \lambda_{1,2} = \frac{54 \pm \sqrt{2900}}{2} \text{ und } \lambda_{3,4} = \frac{59 \pm \sqrt{3445}}{2} \quad \Rightarrow \quad ||\mathbf{A}||_2 = \sqrt{\frac{59+\sqrt{3445}}{2}} \approx 7.671183819$$

$$||\mathbf{A}||_\infty = \max_{1\le i\le 4} \sum_{k=1}^{4} |a_{ik}| = \max\{8,6,6,9\} = 9$$

b) Nach dem Satz von Hirsch (7.3.7) im Lehrbuch ist $|\lambda| \le ||\mathbf{A}||_2 \le 7.67118382$.

c) Die Eigenwerte von $\mathbf{A}$ liegen in der Vereinigung der Kreisscheiben
$K_1 = \{\lambda \in \mathbb{C} \mid |\lambda+3| \le 5\}$, $K_2 = \{\lambda \in \mathbb{C} \mid |\lambda-3| \le 3\}$,
$K_3 = \{\lambda \in \mathbb{C} \mid |\lambda-4| \le 2\}$ und $K_4 = \{\lambda \in \mathbb{C} \mid |\lambda+5| \le 4\}$.

d) $\det(\mathbf{A} - \lambda\mathbf{I}) = (\lambda+3)(\lambda+1)(\lambda-1)(\lambda-2) \quad \Rightarrow \quad \lambda_1 = -3, \quad \lambda_2 = -1, \quad \lambda_3 = 1, \quad \lambda_4 = 2$

**Lösung 7.3.2**

a) Die Eigenwerte von $\mathbf{A}$ liegen in der Vereinigung der Kreisscheiben
$K_1 = \{\lambda \in \mathbb{C} \mid |\lambda-1| \le 4\}$ und $K_2 = \{\lambda \in \mathbb{C} \mid |\lambda-5| \le 2\}$. Da $\mathbf{A}$ symmetrisch ist $\Rightarrow \lambda_i \in [-3,7]$.

b) $R(\mathbf{x}_0) = \dfrac{\mathbf{x}_0^T\mathbf{A}\mathbf{x}_0}{\mathbf{x}_0^T\mathbf{x}_0} = \dfrac{17}{3} = 5.66666\ldots$

c) Für ein $i \in \{1,2,3\}$ gilt $\quad |R(\mathbf{x}_0) - \lambda_i| \le \dfrac{||\mathbf{A}\mathbf{x}_0 - R(\mathbf{x}_0)\mathbf{x}_0||_2}{||\mathbf{x}_0||_2} = \dfrac{2\sqrt{2}}{3} \approx 0.942809041$

d) $\mathbf{x}_1 = (5,7,5)^T$, $\mathbf{A}\mathbf{x}_1 = (27,45,27)^T \Rightarrow R(\mathbf{x}_1) = \dfrac{\mathbf{x}_1^T\mathbf{A}\mathbf{x}_1}{\mathbf{x}_1^T\mathbf{x}_1} = \dfrac{585}{99} = 5.90909\ldots$ ,

$$|R(\mathbf{x}_1) - \lambda_i| \le \frac{||\mathbf{A}\mathbf{x}_1 - R(\mathbf{x}_1)\mathbf{x}_1||_2}{||\mathbf{x}_1||_2} = \frac{\sqrt{256608}}{99\sqrt{99}} \approx 0.5142594777\,.$$

**Lösung 7.3.3**
Der Beweis wird über Induktion geführt. Man setze zunächst $p_0(\lambda) := 1$ und $p_1(\lambda) := \delta_1 - \lambda$, dann gilt

$k=1: \quad p_1(\lambda) = \det(\delta_1 - \lambda)$

$k=2: \quad p_2(\lambda) = \begin{vmatrix} \delta_1-\lambda & \gamma_2 \\ \gamma_2 & \delta_2-\lambda \end{vmatrix} = (\delta_1-\lambda)(\delta_2-\lambda) - \gamma_2^2 = (\delta_2-\lambda)p_1(\lambda) - \gamma_2^2 p_0(\lambda)$

$k-2,\ k-1 \to k: \quad$ (Entwicklung nach der letzten Zeile)

$$p_k(\lambda) = \begin{vmatrix} (\delta_1-\lambda) & \gamma_2 & & 0 \\ \gamma_2 & \ddots & & \\ & & & \gamma_k \\ 0 & & \gamma_k & (\delta_k-\lambda) \end{vmatrix}$$

$$= (\delta_k-\lambda)\cdot \begin{vmatrix} (\delta_1-\lambda) & \gamma_2 & & 0 \\ \gamma_2 & \ddots & & \\ & & & \gamma_{k-1} \\ 0 & & \gamma_{k-1} & (\delta_{k-1}-\lambda) \end{vmatrix} - \gamma_k \cdot \begin{vmatrix} (\delta_1-\lambda) & \gamma_2 & & 0 \\ \gamma_2 & \ddots & & \vdots \\ & & (\delta_{k-2}-\lambda) & 0 \\ 0 & & \gamma_{k-1} & \gamma_k \end{vmatrix}$$

$$= (\delta_k-\lambda)p_{k-1}(\lambda) - \gamma_k^2 p_{k-2}(\lambda)$$

**Lösung 7.3.4**
Die Eigenwerte und Eigenvektoren von $\mathbf{A}$ wurden in Aufgabe 7.1.5 berechnet:

$$\lambda_1 = -5 \quad \text{mit} \quad \mathbf{v}_1 = (1,1,2)^T, \quad \text{sowie} \quad \lambda_{2,3} = 1.$$

Das Von-Mises-Verfahren lässt hier, wegen des günstigen Quotienten $\frac{|\lambda_2|}{|\lambda_1|} = \frac{1}{5}$, eine gute Konvergenz erwarten. Auf eine Normierung der Näherungsvektoren $\mathbf{x}_i$ in den ersten drei Schritten kann verzichtet werden, da sich ein Exponentenüber- oder -unterlauf noch nicht einstellt.

$$\mathbf{x}_1 = \mathbf{A}\mathbf{x}_0 = (-3,-3,-7)^T \Rightarrow |\lambda_1| \approx \frac{||\mathbf{A}\mathbf{x}_0||}{||\mathbf{x}_0||} = \sqrt{\frac{67}{3}} \approx 4.725815$$

$$\text{oder } \lambda_1 \approx R(\mathbf{x}_0) = \frac{-13}{3} \approx -4.333333$$

$$\mathbf{x}_2 = \mathbf{A}\mathbf{x}_1 = (17,17,33)^T \Rightarrow |\lambda_1| \approx \frac{||\mathbf{A}\mathbf{x}_1||}{||\mathbf{x}_1||} = \sqrt{\frac{1667}{67}} \approx 4.988045$$

$$\text{oder } \lambda_1 \approx R(\mathbf{x}_1) = \frac{-333}{67} \approx -4.970149$$

$$\mathbf{x}_3 = \mathbf{A}\mathbf{x}_2 = (-83,-83,-167)^T \Rightarrow |\lambda_1| \approx \frac{||\mathbf{A}\mathbf{x}_2||}{||\mathbf{x}_2||} = \sqrt{\frac{41667}{1667}} \approx 4.999520$$

$$\text{oder } \lambda_1 \approx R(\mathbf{x}_2) = \frac{-8333}{1667} \approx -4.998800$$

Normiert man die erste Komponente von $\mathbf{x}_3$ auf 1, so erhält man $\quad \mathbf{v}_1 \approx (1,1,2.012)^T$.

# L.8 Konvergenz von Folgen und Reihen

## L.8.1 Folgen

**Lösung 8.1.1**

a) Behauptung: $a_n \le b_n \Rightarrow \lim_{n\to\infty} a_n \le \lim_{n\to\infty} b_n$.

Beweis: Annahme: $b := \lim_{n\to\infty} b_n < a := \lim_{n\to\infty} a_n$.

Zu $\varepsilon := a - b > 0$ wähle man $N_1,\ N_2 \in \mathbb{N}$ mit:

$$n \ge N_1 \quad \Rightarrow \quad |a_n - a| < \varepsilon/2 \quad \text{und} \quad n \ge N_2 \quad \Rightarrow \quad |b_n - b| < \varepsilon/2.$$

Für $n \ge \max(N_1, N_2)$ folgt damit $b_n < b + \frac{\varepsilon}{2} = \frac{a+b}{2} = a - \frac{\varepsilon}{2} < a_n$, also ein Widerspruch.

b) Behauptung: $a_n \le c_n \le b_n\ (\forall\, n) \Rightarrow \lim_{n\to\infty} c_n = a$.

Beweis: Nach Voraussetzung existiert zu $\varepsilon > 0 : N_1, N_2 \in \mathbb{N}$ mit:

$$n \ge N_1 \quad \Rightarrow \quad |a_n - a| < \varepsilon \quad \text{und} \quad n \ge N_2 \quad \Rightarrow \quad |b_n - a| < \varepsilon\,.$$

Für $n \ge \max(N_1, N_2)$ folgt damit

$$\left.\begin{array}{l} -\varepsilon < a_n - a \ \le\ c_n - a \ \le\ b_n - a < \varepsilon \\ -\varepsilon < a - b_n \ \le\ a - c_n \ \le\ a - a_n < \varepsilon \end{array}\right\} \Rightarrow |c_n - a| < \varepsilon.$$

c) $q > 1: \quad \sqrt[n]{q} = 1 + r_n, \quad r_n > 0 \Rightarrow q = (1 + r_n)^n \ge 1 + n r_n \quad$ (Bernoulli)

$$\Rightarrow 0 < r_n \le \frac{1}{n}(q-1) \to 0 \quad (n \to \infty) \Rightarrow \lim_{n\to\infty} r_n = 0, \text{ d.h. } \lim_{n\to\infty} \sqrt[n]{q} = 1$$

$q = 1:$ klar!

$$0 < q < 1: \quad \sqrt[n]{q} = \frac{1}{\sqrt[n]{1/q}} \to \frac{1}{1} = 1 \quad (n \to \infty).$$

**Lösung 8.1.2**

$$t_{n+1} = t_n - \frac{f(t_n)}{f'(t_n)} = t_n - \frac{t_n^2 - 2}{2t_n} = \frac{1}{2}\left(t_n + \frac{2}{t_n}\right).$$

a) Die Folge $(t_n)_{n\ge1}$ ist streng monoton fallend und durch $\sqrt{2}$ nach unten beschränkt.

$n = 1:$ Man berechnet $t_1 = \frac{3}{2}$ und damit $t_1^2 > 2, \quad t_1 > \sqrt{2}$.

$n \Rightarrow n+1:$ Wenn $t_n > \sqrt{2}$, so folgt :

$$t_{n+1} = \frac{1}{2}\left(t_n + \frac{2}{t_n}\right) < \frac{1}{2}\left(t_n + \frac{t_n^2}{t_n}\right) = t_n\,,$$

sowie $$t_{n+1}^2 = t_n^2\left(1 + \frac{2 - t_n^2}{2t_n^2}\right)^2 \underset{\text{(Bernoulli)}}{>} t_n^2\left(1 + \frac{2 - t_n^2}{tn^2}\right) = 2,$$

also auch $\sqrt{2} < t_{n+1} < t_n\,.$

Hieraus folgt, dass $(t_n)$ konvergiert, und aus $t = \frac{1}{2}\left(t + \frac{2}{t}\right)$ folgt $t = \lim_{n\to\infty} t_n = \sqrt{2}$.

Zur quadratischen Konvergenz :

$$t_{n+1} - \sqrt{2} = \frac{1}{2}\left(t_n + \frac{2}{t_n}\right) - \frac{1}{2}\left(\sqrt{2} + \frac{2}{\sqrt{2}}\right) = \frac{1}{2}\left(t_n - \sqrt{2} + \frac{2(\sqrt{2} - t_n)}{\sqrt{2}t_n}\right)$$

$$= \frac{1}{2}(t_n - \sqrt{2}) \cdot \left(1 - \frac{2}{\sqrt{2}t_n}\right) = \frac{1}{2t_n} \cdot (t_n - \sqrt{2})^2 \le \frac{1}{2\sqrt{2}}(t_n - \sqrt{2})^2$$

*Aufgaben und Lösungen zu Mathematik für Ingenieure 1, 4.Aufl.*, R. Ansorge, H. J. Oberle, K. Rothe und Th. Sonar

ISBN: 978-3-527-40987-7

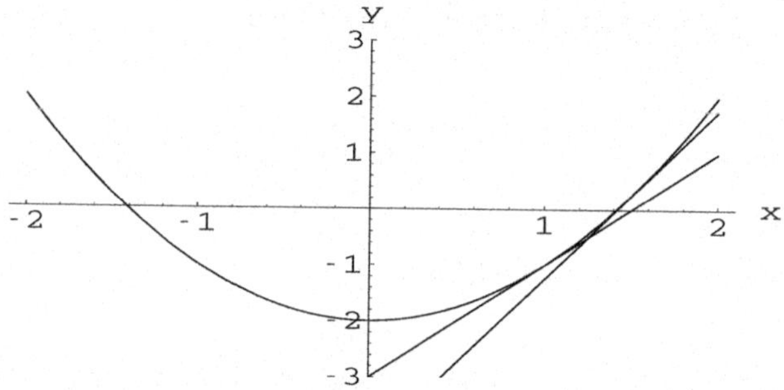


**Bild 8.1.2** Newton-Verfahren mit den Tangenten zu $t_0 = 1$ und $t_1 = 1.5$

b) Newton :

| $i$ | $t_i$ |
|---|---|
| 0 | 1.0 |
| 1 | 1.5 |
| 2 | 1.4166 66666 66667 |
| 3 | 1.4142 15686 27451 |
| 4 | 1.4142 13562 37469 |
| 5 | 1.4142 13562 37310 |

Bisektion :

| $i$ | $u_i$ | $v_i$ |
|---|---|---|
| 0 | 1.0 | 2.0 |
| 1 | 1.0 | 1.5 |
| 2 | 1.25 | 1.5 |
| 3 | 1.375 | 1.5 |
| 4 | 1.375 | 1.4375 |
| 5 | 1.40625 | 1.4375 |

**Lösung 8.1.3**

a) Gegeben ist $f(x) = x^3 + 4x^2 - 3x - 12$ .

Newton :

| $i$ | $x_i$ |
|---|---|
| 0 | 4.0 |
| 1 | 2.649 350 65 |
| 2 | 1.968 515 429 |
| 3 | 1.754 232 953 |
| 4 | 1.732 275 164 |
| 5 | 1.732 050 831 |

Bisektion :

| $i$ | $u_i$ | $v_i$ |
|---|---|---|
| 0 | 0.0 | 4.0 |
| 1 | 0.0 | 2.0 |
| 2 | 1.0 | 2.0 |
| 3 | 1.5 | 2.0 |
| 4 | 1.5 | 1.75 |
| 5 | 1.625 | 1.75 |
| 6 | 1.6875 | 1.75 |
| 7 | 1.71875 | 1.75 |
| 8 | 1.71875 | 1.734375 |
| 9 | 1.7265625 | 1.734375 |
| 10 | 1.73046875 | 1.734375 |

b) Gegeben ist $f(x) = \dfrac{1}{3}(x^3 + 2) \quad \Rightarrow \quad f'(x) = x^2$ .

Für $x_0 = 1$ liefert das Newton-Verfahren $\quad x_1 = x_0 - \dfrac{f(x_0)}{f'(x_0)} = 0$ .

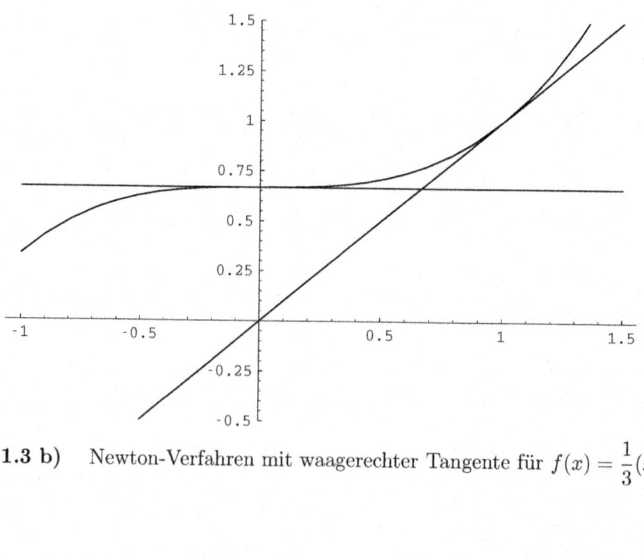


**Bild 8.1.3 b)** Newton-Verfahren mit waagerechter Tangente für $f(x) = \dfrac{1}{3}(x^3 + 2)$

$x_1$ ist keine Nullstelle von $f$, denn $f(x_1) = 2/3$. Wegen $f'(x_1) = 0$ ist das Newton-Verfahren nicht weiter durchführbar. Graphisch bedeutet dies, dass die Linearisierung von $f$ im Punkte $x_1$ eine waagerechte Tangente liefert, die keinen Schnittpunkt mit der $x$-Achse besitzt und deshalb keinen nächsten Iterationswert $x_2$ liefert.

c) Gegeben ist $f(x) = -2x^3 + 3x^2 + x - 1 \quad \Rightarrow \quad f'(x) = -6x^2 + 6x + 1\,.$

Für $x_0 = 1$ liefert das Newton-Verfahren

$$x_1 = x_0 - \frac{f(x_0)}{f'(x_0)} = 0 \quad \text{und} \quad x_2 = x_1 - \frac{f(x_1)}{f'(x_1)} = 1$$

Wegen $f(x_1) = -1$ und $f(x_2) = 1$ sind $x_1$ und $x_2$ keine Nullstellen. Da $x_2 = x_0$ gilt, erhält man für die Folgenglieder des Newton-Verfahrens $x_{2n} = x_0$ bzw. $x_{2n+1} = x_1$ für $n \in \mathbb{N}$. Das Newton-Verfahren springt also zyklisch zwischen den Werten 1 und 0 hin und her und konvergiert deshalb nicht.

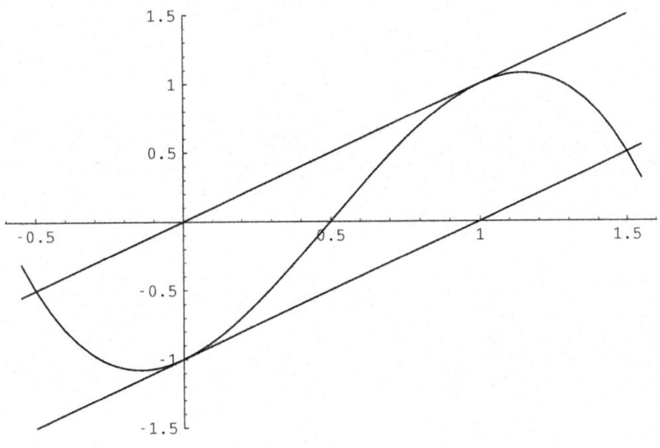


**Bild 8.1.3 c)** Newton-Verfahren mit Zyklus

In Bild 8.1.3 c) sind $f(x) = -2x^3 + 3x^2 + x - 1$ und die Tangenten in $x_0 = 1$ und $x_1 = 0$ angegeben.

**Lösung 8.1.4**

a) $a_n = n + c, \quad b_n = -n \quad \Rightarrow \quad \lim_{n\to\infty}(a_n + b_n) = \lim_{n\to\infty} c = c$

b) $a_n = n^2 + 1, \quad b_n = -2n \quad \Rightarrow \quad \lim_{n\to\infty}(a_n + b_n) = \lim_{n\to\infty}(n-1)^2 = \infty$

c) $a_n = 2n, \quad b_n = -n^2 - 1 \quad \Rightarrow \quad \lim_{n\to\infty}(a_n + b_n) = \lim_{n\to\infty} -(n-1)^2 = -\infty$

**Lösung 8.1.5**
Induktionsanfang:

$$n = 0: \quad \frac{15\left(1 - 15^{-1}\right)a + 3\left(15^0 - 1\right)b}{14 \cdot 3^0} = \frac{14a}{14} = a = x_0$$

$$n = 1: \quad \frac{15\left(1 - 15^{0}\right)a + 3\left(15^1 - 1\right)b}{14 \cdot 3^1} = \frac{3 \cdot 14b}{14 \cdot 3} = b = x_1$$

Induktionsschritt: $n-1,\ n \to n+1$

$$\begin{aligned}
x_{n+1} &= \frac{1}{3}\left(16x_n - 5x_{n-1}\right) \\
&= \frac{1}{3}\left(16\frac{15\left(1 - 15^{n-1}\right)a + 3\left(15^n - 1\right)b}{14 \cdot 3^n} - 5\frac{15\left(1 - 15^{n-2}\right)a + 3\left(15^{n-1} - 1\right)b}{14 \cdot 3^{n-1}}\right) \\
&= \frac{\left(16 \cdot 15 - 16 \cdot 15^n\right)a + 16 \cdot 3\left(15^n - 1\right)b - \left(15 \cdot 15 - 15^n\right)a - 15 \cdot 3\left(15^{n-1} - 1\right)b}{14 \cdot 3^{n+1}} \\
&= \frac{\left(15 - 15 \cdot 15^n\right)a + 3\left(15 \cdot 15^n - 1\right)b}{14 \cdot 3^{n+1}} = \frac{15\left(1 - 15^n\right)a + 3\left(15^{n+1} - 1\right)b}{14 \cdot 3^{n+1}}
\end{aligned}$$

## L.8.2 Konvergenzkriterien für reelle Folgen

**Lösung 8.2.1**

$$\begin{aligned}
0 \le a_n &= \sqrt{n+4} - \sqrt{n+2} = \frac{n+4-n-2}{\sqrt{n+4}+\sqrt{n+2}} \le \frac{2}{\sqrt{n}} \quad \stackrel{n\to\infty}{\longrightarrow} \quad 0 \\
b_n &= \left(\frac{5n}{2n+1}\right)^4 = \left(\frac{5}{2+1/n}\right)^4 \quad \stackrel{n\to\infty}{\longrightarrow} \quad \left(\frac{5}{2}\right)^4 \\
c_n &= \frac{n^2-1}{n+3} - \frac{n^3+1}{n^2+1} = \frac{(n^2-1)(n^2+1) - (n^3+1)(n+3)}{(n+3)(n^2+1)} \\
&= \frac{-3n^3 - n - 4}{n^3 + 3n^2 + n + 3} = \frac{-3 - 1/n^2 - 4/n^3}{1 + 3/n + 1/n^2 + 3/n^3} \quad \stackrel{n\to\infty}{\longrightarrow} \quad -3 \\
d_n &= \left(1 - \frac{1}{3n}\right)^{7n} = \left\{\left(1 + \frac{(-1/3)}{n}\right)^n\right\}^7 \quad \stackrel{n\to\infty}{\longrightarrow} \quad \mathrm{e}^{-\frac{7}{3}}
\end{aligned}$$

$$
\begin{aligned}
e_n &= \sqrt{n(n+3)} - n = \frac{n^2+3n-n^2}{\sqrt{n^2+3n}+n} = \frac{3}{\sqrt{1+\frac{3}{n}}+1} \stackrel{n\to\infty}{\longrightarrow} \frac{3}{2} \\
f_n &= \frac{\ln(1+r)+7-3r^n}{2r^n+5} \\
& \quad 0<r<1: \quad r^n \to 0 \quad \Rightarrow \quad f_n \stackrel{n\to\infty}{\longrightarrow} \frac{\ln(1+r)+7}{5} \\
& \quad r=1: \quad f_n = \frac{\ln 2 + 4}{7} \\
& \quad r>1: \quad f_n = \frac{(\ln(1+r)+7)/r^n - 3}{2+5/r^n} \stackrel{n\to\infty}{\longrightarrow} -\frac{3}{2}
\end{aligned}
$$

**Lösung 8.2.2**

$$
\begin{aligned}
a_n &= \frac{2n^5}{n^5+n^4+n^3+n^2+n+1} = \frac{2}{1+1/n+1/n^2+1/n^3+1/n^4+1/n^5} \stackrel{n\to\infty}{\longrightarrow} 2\,, \\
b_n &= n^2\left(\sqrt{1+\frac{3}{n^2}} - \sqrt{1+\frac{1}{n^3}}\right) = \frac{n^2((1+3/n^2)-(1+1/n^3))}{\sqrt{1+3/n^2}+\sqrt{1+1/n^3}} \\
&= \frac{3-1/n}{\sqrt{1+3/n^2}+\sqrt{1+1/n^3}} \stackrel{n\to\infty}{\longrightarrow} \frac{3}{2}\,, \\
|c_n| &= \left|\frac{2-2i}{3}\right|^n = \left(\sqrt{\frac{8}{9}}\right)^n \stackrel{n\to\infty}{\longrightarrow} 0\,,
\end{aligned}
$$

$$
\begin{aligned}
d_n &= \frac{a_n}{2} - \frac{3}{b_n} + c_n^2 \stackrel{n\to\infty}{\longrightarrow} \frac{2}{2} - \frac{3}{3/2} + 0^2 = -1\,, \\
e_n &= \frac{n^3+(-1)^n n^2}{2n^3+1} = \frac{1+(-1)^n/n}{2+1/n^3} \stackrel{n\to\infty}{\longrightarrow} \frac{1}{2}\,, \\
f_n &= \frac{n^2}{n+1} - \frac{n^2}{n+3} = \frac{n^2(n+3)-n^2(n+1)}{(n+1)(n+3)} = \frac{2}{1+4/n+3/n^2} \stackrel{n\to\infty}{\longrightarrow} 2\,.
\end{aligned}
$$

**Lösung 8.2.3**

$$
\begin{aligned}
a_n &= \frac{n^2-1}{2n^3}\left(\frac{3n^2+1}{n+1} - \frac{8n^2-1}{n-1}\right) = \frac{1}{2n^3}\left((3n^2+1)(n-1)-(8n^2-1)(n+1)\right) \\
&= = \frac{-5n^3-11n^2+2n}{2n^3} = \frac{-5-11/n+2/n^2}{2} \to \frac{-5}{2} \\
b_n &= \left(1+\frac{3}{5n}\right)^{10n} = \left(\left(1+\frac{(3/5)}{n}\right)^n\right)^{10} \to \left(\mathrm{e}^{3/5}\right)^{10} = \mathrm{e}^6, \\
c_n &= \frac{4^n+(-5)^n}{(-4)^n+5^n} = \frac{(-1)^n((-4)^n+5^n)}{(-4)^n+5^n} = (-1)^n \quad \text{divergent}, \\
|d_n| &= \frac{|2-2i|^n}{|1+3i|^n} = \frac{\left(\sqrt{8}\right)^n}{\left(\sqrt{10}\right)^n} = \left(\sqrt{\frac{4}{5}}\right)^n \to 0 \quad \Rightarrow \quad d_n \to 0
\end{aligned}
$$

$$\begin{aligned}
e_n &= \sqrt{9n^3 + 2n^{3/2} + (-1)^n} - 3n^{3/2} \\
&= \frac{\left(\sqrt{9n^3 + 2n^{3/2} + (-1)^n} - 3n^{3/2}\right)\left(\sqrt{9n^3 + 2n^{3/2} + (-1)^n} + 3n^{3/2}\right)}{\sqrt{9n^3 + 2n^{3/2} + (-1)^n} + 3n^{3/2}} \\
&= \frac{2n^{3/2} + (-1)^n}{\sqrt{9n^3 + 2n^{3/2} + (-1)^n} + 3n^{3/2}} = \frac{2 + \dfrac{(-1)^n}{n^{3/2}}}{\sqrt{9 + \dfrac{2}{n^{3/2}} + \dfrac{(-1)^n}{n^3}} + 3} \to \frac{1}{3}
\end{aligned}$$

$$\begin{aligned}
f_n &= \frac{1 + 2^n + 3^{n+1} + 4^{n+2} + 5^{n+3}}{5^{n+1}} \\
&= \frac{1}{5}\cdot\left(\frac{1}{5}\right)^n + \frac{1}{5}\cdot\left(\frac{2}{5}\right)^n + \frac{3}{5}\cdot\left(\frac{3}{5}\right)^n + \frac{16}{5}\cdot\left(\frac{4}{5}\right)^n + \frac{125}{5}\cdot\left(\frac{5}{5}\right)^n \to 25
\end{aligned}$$

**Lösung 8.2.4**

a) $a_1 = 0, \quad a_{n+1} = \frac{1}{4}(a_n - 3), \quad n \geq 1.$

Wenn $a_n$ konvergiert, so gegen $a = \frac{1}{4}(a-3)$, also $a = -1$.

Ferner : $\quad a_{n+1} + 1 = \frac{1}{4}(a_n - 3) + 1 = \frac{1}{4}(a_n + 1).$

Hieraus folgt unmittelbar per vollständiger Induktion $\forall n : -1 < a_n \leq 0$ und

$$a_{n+1} = \frac{1}{4}(a_n + 1) - 1 = -\frac{3}{4} + \frac{1}{4}a_n < \frac{3}{4}a_n + \frac{1}{4}a_n = a_n,$$

d.h., $(a_n)$ ist streng monoton fallend $\Rightarrow$ $a_n$ konvergent, $\lim\limits_{n\to\infty} a_n = -1$.

b) $b_1 = 0, \quad b_{n+1} = \sqrt{2 + b_n}, \quad n \geq 1.$

Wenn $b_n$ konvergiert, so gegen $b = \sqrt{2+b} \Rightarrow b = \frac{1}{2} \pm \frac{3}{2}$ und wegen $b_n \geq 0$ folgt damit $b = 2$.

Wir zeigen per vollständiger Induktion: $\forall n : b_n < b_{n+1} < 2$.

$n = 1 :\quad b_1 = 0 < \sqrt{2} = b_2 < 2.$

$n \Rightarrow n+1 :\quad b_{n+1} = \sqrt{2 + b_n} > \sqrt{2 + b_{n-1}} = b_n, \quad b_{n+1} = \sqrt{2 + b_n} < \sqrt{2+2} = 2.$

Daher konvergiert $(b_n)$ mit $\lim\limits_{n\to\infty} b_n = 2$.

c) $c_1 = 2, \quad c_{n+1} = 3/(4 - c_n), \qquad n \geq 1$

Wenn $(c_n)$ konvergiert, so gegen $c = \dfrac{3}{4-c} \quad\Rightarrow\quad c = 1 \quad\vee\quad c = 3.$

Wir zeigen per vollständiger Induktion : $1 < c_{n+1} < c_n \leq 2$.

$n = 1 :\quad 1 < 1.5 < 2 \leq 2$

$n - 1 \Rightarrow n :\quad 1 < c_n < c_{n-1} \leq 2 \Rightarrow 2 \leq 4 - c_{n-1} < 4 - c_n < 3$

$$\Rightarrow 1 < \frac{3}{4 - c_n} < \frac{3}{4 - c_{n-1}} \leq \frac{3}{2} < 2.$$

Damit ist $(c_n)$ streng monoton fallend und beschränkt, und es gilt $\lim\limits_{n\to\infty} c_n = 1$.

d) $d_1 = 0, \quad d_{n+1} = 3d_n + 2, \qquad n \geq 1$

Wenn $(d_n)$ konvergiert, so gegen $d = 3d + 2 \quad\Rightarrow\quad d = -1$.

Aus $d_1 = 0$ folgt per Induktion sofort $d_n \geq 0$. Damit konvergiert die Folge $(d_n)$ nicht.

**Lösung 8.2.5**

a) $a_n = \sqrt{n^2+1} - n - 1 = \dfrac{n^2+1-(n+1)^2}{\sqrt{n^2+1}+n+1} = \dfrac{-2n}{\sqrt{n^2+1}+n+1} = \dfrac{-2}{\sqrt{1+\frac{1}{n^2}}+1+\frac{1}{n}} \overset{n\to\infty}{\longrightarrow} -1$

b) $\lim\limits_{n\to\infty} b_n = \lim\limits_{n\to\infty} \ln\left(\dfrac{5n}{n+1}\right) = \ln\left(\lim\limits_{n\to\infty} \dfrac{5}{1+\frac{1}{n}}\right) = \ln 5$

c) $c_n = \left(\dfrac{2}{n}-1\right)^n = (-1)^n\left(1+\dfrac{-2}{n}\right)^n \longrightarrow \begin{cases} \mathrm{e}^{-2} & ;\ n \text{ gerade} \\ -\mathrm{e}^{-2} & ;\ n \text{ ungerade} \end{cases}$

Es existieren zwei Häufungspunkte, also liegt keine Konvergenz vor.

d) $d_n = \sqrt{n^6+3n^3} - \sqrt{n^6-2n^3} = \dfrac{n^6+3n^3-(n^6-2n^3)}{\sqrt{n^6+3n^3}+\sqrt{n^6-2n^3}} = \dfrac{5}{\sqrt{1+\frac{3}{n^3}}+\sqrt{1-\frac{2}{n^3}}} \overset{n\to\infty}{\longrightarrow} \dfrac{5}{2}$

e) 
$$\begin{aligned} e_n &= \frac{n^3+1}{n^2+5n} - \frac{n^4+4}{n^3+2n^2} = \frac{(n^3+1)(n^3+2n^2)-(n^2+5n)(n^4+4)}{(n^2+5n)(n^3+2n^2)} \\ &= \frac{-3n^5+n^3-2n^2-20n}{n^5+6n^4+10n^3} \overset{n\to\infty}{\longrightarrow} -3 \end{aligned}$$

f) $f_n = \sqrt{n^8+4n^4} - \sqrt{n^8+7n^3} = \dfrac{n^8+4n^4-(n^8+7n^3)}{\sqrt{n^8+4n^4}+\sqrt{n^8+7n^3}} = \dfrac{4-\frac{7}{n}}{\sqrt{1+\frac{4}{n^4}}+\sqrt{1+\frac{7}{n^5}}} \overset{n\to\infty}{\longrightarrow} 2$

g) 
$$\begin{aligned} &\lim_{n\to\infty} g_n = \lim_{n\to\infty}\left(\sqrt{n^2+2n}-\sqrt{n^2-n}\right) \\ &= \lim_{n\to\infty} \frac{n^2+2n-(n^2-n)}{\sqrt{n^2+2n}+\sqrt{n^2-n}} = \lim_{n\to\infty} \frac{3}{\sqrt{1+\frac{2}{n}}+\sqrt{1-\frac{2}{n}}} = \frac{3}{2} \end{aligned}$$

**Lösung 8.2.6**

a) Wenn $a_n$ gegen $a$ konvergiert, so gilt $\quad a = \sqrt{a}+2 \quad \Rightarrow \quad (a-2)^2 = a$

$\Rightarrow \quad a^2-5a+4 = (a-1)(a-4) = 0 \quad \Rightarrow \quad a = 1$ oder $a = 4$

Aufgrund der Rekursion mit dem Startwert $a_1 = 6$ wird vermutet, dass die Folge monoton fällt und nach unten beschränkt ist durch 4, d.h. es ist zu zeigen:

$a_n \geq a_{n+1}$ (vollständige Induktion:)

$n = 1$: $\quad a_1 = 6 \geq a_2 = \sqrt{6}+2$

$n \to n+1$: $\quad a_{n+1} = \sqrt{a_n}+2 \geq \sqrt{a_{n+1}}+2 = a_{n+2}$

und $a_n \geq 4$ (vollständige Induktion:)

$n = 1$: $\quad a_1 = 6 \geq 4$

$n \to n+1$: $\quad a_{n+1} = \sqrt{a_n}+2 \geq \sqrt{4}+2 = 4$

Damit fällt $a_n$ monoton, ist nach unten beschränkt, also konvergent. Als Grenzwert kommt nur $a = 4$ in Frage.

b) Wenn $b_n$ gegen $b$ konvergiert, so gilt $\quad b = \sqrt{b}+6 \quad \Rightarrow \quad (b-6)^2 = b$

$\Rightarrow \quad b^2-13b+36 = (b-9)(b-4) = 0 \quad \Rightarrow \quad b = 4$ oder $b = 9$

Aufgrund der Rekursion mit dem Startwert $b_1 = 5$ wird vermutet, dass die Folge monoton wächst und nach oben beschränkt ist durch 9, d.h. es ist zu zeigen:

$b_n \leq b_{n+1}$ (vollständige Induktion:)

$n = 1$: $\quad b_1 = 5 \leq b_2 = \sqrt{5}+6$

$n \to n+1$: $\quad b_{n+1} = \sqrt{b_n}+6 \leq \sqrt{b_{n+1}}+6 = b_{n+2}$

und $b_n \leq 9$ (vollständige Induktion:)

$n = 1$: $\quad b_1 = 5 \leq 9$

$n \to n+1$: $\quad b_{n+1} = \sqrt{b_n}+6 \leq \sqrt{9}+6 = 9$

Damit wächst $b_n$ monoton, ist nach oben beschränkt, also konvergent. Als Grenzwert kommt nur $b = 9$ in Frage.

c) Falls $(c_n)_{n\in\mathbb{N}}$ konvergiert, so sei $c := \lim\limits_{n\to\infty} c_n$ der Grenzwert.

Aus der Rekursion erhält man: $c = \dfrac{3-c}{2} \Rightarrow c = 1.$

$(c_n)_{n\in\mathbb{N}}$ konvergiert (gegen $c = 1$), denn es gilt

$$|c_{n+1} - 1| = \left|\frac{3-c_n}{2} - 1\right| = \frac{1}{2}|c_n - 1| = \cdots = \left(\frac{1}{2}\right)^n |c_1 - 1| = \left(\frac{1}{2}\right)^n \stackrel{n\to\infty}{\longrightarrow} 0\,.$$

d) Wenn $(d_n)$ konvergiert, dann gegen $d = \lim\limits_{n\to\infty} d_n$ mit: $d = \dfrac{\sqrt{d}}{3} \Rightarrow 9d^2 = d \Rightarrow d = 0 \vee d = \dfrac{1}{9}$

Behauptung: $(d_n)$ ist nach unten beschränkt durch $\frac{1}{9}$, d.h. $d_n \geq \frac{1}{9}$

Induktion: $d_1 = 1 \geq \dfrac{1}{9}$, $\quad d_{n+1} = \dfrac{\sqrt{d_n}}{3} \geq \dfrac{\sqrt{\frac{1}{9}}}{3} = \dfrac{1}{9}$

Behauptung: $(d_n)$ fällt monoton, d.h. $d_{n+1} \leq d_n$

Induktion: $d_1 = 1 \geq \dfrac{1}{3} = d_2$, $\quad d_{n+1} = \dfrac{\sqrt{d_n}}{3} \leq \dfrac{\sqrt{d_{n-1}}}{3} = d_n$

Nach dem Monotoniekriterium konvergiert $(d_n)$ und der Grenzwert lautet $d = \dfrac{1}{9}$.

e) Wenn $(e_n)$ konvergiert, dann gegen $e = \lim\limits_{n\to\infty} e_n$ mit: $e = 1 + 2e \Rightarrow e = -1$

Behauptung: $e_n \geq 0$

Induktion: $e_1 = 0 \geq 0$, $\quad e_{n+1} = 1 + 2e_n \geq 1 + 2\cdot 0 \geq 0$

Damit kann $(e_n)$ nicht konvergieren.

**Lösung 8.2.7**

a) $$a_n = (n^3+2) - \sqrt{n^6+5n^3} = \frac{(n^3+2)^2 - (n^6+5n^3)}{n^3+2+\sqrt{n^6+5n^3}} = \frac{-n^3+4}{n^3+2+\sqrt{n^6+5n^3}}$$
$$= \frac{-1+4/n^3}{1+2/n^3+\sqrt{1+5/n^3}} \quad \stackrel{n\to\infty}{\longrightarrow} \quad -\frac{1}{2}$$

b) $b_1 = 1$, $\quad b_{n+1} = \dfrac{1}{3}b_n + \dfrac{1}{2}$, $\quad n \geq 1$

Wenn $(b_n)_{n\in\mathbb{N}}$ konvergiert, so gegen $b = \dfrac{1}{3}b + \dfrac{1}{2} \quad \Rightarrow \quad b = \dfrac{3}{4}$.

Da $b_1 > 0$ folgt induktiv $b_n > 0$, d.h., die Folge ist nach unten beschränkt durch 0.

Wegen $b_1 = 1 > \dfrac{5}{6} = b_2$ folgt mit dem Induktionsschluss $b_{n+1} = \dfrac{1}{3}b_n + \dfrac{1}{2} < \dfrac{1}{3}b_{n-1} + \dfrac{1}{2} = b_n$, dass die Folge monoton fällt und damit dann konvergiert.

**Lösung 8.2.8**

a) $$a_n = (n^3-2) - \sqrt{n^6-5n^3} = \frac{(n^3-2)^2 - (n^6-5n^3)}{n^3-2+\sqrt{n^6-5n^3}} = \frac{n^3+4}{n^3-2+\sqrt{n^6-5n^3}}$$
$$= \frac{1+4/n^3}{1-2/n^3+\sqrt{1-5/n^3}} \quad \stackrel{n\to\infty}{\longrightarrow} \quad \frac{1}{2}$$

b) $b_1 = 1$, $\quad b_{n+1} = \dfrac{1}{4}b_n - \dfrac{1}{2}$, $\quad n \geq 1$

Wenn $(b_n)_{n\in\mathbb{N}}$ konvergiert, so gegen $b = \dfrac{1}{4}b - \dfrac{1}{2} \quad \Rightarrow \quad b = -\dfrac{2}{3}$.

Da $b_1 = 1 > -1$, folgt induktiv $(b_{n+1} = \dfrac{1}{4}b_n - \dfrac{1}{2} > \dfrac{-1}{4} - \dfrac{1}{2} > -1\,)$, dass die Folge nach unten durch $-1$ beschränkt ist. Wegen $b_1 = 1 > -\dfrac{1}{4} = b_2$ folgt mit dem Induktionsschluss

$b_{n+1} = \frac{1}{4}b_n - \frac{1}{2} < \frac{1}{4}b_{n-1} - \frac{1}{2} = b_n$, dass die Folge monoton fällt und damit dann konvergiert.

**Lösung 8.2.9**

a) Aus $0 < a_n < b_n$ (Induktionsvoraussetzung, für $n = 0$ erfüllt) folgt:

(i) $a_{n+1} = \sqrt{a_n b_n} > \sqrt{a_n a_n} = a_n$,

(ii) $b_{n+1} = \frac{1}{2}(a_n + b_n) < \frac{1}{2}(b_n + b_n) = b_n$,

(iii) $b_{n+1} - a_{n+1} = \frac{1}{2}(a_n - 2\sqrt{a_n b_n} + b_n) = \frac{1}{2}(\sqrt{b_n} - \sqrt{a_n})^2 > 0$.

Hiermit folgt per vollständiger Induktion : $\forall n : 0 < a_n < a_{n+1} < b_{n+1} < b_n$. Schließlich hat man noch

$b_{n+1} - a_{n+1} = \frac{1}{2}(a_n + b_n) - \sqrt{a_n b_n} < \frac{1}{2}(a_n + b_n) - \sqrt{a_n^2} = \frac{1}{2}(b_n - a_n)$ und damit $\lim\limits_{n\to\infty}(b_n - a_n) = 0$.

b) $b_{n+1} - a_{n+1} = \frac{1}{2}(\sqrt{b_n} - \sqrt{a_n})^2 = \frac{1}{2}\left(\frac{b_n - a_n}{\sqrt{b_n} - \sqrt{a_n}}\right)^2$, $\quad b_{n+1} + a_{n+1} = \frac{1}{2}(\sqrt{b_n} + \sqrt{a_n})^2$

$$\Rightarrow \quad \frac{b_{n+1} - a_{n+1}}{b_{n+1} + a_{n+1}} = \left(\frac{b_n - a_n}{(\sqrt{b_n} + \sqrt{a_n})^2}\right)^2 < \left(\frac{b_n - a_n}{b_n + a_n}\right)^2.$$

Interpretation : Der relative Abstand konvergiert quadratisch gegen 0.

**Lösung 8.2.10**

Man betrachte den $n$-ten Pumpenschritt. Ausgangspunkt ist folgende Situation: Man hat das Volumen $V$ mit Druck $p_n$ und das Volumen $Z$ mit Druck $p_0$.

Bei Ventilstellung (1/2) und Kolben in Position $A$ gilt $(V + Z)\tilde{p}_n = Vp_n + Zp_0$.

Wird der Kolben nach $B$ bewegt, so folgt : $(V + Z)\tilde{p}_n = (V + Z + K)p_{n+1}$. Insgesamt ergibt sich :

$$p_{n+1} = \alpha p_n + \beta\, p_0, \quad n = 0, 1, 2, \ldots, \tag{1}$$

mit $\alpha := \frac{V}{V + Z + K}$, $\beta := \frac{Z}{V + Z + K}$.

Wegen $\alpha + \beta < 1$ ist $p_1 < p_0$ und wegen $(p_{n+1} - p_n) = \alpha(p_n - p_{n-1})$, $\alpha > 0$ ist die Folge $(p_n)$ streng monoton fallend und positiv, also konvergent. Den Grenzwert erhält man aus (1):

$$p_\infty = \frac{\beta}{1 - \alpha}\, p_0.$$

Aus der Rekursion (1) folgt durch Einsetzen

$$\begin{aligned} p_n &= \alpha\, p_{n-1} + \beta\, p_0 = \alpha^2 p_{n-2} + (\alpha + 1)\,\beta\, p_0 = \ldots \\ &= \alpha^n\, p_0 + (\alpha^{n-1} + \alpha^{n-2} + \ldots + \alpha + 1)\,\beta\, p_0 = \left(\alpha^n + \frac{1 - \alpha^n}{1 - \alpha}\beta\right) p_0 \\ &= \left(\frac{\beta}{1 - \alpha}\right) p_0 + \alpha^n \left(\frac{1 - \alpha - \beta}{1 - \alpha}\right) p_0. \end{aligned}$$

Zahlenwerte:

$$\alpha = \frac{500}{555}, \quad \beta = \frac{5}{555}, \quad p_{10} = \frac{1}{11}\, p_0 + \left(\frac{500}{555}\right)^{10} \cdot \frac{10}{11} \cdot p_0$$

$$p_\infty = \frac{1}{11}\, p_0 \approx 0.091\, p_0, \quad p_{10} \approx p_\infty + 0.320\, p_0 \approx 0.411\, p_0.$$

**Lösung 8.2.11**

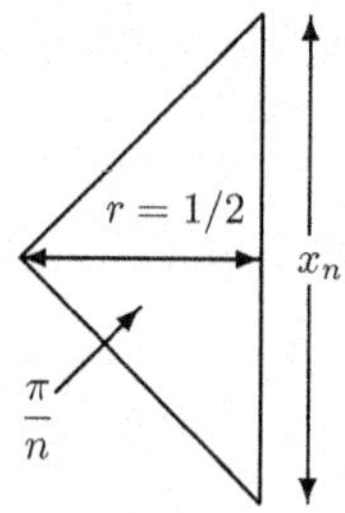


**Bild 8.2.11**
Winkel im $n$-Eck

a) Es ist $\dfrac{x_n/2}{r} = \tan\dfrac{\pi}{n}$.

Mit $r = \dfrac{1}{2}$ folgt $x_n = \tan\dfrac{\pi}{n}$.

Damit ergibt sich $U_n = n \cdot x_n = n \cdot \tan\dfrac{\pi}{n}$

b) Unter Berücksichtigung der Additionstheoreme für sin und cos ergibt sich:

$$\cos(2x) \;=\; \cos^2 x - \sin^2 x\,, \quad \sin(2x) \;=\; 2\sin x\,\cos x\,.$$

Mit $\alpha = 2x$ folgt dann (beachte $\alpha \in \left]-\frac{\pi}{2}, \frac{\pi}{2}\right[ \quad\Rightarrow\quad \cos\alpha > 0$) :

$$\frac{\tan\alpha}{1+\sqrt{1+\tan^2\alpha}} = \frac{\sin 2x}{\cos 2x\left(1+\sqrt{1+\dfrac{\sin^2 2x}{\cos^2 2x}}\right)} = \frac{\sin 2x}{\cos 2x + \sqrt{\cos^2 2x + \sin^2 2x}}$$

$$= \frac{2\sin x\cos x}{1+\cos^2 x - \sin^2 x} = \frac{2\sin x\cos x}{2\cos^2 x} = \frac{\sin x}{\cos x} = \tan\frac{\alpha}{2}\,.$$

c) $U_4 = 4$ (aus a)), $\quad U_{2n} = 2\,n\,\tan\left(\dfrac{\pi}{2n}\right) = 2\,n\,\dfrac{\tan(\pi/n)}{1+\sqrt{1+\tan^2(\pi/n)}} = \dfrac{2\,U_n}{1+\sqrt{1+(U_n/n)^2}}\,.$

d) Setzt man $V_n := U_{2^{n+1}}$, so ergibt sich die Rekursion :

$$V_{n+1} = \frac{2V_n}{1+\sqrt{1+(V_n/m)^2}}, \quad V_1 = 4, \quad m = 2^{n+1}\quad .$$

Man sieht hieraus : $V_n > 0$ und $V_{n+1} = \dfrac{2}{1+\sqrt{1+(V_n/m)^2}} \cdot V_n < V_n$ $(\forall n \in \mathbb{N})$. $(V_n)$ ist daher streng monoton fallend und nach unten beschränkt, also auch konvergent!

e) Für die $V_n$ erhält man folgende Tabelle

| $n$ | $V_n$ | $n$ | $V_n$ | $n$ | $V_n$ |
|---|---|---|---|---|---|
| 1 | $.4000000000D+01$ | 8 | $.3141632080D+01$ | 15 | $.314159265599620D+01$ |
| 2 | $.3313708498D+01$ | 9 | $.3141602510D+01$ | 16 | $.314159265419140D+01$ |
| 3 | $.3182597878D+01$ | 10 | $.3141595117D+01$ | 17 | $.314159265374019D+01$ |
| 4 | $.3151724907D+01$ | 11 | $.314159326962931D+01$ | 18 | $.314159265362739D+01$ |
| 5 | $.3144118385D+01$ | 12 | $.314159280759965D+01$ | 19 | $.314159265359919D+01$ |
| 6 | $.3142223629D+01$ | 13 | $.314159269209226D+01$ | 20 | $.314159265359214D+01$ |
| 7 | $.3141750369D+01$ | 14 | $.314159266321541D+01$ | | |

## L.8.3 Folgen in Vektorräumen

**Lösung 8.3.1**

a) $\|\mathbf{x}\|_1^2 = \left(\sum_{i=1}^{n} |x_i|\right)^2 = \sum_{i,j=1}^{n} |x_i| \cdot |x_j| \geq \sum_{i=1}^{n} |x_i|^2 = \|\mathbf{x}\|_2^2$

$\|\mathbf{x}\|_1 = \langle \mathbf{e}, |\mathbf{x}| \rangle \quad \text{mit } \mathbf{e} := (1, \ldots, 1)^T, \quad |\mathbf{x}| := (|x_1|, \ldots |x_n|)^T$

$\underset{\text{C.S.U.}}{\Longrightarrow} \quad \|\mathbf{x}\|_1 \leq \|\mathbf{e}\|_2 \cdot \||\mathbf{x}|\|_2 = \sqrt{n} \cdot \|\mathbf{x}\|_2$

b) $\|\mathbf{x}\|_\infty^2 = \max_i |x_i|^2 \leq \sum_{j=1}^{n} |x_j|^2 = \|\mathbf{x}\|_2^2 , \quad \|\mathbf{x}\|_2^2 = \sum_{j=1}^{n} |x_j|^2 \leq n \cdot \max_i |x_i|^2 = n\, \|\mathbf{x}\|_\infty^2$

**Lösung 8.3.2**

a) Da eine Folge im $\mathbb{R}^3$ genau dann konvergiert, wenn alle Koordinatenfolgen konvergieren, liegt hier keine Konvergenz vor. Die Folge der zweiten Komponente $\cos(n\pi) = (-1)^n$ besitzt nämlich die beiden Häufungspunkte $\pm 1$.

b) Die Folge konvergiert, denn es gilt:

$$\|\mathbf{y}_{n+1}\|_2 = \|\mathbf{A}\mathbf{y}_n\|_2 \leq \|\mathbf{A}\|_2 \cdot \|\mathbf{y}_n\|_2 \leq \cdots \leq \|\mathbf{A}\|_2^{n+1} \cdot \|\mathbf{y}_0\|_2 ,$$

wobei $\mathbf{A} = \frac{1}{2}\begin{pmatrix} -1 & 0 & 1 \\ 0 & 1 & 0 \\ 1 & 0 & 1 \end{pmatrix}$ die Eigenwerte $\lambda_1 = 1, \lambda_2 = \frac{1}{\sqrt{2}}$ und $\lambda_3 = -\frac{1}{\sqrt{2}}$ besitzt. Da $\mathbf{A}$ symmetrisch ist gilt

$$\|\mathbf{A}\|_2 = \sqrt{\lambda_{\max}(\mathbf{A}^T\mathbf{A})} = \sqrt{\lambda_{\max}(\mathbf{A}^2)} = \sqrt{(\lambda_{\max}(\mathbf{A}))^2} = |\lambda_{\max}(\mathbf{A})| = \frac{1}{\sqrt{2}}$$

$$\Rightarrow \quad 0 \leq \lim_{n\to\infty} \|\mathbf{y}_n\|_2 \leq \lim_{n\to\infty} \left(\frac{1}{\sqrt{2}}\right)^n = 0 \quad \Rightarrow \quad \lim_{n\to\infty} \mathbf{y}_n = \mathbf{0} .$$

c) Die Folge konvergiert, da jede Koordinatenfolge konvergiert:

$$\lim_{n\to\infty} \mathbf{z}_n = \begin{pmatrix} \lim\limits_{n\to\infty} \dfrac{4n^2 - 3n + 5}{7n^2 + 4n} \\ \lim\limits_{n\to\infty} \dfrac{3n^5 + 8n^2 - 1}{-6n^5 - 3n} \\ \lim\limits_{n\to\infty} \dfrac{n - 1}{n^2 + 9n} \end{pmatrix} = \begin{pmatrix} \frac{4}{7} \\ -\frac{1}{2} \\ 0 \end{pmatrix} .$$

**Lösung 8.3.3**

a) Da eine Folge im $\mathbb{R}^2$ genau dann konvergiert, wenn alle Koordinatenfolgen konvergieren, liegt hier keine Konvergenz vor. Die Folge der zweiten Komponente besitzt nämlich zwei Häufungspunkte:

$$\frac{2n^2 + (-1)^n(n+1)^2}{n^2} = 2 + (-1)^n \left(1 + \frac{1}{n}\right)^2 \overset{n\to\infty}{\longrightarrow} \begin{cases} 1, & n \text{ ungerade} \\ 3, & n \text{ gerade} . \end{cases}$$

b) $\mathbf{x}^n = \left( \frac{4n}{5^n}, \ \frac{(2n+1)}{(n+1)(n+2)}, \ \left(1 - \frac{2}{n}\right)^n \right)^T, \quad n \in \mathbb{N},$

**1. Komponente**:

Die Folge ist nach unten beschränkt: $\frac{4n}{5^n} \geq 0$ .

Die Folge $\frac{4n}{5^n}$ fällt monoton, denn für $n \geq 1$ gilt:

$$4n-1\geq 0 \quad\Rightarrow\quad 5n\geq n+1 \quad\Rightarrow\quad n\geq\frac{n+1}{5} \quad\Rightarrow\quad \frac{4n}{5^n}\geq\frac{4(n+1)}{5^{n+1}}\,.$$

Damit konvergiert die 1. Koordinatenfolge. Dass der Grenzwert Null ist, kann einfach über l'Hospital berechnet werden, soll hier jedoch nicht ausgeführt werden.

**2. Komponente:** $\lim\limits_{n\to\infty}\dfrac{(2n+1)^2}{(n+1)(n+2)}=\lim\limits_{n\to\infty}\dfrac{(2+1/n)^2}{(1+1/n)(1+2/n)}=4\,.$

**3. Komponente:** $\lim\limits_{n\to\infty}\left(1-\dfrac{2}{n}\right)^n=\lim\limits_{n\to\infty}\left(1+\dfrac{(-2)}{n}\right)^n=\mathrm{e}^{-2}\,.$

Die Folge $\mathbf{x}^n$ konvergiert also.

c) $$\mathbf{x}^0=\begin{pmatrix}x_0\\y_0\\z_0\end{pmatrix}=\begin{pmatrix}1\\2\\3\end{pmatrix},\quad \mathbf{x}^{n+1}=\begin{pmatrix}x_{n+1}\\y_{n+1}\\z_{n+1}\end{pmatrix}=\begin{pmatrix}\frac{1}{2}x_n\sin y_n\\ \frac{1}{3}y_n\cos z_n\\ \frac{1}{4}z_n\sin x_n\end{pmatrix},\quad n\in\mathbb{N}.$$

konvergiert gegen den Nullvektor, denn mit $\|\cdot\|_2$ erhält man

$$\begin{aligned}\|\mathbf{x}^{n+1}\|_2^2 &= \frac{x_n^2\sin^2 y_n}{4}+\frac{y_n^2\cos^2 z_n}{9}+\frac{z_n^2\sin^2 x_n}{16}\leq\frac{x_n^2}{4}+\frac{y_n^2}{9}+\frac{z_n^2}{16}\\ &\leq \frac{1}{4}\left(x_n^2+y_n^2+z_n^2\right)=\frac{1}{4}\|\mathbf{x}^n\|_2^2\\ \Rightarrow\ \|\mathbf{x}^{n+1}\|_2 &\leq \frac{1}{2}\|\mathbf{x}^n\|_2\leq\left(\frac{1}{2}\right)^2\cdot\|\mathbf{x}^{n-1}\|_2\leq\ldots\leq\left(\frac{1}{2}\right)^{n+1}\cdot\|\mathbf{x}^0\|_2=\left(\frac{1}{2}\right)^{n+1}\cdot\sqrt{14}\end{aligned}$$

$$\Rightarrow \lim_{n\to\infty}\|\mathbf{x}^n-\mathbf{0}\|_2=\lim_{n\to\infty}\|\mathbf{x}^n\|_2\leq\lim_{n\to\infty}\left(\frac{1}{2}\right)^n\cdot\sqrt{14}=0.$$

## L.8.4 Konvergenzkriterien für Reihen

**Lösung 8.4.1**

a) Die Reihe konvergiert nicht, denn es gilt $\lim\limits_{n\to\infty}a_n=\lim\limits_{n\to\infty}\dfrac{n}{n+1}=1\neq 0$. Die notwendige Konvergenzbedingung (Satz 8.4.2 b)) ist damit verletzt.

b) Die Reihe konvergiert absolut nach dem Majorantenkriterium, denn es gilt: $\dfrac{1}{k^2+k+1}\leq\dfrac{1}{k^2}$. Es kann also die absolut konvergente Reihe $\sum\limits_{n=1}^{\infty}\dfrac{1}{n^2}$ als Majorante verwendet werden (Lehrbuch Beispiel (8.4.9) 2.).

c) Die Reihe konvergiert nach dem Leibniz-Kriterium, denn es gilt:

$$a_j=\left(\frac{1}{j}\right)^{1/3}\geq 0,\qquad a_j>a_{j+1}\qquad\text{und}\qquad \lim_{j\to\infty}\left(\frac{1}{j}\right)^{1/3}=0\,.$$

d) Die Reihe konvergiert absolut, denn es gilt:

$$\frac{1}{4}+\frac{3}{16}+\frac{9}{64}+\frac{27}{256}+\frac{81}{1024}+\cdots=\frac{1}{4}\sum_{n=0}^{\infty}\left(\frac{3}{4}\right)^n=\frac{1}{4}\cdot\frac{1}{1-3/4}=1.$$

e) Die Reihe konvergiert absolut, denn die Reihen $\sum\limits_{n=1}^{\infty}\dfrac{1}{n^2}$ und $\sum\limits_{n=1}^{\infty}\dfrac{1}{n^3}$ konvergieren absolut (vgl. Lehrbuch Beispiel (8.4.9) 2.) und damit auch die Summe nach Satz 8.4.2 c).

f) Die Reihe konvergiert absolut nach dem Quotientenkriterium, denn es gilt:

$$\lim_{k\to\infty}\left|\frac{a_{k+1}}{a_k}\right| = \lim_{k\to\infty}\frac{4^k(k+1)^3}{4^{k+1}k^3} = \lim_{k\to\infty}\frac{1}{4}\left(1+\frac{1}{k}\right)^3 = \frac{1}{4} < 1.$$

g) Die Reihe konvergiert nach dem Minorantenkriterium nicht, denn es gilt: $\frac{j+2}{j^2-4} = \frac{1}{j-2} > \frac{1}{j}$. Die harmonische Reihe ist also eine divergente Minorante.

h) Die Reihe konvergiert absolut nach dem Wurzelkriterium, denn es gilt:

$$\lim_{k\to\infty}\sqrt[k]{\left|\frac{-9k-10}{10k}\right|^k} = \lim_{k\to\infty}\frac{9+10/k}{10} = \frac{9}{10} < 1.$$

**Lösung 8.4.2**

a) Die Reihe konvergiert nicht, denn die $a_n$ bilden keine Nullfolge: $\lim_{n\to\infty} a_n = \lim_{n\to\infty}\left(1-\frac{1}{n}\right) = 1$

b) Die Reihe divergiert nach dem Minorantenkriterium, denn es gilt: $\frac{k+1}{k^2-k-2} = \frac{1}{k-2} > \frac{1}{k}$. Es kann also die divergente Reihe $\sum_{k=3}^{\infty}\frac{1}{k}$ als Minorante verwendet werden.

c) Die Reihe konvergiert absolut nach dem Wurzelkriterium, denn es gilt: $\lim_{k\to\infty}\sqrt[k]{\left|\frac{1}{k^k}\right|} = \lim_{k\to\infty}\frac{1}{k} = 0.$

d) Die Reihe konvergiert absolut, denn es gilt:

$$\frac{1}{3}+\frac{2}{9}+\frac{4}{27}+\frac{8}{81}+\frac{16}{243}+\cdots = \frac{1}{3}\sum_{n=0}^{\infty}\left(\frac{2}{3}\right)^n = \frac{1}{3}\cdot\frac{1}{1-2/3} = 1.$$

e) Die Reihe konvergiert, denn die Reihen $\sum_{n=1}^{\infty}\frac{(-1)^n}{n+1}$ und $\sum_{n=1}^{\infty}\left(\frac{2}{3}\right)^n$ konvergieren und damit auch deren Summe nach Satz 8.4.2 c).

f) Die Reihe konvergiert absolut nach dem Quotientenkriterium, denn es gilt:

$$\lim_{k\to\infty}\left|\frac{a_{k+1}}{a_k}\right| = \lim_{k\to\infty}\frac{2^k(k+1)^2}{2^{k+1}k^2} = \lim_{k\to\infty}\frac{1}{2}\left(1+\frac{1}{k}\right)^2 = \frac{1}{2} < 1\,.$$

**Lösung 8.4.3**

a) $\sum_{n=1}^{\infty}\underbrace{\frac{n^2}{n^3+1}}_{=a_n}$ divergiert nach dem Minorantenkriterium, denn wegen

$|a_n| = \frac{n^2}{n^3+1} \geq \frac{n^2}{n^3+n^3} = \frac{1}{2}\cdot\frac{1}{n}$ kann die harmonische Reihe als divergente Minorante verwendet werden.

b) $\frac{3}{5}+\frac{6}{9}+\frac{9}{13}+\frac{12}{17}+\frac{15}{21}+\cdots = \sum_{n=1}^{\infty}\frac{3n}{4n+1}$ konvergiert nicht, da $\lim_{n\to\infty}\frac{3n}{4n+1} = \frac{3}{4} \neq 0.$

c) Die Reihe konvergiert nach dem Quotientenkriterium nicht:

$$\lim_{n\to\infty}\left|\frac{a_{n+1}}{a_n}\right| = \lim_{n\to\infty}\frac{(n+2)^2 6^{n+1}}{5^{n+1}}\cdot\frac{5^n}{(n+1)^2 6^n} = \lim_{n\to\infty}\frac{6(n+2)^2}{5(n+1)^2} = \frac{6}{5}\,.$$

d) Die Reihe konvergiert absolut nach dem Quotientenkriterium:

$$\lim_{n\to\infty}\left|\frac{a_{n+1}}{a_n}\right| = \lim_{n\to\infty}\frac{(n+1)^2 4^{n+2}}{5^{n+2}}\cdot\frac{5^{n+1}}{n^2 4^{n+1}} = \lim_{n\to\infty}\frac{4(n+1)^2}{5n^2} = \frac{4}{5}\,.$$

e) Diese geometrische Reihe konvergiert wegen $\left|\frac{35}{36}\right| < 1$.

$$\sum_{n=0}^{\infty}\frac{5^n\cdot 7^{n+2}}{36^{n+1}} = \frac{49}{36}\sum_{n=0}^{\infty}\left(\frac{35}{36}\right)^n = \frac{49}{36}\cdot\frac{1}{1-35/36} = 49$$

**Lösung 8.4.4**
Die Reihe $S$ erfüllt erst ab $n=3$ das Leibniz-Kriterium:

$$\begin{aligned} S = \sum_{n=0}^{\infty}(-1)^n\frac{n}{(2n-5)(n+1)} &= \underbrace{0-\left(-\frac{1}{6}\right)+\left(-\frac{2}{3}\right)}_{=S_2}+\sum_{n=3}^{\infty}(-1)^n\underbrace{\frac{n}{(2n-5)(n+1)}}_{=a_n} \\ &= -\frac{1}{2}-\sum_{k=0}^{\infty}(-1)^k\underbrace{\frac{k+3}{(2k+1)(k+4)}}_{=\tilde a_k}\,. \end{aligned}$$

Für die im Index $k=n-3\geq 0$ verschobene Reihe $\tilde S = \sum_{k=0}^{\infty}(-1)^k\frac{k+3}{(2k+1)(k+4)}$ wird nun das Leibniz-Kriterium überprüft:

es gilt $\tilde a_k = \frac{k+3}{(2k+1)(k+4)} > 0$, $\lim\limits_{k\to\infty}\frac{k+3}{(2k+1)(k+4)} = 0$, außerdem ist $(\tilde a_k)$ monoton fallend, denn

$$\begin{aligned} 2k^2+14k+29>0 \quad&\Rightarrow\quad 2k^3+19k^2+54k+45 > 2k^3+17k^2+40k+16 \\ &\Rightarrow\quad (k+3)(2k+3)(k+5) > (k+4)^2(2k+1) \\ &\Rightarrow\quad a_k = \frac{k+3}{(2k+1)(k+4)} > \frac{k+4}{(2k+3)(k+5)} = a_{k+1}\,. \end{aligned}$$

Die Reihe $\tilde S$ erfüllt also die Bedingungen des Leibniz-Kriteriums und konvergiert deshalb. Damit konvergiert dann auch die Reihe $S$.

Die Einschließung des Grenzwertes $\tilde S$ durch die Partialsummen $\tilde S_n = \sum_{k=0}^{n}(-1)^k\frac{k+3}{(2k+1)(k+4)}$ liefert:

$$\left.\begin{array}{lll} \tilde S_{2k-1}\leq\tilde S\leq\tilde S_{2k} & \Rightarrow & 0\leq\tilde S-\tilde S_{2k-1}\leq\tilde S_{2k}-\tilde S_{2k-1}=\tilde a_{2k} \\ \tilde S_{2k+1}\leq\tilde S\leq\tilde S_{2k} & \Rightarrow & -\tilde a_{2k+1}=\tilde S_{2k+1}-\tilde S_{2k}\leq\tilde S-\tilde S_{2k}\leq 0 \end{array}\right\}\Rightarrow\quad |\tilde S-\tilde S_{k-1}|\leq\tilde a_k\,.$$

Da $\tilde a_k$ monoton fallend ist und $\tilde a_9 = \frac{9+3}{(18+1)(9+4)} = 0.04858\dots < 0.05 < 0.05392\dots = \frac{8+3}{(16+1)(8+4)} = \tilde a_8$ gilt, folgt $|S-S_{11}| = |S_2-\tilde S-(S_2-\tilde S_8)| = |\tilde S-\tilde S_8| < 0.05$, d.h. $N=11$.

**Lösung 8.4.5**

a) Es gilt $\lim\limits_{n\to\infty} b_n = \lim\limits_{n\to\infty}\left(\frac{1}{n+1}+\frac{(-1)^n}{n}\right) = \lim\limits_{n\to\infty}\frac{1}{n+1}+\lim\limits_{n\to\infty}\frac{(-1)^n}{n} = 0.$

Die Reihe umgeschrieben lautet:

$$\sum_{n=1}^{\infty}\left(\frac{1}{n+1}+\frac{(-1)^n}{n}\right) = \sum_{n=1}^{\infty}(-1)^n\cdot\left(\underbrace{\frac{1}{n}+\frac{(-1)^n}{n+1}}_{=:a_n}\right)\,.$$

Da $a_n > 0$ für alle $n \geq 1$ gilt, alterniert die Reihe. Damit das Leibniz-Kriterium angewendet werden kann, muss $a_n = \frac{1}{n} + \frac{(-1)^n}{n+1}$ monoton fallen. Es müsste also $a_n \geq a_{n+1}$ für alle $n \geq 1$ gelten. Man erhält jedoch mit

$$\begin{aligned}
& a_n = \frac{1}{n} + \frac{(-1)^n}{n+1} \geq \frac{1}{n+1} + \frac{(-1)^{n+1}}{n+2} = a_{n+1} \\
\Rightarrow\ & (n+1)(n+2) + (-1)^n n(n+2) \geq n(n+2) + (-1)^{n+1} n(n+1) \\
\Rightarrow\ & n+2 \geq (-1)^{n+1} n(2n+3) \\
\Rightarrow\ & \begin{cases} n+2 \geq -n(2n+3) & n \text{ gerade} \\ n+2 \geq n(2n+3) \geq 2n+3 & n \text{ ungerade} \end{cases}
\end{aligned}$$

einen Widerspruch für alle ungeraden $n$.

b) Die Reihe $\sum_{n=1}^{\infty} \frac{(-1)^n \cdot n}{(n+1)^2} = \sum_{n=0}^{\infty} (-1)^n \cdot \frac{n}{(n+1)^2}$ mit $a_n := \frac{n}{(n+1)^2} \geq 0$ konvergiert nach dem Leibniz-Kriterium, denn für $n \geq 1$ gilt

$$\begin{aligned}
1 &\leq n^2 + n \\
\Rightarrow\ (n+1)^3 = n^3 + 3n^2 + 3n + 1 &\leq n^3 + 4n^2 + 4n = n(n+2)^2 \\
\Rightarrow\ a_{n+1} = \frac{n+1}{(n+2)^2} &\leq \frac{n}{(n+1)^2} = a_n ,
\end{aligned}$$

die Folge $a_n$ fällt also monoton. Außerdem gilt $\lim_{n \to \infty} a_n = 0$.

Für $s_k = \sum_{n=1}^{k} (-1)^n a_n$ gilt nach dem Leibniz-Kriterium die Einschließung

$$s_{2k-1} \leq s \leq s_{2k} \Rightarrow \left\{ \begin{array}{l} |s - s_{2k-1}| \leq |s_{2k} - s_{2k-1}| = a_{2k} \\ |s - s_{2k}| \leq |s_{2k+1} - s_{2k}| = a_{2k+1} \end{array} \right\} \Rightarrow |s - s_k| \leq a_{k+1}$$

$$|s - s_k| \leq a_{k+1} = \frac{k+1}{(k+2)^2} \overset{!}{\leq} 10^{-2} \quad \Rightarrow \quad k \geq N = 97$$

**Lösung 8.4.6**

a) $\sum_{j=1}^{\infty} \frac{(-1)^j}{\sqrt{j^2+1}} = \sum_{j=1}^{\infty} (-1)^j \underbrace{\frac{1}{\sqrt{j^2+1}}}_{=a_j}$ konvergiert nach dem Leibniz-Kriterium, denn es gilt

$$a_j > 0 , \quad \lim_{j \to \infty} a_j = \lim_{j \to \infty} \frac{1}{\sqrt{j^2+1}} = 0 , \quad a_{j+1} = \frac{1}{\sqrt{(j+1)^2+1}} < \frac{1}{\sqrt{j^2+1}} = a_j .$$

b) Die Konvergenz der Reihe lässt sich durch die Konvergenz der alternierenden harmonischen Reihe begründen. Wir überprüfen die Bedingungen des Leibniz-Kriteriums, um die Fehlerabschätzung nutzen zu können.

$$\sum_{n=0}^{\infty} \left( \frac{(-1)^n}{n+1} + \frac{(-1)^{n+1}}{n+2} \right) = \sum_{n=0}^{\infty} (-1)^n \left( \underbrace{\frac{1}{n+1} - \frac{1}{n+2}}_{=:a_n} \right)$$

(i) $\lim_{n \to \infty} a_n = \lim_{n \to \infty} \left( \frac{1}{n+1} - \frac{1}{n+2} \right) = 0$

(ii) $n+2 \geq n+1 \Rightarrow \frac{1}{n+2} \leq \frac{1}{n+1} \Rightarrow 0 \leq \frac{1}{n+1} - \frac{1}{n+2} = a_n$

(iii) $a_{n+1} = \frac{1}{n+2} - \frac{1}{n+3} \leq \frac{1}{n+1} - \frac{1}{n+2} = a_n$

$\Leftrightarrow \frac{1}{n^2+5n+6} \leq \frac{1}{n^2+3n+2} \Leftrightarrow n^2+5n+6 \geq n^2+3n+2$

Aus der Fehlerabschätzung des Leibniz-Kriteriums erhält man

$$|S - S_n| \leq a_{n+1} = \frac{1}{n^2+5n+6} \overset{!}{\leq} \frac{1}{30} \quad \Rightarrow \quad n^2+5n+6 \geq 30 \quad \Rightarrow \quad n \geq 3$$

Ab $N = 3$ gilt die verlangte Abschätzung.

**Lösung 8.4.7**

a) Die Sinus-Reihe konvergiert für $x = 1$ nach dem Leibniz-Kriterium. Außerdem gilt wie in Aufgabe 8.4.3 die Fehlerabschätzung $|S - S_n| \leq a_{n+1}$.

Aus $|\sin 1 - S_n| \leq a_{n+1} = \frac{1}{(2n+3)!} < 10^{-7}$ erhält man, dass die Abschätzung ab $n = 4$ (Monotonie) erfüllt ist, denn $a_4 \doteq 2.8 \cdot 10^{-6}$ und $a_5 \doteq 2.5 \cdot 10^{-8}$.

b) $x = 3.70\overline{451} = 3 + \frac{7}{10} + \frac{451}{10^5} + \frac{451}{10^8} + \cdots = 3 + \frac{7}{10} + \frac{451}{10^5} \sum_{j=0}^{\infty} \frac{1}{10^{3j}} = 3 + \frac{7}{10} + \frac{451}{10^5} \cdot \frac{1}{1-10^{-3}} = \frac{370081}{99900}$

**Lösung 8.4.8**

a) Die Cosinus-Reihe konvergiert für $x = -1$ nach dem Leibniz-Kriterium. Außerdem wird automatisch für den Grenzwert $S$ eine Einschließung durch die Partialsummen $S_n$ mitgeliefert (vgl. Aufgabe 8.4.4): $|S - S_n| \leq a_{n+1}$.

Aus $|\cos(-1) - S_n| \leq a_{n+1} = \frac{1}{(2n+2)!} < 10^{-4}$ erhält man, dass die Abschätzung ab $n = 3$ (Monotonie) erfüllt ist, denn $a_4 = \frac{1}{8!} < 10^{-4} < \frac{1}{6!} = a_3$.

b) $x = 1.2\overline{68} = 1 + \frac{2}{10} + \frac{68}{1000} + \frac{68}{100000} + \cdots = \frac{6}{5} + \frac{68}{1000} \sum_{j=0}^{\infty} \frac{1}{100^k} = \frac{6}{5} + \frac{68}{1000} \cdot \frac{1}{1-1/100} = \frac{628}{495}$

**Lösung 8.4.9**

a) Da der Würfel $W_n$ die Höhe $h_n = \frac{1}{n}$ besitzt, ergibt sich die Gesamthöhe $H = \sum_{n=1}^{\infty} \frac{1}{n} = \infty$.

b) Man kommt also mit endlich viel Farbe aus, denn die Mantelfläche $M$ des Turmes setzt sich aus der Summe der Mantelflächen $M_n = 5\frac{1}{n^2} - \frac{1}{(n+1)^2}$ des $n$-ten Würfels zusammen, also

$$M = \sum_{n=1}^{\infty} \left(5\frac{1}{n^2} - \frac{1}{(n+1)^2}\right) = 5 + 4\sum_{n=2}^{\infty} \frac{1}{n^2} < \infty.$$

c) Das Volumen des Turmes ergibt sich durch $V = \sum_{n=1}^{\infty} \frac{1}{n^3} < \infty$. Demnach wird nur eine endliche Masse an Beton verbraucht.

# L.9 Stetigkeit und Differenzierbarkeit

## L.9.1 Stetigkeit, Grenzwerte von Funktionen

### Lösung 9.1.1

a) $D_1' = [0,1]\,,\ D_1^0 = ]0,1[\,,\ D_2' = ]-\infty,0]\,,\ D_2^0 = ]-\infty,0[\,,\ D_3' = [1,2]\times[0,\infty[\,,\ D_3^0 = ]1,2[\times]0,\infty[\,.$
Die Menge $D_1$ ist abgeschlossen und die Menge $D_2$ ist offen.

b) (i) Für die Folgen $x_n = -1 + \frac{1}{n}$ und $y_n = -1 - \frac{1}{n}$ gilt $\lim\limits_{n\to\infty} x_n = -1 = \lim\limits_{n\to\infty} y_n$.
Da aber $\lim\limits_{n\to\infty} f(y_n) = \lim\limits_{n\to\infty} -n = -\infty$ und $\lim\limits_{n\to\infty} f(x_n) = \lim\limits_{n\to\infty} n = \infty$ gilt,
existiert der Funktionsgrenzwert für $x \to x_0 = -1$ nicht.

(ii) Für die Folgen $x_n = 2 + \frac{1}{n}$ und $y_n = 2 - \frac{1}{n}$ gilt $\lim\limits_{n\to\infty} x_n = 2 = \lim\limits_{n\to\infty} y_n$.
Da aber $\lim\limits_{n\to\infty} f(y_n) = \lim\limits_{n\to\infty} -1 + \frac{1}{n} = -1$ und $\lim\limits_{n\to\infty} f(x_n) = \lim\limits_{n\to\infty} \frac{1}{n} = 0$ gilt,
existiert der Funktionsgrenzwert für $x \to x_0 = 2$ nicht.

(iii) $\lim\limits_{x\to 1} f(x) = 1$. Man beachte, dass für die zur Grenzwertberechnung in Frage kommenden Folgen $(x_n)_{n\in\mathbb{N}}$ gilt $x_n \neq 1$.

### Lösung 9.1.2

a) $D_1' = [-1,0]\cup\{1\}\,,\ D_1^0 = ]-1,0[\,,\quad D_2' = [1,\infty[\,,\ D_2^0 = ]1,\infty[\,,\quad D_3' = \{-1,-\mathrm{e}^{-1},\mathrm{e}^{-1},1\}\,,\ D_3^0 = \emptyset.$
Die Menge $D_2$ ist offen.

b) (i) $f$ konvergiert uneigentlich für $x \to 0$, denn $\lim\limits_{x\to 0-} f(x) = -\infty = \lim\limits_{x\to 0+} f(x)$.

(ii) $\lim\limits_{x\to 1} f(x) = 1$.

(iii) Der Funktionsgrenzwert für $x \to x_0 = \pi$ existiert nicht, denn linksseitiger und rechtsseitiger Grenzwert sind verschieden: $\lim\limits_{x\to\pi-} f(x) = 0 \quad\wedge\quad \lim\limits_{x\to\pi+} f(x) = 1$.

### Lösung 9.1.3

a) $$\lim_{x\to 1}\frac{x^3-2x+1}{x-1} = \lim_{x\to 1}\frac{(x^2+x-1)(x-1)}{x-1} = \lim_{x\to 1}(x^2+x-1) = 1$$

b) $$\lim_{x\to 0}\frac{1-\sqrt{x+1}}{x} = \lim_{x\to 0}\frac{-x}{x(1+\sqrt{x+1})} = \lim_{x\to 0}\frac{-1}{1+\sqrt{x+1}} = -\frac{1}{2}$$

c) Mit der Summenformel für die Partialsummen der geometrischen Reihe ergibt sich:
$$\lim_{x\to 1}\frac{x^5-1}{x^4-1} = \lim_{x\to 1}\frac{\frac{x^5-1}{x-1}}{\frac{x^4-1}{x-1}} = \lim_{x\to 1}\frac{1+x+x^2+x^3+x^4}{1+x+x^2+x^3} = \frac{5}{4}$$

d) $$\lim_{x\to\infty} 2x - \sqrt{4x^2-x} = \lim_{x\to\infty}\frac{4x^2-4x^2+x}{2x+\sqrt{4x^2-x}} = \lim_{x\to\infty}\frac{1}{2+\sqrt{4-1/x}} = \frac{1}{4}$$

### Lösung 9.1.4

a) $$\lim_{x\to -1+}\ln(x^2+4x+3)-\ln(x+1) = \lim_{x\to -1+}\ln\frac{x^2+4x+3}{x+1} = \lim_{x\to -1+}\ln(x+3) = \ln 2$$

b) Unter Verwendung der Summenformel für die Partialsummen der geometrischen Reihe oder einer Polynomdivsion ergibt sich: $\lim\limits_{x\to 1}\frac{1-x^{20}}{1-x} = \lim\limits_{x\to 1}(1+x+x^2+\cdots+x^{19}) = 20$

*Aufgaben und Lösungen zu Mathematik für Ingenieure 1, 4.Aufl.*, R. Ansorge, H. J. Oberle, K. Rothe und Th. Sonar

ISBN: 978-3-527-40987-7

c) $\lim\limits_{x\to\pi/2}\left(\tan^2 x - \dfrac{1}{\cos^2 x}\right) = \lim\limits_{x\to\pi/2}\dfrac{\sin^2 x - 1}{\cos^2 x} = \lim\limits_{x\to\pi/2} -\dfrac{\cos^2 x}{\cos^2 x} = -1$

d) $\lim\limits_{x\to\infty} 5x(\sqrt{9x^2+2}-3x) = \lim\limits_{x\to\infty}\dfrac{5x(9x^2+2-9x^2)}{3x+\sqrt{9x^2+2}} = \lim\limits_{x\to\infty}\dfrac{10x}{3x+\sqrt{9x^2+2}}$

$= \lim\limits_{x\to\infty}\dfrac{10}{3+\sqrt{9+2/x^2}} = \dfrac{5}{3}$

**Lösung 9.1.5**

a) $f(x) = \dfrac{x+x^2}{|x|} = \begin{cases} x+1 & ; \ x>0 \\ -x-1 & ; \ x<0 \end{cases}, \quad \lim\limits_{x\to 0+} f(x) = 1\,, \quad \lim\limits_{x\to 0-} f(x) = -1\,, \quad D_f = \mathbb{R}\setminus\{0\}$

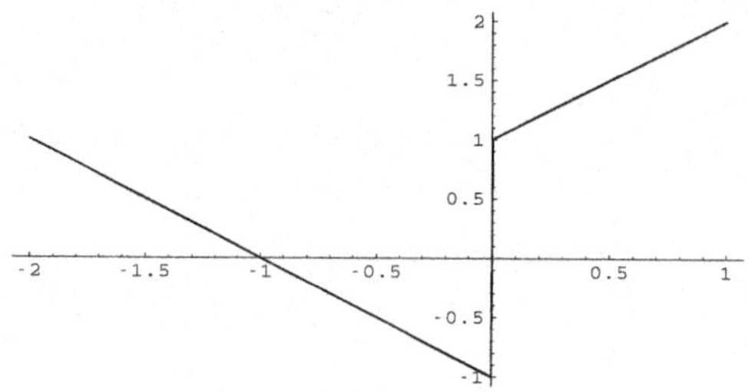


**Bild 9.1.5 a)** $f(x) = \dfrac{x+x^2}{|x|}$

b) $g(x) = \ln\dfrac{x}{x^2-1}\,, \quad \dfrac{x}{(x+1)(x-1)} = \begin{cases} <0 & ; \ x<-1 \\ >0 & ; \ -1<x<0 \\ <0 & ; \ 0<x<1 \\ >0 & ; \ 1<x \end{cases}$

$\lim\limits_{x\to -1+} g(x) = +\infty\,, \quad \lim\limits_{x\to 0-} g(x) = -\infty\,, \quad \lim\limits_{x\to 1+} g(x) = +\infty\,, \quad D_g = ]-1,0[\,\cup\,]1,\infty[$

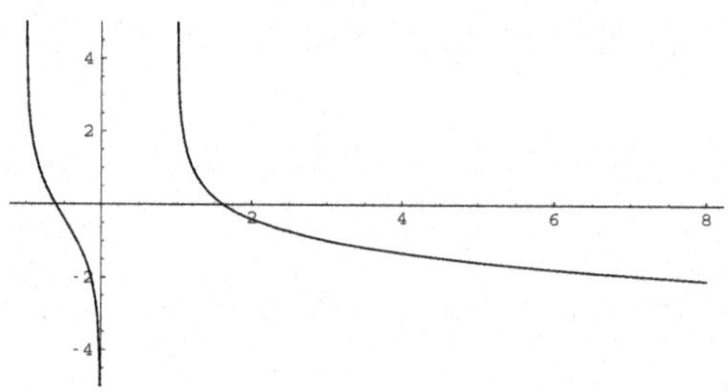


**Bild 9.1.5 b)** $g(x) = \ln\dfrac{x}{x^2-1}$

c) $h(x) = \dfrac{\sqrt{x^2-1}}{x-1} = \begin{cases} \sqrt{\dfrac{(x-1)(x+1)}{(x-1)^2}} = \sqrt{\dfrac{x+1}{x-1}} & ; \quad 1<x \\ -\sqrt{\dfrac{(x-1)(x+1)}{(x-1)^2}} = -\sqrt{\dfrac{x+1}{x-1}} & ; \quad -1<x \end{cases}$

$\lim\limits_{x\to -1-} h(x) = 0\,, \quad \lim\limits_{x\to 1+} h(x) = +\infty\,, \quad D_h = ]-\infty,-1]\,\cup\,]1,\infty[$

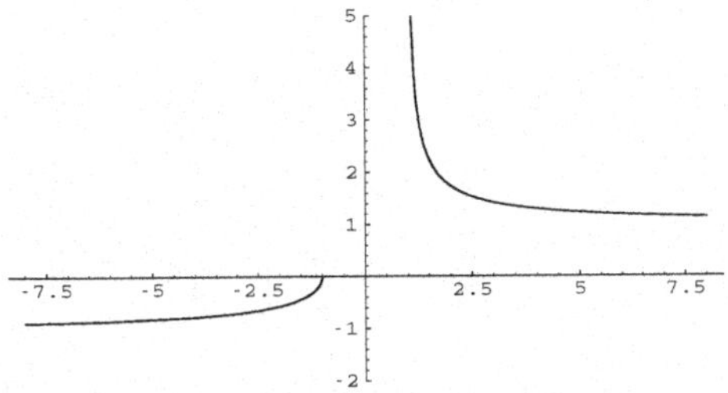


**Bild 9.1.5 c)** $h(x) = \dfrac{\sqrt{x^2-1}}{x-1}$

**Lösung 9.1.6**

a) $f$ ist im Punkt $x_0 = -1$ unstetig, denn mit $f(-1) = -1$ und $\delta > 0$ gilt

$$|f(x) - f(-1)| = |f(x) + 1| = \begin{cases} |x+1| < \delta & \text{für} \quad -1 \leq x < -1 + \delta \\ ||x| + 1| > 2 & \text{für} \quad -1 - \delta < x < -1 \end{cases} .$$

Damit kann für $\varepsilon \leq 2$ kein $\delta > 0$ gefunden werden, so dass für alle $x$ mit $|x+1| < \delta$ folgt $|f(x) - f(-1)| < \varepsilon$.

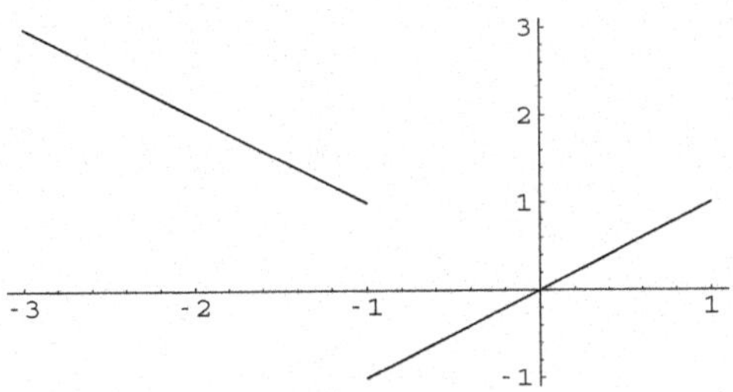


**Bild 9.1.6 a)** $f(x)$

b) $g$ ist im Punkt $x_0 = \pi$ stetig mit $g(\pi) = 1$, denn es gilt:

$$|g(x) - g(\pi)| = \left| \sqrt{|x-\pi|} \cdot \sin \frac{1}{(x-\pi)^2} + 1 - 1 \right| \leq \sqrt{|x-\pi|} \quad .$$

Zu beliebig vorgegebenem $\varepsilon > 0$, wähle man nun $\delta = \varepsilon^2$, dann gilt

$$|x - x_0| = |x - \pi| < \delta \Rightarrow |g(x) - g(\pi)| \leq \sqrt{|x-\pi|} < \sqrt{\delta} = \sqrt{\varepsilon^2} = \varepsilon \, .$$

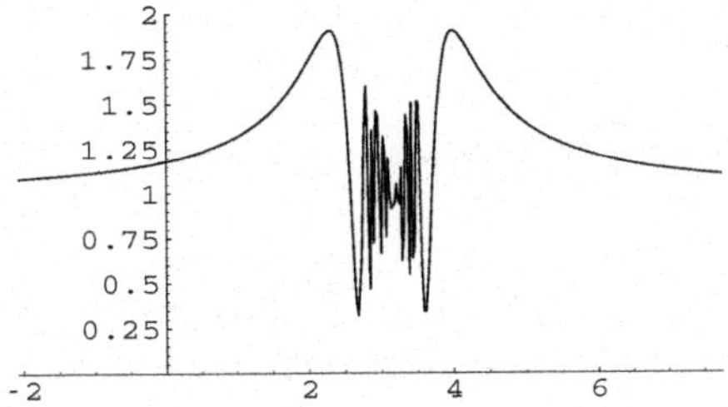


**Bild 9.1.6 b)** $g(x)$

**Lösung 9.1.7**

a) $f$ ist im Punkt $x_0 = 0$ unstetig, denn für alle $\delta > 0$ gilt

$$|f(x) - f(0)| = |f(x) - \frac{1}{2}| = \begin{cases} \left|1 - \frac{1}{2}\right| = \frac{1}{2} & \text{für} \quad 0 < x < \delta\,, \\ \left|0 - \frac{1}{2}\right| = \frac{1}{2} & \text{für} \quad -\delta < x < 0\,. \end{cases}$$

Damit kann für $\varepsilon < \dfrac{1}{2}$ kein $\delta > 0$ gefunden werden, so dass für alle $|x| < \delta$ folgt $|f(x) - f(0)| < \varepsilon$.

b) $g$ ist im Punkt $x_0 = 1$ stetig mit $g(1) = 0$, denn für $|x - 1| < \delta$ und $\delta > 0$ gilt:

$$|g(x) - g(1)| = \left\{ \begin{array}{lll} |x-1|^2 & \text{für} & 1 \le x < 1 + \delta \\ |x - 1| & \text{für} & -\delta + 1 < x < 1 \end{array} \right\} < \max\{\delta, \delta^2\}\,.$$

Zu beliebig vorgegebenem $\varepsilon > 0$ wähle man nun $\delta = \varepsilon$ im Falle $0 < \varepsilon < 1$ oder $\delta = \sqrt{\varepsilon}$ im Falle $\varepsilon \ge 1$, dann gilt für alle $|x - 1| < \delta$: $\quad |g(x) - g(1)| < \varepsilon$.

c) $h$ ist im Punkt $x_0 = 0$ stetig mit $h(0) = 0$, denn es gilt:

$$|h(x) - h(0)| = \left\{ \begin{array}{lll} \left|x \cdot \cos\frac{1}{x}\right| & \text{für} & x > 0 \\ |x| & \text{für} & x \le 0 \end{array} \right\} \le |x|\,.$$

Wählt man $\delta = \varepsilon$ zu beliebig vorgegebenem $\varepsilon > 0$, dann ist die $\varepsilon$-$\delta$-Charakterisierung erfüllt.

**Lösung 9.1.8**

Wähle $\quad f(x_0) := \lim\limits_{x\to 2} f(x) = \lim\limits_{x\to 2} \dfrac{x-2}{x^2-4} = \lim\limits_{x\to 2} \dfrac{1}{x+2} = \dfrac{1}{4}\,.$

Dann gilt für $\delta > 0$ und $|x - 2| < \delta \le 2 \quad (\Rightarrow x > 0)$ :

$$|f(x) - f(x_0)| = \left|\frac{1}{x+2} - \frac{1}{4}\right| = \left|\frac{x-2}{4(x+2)}\right| < \frac{\delta}{8}\,.$$

Wählt man zu beliebig vorgegebenem $\varepsilon > 0$ nun $\delta = \min\{8\varepsilon, 2\}$, dann ist die $\varepsilon$-$\delta$-Charakterisierung erfüllt.

**Lösung 9.1.9**

a) (i) $\lim\limits_{x\to 0} \dfrac{4+x^2}{2+x} = \dfrac{4 + \lim\limits_{x\to 0} x^2}{2 + \lim\limits_{x\to 0} x} = 2$

(ii) $\lim\limits_{x\to 3} \dfrac{1}{x-3}$ existiert nicht. Die folgenden Grenzwerte existieren jedoch uneigentlich:

$$\lim_{x\to 3+} \frac{1}{x-3} = \infty\,, \quad \lim_{x\to 3-} \frac{1}{x-3} = -\infty\,.$$

b) (i) Für die Nullfolge $(x_n)_{n\in\mathbb{N}}$ mit $x_n = \dfrac{1}{2\pi n}$ $(> 0)$ gilt $\quad \lim\limits_{n\to\infty} \cos\left(\dfrac{1}{x_n}\right) = 1\,.$

Für die Nullfolge $(\tilde{x}_n)_{n\in\mathbb{N}}$ mit $\tilde{x}_n = \dfrac{1}{\pi/2 + 2\pi n}$ $(> 0)$ gilt $\quad \lim\limits_{n\to\infty} \cos\left(\dfrac{1}{\tilde{x}_n}\right) = 0\,.$

Damit existiert der Grenzwert nicht. Die Menge der Häufungspunkte besteht aus dem Intervall $[-1, 1]$, denn für $y_0 \in [-1, 1]$ und die Nullfolge $(\bar{x}_n)_{n\in\mathbb{N}}$ mit

$$\bar{x}_n = \frac{1}{\arccos(y_0) + 2\pi n} \ (> 0) \quad \text{gilt} \quad \lim_{n\to\infty} \cos\left(\frac{1}{\bar{x}_n}\right) = y_0\,.$$

(ii) Für die Nullfolge $((x_n, y_n))_{n\in\mathbb{N}}$ mit $(x_n, y_n) = \left(\frac{1}{\sqrt{n}}, 0\right)$ gilt $\lim\limits_{n\to\infty} \frac{x_n^2}{x_n^2+y_n^2} = \lim\limits_{n\to\infty} \frac{\frac{1}{n}}{\frac{1}{n}} = 1$

und für die Nullfolge $((\tilde{x}_n, \tilde{y}_n))_{n\in\mathbb{N}}$ mit $(\tilde{x}_n, \tilde{y}_n) = \left(0, \frac{1}{\sqrt{n}}\right)$ gilt

$\lim\limits_{n\to\infty} \frac{\tilde{x}_n^2}{\tilde{x}_n^2+\tilde{y}_n^2} = \lim\limits_{n\to\infty} \frac{0}{\frac{1}{n}} = 0\,.$

Also existiert $\lim\limits_{(x,y)\to(0,0)} \frac{x^2}{x^2+y^2}$ nicht. Grundsätzlich gilt: $0 \le \frac{x^2}{x^2+y^2} \le \frac{x^2+y^2}{x^2+y^2} = 1\,.$

Jeder Wert $c \in [0,1]$ ist Häufungspunkt, denn für die Nullfolge $((\hat{x}_n, \hat{y}_n))_{n\in\mathbb{N}}$ mit $(\hat{x}_n, \hat{y}_n) = \left(\sqrt{\frac{c}{n}}, \sqrt{\frac{1-c}{n}}\right)$ gilt

$$\lim_{n\to\infty} \frac{\hat{x}_n^2}{\hat{x}_n^2+\hat{y}_n^2} = \lim_{n\to\infty} \frac{\frac{c}{n}}{\frac{c}{n}+\frac{1-c}{n}} = \lim_{n\to\infty} \frac{c}{c+1-c} = c\,.$$

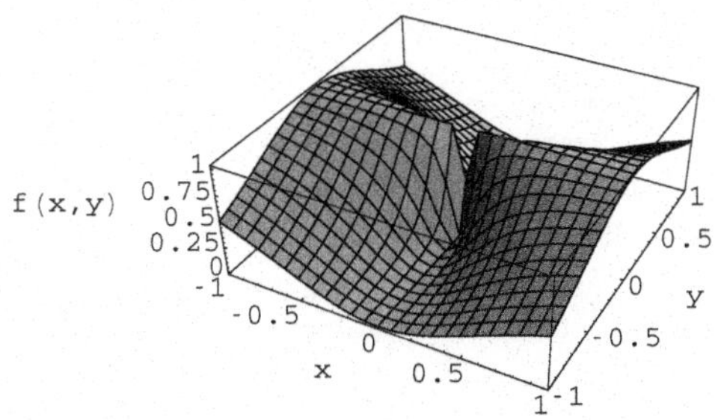


**Bild 9.1.9 b) (ii)** $f(x,y) = \frac{x^2}{x^2+y^2}$

**Lösung 9.1.10**

a) (i) $0 \le \lim\limits_{(x,y)\to(0,0)} \frac{|x^2-y^2|}{|x|+|y|} = \lim\limits_{(x,y)\to(0,0)} \frac{||x|-|y||(|x|+|y|)}{|x|+|y|} = \lim\limits_{(x,y)\to(0,0)} (||x|-|y||)$

$\le \lim\limits_{(x,y)\to(0,0)} (|x|+|y|) \le \lim\limits_{(x,y)\to(0,0)} 2\max\{|x|,|y|\} = 0 \Rightarrow \lim\limits_{(x,y)\to(0,0)} \frac{|x^2-y^2|}{|x|+|y|} = 0$

(ii) Der Grenzwert existiert nicht, denn für die Nullfolgen $(x_n, y_n) = \left(0, \frac{1}{n}\right)$ und $(\tilde{x}_n, \tilde{y}_n) = \left(\frac{1}{n}, 0\right)$ ergeben sich unterschiedliche Grenzwerte:

$\lim\limits_{n\to\infty} \frac{x_n^4+y_n^2}{x_n^2+y_n^4} = \lim\limits_{n\to\infty} n^2 = \infty\,, \quad \lim\limits_{n\to\infty} \frac{\tilde{x}_n^4+\tilde{y}_n^2}{\tilde{x}_n^2+\tilde{y}_n^4} = \lim\limits_{n\to\infty} \frac{1}{n^2} = 0\quad.$

b) Die Funktion $f : \mathbb{R}^2\backslash\{(0,0)\} \to \mathbb{R}$ kann in $(0,0)$ durch $f(0,0) = 0$ stetig fortgesetzt werden, denn für $\left\|\begin{pmatrix} x \\ y \end{pmatrix} - \begin{pmatrix} 0 \\ 0 \end{pmatrix}\right\|_1 < \delta$ gilt:

$$|f(x,y) - f(0,0)| = \left|2(x+y)\cos\left(\frac{1}{x^2+y^2}\right)\right| \le 2|x+y| \le 2(|x|+|y|) = 2\left\|\begin{pmatrix} x \\ y \end{pmatrix}\right\|_1 < 2\delta\,.$$

Wählt man zu beliebig vorgegebenem $\varepsilon > 0$ nun $\delta = \frac{\varepsilon}{2}$, dann ist die $\varepsilon$-$\delta$-Charakterisierung erfüllt.

## L.9.2 Differentialrechnung einer Variablen

**Lösung 9.2.1**

a) $f$ ist gerade, denn $f(x) = x^2 + \cos x = (-x)^2 + \cos(-x) = f(-x)$ .
   $f'$ ist ungerade, denn $f'(x) = 2x - \sin x = -(2(-x) - \sin(-x)) = -f'(-x)$ .

b) $g$ ist ungerade, denn $g(x) = x^2 \tan x = -(-x)^2 \tan(-x) = -g(-x)$ .
   $g'$ ist gerade, denn $g'(x) = \dfrac{2x \sin x \cos x + x^2}{\cos^2 x} = \dfrac{2(-x)\sin(-x)\cos(-x) + (-x)^2}{\cos^2(-x)} = g'(-x)$ .

c) $h$ ist gerade, denn $h(x) = x \sin x = (-x)\sin(-x) = h(-x)$ .
   $h'$ ist ungerade, denn $h'(x) = \sin x + x \cos x = -(\sin(-x) + (-x)\cos(-x)) = -h'(-x)$ .

d) Es gilt $k(x) = \mathrm{e}^x = k'(x)$.
   Wäre $k$ gerade oder ungerade, so müsste $k(x) = k(-x)$ oder $k(x) = -k(-x)$ für alle $x \in \mathbb{R}$ gelten. Dies ist hier jedoch nicht der Fall, denn es gilt $k(1) = \mathrm{e} \neq \pm\mathrm{e}^{-1} = \pm k(-1)$. Damit sind $k$ und $k'$ weder gerade noch ungerade.

e) $\ell(x)$ ist gerade, denn $\ell(x) = \ln(1 + x^2) = \ln(1 + (-x)^2) = \ell(-x)$ .
   $\ell'(x)$ ist ungerade, denn $\ell'(x) = \dfrac{2x}{1+x^2} = -\dfrac{2(-x)}{1+(-x)^2} = -\ell(-x)$ .

f) $m$ ist weder gerade noch ungerade, denn
   $m(2) = 1 + \sinh 2 = 4.6268\cdots \neq \pm(-2.6268\cdots) = \pm(1 + \sinh(-2)) = \pm m(-2)$ .
   $m'$ ist gerade, denn $m'(x) = \cosh x = \dfrac{\mathrm{e}^x + \mathrm{e}^{-x}}{2} = m'(-x)$ .

**Lösung 9.2.2**
Aus den gegebenen Werten für die Ableitung der Funktion folgt:

$$h(x) = \begin{cases} x + c_1 & : \quad -\infty < x < 0 \\ -x^2 + c_2 & : \quad 0 < x < 1 \\ c_3 & : \quad 1 < x < 2 \\ 2x + c_4 & : \quad 2 < x < \infty \end{cases}$$

mit Konstanten $c_i \in \mathbb{R}$.

Die Stetigkeit in den Punkten $x = 0, 1, 2$ ergibt die Forderungen:

$$\begin{aligned} c_1 &= \lim_{x\to 0-} h(x) = \lim_{x\to 0+} h(x) = c_2 && \Rightarrow c_1 = c_2 \\ -1 + c_2 &= \lim_{x\to 1-} h(x) = h(1) = 1 = \lim_{x\to 1+} h(x) = c_3 && \Rightarrow c_3 = 1,\ c_2 = 2 = c_1 \\ 1 = c_3 &= \lim_{x\to 2-} h(x) = \lim_{x\to 2+} h(x) = 4 + c_4 && \Rightarrow c_4 = -3 \end{aligned}$$

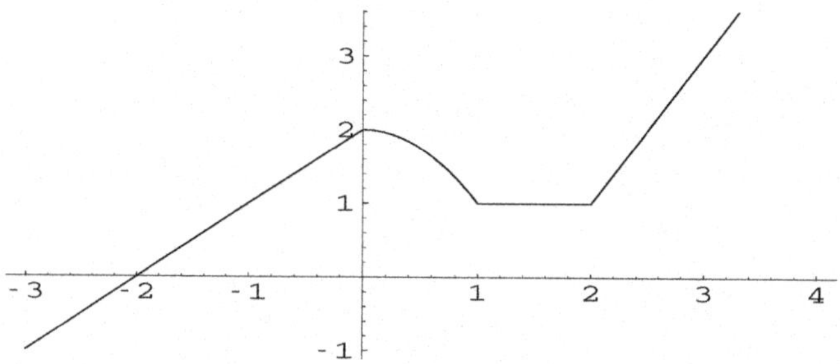


**Bild 9.2.2:** $h(x)$

Damit erhält man

$$h(x) = \begin{cases} x+2 & : \quad -\infty < x \le 0 \\ 2-x^2 & : \quad 0 \le x \le 1 \\ 1 & : \quad 1 \le x \le 2 \\ 2x-3 & : \quad 2 \le x < \infty \end{cases}$$

**Lösung 9.2.3**

Die Definition von $f$ sichert die Differenzierbarkeit in $\mathbb{R}$ mit Ausnahme der Anschlusspunkte $x_0 = 1$ und $-x_0 = -1$. Die reellen Konstanten $a$ und $b$ sind also so zu bestimmen, dass die Differenzierbarkeit in diesen Anschlusspunkten gesichert ist.

$f$ ist eine ungerade Funktion (vgl. Definition Aufgabe 9.2.1). Nach der Kettenregel ergibt sich dann

$f'(x) = (-f(-x))' = f'(-x)$, d.h., $f'$ ist eine gerade Funktion. Werden $a$ und $b$ so bestimmt, dass $f$ im Punkt $x_0 = 1$ differenzierbar wird, so stellt sich damit automatisch die Differenzierbarkeit im Punkt $-x_0 = -1$ ein.

Die Stetigkeit im Punkt $x_0 = 1$ wird durch die Forderung

$$1 = \lim_{x\to 1+} x^3 = \lim_{x\to 1+} f(x) \stackrel{!}{=} \lim_{x\to 1-} f(x) = \lim_{x\to 1-} \left(a\sin(\pi x) + b\sin\left(\frac{\pi x}{2}\right)\right) = b$$

gesichert. Die Forderung

$$3 = \lim_{x\to 1+} 3x^2 = \lim_{x\to 1+} f'(x) \stackrel{!}{=} \lim_{x\to 1-} f'(x) = \lim_{x\to 1-} \left(a\pi\cos(\pi x) + \frac{\pi}{2}\cos\left(\frac{\pi x}{2}\right)\right) = -\pi a$$

sichert die Differenzierbarkeit im Punkt $x_0 = 1$. Wählt man also $a = -\dfrac{3}{\pi}$ und $b = 1$, so wird $f$ auf $\mathbb{R}$ differenzierbar.

**Lösung 9.2.4**

Die Definition von $f$ sichert die Differenzierbarkeit in $\mathbb{R}$ mit Ausnahme des Anschlusspunktes $x_0 = 0$. Die reellen Konstanten $a$ und $b$ sind also so zu bestimmen, dass die Differenzierbarkeit in diesem Anschlusspunkt gewährleistet ist. Die Stetigkeit im Punkt $x_0 = 0$ wird durch die Forderung

$$9 = \lim_{x\to 0-} (x+3)^2 = \lim_{x\to 0-} f(x) \stackrel{!}{=} \lim_{x\to 0+} f(x) = \lim_{x\to 0+} (4\sin(ax) + b) = b$$

gesichert. Mit der Forderung

$$6 = \lim_{x\to 0-} 2(x+3) = \lim_{x\to 0-} f'(x) \stackrel{!}{=} \lim_{x\to 0+} f'(x) = \lim_{x\to 0+} (4a\cos(ax)) = 4a$$

erhält man die Differenzierbarkeit im Punkt $x_0 = 0$. Mit $a = 3/2$ und $b = 9$ wird $f$ auf $\mathbb{R}$ also differenzierbar.

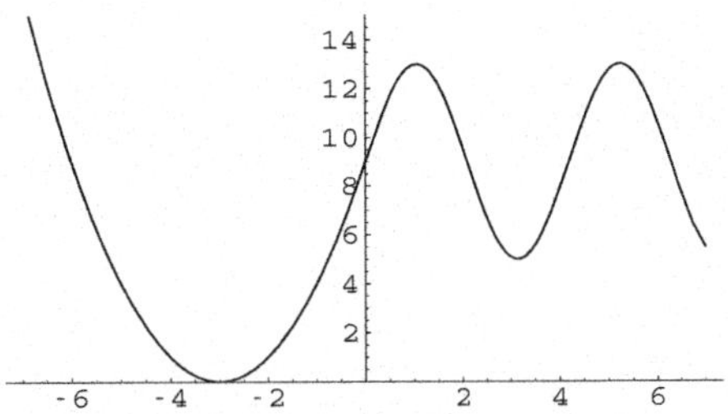


**Bild 9.2.4** $f(x)$ mit $a = 3/2$ und $b = 9$

**Lösung 9.2.5**

a) Unstetigkeit und Nichtdifferenzierbarkeit kann nur in $x_0 = 1$ auftreten. Die Stetigkeitsforderung in $x_0 = 1$ führt zu

$$a = g(1) \stackrel{!}{=} \lim_{x \to 1+} g(x) = b - 1 \Rightarrow b = a + 1$$

Die Differenzierbarkeitsforderung in $x_0 = 1$ lautet

$$2a = \lim_{x \to 1-} g'(x) \stackrel{!}{=} \lim_{x \to 1+} g'(x) = 2 \Rightarrow a = 1 \Rightarrow b = 2 \quad \Rightarrow \quad g(x) = \begin{cases} x^2, & x \leq 1 \\ 2 - (2-x)^2, & x > 1 \end{cases}$$

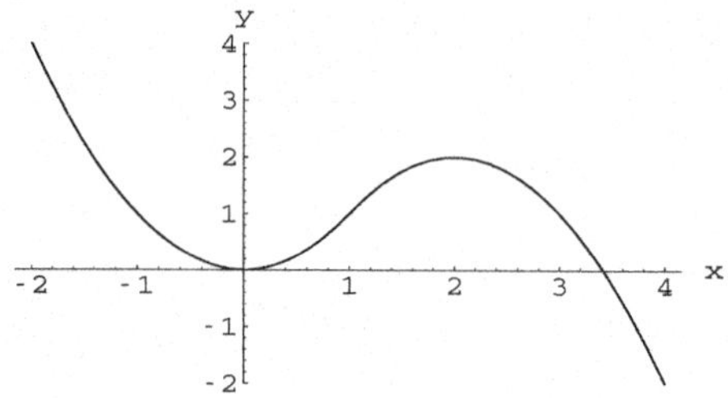


**Bild 9.2.5** $g(x)$

b) $T_1(x; 1) = g(1) + g'(1)(x - 1) = 1 + 2(x - 1)$

**Lösung 9.2.6**

a) $f(x) = 3^{x^2-8} = \mathrm{e}^{(x^2-8)\ln 3} \quad \Rightarrow \quad f'(x) = 2x \ln 3 \cdot 3^{x^2-8}$

$\Rightarrow \quad \ell_f(x) = f(3) + f'(3)(x - 3) = 3 + 18\ln(3) \cdot (x - 3)$

b) Die reellen Konstanten $a$ und $b$ sind so zu bestimmen, dass die Differenzierbarkeit von $f$ im Anschlusspunkt $x_0 = 1$ gewährleistet ist.

Stetigkeit in $x_0 = 1$: $\quad a + b = \lim_{x \to 1-} ax^3 + b \stackrel{!}{=} \lim_{x \to 1+} \ln x = 0 \Rightarrow b = -a$

Differenzierbarkeit in $x_0 = 1$: $\quad 3a = \lim_{x \to 1-} 3ax^2 \stackrel{!}{=} \lim_{x \to 1+} \frac{1}{x} = 1 \Rightarrow a = \frac{1}{3} \Rightarrow b = -\frac{1}{3}$

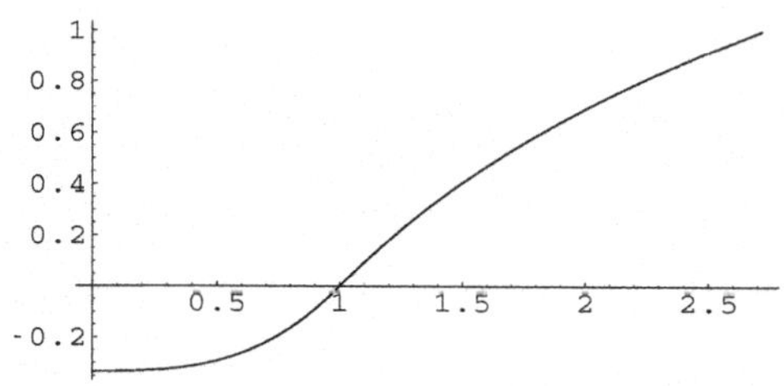


**Bild 9.2.6** $f(x)$ mit $a = 1/3$ und $b = -1/3$

c) (i) $f(x) = \log\left(\frac{x^2+2}{x^4+4}\right) = \log(x^2 + 2) - \log(x^4 + 4)$

$$f'(x) = \frac{2x}{x^2+2} - \frac{4x^3}{x^4+4} \quad \left(= \frac{2x(4 - 4x^2 - x^4)}{(x^2+2)(x^4+4)}\right)$$

(ii) $g(x) = \left(4x^3 + 2x^2 + 1\right)^{1/5} \quad \Rightarrow \quad g'(x) = \dfrac{12x^2 + 4x}{5\left(4x^3 + 2x^2 + 1\right)^{4/5}}$

**Lösung 9.2.7**

a) Es werden zwei Folgen gegen $x_0 = 0$ konstruiert, die, eingesetzt in die Funktion $f$, unterschiedliche Grenzwerte erzeugen. Damit ist $f$ im Punkt $x_0$ unstetig und kann auch nicht stetig ergänzt werden.

Für die durch $x_n = \dfrac{1}{n2\pi}$ definierte Folge ergibt sich $\lim\limits_{n\to\infty} f(x_n) = \lim\limits_{n\to\infty} \cos(n2\pi) = 1\,.$

Für die durch $y_n = \dfrac{2}{(2n+1)\pi}$ definierte Folge ergibt sich $\lim\limits_{n\to\infty} f(y_n) = \lim\limits_{n\to\infty} \cos\left(\pi n + \dfrac{\pi}{2}\right) = 0.$

b) Zum Stetigkeitsnachweis von $g$ im Punkt $x_0 = 0$:

Für $\delta > 0$ und $|x - x_0| = |x| < \delta$ gilt: $|g(x) - g(x_0)| = |g(x) - g(0)| = \left|x\cos\dfrac{1}{x}\right| \le |x| < \delta\,.$

Wählt man $\delta = \varepsilon$ zu beliebig vorgegebenem $\varepsilon > 0$, dann ist die $\varepsilon$-$\delta$-Charakterisierung der Stetigkeit in $x_0$ erfüllt.

Für die Differenzierbarkeit in $x_0$ ist zu überprüfen, ob der Differentialquotient in $x_0$ existiert:

$$\lim_{x\to x_0} \frac{g(x) - g(x_0)}{x - x_0} = \lim_{x\to 0} \frac{g(x) - g(0)}{x} = \lim_{x\to 0} \frac{x\cos(1/x) - 0}{x} = \lim_{x\to 0} \cos\left(\frac{1}{x}\right).$$

Dieser Grenzwert existiert nach a) nicht, und damit ist $f$ im Punkt $x_0$ zwar stetig, aber nicht differenzierbar.

**Lösung 9.2.8**

a) $f'(x) = 2(x+2) - 8 + \dfrac{8}{x+2} = \dfrac{2x^2}{x+2}$

b) $g'(x) = \dfrac{3}{x^2+1} + \dfrac{3}{x^2+1} - \dfrac{6x^2}{(x^2+1)^2} + \dfrac{2}{(x^2+1)^2} - \dfrac{8x^2}{(x^2+1)^3} = \dfrac{8}{(x^2+1)^3}$

c) $h'(x) = (\ln(x^2+1) - \ln(x^2-1))' = \dfrac{2x}{x^2+1} - \dfrac{2x}{x^2-1} = \dfrac{4x}{1-x^4}$

d) $p'(x) = \dfrac{\dfrac{\sqrt{4x+5}}{\sqrt{2x+3}} - 2\dfrac{\sqrt{2x+3}}{\sqrt{4x+5}}}{4x+5} = \dfrac{-1}{\sqrt{2x+3}\sqrt{(4x+5)^3}}$

e) $q'(x) = \dfrac{1}{-\sin(\arccos 1/x)} \cdot \dfrac{-1}{x^2} = \dfrac{1}{x^2\sqrt{1-\cos^2(\arccos 1/x)}} = \dfrac{1}{x\sqrt{x^2-1}}$

f) $r'(x) = \tan x + \dfrac{x}{\cos^2 x} + (-\sin x)\dfrac{1}{\cos x} = \dfrac{x}{\cos^2 x}$

**Lösung 9.2.9**

a)
$$f'(x) = \frac{1}{2\cos(\arcsin x/2)} + \frac{x\dfrac{-x}{\sqrt{4-x^2}} - \sqrt{4-x^2}}{x^2}$$
$$= \frac{1}{2\sqrt{1-\sin^2(\arcsin x/2)}} + \frac{-x^2-4+x^2}{x^2\sqrt{4-x^2}} = \frac{1}{\sqrt{4-x^2}} - \frac{4}{x^2\sqrt{4-x^2}} = -\frac{\sqrt{4-x^2}}{x^2}$$

b)
$$g'(x) = \frac{1}{2\sqrt{x}(1+x)} + \frac{\dfrac{x+1}{2\sqrt{x}} - \sqrt{x}}{(x+1)^2} = \frac{2(x+1) - 2x}{2\sqrt{x}(1+x)^2} = \frac{1}{\sqrt{x}(x+1)^2}$$

c)
$$h'(x) = \frac{1}{\tan x\cos^2 x} + \frac{2\sin^2 2x + 4\cos^2 2x}{\sin^3 2x} = \frac{1}{\sin x\cos x} + \frac{2 + 2\cos^2 2x}{\sin^3 2x}$$
$$= \frac{2}{\sin 2x} + \frac{2 + 2\cos^2 2x}{\sin^3 2x} = \frac{4}{\sin^3 2x}$$

d) $p'(x) = \dfrac{3x\dfrac{(2x+3)}{\sqrt{x^2+3x}} - 6\sqrt{x^2+3x}}{9x^2} = \dfrac{3x(2x+3) - 6(x^2+3x)}{9x^2\sqrt{x^2+3x}} = \dfrac{-1}{x\sqrt{x^2+3x}}$

e) $q'(x) = \dfrac{1}{x\ln x}$, f) $r'(x) = \dfrac{\cos x}{\sin x} - \cot x - x\dfrac{(-\sin^2 x - \cos^2 x)}{\sin^2 x} = \dfrac{x}{\sin^2 x}$

**Lösung 9.2.10**

a) $f'(x) = \dfrac{2x}{1+x^4}$, $f''(x) = \dfrac{2-6x^4}{(1+x^4)^2}$, b) $g'(x) = \dfrac{4x^3}{x^4-1}$, $g''(x) = \dfrac{-4x^6 - 12x^2}{(x^4-1)^2}$

c) $h'(x) = 2\sin\ln x$, $h''(x) = \dfrac{2\cos\ln x}{x}$, d) $p'(x) = \dfrac{15}{2x\sqrt{x^5-9}}$, $p''(x) = -\dfrac{15(7x^5-18)}{4x^2(x^5-9)^{3/2}}$

**Lösung 9.2.11**

a) $f'(x) = \ln x$, $f''(x) = \dfrac{1}{x}$, $f'''(x) = -\dfrac{1}{x^2}$

b) $g'(x) = x(9-x^2)^{-3/2}$, $g''(x) = (9-x^2)^{-3/2} + 3x^2(9-x^2)^{-5/2}$,
$g'''(x) = 9x(9-x^2)^{-5/2} + 15x^3(9-x^2)^{-7/2}$

c) $h'(x) = \dfrac{1}{\sinh(\operatorname{arcosh} x)} = \dfrac{1}{\sqrt{\cosh^2(\operatorname{arcosh} x) - 1}} = \dfrac{1}{\sqrt{x^2-1}}$,
$h''(x) = -x(x^2-1)^{-3/2}$, $h'''(x) = -(x^2-1)^{-3/2} + 3x^2(x^2-1)^{-5/2}$

d) $p'(x) = \ln^2 x$, $p''(x) = \dfrac{2\ln x}{x}$, $p'''(x) = \dfrac{2-2\ln x}{x^2}$

**Lösung 9.2.12**

a) i) $f'(x) = \left(\dfrac{1}{2}\sinh x\cosh x + \dfrac{x}{2}\right)' = \dfrac{1}{2}\left(\cosh^2 x + \sinh^2 x + 1\right) = \cosh^2 x$

ii) $g'(x) = (-x\cot x + \ln(\sin x))' = -\cot x - x\dfrac{-\sin^2 x - \cos^2 x}{\sin^2 x} + \dfrac{\cos x}{\sin x} = \dfrac{x}{\sin^2 x}$

b) i) $h'(x) = \left(\dfrac{x}{x^2+1}\right)' = \dfrac{1-x^2}{(x^2+1)^2}$, $h''(x) = \left(\dfrac{1-x^2}{(x^2+1)^2}\right)' = \dfrac{2x^3-6x}{(x^2+1)^3}$

ii) $k'(x) = (x^x)' = \left(e^{x\ln x}\right)' = (\ln x + 1)\,x^x$

$k''(x) = ((\ln x + 1)\,x^x)' = \left(\dfrac{1}{x} + (\ln x + 1)^2\right)x^x$

c) i) $u'(x) = (7(2x+5)^2 - 2(8-9x) + 3)' = 28(2x+5) + 18$

$u''(x) = (28(2x+5)+18)' = 56$, $u'''(x) = 0$

ii) $v'(x) = \sqrt{(4-7x)^3}' = \left((4-7x)^{3/2}\right)' = -\dfrac{21}{2}(4-7x)^{1/2}$

$v''(x) = \dfrac{147}{4}(4-7x)^{-1/2}$, $v'''(x) = \dfrac{1029}{8}(4-7x)^{-3/2}$

**Lösung 9.2.13**

a) $f(x) = \log_a x = \dfrac{\ln x}{\ln a}$, $f'(x) = \dfrac{1}{x\ln a}$, $x_0 = 2 \Rightarrow \ell_f(x) = f(2) + f'(2)(x-2) = \dfrac{\ln 2}{\ln a} + \dfrac{x-2}{2\ln a}$

b) $g(x) = \sinh x$, $g'(x) = \cosh x$, $x_0 = -1$
$\Rightarrow \ell_g(x) = g(-1) + g'(-1)(x+1) = \sinh(-1) + \cosh(-1)(x+1) = -1.1752 + 1.5431(x+1)$

c) $h(x) = \begin{vmatrix} \sin 2x & e^x \\ \cosh 5x & 3x^4 \end{vmatrix} = 3x^4 \sin 2x - e^x \cosh 5x$ ,

$h'(x) = 6x^4 \cos 2x + 12x^3 \sin 2x - e^x(\cosh 5x + 5\sinh 5x)$, $x_0 = 0 \Rightarrow \ell_h(x) = h(0) + h'(0)x = -1 - x$

d) $\mathbf{p}(x) = \begin{pmatrix} \cos x \\ \sin x \end{pmatrix}$, $\mathbf{p}'(x) = \begin{pmatrix} -\sin x \\ \cos x \end{pmatrix}$, $x_0 = \dfrac{3\pi}{4}$

$$\Rightarrow \quad \ell_{\mathbf{p}}(x) = \mathbf{p}\left(\frac{3\pi}{4}\right) + \mathbf{p}'\left(\frac{3\pi}{4}\right)\left(x - \frac{3\pi}{4}\right) = \begin{pmatrix} -\dfrac{\sqrt{2}}{2} \\ \dfrac{\sqrt{2}}{2} \end{pmatrix} + \begin{pmatrix} -\dfrac{\sqrt{2}}{2} \\ -\dfrac{\sqrt{2}}{2} \end{pmatrix}\left(x - \frac{3\pi}{4}\right)$$

**Lösung 9.2.14**

a) $f(x) = a^x = e^{x \ln a}$, $f'(x) = \ln a e^{x \ln a}$, $x_0 = 1$

$\Rightarrow \quad \ell_f(x) = f(1) + f'(1)(x-1) = a + a \ln a \cdot (x-1)$

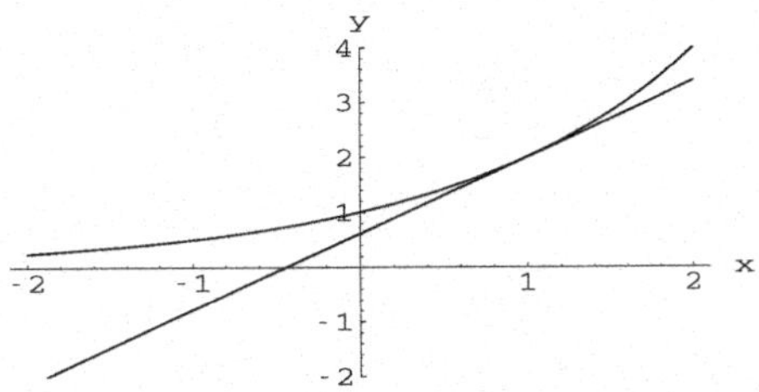


**Bild 9.2.14 a)** $f(x)$ und $\ell_f(x)$ für $a = 2$

b) $g(x) = \begin{vmatrix} \tan x & \ln x \\ x^2 & \cos x \end{vmatrix} = \sin x - x^2 \ln x$ , $g'(x) = \cos x - 2x \ln x - x$ , $x_0 = \pi$

$\Rightarrow \quad \ell_g(x) = g(\pi) + g'(\pi)(x - \pi) = -\pi^2 \ln \pi - (1 + 2\pi \ln \pi + \pi) \cdot (x - \pi)$

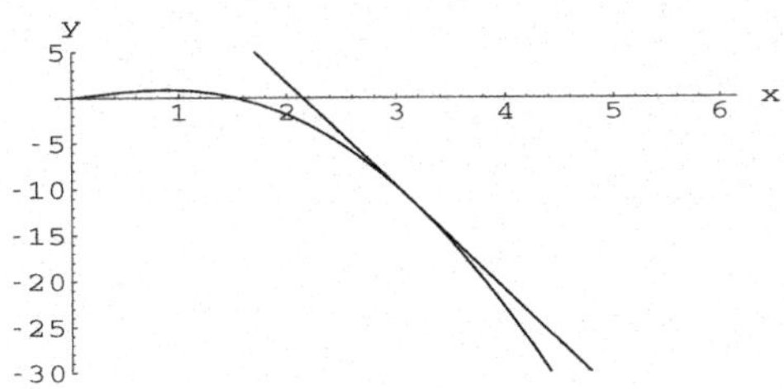


**Bild 9.2.14 b)** $g(x)$ und $\ell_g(x)$

c) $\mathbf{h}(x) = \dfrac{x^2-1}{x^2+1} \cdot \begin{pmatrix} 1 \\ x \end{pmatrix}$, $\mathbf{h}'(x) = \dfrac{4x}{(x^2+1)^2} \cdot \begin{pmatrix} 1 \\ x \end{pmatrix} + \dfrac{x^2-1}{x^2+1}\begin{pmatrix} 0 \\ 1 \end{pmatrix}$,

$x_0 = 0 \quad \Rightarrow \quad \ell_{\mathbf{h}}(x) = \mathbf{h}(0) + \mathbf{h}'(0)x = \begin{pmatrix} -1 \\ 0 \end{pmatrix} + \begin{pmatrix} 0 \\ -1 \end{pmatrix} \cdot x$

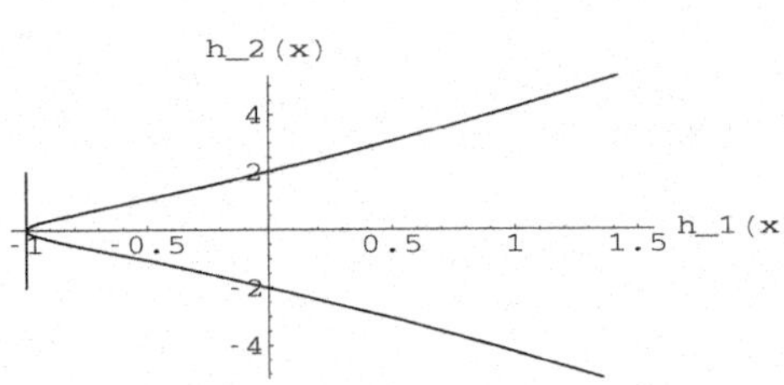


**Bild 9.2.14 c)** $\mathbf{h}(x)$ und $\ell_{\mathbf{h}}(x)$

# L.10 Weiterer Ausbau der Differentialrechnung

## L.10.1 Mittelwertsätze, Satz von Taylor

**Lösung 10.1.1**
$R$ Kugelradius, $r$ Zylinderradius, $h$ Zylinderhöhe, $V_{Zyl}(r,h) = \pi r^2 h$ mit $r, h \geq 0$ Zylindervolumen

Der Zylinder wird der Kugel so einbeschrieben, dass er die Kugeloberfläche von innen, jeweils mit den Rändern der ihn begrenzenden kreisförmigen Deckel, berührt. Nach einem Schnitt durch den Kugelmittelpunkt und parallel zur Zylinderachse führt dies zu einem Rechteck mit den Seiten $h$ und $2r$, dass einem Kreis so einbeschrieben wird, dass seine Ecken genau auf dem Kreisradius liegen.

Der Satz des Pythagoras ergibt dann $r^2 + \left(\frac{h}{2}\right)^2 = R^2$. Diese Nebenbedingung beschreibt, wegen $r, h \geq 0$, eine Viertelellipse, über der die Funktion $V_{Zyl}(r,h)$ maximiert werden soll.

Neben der Lagrangeschen Multiplikatorenregel für Extremwertaufgaben mit Nebenbedingungen, kann hier die Nebenbedingung aufgelöst und in $V$ eingesetzt werden und man erhält eine Extremalaufgabe von einer Veränderlichen ohne Nebenbedingung:

$$r^2 = R^2 - \left(\frac{h}{2}\right)^2 \quad \Rightarrow \quad V(h) = \pi h\left(R^2 - \frac{h^2}{4}\right),$$

wobei per Konstruktion $0 \leq h \leq 2R$ gilt. Die Extrema im Inneren des Intervalls $[0, 2R]$ ergeben sich aus

$$V'(h) = \pi\left(R^2 - \frac{3h^2}{4}\right) = 0 \quad \Rightarrow \quad h = \frac{2R}{\sqrt{3}}, \quad V''(h) = -\frac{6\pi h}{4} \quad \Rightarrow \quad V''\left(\frac{2R}{\sqrt{3}}\right) = -\frac{12\pi R}{4\sqrt{3}} < 0\,.$$

Damit wird für $h = \dfrac{2R}{\sqrt{3}}$ das maximale Zylindervolumen angenommen, mit

$$V\left(\frac{2R}{\sqrt{3}}\right) = \pi\frac{2R}{\sqrt{3}}\left(R^2 - \frac{4R^2}{12}\right) = \frac{4\pi R^3}{3\sqrt{3}} = V_{\max}\,.$$

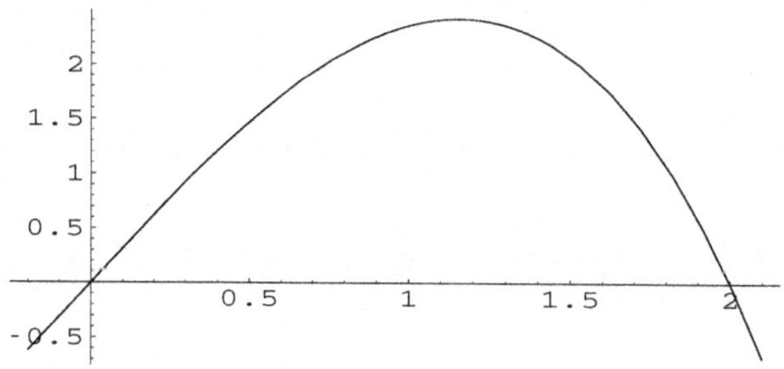


**Bild 10.1.1** $V(h) = \pi h\left(R^2 - \frac{h^2}{4}\right)$ mit $R = 1$

Die minimalen Zylindervolumen werden am Rand, d.h. für $h = 0$ und $h = 2R$ mit $V_{\min} = 0$ angenommen.

**Lösung 10.1.2**

$$\text{a)}\quad f(x) = \begin{cases} x^2 & \text{für } x \geq 0 \\ -x^2 & \text{für } x < 0 \end{cases} \Rightarrow f'(x) = 2|x| \Rightarrow f''(x) = \begin{cases} 2 & \text{für } x > 0 \\ -2 & \text{für } x < 0 \end{cases}.$$

*Aufgaben und Lösungen zu Mathematik für Ingenieure 1, 4.Aufl.*, R. Ansorge, H. J. Oberle, K. Rothe und Th. Sonar

ISBN: 978-3-527-40987-7

Damit ist $f$ stetig und differenzierbar, die Voraussetzungen des Mittelwertsatzes sind erfüllt, und es lassen sich für $]-1,1[$ sogar zwei Zwischenstellen $x_0$ berechnen:

$$f'(x_0) = 2|x_0| = \frac{f(1)-f(-1)}{1-(-1)} = 1 \quad \Rightarrow \quad x_0 = \pm\frac{1}{2} \quad .$$

Die Voraussetzungen des Mittelwertsatzes für $f'$ sind nicht erfüllt, da $f''$ für $x=0$ nicht definiert ist und diese Definitionslücke im zu untersuchenden Intervall $]-1,1[$ liegt. Tatsächlich lässt sich auch kein $x_0$ angeben, für das $f''(x_0) = \dfrac{f'(1)-f'(-1)}{1-(-1)} = 0$ gilt.

b) $h(x) = \mathrm{e}^x - 3x^2$ ist beliebig oft stetig differenzierbar. Man erhält $h(-1) = -2.632\cdots < 0$, $h(0) = 1 > 0$, $h(1) = -0.281\cdots < 0$, $h(4) = 6.598\cdots > 0$.

Nach dem Zwischenwertsatz liegt in jedem der Intervalle $]-1,0[$, $]0,1[$ und $]1,4[$ mindestens eine Nullstelle.

Angenommen, $h$ besäße mehr als drei Nullstellen, dann besäße nach dem Satz von Rolle $h'(x) = \mathrm{e}^x - 6x$ mehr als zwei Nullstellen, $h''(x) = \mathrm{e}^x - 6$ mehr als eine Nullstelle und $h'''(x) = \mathrm{e}^x$ mindestens eine Nullstelle, was falsch ist. Demnach besitzt $h$ höchstens drei Nullstellen und damit dann genau drei Nullstellen.

**Lösung 10.1.3**

a)

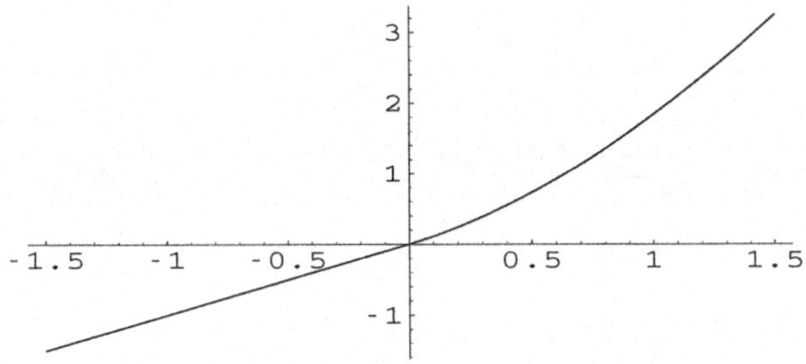


**Bild 10.1.3.a.1** $f(x) = \begin{cases} \sin x + x^2 & \text{für } x \geq 0 \\ x & \text{für } x < 0 \end{cases}$ .

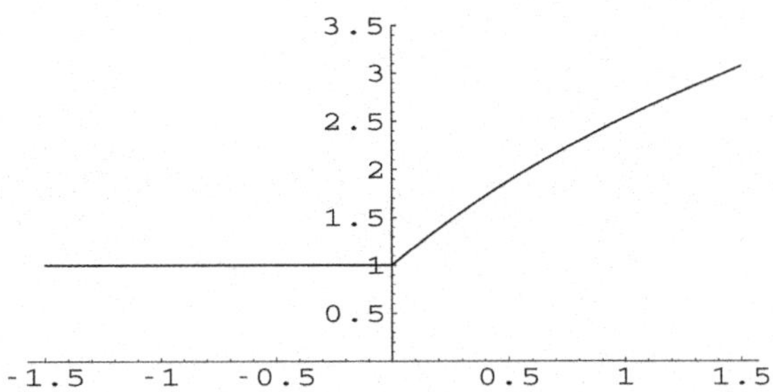


**Bild 10.1.3.a.2** $f'(x) = \begin{cases} \cos x + 2x & \text{für } x \geq 0 \\ 1 & \text{für } x < 0 \end{cases}$ .

$$f''(x) = \begin{cases} -\sin x + 2 & \text{für } x > 0 \\ 0 & \text{für } x < 0 \end{cases} \quad .$$

Damit ist $f$ stetig und differenzierbar, die Voraussetzungen des Mittelwertsatzes sind erfüllt und es lässt sich für $]-\frac{\pi}{2},\frac{\pi}{2}[$ eine Zwischenstelle $x_0$ berechnen:

$$\frac{f(\frac{\pi}{2}) - f(-\frac{\pi}{2})}{\frac{\pi}{2} - (-\frac{\pi}{2})} = \frac{\pi^2 + 2\pi + 4}{4\pi} = 1.6037\cdots = f'(x_0) \,.$$

Wegen $f'(0) = 1 < f'(x_0) < f'(\frac{\pi}{2}) = \pi$ ist $0 < x_0 < \frac{\pi}{2}$.

Die Voraussetzungen des Mittelwertsatzes für $f'$ sind nicht erfüllt, da $f''$ für $x = 0$ nicht definiert ist und diese Definitionslücke im zu untersuchenden Intervall $]-\frac{\pi}{2}, \frac{\pi}{2}[$ liegt. Tatsächlich lässt sich auch kein $x_0$ angeben, für das $\dfrac{f'(\frac{\pi}{2}) - f'(-\frac{\pi}{2})}{\frac{\pi}{2} - (-\frac{\pi}{2})} = \dfrac{\pi - 1}{\pi} = 0.68169\cdots = f''(x_0)$ gilt.

b) $h(x) = \ln x + 2 - x$ ist beliebig oft stetig differenzierbar. Man erhält:

$$h(0.1) = -0.4026\cdots < 0\,, \quad h(1) = 1 > 0\,, \quad h(4) = -0.6137\cdots < 0\,.$$

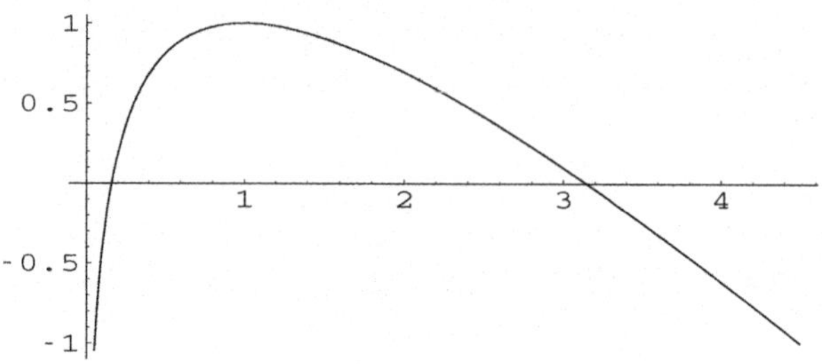


**Bild 10.1.3.b** $h(x) = \ln x + 2 - x$

Nach dem Zwischenwertsatz liegt in jedem der Intervalle $]0.1, 1[$ und $]1, 4[$ mindestens eine Nullstelle. Angenommen $h$ besäße mehr als zwei Nullstellen, dann besäße nach dem Satz von Rolle $h'(x) = \dfrac{1}{x} - 1$ mehr als eine Nullstelle und $h''(x) = -\dfrac{1}{x^2}$ mindestens eine Nullstelle, was falsch ist. Demnach besitzt $h$ höchstens zwei Nullstellen und damit dann genau zwei Nullstellen.

**Lösung 10.1.4**

a) Durch Einsetzen einiger Funktionswerte erhält man:

$$f(-1) = 0.56606...\,, \quad f(0) = -1.25...\,, \quad f(1) = 0.390859...\,, \quad f(5) = -22.4566...$$

Da $f$ stetig ist, besitzt $f$ nach dem Zwischenwertsatz in jedem der Intervalle $]-1, 0[$, $]0, 1[$ und $]1, 5[$ mindestens eine Nullstelle.

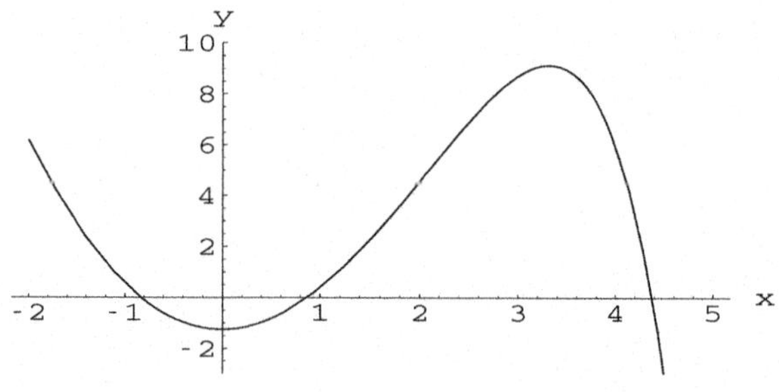


**Bild 10.1.4** $f(x) = \dfrac{1}{4}(4x + 3)(2x - 1) - \dfrac{1}{2}e^x$

b) $f$ ist beliebig oft differenzierbar. Angenommen $f$ besäße mehr als drei Nullstellen, dann hätte nach dem Satz von Rolle $f'$ mehr als zwei Nullstellen, $f''$ mehr als eine Nullstelle und $f''' = -\dfrac{1}{2}e^x$ mindestens eine Nullstelle, was falsch ist. Demnach besitzt $f$ höchstens drei Nullstellen.

**Lösung 10.1.5**

a) $\lim\limits_{x\to -2+} f(x) = -\infty$

b)
$$\begin{aligned} f(x) &= \ln(\sqrt{2+x}) - \frac{1}{x+2} &,\quad f(-1) &= -1 \\ f'(x) &= \frac{1}{2(x+2)} + \frac{1}{(x+2)^2} &,\quad f'(-1) &= \frac{3}{2} \\ f''(x) &= -\frac{1}{2(x+2)^2} - \frac{2}{(x+2)^3} &,\quad f''(-1) &= -\frac{5}{2} \\ f'''(x) &= \frac{1}{(x+2)^3} + \frac{6}{(x+2)^4} &,\quad f'''(-1) &= 7 \end{aligned}$$

$$T_3(x;-1) = -1 + \frac{3}{2}(x+1) - \frac{5}{4}(x+1)^2 + \frac{7}{6}(x+1)^3$$

c) $T_3(-1/2;-1) = -1 + \frac{3}{4} - \frac{5}{16} + \frac{7}{48} = \frac{-48+36-15+7}{48} = -\frac{20}{48} = -\frac{5}{12}$

$f^{(iv)}(x) = -\frac{3}{(x+2)^4} - \frac{24}{(x+2)^5}$ , mit $-1 < \xi < -\frac{1}{2}$ gilt

$$\begin{aligned} \left| f\left(-\frac{1}{2}\right) - T_3\left(-\frac{1}{2};-1\right)\right| &= \left|R_3\left(-\frac{1}{2};-1\right)\right| = \left|\frac{f^{(iv)}(\xi)}{4!}\left(\frac{1}{2}\right)^4\right| \\ &= \left|-\frac{1}{16\cdot 24}\left(\frac{3}{(\xi+2)^4} + \frac{24}{(\xi+2)^5}\right)\right| \le \frac{27}{16\cdot 24} = \frac{9}{128} \end{aligned}$$

d) $T_1(x;-1) = -1 + \frac{3}{2}(x+1)$

e) Weil nach a) $\lim\limits_{x\to -2+} f(x) = -\infty$ gilt.

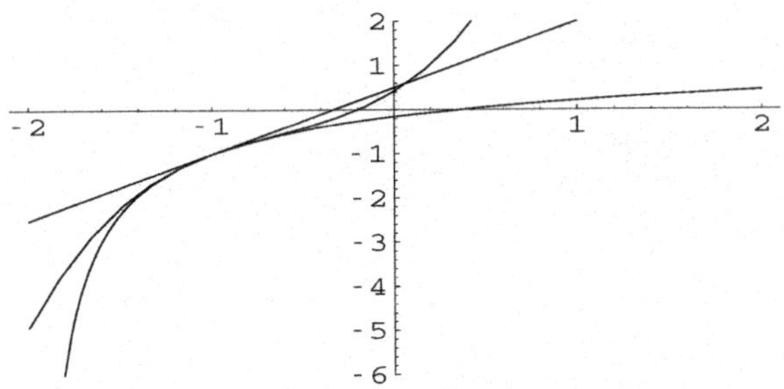


**Bild 10.1.5** $f(x) = \ln(\sqrt{2+x}) - \frac{1}{x+2}$, $T_1(x;-1)$, $T_3(x;-1)$

**Lösung 10.1.6**

a) $f(x) = (4x+5)^{-1/3}$ , $f'(x) = 4\left(-\frac{1}{3}\right)(4x+5)^{-4/3}$

$f''(x) = 4^2\left(-\frac{1}{3}\right)\left(-\frac{4}{3}\right)(4x+5)^{-7/3}$

$\vdots$

$f^{(k)}(x) = \left(-\frac{4}{3}\right)^k (1\cdot 4\cdots(3k-2))(4x+5)^{-1/3-k}$ (per Induktion für $k \ge 1$)

$$\Rightarrow \quad f(x) = 3^{-2/3} + \sum_{k=1}^{\infty}\left(-\frac{4}{3}\right)^k \frac{1\cdot 4\cdots(3k-2)\cdot 3^{-(6k+2)/3}}{k!}(x-1)^k$$

b)

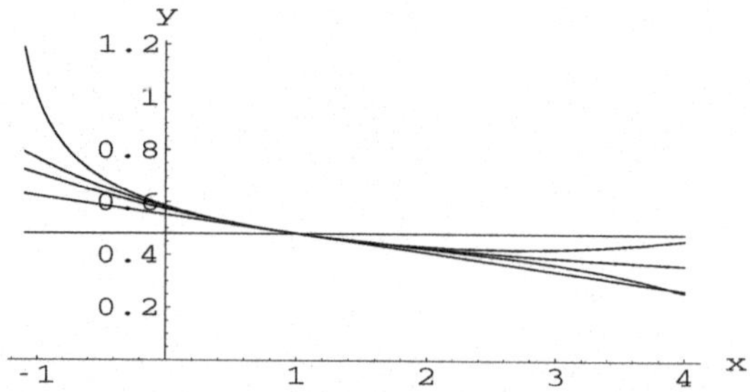


**Bild 10.1.6** $f$ und die Taylor-Polynome $T_i(x;1)$ für $i = 0, 1, 2, 3$

c) $T_3(x;1) = 3^{-2/3} - 4 \cdot 3^{-11/3}(x-1) + 32 \cdot 3^{-20/3}(x-1)^2 - 896 \cdot 3^{-32/3}(x-1)^3$

Fehlerabschätzung für die Approximation von $f\left(\frac{3}{2}\right)$ durch $T_3\left(\frac{3}{2};1\right)$ : $\left|f\left(\frac{3}{2}\right) - T_3\left(\frac{3}{2};1\right)\right|$

$$= \left|R_3\left(\frac{3}{2};1\right)\right| = \left|\frac{f^{(4)}(\xi)}{4!}\left(\frac{3}{2}-1\right)^4\right| = \left|\left(-\frac{4}{3}\right)^4 \frac{1\cdot 4\cdot 7\cdot 10\cdot (4\xi+5)^{-13/3}}{4!}\left(\frac{3}{2}-1\right)^4\right| .$$

Nach dem Taylorschen Satz gilt $1 = x_0 < \xi < x = \frac{3}{2}$, und damit kann der Ausdruck $(4\xi+5)^{-13/3}$ nach oben mit $\xi = 1$ abgeschätzt werden:

$$\Rightarrow \quad \left|f\left(\frac{3}{2}\right) - T_3\left(\frac{3}{2};1\right)\right| \leq \left|\frac{4^4\cdot 4\cdot 7\cdot 10\cdot 9^{-13/3}}{3^4\cdot 4!\cdot 2^4}\right| = \frac{560}{3^{41/3}} \leq 1.69\cdot 10^{-4}$$

d) $T_0\left(\frac{3}{2};1\right) = 3^{-2/3} = 0.48074949856$, $T_1\left(\frac{3}{2};1\right) = T_0\left(\frac{3}{2};1\right) - 2\cdot 3^{-11/3} = 0.445138755$,

$T_2\left(\frac{3}{2};1\right) = T_1\left(\frac{3}{2};1\right) + 8\cdot 3^{-20/3} = 0.450414473$, $T_3\left(\frac{3}{2};1\right) = T_2\left(\frac{3}{2};1\right) - 112\cdot 3^{-32/3}$ $= 0.44950262$.

$f\left(\frac{3}{2}\right) = 11^{-1/3} = 0.449644313\ldots$ Der tatsächliche Fehler ist $\left|f\left(\frac{3}{2}\right) - T_3\left(\frac{3}{2};1\right)\right| = 0.00014169$.

**Lösung 10.1.7**

a)
$$f(x) = \sin(\pi^2 - x^2) \qquad \Rightarrow \quad f(\pi) = 0$$
$$f'(x) = -2x\cos(\pi^2 - x^2) \qquad \Rightarrow \quad f'(\pi) = -2\pi$$
$$f''(x) = -2\cos(\pi^2 - x^2) - 4x^2\sin(\pi^2 - x^2) \quad \Rightarrow \quad f''(\pi) = -2$$
$$\Rightarrow \quad T_2(x;\pi) = -2\pi(x-\pi) - (x-\pi)^2$$

b) $f'''(x) = 8x^3\cos(\pi^2 - x^2) - 12x\sin(\pi^2 - x^2)$ mit $\frac{\pi}{2} < \xi < \pi$ gilt

$$\begin{aligned}\left|f\left(\frac{\pi}{2}\right) - T_2\left(\frac{\pi}{2};\pi\right)\right| &= \left|R_2\left(\frac{\pi}{2};\pi\right)\right| = \left|\frac{f'''(\xi)}{3!}\left(\frac{\pi}{2}-\pi\right)^3\right| \\ &= |8\xi^3\cos(\pi^2-\xi^2) - 12\xi\sin(\pi^2-\xi^2)|\frac{\pi^3}{48} \\ &\leq (8\xi^3 + 12\xi)\frac{\pi^3}{48} < (2\pi^3 + 3\pi)\frac{\pi^3}{12}\end{aligned}$$

**Lösung 10.1.8**

$f(x) = \dfrac{1}{\sqrt[3]{(x+2)^2}} \Rightarrow f(-1) = 1$, $\quad f'(x) = -\frac{2}{3}(x+2)^{-5/3} \Rightarrow f'(-1) = -\frac{2}{3}$,

$$f''(x)=\frac{10}{9}(x+2)^{-8/3} \Rightarrow f''(-1)=\frac{10}{9}, \quad f'''(x)=-\frac{80}{27}(x+2)^{-11/3} \Rightarrow f'''(-1)=-\frac{80}{27},$$

$$f^{(4)}(x)=\frac{880}{81}(x+2)^{-14/3} \quad \Rightarrow \quad T_3(x;-1)=1-\frac{2}{3}(x+1)+\frac{10}{18}(x+1)^2-\frac{40}{81}(x+1)^3 .$$

Fehlerabschätzung für $x\in\left[-\frac{3}{2},-\frac{1}{2}\right]$ $\left(\Rightarrow \xi\in\left]-\frac{3}{2},-\frac{1}{2}\right[\right)$ nach Lagrange:

$$|f(x)-T_3(x;-1)|=|R_3(x;-1)|=\left|\frac{f^{(4)}(\xi)}{4!}(x+1)^4\right|=\left|\frac{880(\xi+2)^{-14/3}}{81}\cdot\frac{(x+1)^4}{4!}\right|$$

$$\le\left|\frac{110(-3/2+2)^{-14/3}(-1/2+1)^4}{3^5}\right|=\frac{110}{3^5}\cdot\left(\frac{1}{2}\right)^{-2/3}=0.718576607 .$$

**Lösung 10.1.9**

$$g(x)=-\frac{1}{\sqrt{(x-1)^3}} \Rightarrow g(2)=-1, \quad g'(x)=\frac{3}{2}(x-1)^{-5/2} \Rightarrow g'(2)=\frac{3}{2},$$

$$g''(x)=-\frac{15}{4}(x-1)^{-7/2} \Rightarrow g''(2)=-\frac{15}{4}, \quad g'''(x)=\frac{105}{8}(x-1)^{-9/2} \Rightarrow g'''(2)=\frac{105}{8}$$

$$g^{(4)}(x)=-\frac{945}{16}(x-1)^{-11/2} \quad \Rightarrow \quad T_3(x;2)=-1+\frac{3}{2}(x-2)-\frac{15}{8}(x-2)^2+\frac{35}{16}(x-2)^3$$

Fehlerabschätzung für $x\in\left[\frac{7}{4},\frac{9}{4}\right]$ $\left(\Rightarrow \xi\in\left]\frac{7}{4},\frac{9}{4}\right[ \wedge \theta\in]0,1[\right)$ nach Cauchy:

$$|g(x)-T_3(x;2)|=|R_3(x;2)|=\left|\frac{g^{(4)}(\xi)}{3!}(x-2)^4(1-\theta)^3\right|=\left|\frac{945(\xi-1)^{-11/2}}{16}\cdot\frac{(x-2)^4(1-\theta)^3}{3!}\right|$$

$$\le\left|\frac{315(7/4-1)^{-11/2}(9/4-2)^4}{2^5}\right|=0.18710425$$

**Lösung 10.1.10**

a) $f(x)=\exp\,(2x-1)\cdot\sin(\pi x) \quad \Rightarrow \quad f(1)=0$

$f'(x)=\exp\,(2x-1)\,(2\sin(\pi x)+\pi\cos(\pi x)) \quad \Rightarrow \quad f'(1)=-\mathrm{e}\cdot\pi$

$f''(x)=\exp\,(2x-1)\,\big((4-\pi^2)\sin(\pi x)+4\pi\cos(\pi x)\big) \quad \Rightarrow \quad f''(1)=-4\mathrm{e}\cdot\pi$

$$\Rightarrow \quad T_2(x;\pi)=-\mathrm{e}\cdot\pi(x-1)-2\mathrm{e}\cdot\pi(x-1)^2$$

b) $f'''(x)=\exp\,(2x-1)\,\big((8-6\pi^2)\sin(\pi x)+(12\pi-\pi^3)\cos(\pi x)\big)$

Für $x\in\left[\frac{1}{2},\frac{3}{2}\right]$ muss $\xi\in\left]\frac{1}{2},\frac{3}{2}\right[$ betrachtet werden und man erhält

$$\begin{aligned}|f(x)-T_2\,(x;1)| &= |R_2\,(x;1)| = \left|\frac{f'''(\xi)}{3!}\,(x-1)^3\right|\\ &\le \frac{\mathrm{e}^2}{3!}\cdot\frac{1}{8}\left(\left|(8-6\pi^2)\sin(\pi\xi)\right|+\left|(12\pi-\pi^3)\cos(\pi\xi)\right|\right)\\ &< \frac{\mathrm{e}^2}{48}\left(\left|8-6\pi^2\right|+\left|12\pi-\pi^3\right|\right) = \frac{-8+6\pi^2+12\pi-\pi^3}{48}\end{aligned}$$

**Lösung 10.1.11**

a) $T_2(x;0)=\cos 0+\frac{-\sin(0)}{1!}x+\frac{-\cos(0)}{2!}x^2=1-\frac{x^2}{2}$

$T_4(x;0)=T_2(x;0)+\frac{\sin(0)}{3!}x^3+\frac{\cos(0)}{4!}x^4=1-\frac{x^2}{2}+\frac{x^4}{24}$

b) $|f(x) - T_2(x);0)| = |R_2(x;0)| = \left|\frac{f^{(iii)}(\xi)}{3!}x^3\right| = \left|\frac{\sin(\xi)}{3!}x^3\right| \leq \left|\frac{x^3}{3!}\right| \leq \frac{1}{3!}$

$|f(x) - T_4(x);0)| = |R_4(x;0)| = \left|\frac{f^{(v)}(\xi)}{5!}x^5\right| = \left|\frac{-\sin(\xi)}{5!}x^5\right| \leq \left|\frac{x^5}{5!}\right| \leq \frac{1}{5!}$

c) Für die $k$-ten Ableitungen ($k = 0, 1, 2, \cdots$) von $f$ gilt offenbar $f^{(2k)}(0) = (-1)^k \cos 0 = (-1)^k$ und $f^{(2k+1)}(0) = (-1)^{k+1} \sin 0 = 0$. Man erhält so die Taylor-Reihe für $f$

$$f(x) = \sum_{k=0}^{\infty} \frac{(-1)^k}{(2k)!} x^{2k} \overset{z=x^2}{=} \sum_{k=0}^{\infty} \frac{(-1)^k}{(2k)!} z^k = \sum_{k=0}^{\infty} (-1)^k \underbrace{\frac{z^k}{(2k)!}}_{=a_k} .$$

Diese Reihe konvergiert für alle $0 \leq z = x^2 \leq 1$ nach dem Leibniz-Kriterium, denn es gilt

$$0 \leq z \leq (2k+1)(2k+2) \quad \Rightarrow \quad 0 \leq \frac{z^{k+1}}{(2(k+1))!} = a_{k+1} \leq a_k = \frac{z^k}{(2k)!} .$$

Für den Grenzwert $f$ gilt dann die Einschließung

$$T_2(x;0) = \sum_{k=0}^{1} \frac{(-1)^k}{(2k)!} z^k \leq f(x) \leq \sum_{k=0}^{2} \frac{(-1)^k}{(2k)!} z^k = T_4(x;0) .$$

d)

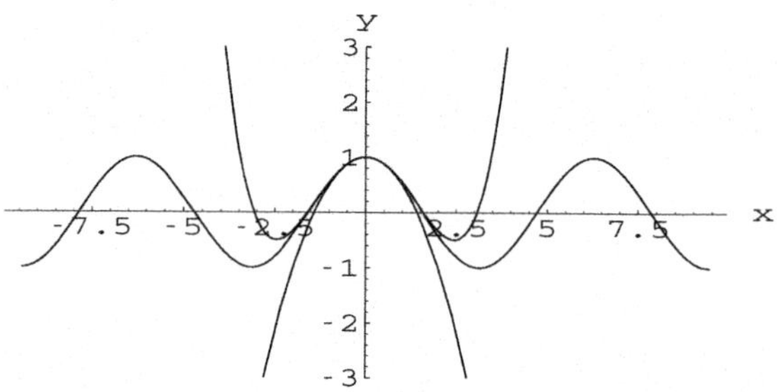


**Bild 10.1.11** $f, T_2$ und $T_4$ im Intervall $[-3\pi, 3\pi]$

**Lösung 10.1.12**

a) $f(x) = \ln(a(x+1)+b) + xe^x \quad \Rightarrow \quad f(0) = \ln(a+b)$,

$f'(x) = \frac{a}{a(x+1)+b} + (x+1)e^x \quad \Rightarrow \quad f'(0) = \frac{a}{a+b} + 1$,

$f''(x) = \frac{-a^2}{(a(x+1)+b)^2} + (x+2)e^x \quad \Rightarrow \quad f''(0) = \frac{-a^2}{(a+b)^2} + 2$,

$f'''(x) = \frac{2a^3}{(a(x+1)+b)^3} + (x+3)e^x \quad \Rightarrow \quad f'''(0) = \frac{2a^3}{(a+b)^3} + 3$,

$f^{(4)}(x) = \frac{-6a^4}{(a(x+1)+b)^4} + (x+4)e^x \quad \Rightarrow \quad f^{(4)}(0) = \frac{-6a^4}{(a+b)^4} + 4, \quad \Rightarrow$

$T_4(x;0) = \ln(a+b) + \left(\frac{a}{a+b} + 1\right) x + \left(\frac{-a^2}{(a+b)^2} + 2\right) \frac{x^2}{2} + \left(\frac{2a^3}{(a+b)^3} + 3\right) \frac{x^3}{6} + \left(\frac{-6a^4}{(a+b)^4} + 4\right) \frac{x^4}{24}$

b) $\ln(a+b) = 0 \quad \wedge \quad \frac{a}{a+b} + 1 = 0 \quad \Rightarrow \quad a+b = 1 \quad \Rightarrow \quad a+1 = 0 \quad \Rightarrow \quad a = -1 \quad \Rightarrow \quad b = 2$

$$\Rightarrow \quad \sum_{k=0}^{\infty} \frac{f^{(k)}(0)}{k!} x^k = \frac{1}{2}x^2 + \frac{1}{6}x^3 - \frac{1}{12}x^4 \pm \cdots$$

**Lösung 10.1.13**

$$f(x)=\frac{5+x}{x\tan x}-\frac{4\cos x+\mathrm{e}^x}{x^2}=\frac{(5+x)-\dfrac{\tan x}{x}(4\cos x+\mathrm{e}^x)}{x\tan x}$$

Mit Hilfe der Reihenentwicklungen von $\sin x$ , $\cos x$ und $\mathrm{e}^x$ erhält man:

$$x\tan x=x(x+\frac{x^3}{3}+O(x^5))=x^2+\frac{x^4}{3}+O(x^6)\quad,\quad\frac{\tan x}{x}=1+\frac{x^2}{3}+O(x^4)$$

$$4\cos x+\mathrm{e}^x=4(1-\frac{x^2}{2}+O(x^4))+1+x+\frac{x^2}{2}+O(x^3)=5+x-\frac{3x^2}{2}+O(x^3)$$

$$\Rightarrow\quad f(x)=\frac{(5+x)-(1+\frac{x^2}{3}+O(x^4))\cdot(5+x-\frac{3x^2}{2}+O(x^3))}{x^2+\frac{x^4}{3}+O(x^6)}$$

$$=\frac{(5+x)-(5+x-\frac{3x^2}{2}+\frac{5x^2}{3}+O(x^3))}{x^2+O(x^4)}=\frac{-\frac{x^2}{6}+O(x^3)}{x^2+O(x^4)}=\frac{-\frac{1}{6}+O(x)}{1+O(x^2)}\quad\Rightarrow\quad\lim_{x\to 0}f(x)=-\frac{1}{6}$$

**Lösung 10.1.14**

Mit $y'(t)=\dfrac{-4\mathrm{e}^{-4t}-\frac{1}{2}}{2\sqrt{\mathrm{e}^{-4t}+\frac{1}{8}-\frac{t}{2}}}$ ergibt sich

$$y(t)\cdot y'(t)+2y^2(t)+t=\sqrt{\mathrm{e}^{-4t}+\frac{1}{8}-\frac{t}{2}}\cdot\frac{-4\mathrm{e}^{-4t}-\frac{1}{2}}{2\sqrt{\mathrm{e}^{-4t}+\frac{1}{8}-\frac{t}{2}}}+2\left(\mathrm{e}^{-4t}+\frac{1}{8}-\frac{t}{2}\right)+t$$

$$=\frac{1}{2}\left(-4\mathrm{e}^{-4t}-\frac{1}{2}\right)+2\mathrm{e}^{-4t}+\frac{1}{4}-t+t=0$$

**Lösung 10.1.15**

a) Differenziert man $h(t):=\mathrm{e}^{\lambda t}N(t)$, so ergibt sich $h'(t)=\lambda\mathrm{e}^{\lambda t}N(t)+\mathrm{e}^{\lambda t}\dot N(t)$.

Wegen der Differentialgleichung folgt $h'(t)=0$ und damit nach (10.1.9.a)) des Lehrbuches $h(t)=\text{const.}=:N_0\Rightarrow N(t)=N_0\mathrm{e}^{-\lambda t}$. Diese Funktion löst auch die Anfangswertaufgabe

$$\dot N(t)=-\lambda\cdot N(t),\quad N(0)=N_0\,.$$

b) Differenziert man $\begin{pmatrix}h_1(x)\\h_2(x)\end{pmatrix}=\begin{pmatrix}\cos x&-\sin x\\\sin x&\cos x\end{pmatrix}\begin{pmatrix}y(x)\\y'(x)\end{pmatrix}$,

so ergibt sich $\begin{pmatrix}h_1'(x)\\h_2'(x)\end{pmatrix}=\begin{pmatrix}-\sin x&-\cos x\\\cos x&-\sin x\end{pmatrix}\begin{pmatrix}y(x)\\y'(x)\end{pmatrix}+\begin{pmatrix}\cos x&-\sin x\\\sin x&\cos x\end{pmatrix}\begin{pmatrix}y'(x)\\y''(x)\end{pmatrix}$

und damit aufgrund der Differentialgleichung $y''=-y$, dass $h_1'(x)=0$ und $h_2'(x)=0$ gilt. Nach (10.1.9.a)) des Lehrbuches folgt

$$\begin{pmatrix}a\\b\end{pmatrix}=\begin{pmatrix}h_1(x)\\h_2(x)\end{pmatrix}=\begin{pmatrix}\cos x&-\sin x\\\sin x&\cos x\end{pmatrix}\begin{pmatrix}y(x)\\y'(x)\end{pmatrix}$$

mit Konstanten $a,b\in\mathbb{R}$. Multiplikation mit $\begin{pmatrix}\cos x&-\sin x\\\sin x&\cos x\end{pmatrix}^{-1}=\begin{pmatrix}\cos x&\sin x\\-\sin x&\cos x\end{pmatrix}$

ergibt $y(x)=a\cos x+b\sin x$ , $y'(x)=-a\sin x+b\cos x$ .

Diese Funktion löst auch die Anfangswertaufgabe $y''(x)=-y(x)$ , $y(0)=a$ , $y'(0)=b$ .

**Lösung 10.1.16**
Die Umordnung eines Polynoms nach Potenzen von $x - x_0$ ergibt sich nach dem Taylorschen Satz mit Entwicklungspunkt $x_0$ (hier $x_0 = 1$):

$$p(x) = -x^3 + 5x - 3 \Rightarrow p(1) = 1\,, \quad p'(x) = -3x^2 + 5 \Rightarrow p'(1) = 2\,,$$

$$p''(x) = -6x \Rightarrow p''(1) = -6\,, \quad p'''(x) = -6 \Rightarrow p'''(1) = -6\,,$$

$$p^{(k)}(x) = 0 \Rightarrow p^{(k)}(1) = 0 \quad \text{für} \quad k \geq 4 \quad \Rightarrow \quad p(x) = 1 + 2(x-1) - 3(x-1)^2 - (x-1)^3$$

Die Koeffizienten können auch über das vollständige Horner-Schema berechnet werden.

## L.10.2 Die Regeln von de l'Hospital

**Lösung 10.2.1**

a) $$\lim_{x\to 0} \frac{1 - \frac{x^2}{2} - \cos x}{x \sin x} = \lim_{x\to 0} \frac{-x + \sin x}{\sin x + x\cos x} = \lim_{x\to 0} \frac{-1 + \cos x}{2\cos x - x \sin x} = 0$$

b) $$\lim_{x\to 0} x \ln x = \lim_{x\to 0} \frac{\ln x}{\frac{1}{x}} = \lim_{x\to 0} \frac{\frac{1}{x}}{-\frac{1}{x^2}} = \lim_{x\to 0} -x = 0$$

c) Mit der Stetigkeit von $e^x$ und b) folgt $\lim\limits_{x\to 0} x^x = \lim\limits_{x\to 0} e^{x \ln x} = \exp\left(\lim\limits_{x\to 0} x \ln x\right) = e^0 = 1$

d) $$\lim_{x\to 0}\left(\frac{1}{x} - \frac{1}{\sin(x)}\right) = \lim_{x\to 0} \frac{\sin(x) - x}{x \sin(x)} \overset{\frac{0}{0}}{=} \lim_{x\to 0} \frac{\cos(x) - 1}{\sin(x) + x\cos(x)} \overset{\frac{0}{0}}{=} \lim_{x\to 0} \frac{-\sin(x)}{2\cos(x) - x\sin(x)} = 0$$

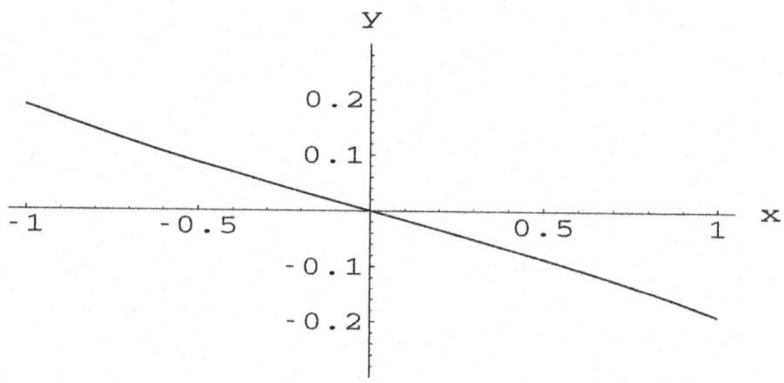


**Bild 10.2.1 d)** $h(x) = \frac{1}{x} - \frac{1}{\sin(x)}$

**Lösung 10.2.2**

a) $$\lim_{x\to\infty} \frac{\cosh x}{e^x} = \lim_{x\to\infty} \frac{\frac{e^x + e^{-x}}{2}}{e^x} = \lim_{x\to\infty} \frac{1}{2}\left(1 + e^{-2x}\right) = \frac{1}{2}$$

b) $$\lim_{x\to -1+} (x+1) \tan\frac{\pi x}{2} = \lim_{x\to -1+} \frac{\tan\frac{\pi x}{2}}{\frac{1}{x+1}} = \lim_{x\to -1+} \frac{\frac{\pi}{2\cos^2\left(\frac{\pi x}{2}\right)}}{-\left(\frac{1}{x+1}\right)^2}$$

$$= -\frac{\pi}{2}\left(\lim_{x\to -1+} \frac{x+1}{\cos\left(\frac{\pi x}{2}\right)}\right)^2 = -\frac{\pi}{2}\left(\lim_{x\to -1+} \frac{1}{-\frac{\pi}{2}\sin\left(\frac{\pi x}{2}\right)}\right)^2 = -\frac{2}{\pi}$$

c) $\lim\limits_{x\to 1}\dfrac{x-1-\ln(x)}{x^2-2x+1}\overset{\frac{0}{0}}{=}\lim\limits_{x\to 1}\dfrac{1-\frac{1}{x}}{2x-2}\overset{\frac{0}{0}}{=}\lim\limits_{x\to 1}\dfrac{\frac{1}{x^2}}{2}=\dfrac{1}{2}$

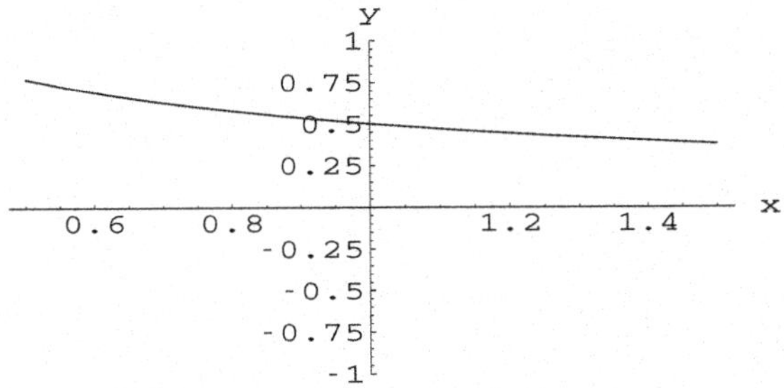


**Bild 10.2.2 c)** $g(x)=\dfrac{x-1-\ln(x)}{x^2-2x+1}$

d) $\lim\limits_{x\to\pi/2}\dfrac{\tan 3x}{\tan 5x}=\lim\limits_{x\to\pi/2}\dfrac{\frac{3}{\cos^2 3x}}{\frac{5}{\cos^2 5x}}=\dfrac{3}{5}\left(\lim\limits_{x\to\pi/2}\dfrac{\cos 5x}{\cos 3x}\right)^2=\dfrac{3}{5}\left(\lim\limits_{x\to\pi/2}\dfrac{-5\sin 5x}{-3\sin 3x}\right)^2=\dfrac{5}{3}$

**Lösung 10.2.3**

Mit der Regel $\dfrac{0}{0}$ von de l'Hospital kann der Grenzwert berechnet werden:

$$\lim_{x\to 0}\frac{\ln^2(1+3x)-2\sin^2 x}{1-e^{-x^2}}=\lim_{x\to 0}\frac{\frac{6}{1+3x}\ln(1+3x)-4\sin x\cos x}{2xe^{-x^2}}$$

$$=\lim_{x\to 0}\frac{\ln(1+3x)}{x}\cdot\frac{3}{(1+3x)e^{-x^2}}-\frac{\sin x}{x}\cdot\frac{2\cos x}{e^{-x^2}}\quad .$$

Für die einzelnen Grenzwerte erhält man gegebenenfalls wieder mit de l'Hospital:

$$\lim_{x\to 0}\frac{\ln(1+3x)}{x}=\lim_{x\to 0}\frac{\frac{3}{1+3x}}{1}=3,\ \lim_{x\to 0}\frac{3}{(1+3x)e^{-x^2}}=3,\ \lim_{x\to 0}\frac{\sin x}{x}=\lim_{x\to 0}\frac{\cos x}{1}=1,\ \lim_{x\to 0}\frac{2\cos x}{e^{-x^2}}=2$$

$$\Rightarrow\quad\lim_{x\to 0}\frac{\ln^2(1+3x)-2\sin^2 x}{1-e^{-x^2}}=3\cdot 3-1\cdot 2=7$$

**Lösung 10.2.4**

a) $\lim\limits_{x\to\infty}\dfrac{\cosh x}{\sinh x}=\lim\limits_{x\to\infty}\dfrac{e^x+e^{-x}}{e^x-e^{-x}}=\lim\limits_{x\to\infty}\dfrac{1+e^{-2x}}{1-e^{-2x}}=1\,,$

b) $\lim\limits_{x\to 0}\dfrac{\tan x}{x}=\lim\limits_{x\to 0}\dfrac{1}{\cos x}\cdot\dfrac{\sin x}{x}=\lim\limits_{x\to 0}\dfrac{1}{\cos x}\cdot\lim\limits_{x\to 0}\dfrac{\sin x}{x}\overset{\frac{0}{0}}{=}\lim\limits_{x\to 0}\dfrac{\cos x}{1}=1$

c) $\lim\limits_{x\to 0}\dfrac{x\sin x}{1-\cos x}\overset{\frac{0}{0}}{=}\lim\limits_{x\to 0}\dfrac{\sin x+x\cos x}{\sin x}=\lim\limits_{x\to 0}\left(1+\dfrac{x\cos x}{\sin x}\right)\overset{\frac{0}{0}}{=}1+\lim\limits_{x\to 0}\dfrac{\cos x-x\sin x}{\cos x}=2$

**Lösung 10.2.5**

a) $\lim\limits_{x\to 0}\dfrac{x^2}{x/3-3+\sqrt{9-2x}}\overset{\frac{0}{0}}{=}\lim\limits_{x\to 0}\dfrac{2x}{1/3-1/\sqrt{9-2x}}\overset{\frac{0}{0}}{=}\lim\limits_{x\to 0}\dfrac{2}{-1/\sqrt{(9-2x)^3}}=-54$

b) $\lim\limits_{x\to 0}\dfrac{3x^2}{2+x/2-\sqrt{4+2x}}\overset{\frac{0}{0}}{=}\lim\limits_{x\to 0}\dfrac{6x}{1/2-1/\sqrt{4+2x}}\overset{\frac{0}{0}}{=}\lim\limits_{x\to 0}\dfrac{6}{1/\sqrt{(4+2x)^3}}=48$

c) $\lim\limits_{x\to\pi}(x-\pi)\cdot\cot x=\lim\limits_{x\to\pi}\dfrac{(x-\pi)\cos x}{\sin x}=\lim\limits_{x\to\pi}\cos x\lim\limits_{x\to\pi}\dfrac{x-\pi}{\sin x}\overset{\frac{0}{0}}{=}-\lim\limits_{x\to\pi}\dfrac{1}{\cos x}=1$

d) $$\lim_{x\to\pi/2}\left(x-\frac{\pi}{2}\right)\cdot\tan x = \lim_{x\to\pi/2}\frac{(x-\pi/2)\sin x}{\cos x} = \lim_{x\to\pi/2}\sin x \lim_{x\to\pi/2}\frac{x-\pi/2}{\cos x} \overset{\frac{0}{0}}{=} \lim_{x\to\pi/2}\frac{1}{-\sin x} = -1$$

**Lösung 10.2.6**

a) $$\lim_{x\to 0}\frac{x\tan x}{1-\cos x} = \lim_{x\to 0}\frac{\tan x + x/\cos^2 x}{\sin x} = \lim_{x\to 0}\frac{\sin x\cos x + x}{\sin x\cos^2 x} = \lim_{x\to 0}\frac{\cos^2 x - \sin^2 x + 1}{\cos^3 x - 2\sin^2 x\cos x} = 2$$

b) $$f(-x) = \frac{-x\tan(-x)}{1-\cos(-x)} = \frac{x\tan x}{1-\cos x} = f(x)$$

c) Ansatz für eine gerade Funktion: $f(x) = a_0 + a_2x^2 + a_4x^4 + \cdots$

$$\tan x = x + \frac{x^3}{3} + \frac{2x^5}{15} + \frac{17x^7}{315} + \cdots, \quad 1-\cos x = \frac{x^2}{2!} - \frac{x^4}{4!} + \frac{x^6}{6!} + \cdots \quad \Rightarrow$$

$$\begin{aligned} 1 + \frac{x^2}{3} + \frac{2x^4}{15} + \frac{17x^6}{315} + \cdots &= (a_0 + a_2x^2 + a_4x^4 + \cdots)\left(\frac{1}{2!} - \frac{x^2}{4!} + \frac{x^4}{6!} + \cdots\right) \\ &= \frac{a_0}{2!} + \left(\frac{a_2}{2!} - \frac{a_0}{4!}\right)x^2 + \left(\frac{a_4}{2!} - \frac{a_2}{4!} + \frac{a_0}{6!}\right)x^4 + \cdots \end{aligned}$$

Über einen Koeffizientenvergleich ergibt sich

$$a_0 = 2\,, \quad a_2 = \frac{5}{6}\,, \quad a_4 = \frac{238}{6!} \quad \Rightarrow \quad f(x) = 2 + \frac{5}{6}x^2 + \frac{238}{6!}x^4 + O(x^6)\,.$$

## L.10.3 Kurvendiskussion

**Lösung 10.3.1**

$$f(x) = (x^2-1)\,e^x$$

a) Definitionsbereich: $D = \mathbb{R}$

b) Symmetrien: keine

c) Pole: keine

d) Verhalten im Unendlichen und Asymptoten: $\lim\limits_{x\to-\infty}(x^2-1)e^x = 0$ , $\lim\limits_{x\to\infty}(x^2-1)e^x = \infty$

Für $x \to -\infty$ ist $y \equiv 0$ Asymptote.

e) Nullstellen: $(x^2-1)e^x = 0 \quad \Rightarrow \quad x_1 = -1\,,\ x_2 = 1$

f) Extrema und Monotonie: $f'(x) = (x^2+2x-1)e^x = 0 \quad \Rightarrow \quad x_3 = -1-\sqrt{2}\,,\ x_4 = -1+\sqrt{2}$

$$\Rightarrow \quad f'(x)\begin{cases} >0 & \text{für } x \in\, ]-\infty, x_3[ & \Rightarrow f \text{ ist streng monoton wachsend} \\ <0 & \text{für } x \in\, ]x_3, x_4[ & \Rightarrow f \text{ ist streng monoton fallend} \\ >0 & \text{für } x \in\, ]x_4, \infty[ & \Rightarrow f \text{ ist streng monoton wachsend} \end{cases}$$

Damit ist $x_3$ strenges lokales Maximum und $x_4$ strenges lokales (sogar globales) Minimum.

g) Wendepunkte und Konvexität: $f''(x) = (x^2+4x+1)e^x = 0 \quad \Rightarrow \quad x_5 = -2-\sqrt{3}\,,\ x_6 = -2+\sqrt{3}$

$$\Rightarrow \quad f''(x)\begin{cases} >0 & \text{für } x \in\, ]-\infty, x_5[ & \Rightarrow f \text{ ist streng konvex} \\ <0 & \text{für } x \in\, ]x_5, x_6[ & \Rightarrow f \text{ ist streng konkav} \\ >0 & \text{für } x \in\, ]x_6, \infty[ & \Rightarrow f \text{ ist streng konvex} \end{cases}$$

Es gibt also die beiden Wendepunkte $x_5$ (Links-Rechtskurve) und $x_6$ (Rechts-Linkskurve).

h)

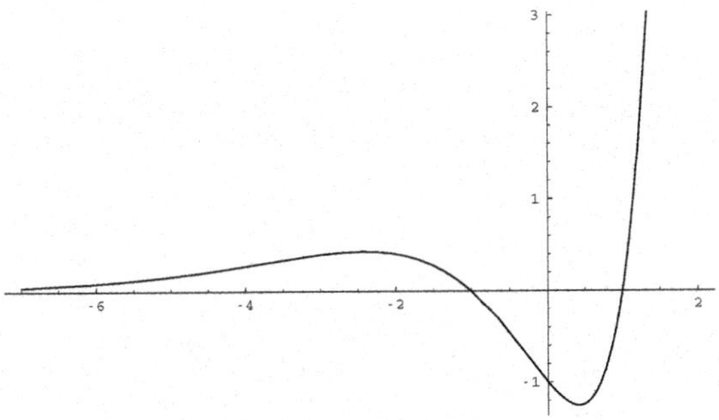


**Bild 10.3.1** Funktionsgraph von $f(x) = (x^2 - 1)\,\mathrm{e}^x$

**Lösung 10.3.2**

$$f(x) = \begin{cases} x + \dfrac{x}{x-2} = \dfrac{x(x-1)}{x-2} = x + 1 + \dfrac{2}{x-2} & : \; x \geq 0 \\[2ex] x + \dfrac{x}{-x-2} = \dfrac{x(x+1)}{x+2} = x - 1 + \dfrac{2}{x+2} & : \; x < 0 \end{cases}$$

a) Definitionsbereich: $\mathbb{R} \setminus \{-2, 2\}$

b) Symmetrie: $f$ ist ungerade, denn $f(-x) = -x + \dfrac{-x}{|-x| - 2} = -\left(x + \dfrac{x}{|x| - 2}\right) = -f(x)$

c) Pol 1. Ordnung bei $x = 2$: $\lim\limits_{x \to 2+} f(x) = \infty$, $\lim\limits_{x \to 2-} f(x) = -\infty$

Pol 1. Ordnung (vgl. Symmetrie) bei $x = -2$: $\lim\limits_{x \to -2+} f(x) = \infty$, $\lim\limits_{x \to -2-} f(x) = -\infty$

d) Verhalten im Unendlichen (vgl. Symmetrie): $\lim\limits_{x \to \infty} f(x) = \infty$, $\lim\limits_{x \to -\infty} f(x) = -\infty$.

Asymptoten (vgl. Symmetrie): $\lim\limits_{x \to \infty} (f(x) - (x+1)) = 0$, $\lim\limits_{x \to -\infty} (f(x) - (x-1)) = 0$.

Damit ist $y = x + 1$ Asymptote für $x \to \infty$ und $y = x - 1$ Asymptote für $x \to -\infty$.

e) Nullstellen (vgl. Symmetrie):

$$0 = f(x) = \begin{cases} \dfrac{x(x-1)}{x-2} & : \; x \geq 0 \\[2ex] \dfrac{x(x+1)}{x+2} & : \; x < 0 \end{cases} \quad \Rightarrow \quad x_1 = 0\,, x_2 = 1\,, x_3 = -1$$

f) Extrema und Monotonie (vgl. Symmetrie):

$$0 = f'(x) = \begin{cases} 1 - \dfrac{2}{(x-2)^2} = \dfrac{(x-2)^2 - 2}{(x-2)^2} & : \; x > 0 \\[2ex] \dfrac{1}{2} & : \; x = 0 \\[2ex] 1 - \dfrac{2}{(x+2)^2} = \dfrac{(x+2)^2 - 2}{(x+2)^2} & : \; x < 0 \end{cases}$$

$\Rightarrow \quad x_{4,5} = 2 \pm \sqrt{2}\,,\; x_{7,6} = -(2 \pm \sqrt{2}) = -x_{4,5}$

$$\Rightarrow \quad f'(x) \begin{cases} > 0 & \text{für } x \in ]-\infty, -2-\sqrt{2}[ \\ & \Rightarrow f \text{ ist streng monoton wachsend} \\ < 0 & \text{für } x \in ]-2-\sqrt{2}, -2+\sqrt{2}[\setminus\{-2\} \\ & \Rightarrow f \text{ ist streng monoton fallend} \\ > 0 & \text{für } x \in ]-2+\sqrt{2}, 2-\sqrt{2}[ \\ & \Rightarrow f \text{ ist streng monoton wachsend} \\ < 0 & \text{für } x \in ]2-\sqrt{2}, 2+\sqrt{2}[\setminus\{2\} \\ & \Rightarrow f \text{ ist streng monoton fallend} \\ > 0 & \text{für } x \in ]2+\sqrt{2}, \infty[ \\ & \Rightarrow f \text{ ist streng monoton wachsend} \end{cases}$$

Damit ist

$x_4 = 2 + \sqrt{2}$ strenges lokales Minimum, $x_5 = 2 - \sqrt{2}$ strenges globales Maximum,

$x_6 = -2 + \sqrt{2}$ strenges globales Minimum und $x_7 = -2 - \sqrt{2}$ strenges lokales Maximum.

g) Wendepunkte und Konvexität: $f''(x) = \begin{cases} \dfrac{4}{(x-2)^3} & : \; x > 0 \\ \dfrac{4}{(x+2)^3} & : \; x < 0 \end{cases}$

Es gibt also kein $x$ mit $f''(x) = 0$. Man erhält jedoch

$$f''(x) \begin{cases} < 0 & \text{für } x \in ]-\infty, -2[ & \Rightarrow f \text{ ist streng konkav} \\ > 0 & \text{für } x \in ]-2, 0[ & \Rightarrow f \text{ ist streng konvex} \\ < 0 & \text{für } x \in ]0, 2[ & \Rightarrow f \text{ ist streng konkav} \\ > 0 & \text{für } x \in ]2, \infty[ & \Rightarrow f \text{ ist streng konvex} \end{cases}$$

Einziger Wendepunkt des Definitonsbereichs ist also $x_1 = 0$ (Links-Rechtskurve).

h)

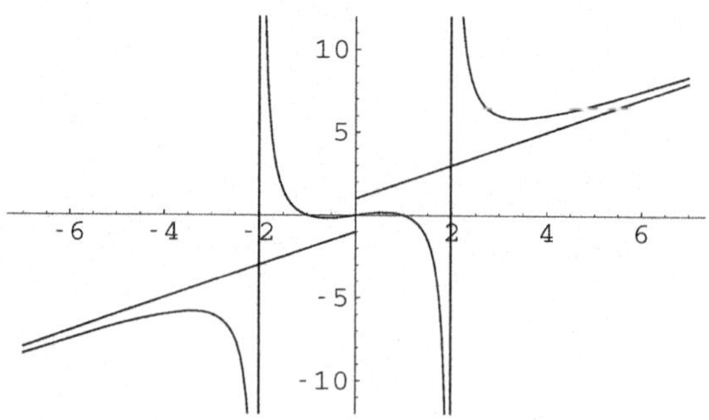


**Bild 10.3.2** Funktionsgraph von $f(x) = x + \dfrac{x}{|x| - 2}$ mit Asymptoten

**Lösung 10.3.3**

Auflösen der impliziten Gleichung liefert: $x^{2/3} + y^{2/3} = 1 \quad \Rightarrow \quad y = \pm\sqrt{(1 - \sqrt[3]{x^2})^3}\,.$

Diskutiert wird hier nur der positive Ast, gegeben durch: $f(x) = \sqrt{(1 - \sqrt[3]{x^2})^3} = (1 - x^{2/3})^{3/2}\,.$

Der negative Ast, gegeben durch $-f(x)$, geht aus dem positiven durch Spiegelung an der $x$-Achse hervor.

a) Definitionsbereich: $1 - x^{2/3} \geq 0 \quad \Rightarrow \quad D_f = [-1, 1]$

b) Symmetrie: $f$ ist gerade, denn $f(-x) = \sqrt{(1 - \sqrt[3]{(-x)^2})^3} = \sqrt{(1 - \sqrt[3]{x^2})^3} = f(x)$

Für die Ableitungen gilt dann nach der Kettenregel:

$f'$ ist ungerade, denn $-f'(-x) = f'(x)$ und $f''$ ist gerade, denn $f''(-x) = f''(x)$

Die Ableitungsberechnung kann also auf $x \geq 0$ beschränkt werden.

c) Nullstellen: $1 - x^{2/3} = 0 \quad \Rightarrow \quad x = \pm 1$

d) Monotoniebereiche und Extrema: Für $0 < x \leq 1$ gilt

$$f'(x) = -\frac{(1 - x^{2/3})^{1/2}}{x^{1/3}} \begin{cases} < 0 & , \quad 0 < x < 1 \quad \text{, streng monoton fallend} \\ = 0 & ; \quad x = 1 \quad \text{, globales Minimum} \end{cases}$$

Da $f'$ ungerade ist erhält man für $-1 \leq x < 0$:

$$f'(x) \begin{cases} = 0 & , \quad x = -1 \quad \text{, globales Minimum} \\ > 0 & ; \quad -1 < x < 0 \quad \text{, streng monoton wachsend} \end{cases}$$

Damit liegt in $x = 0$ ein globales Maximum vor.

e) Konvexitätsbereiche und Wendepunkte: Für $0 < x < 1$ gilt

$$f''(x) = \frac{1}{3}\left(\frac{1}{x^{2/3}(1 - x^{2/3})^{1/2}} + \frac{(1 - x^{2/3})^{1/2}}{x^{4/3}}\right) > 0,$$

d.h. $f$ ist für $0 < x < 1$ streng konvex. Da $f''$ gerade ist, ist $f$ auch für $-1 < x < 0$ konvex. Damit liegt kein Krümmungswechsel vor, also gibt es keine Wendepunkte.

f)

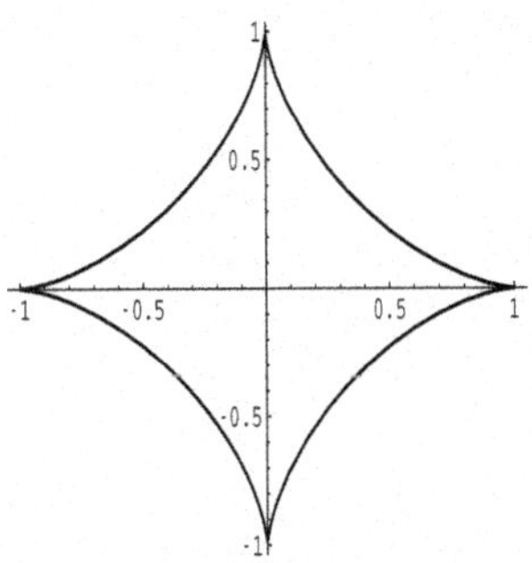


**Bild 10.3.3** Asteroide

**Lösung 10.3.4**

$$f(x) = \frac{x^2 + 1}{x^2 - 1} = \frac{x^2 + 1}{(x+1)(x-1)}$$

a) Definitionsbereich: $D = \mathbb{R} \backslash \{-1, 1\}$

b) Symmetrien: $f$ ist gerade, denn $f(x) = \dfrac{x^2 + 1}{x^2 - 1} = \dfrac{(-x)^2 + 1}{(-x)^2 - 1} = f(-x)$

c) Pole: $x_1 = -1$ und $x_2 = 1$ sind Pole erster Ordnung

$$\lim_{x\to -1\mp} \frac{x^2+1}{(x+1)(x-1)} = \pm\infty \quad , \quad \lim_{x\to 1\mp} \frac{x^2+1}{(x+1)(x-1)} = \mp\infty$$

d) Verhalten im Unendlichen und Asymptoten: $\lim\limits_{x\to\pm\infty} \frac{x^2+1}{x^2-1} = 1$

Für $x \to \pm\infty$ ist $y \equiv 1$ Asymptote.

e) Nullstellen: keine, da $x^2+1 > 0$

f) Extrema und Monotonie: $f'(x) = -\frac{4x}{(x^2-1)^2} = 0 \quad \Rightarrow \quad x_3 = 0$

$$\Rightarrow \quad f'(x) \begin{cases} >0 & \text{für } x \in \,]-\infty, x_1[ & \Rightarrow f \text{ ist streng monoton wachsend} \\ >0 & \text{für } x \in \,]x_1, x_3[ & \Rightarrow f \text{ ist streng monoton wachsend} \\ <0 & \text{für } x \in \,]x_3, x_2[ & \Rightarrow f \text{ ist streng monoton fallend} \\ <0 & \text{für } x \in \,]x_2, \infty[ & \Rightarrow f \text{ ist streng monoton fallend} \end{cases}$$

Damit ist $x_3$ strenges lokales Maximum.

g) Wendepunkte und Konvexität: $f''(x) = \frac{12x^2+4}{(x^2-1)^3} \neq 0$

$$\Rightarrow \quad f''(x) \begin{cases} >0 & \text{für } x \in \,]-\infty, x_1[ & \Rightarrow f \text{ ist streng konvex} \\ <0 & \text{für } x \in \,]x_1, x_2[ & \Rightarrow f \text{ ist streng konkav} \\ >0 & \text{für } x \in \,]x_2, \infty[ & \Rightarrow f \text{ ist streng konvex} \end{cases}$$

Es gibt keine Wendepunkte (die Pole $x_1$ und $x_2$ sind Definitionslücken).

h)

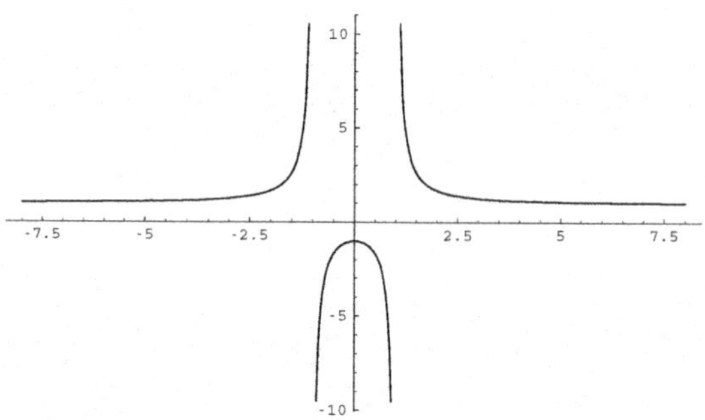


**Bild 10.3.4** Funktionsgraph von $f(x) = \frac{x^2+1}{x^2-1}$

**Lösung 10.3.5** $f(x) = x\sqrt{16-x^2} = x\sqrt{(4-x)(4+x)}$

a) Definitionsbereich: $D = [-4, 4]$

b) Symmetrien: $f$ ist ungerade, denn $f(x) = x\sqrt{16-x^2} = -(-x)\sqrt{16-(-x)^2} = -f(-x)$

c) Pole: keine

d) Verhalten im Unendlichen und Asymptoten: entfällt

e) Nullstellen: $x\sqrt{16-x^2} = 0 \quad \Rightarrow \quad x_1 = -4\,, x_2 = 0\,, x_3 = 4$

f) Extrema und Monotonie: $f'(x) = \dfrac{16-2x^2}{\sqrt{16-x^2}} = 0 \quad \Rightarrow \quad x_4 = -2\sqrt{2}\,,\ x_5 = 2\sqrt{2}$

$$\Rightarrow \quad f'(x)\begin{cases} <0 & \text{für } x \in \,]x_1, x_4[ & \Rightarrow f \text{ ist streng monoton fallend} \\ >0 & \text{für } x \in \,]x_4, x_5[ & \Rightarrow f \text{ ist streng monoton wachsend} \\ <0 & \text{für } x \in \,]x_5, x_3[ & \Rightarrow f \text{ ist streng monoton fallend} \end{cases}$$

Damit ist $x_1$ strenges lokales Maximum, $x_4$ strenges globales Minimum, $x_5$ strenges globales Maximum und $x_3$ strenges lokales Minimum.

g) Wendepunkte und Konvexität:

$$f''(x) = \frac{2x(x^2-24)}{(16-x^2)^{3/2}} = 0 \quad \Rightarrow \quad x_6 = 0 \quad \text{(einzige Lösung in } D\text{)}$$

$$\Rightarrow \quad f''(x)\begin{cases} >0 & \text{für } x \in \,]x_1, x_6[ & \Rightarrow f \text{ ist streng konvex} \\ <0 & \text{für } x \in \,]x_6, x_3[ & \Rightarrow f \text{ ist streng konkav} \end{cases}$$

Es gibt den Wendepunkt $x_6$ (Links-Rechtskurve).

h)

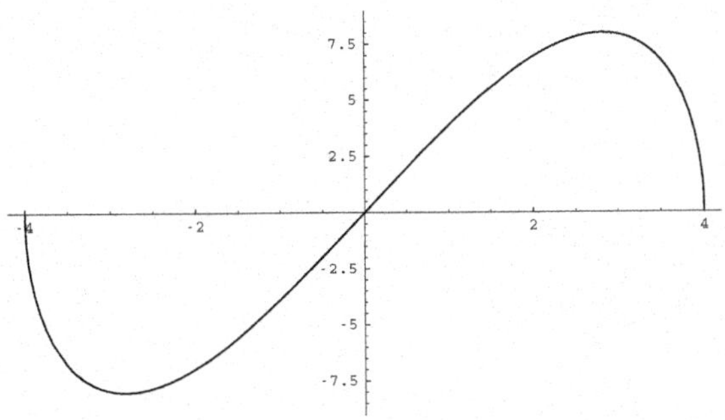


**Bild 10.3.5** Funktionsgraph von $f(x) = x\sqrt{16-x^2}$

**Lösung 10.3.6** $f(x) = x^2 - 2|x| + 1 = \begin{cases} (x-1)^2 & \text{für} \quad x \geq 0 \\ (x+1)^2 & \text{für} \quad x \leq 0 \end{cases}$

a) Definitionsbereich: $D = \mathbb{R}$

b) Symmetrien: $f$ ist gerade, denn

$$f(x) = x^2 - 2|x| + 1 = (-x)^2 - 2|-x| + 1 = f(-x)$$

c) Pole: keine

d) Verhalten im Unendlichen und Asymptoten: $\lim\limits_{x\to\pm\infty} x^2 - 2|x| + 1 = \infty$

e) Nullstellen: $x^2 - 2|x| + 1 = 0 \quad \Rightarrow \quad x_1 = -1\,, x_2 = 1$

f) Extrema und Monotonie:

$$f'(x) = \left\{\begin{array}{lll} 2x-2 & \text{für} & x>0 \\ 2x+2 & \text{für} & x<0 \end{array}\right\} = 0 \quad \Rightarrow \quad x_1 = -1\,,\ x_2 = 1$$

$$\Rightarrow \quad f'(x)\begin{cases} <0 & \text{für } x \in \,]-\infty, x_1[ & \Rightarrow f \text{ ist streng monoton fallend} \\ >0 & \text{für } x \in \,]x_1, 0[ & \Rightarrow f \text{ ist streng monoton wachsend} \\ <0 & \text{für } x \in \,]0, x_2[ & \Rightarrow f \text{ ist streng monoton fallend} \\ >0 & \text{für } x \in \,]x_2, \infty[ & \Rightarrow f \text{ ist streng monoton wachsend} \end{cases}$$

Damit sind $x_1, x_2$ strenge globale Minima und $x_3 = 0$ ist strenges lokales Maximum.

g) Wendepunkte und Konvexität: $f''(x) = 2 > 0$ ( für $x \neq 0$ )

$\Rightarrow$ $f$ ist streng konvex und es gibt keine Wendepunkte.

h)

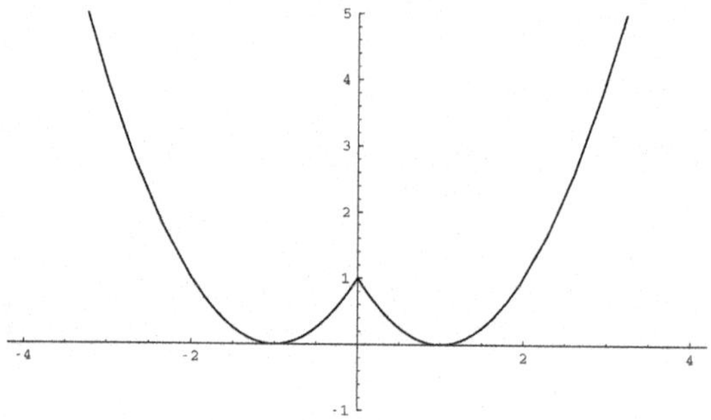


**Bild 10.3.6** Funktionsgraph von $f(x) = x^2 - 2|x| + 1$

**Lösung 10.3.7** $$f(x) = \frac{7x+5}{x^2+4x+3} = \frac{7x+5}{(x+3)(x+1)}$$

a) Definitionsbereich: $D = \mathbb{R}\setminus\{-3, -1\}$

b) Symmetrien: keine

c) Pole: $x_1 = -3$ und $x_2 = -1$ sind Pole erster Ordnung

$$\lim_{x \to -3\mp} \frac{7x+5}{(x+3)(x+1)} = \mp\infty \quad , \quad \lim_{x \to -1\mp} \frac{7x+5}{(x+3)(x+1)} = \pm\infty$$

d) Verhalten im Unendlichen und Asymptoten: $\lim\limits_{x \to \pm\infty} \dfrac{7x+5}{x^2+4x+3} = 0$

Für $x \to \pm\infty$ ist $y \equiv 0$ Asymptote.

e) Nullstellen: $\dfrac{7x+5}{x^2+4x+3} = 0 \quad \Rightarrow \quad 7x+5 = 0 \quad \Rightarrow \quad x_3 = -\dfrac{5}{7}$

f) Extrema und Monotonie:

$$f'(x) = \frac{-7x^2 - 10x + 1}{(x+3)^2(x+1)^2} = 0 \quad \Rightarrow \quad x_4 = -\frac{5}{7} - \frac{4\sqrt{2}}{7}, \; x_5 = -\frac{5}{7} + \frac{4\sqrt{2}}{7}$$

$$\Rightarrow \quad f'(x) \begin{cases} < 0 & \text{für } x \in \,]-\infty, x_1[ & \Rightarrow f \text{ ist streng monoton fallend} \\ < 0 & \text{für } x \in \,]x_1, x_4[ & \Rightarrow f \text{ ist streng monoton fallend} \\ > 0 & \text{für } x \in \,]x_4, x_2[ & \Rightarrow f \text{ ist streng monoton wachsend} \\ > 0 & \text{für } x \in \,]x_2, x_5[ & \Rightarrow f \text{ ist streng monoton wachsend} \\ < 0 & \text{für } x \in \,]x_5, \infty[ & \Rightarrow f \text{ ist streng monoton fallend} \end{cases}$$

Damit ist $x_4$ strenges lokales Minimum und $x_5$ strenges lokales Maximum.

g) Wendepunkte und Konvexität:

$$f''(x) = \frac{14x^3 + 30x^2 - 6x - 38}{(x+3)^3(x+1)^3} = 0 \quad \Rightarrow \quad x_6 = 1 \quad \text{(einzige reelle Lösung)}$$

$$\Rightarrow \quad f''(x) \begin{cases} < 0 & \text{für } x \in \,]-\infty, x_1[ & \Rightarrow f \text{ ist streng konkav} \\ > 0 & \text{für } x \in \,]x_1, x_2[ & \Rightarrow f \text{ ist streng konvex} \\ < 0 & \text{für } x \in \,]x_2, x_6[ & \Rightarrow f \text{ ist streng konkav} \\ > 0 & \text{für } x \in \,]x_6, \infty[ & \Rightarrow f \text{ ist streng konvex} \end{cases}$$

Es gibt nur einen Wendepunkt $x_6$ (Rechts-Linkskurve, die Pole $x_1$ und $x_2$ sind Definitionslücken).

h)

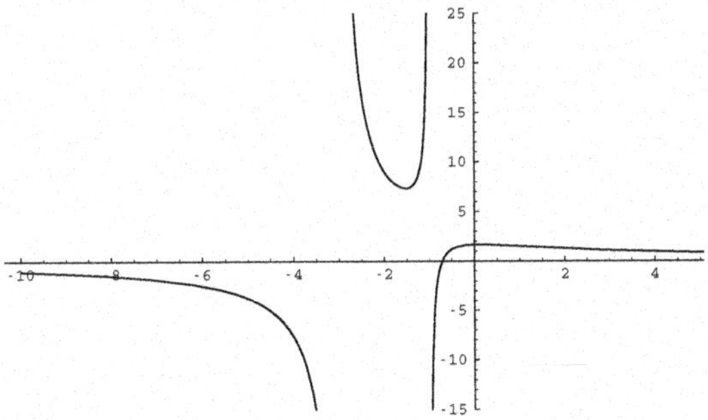


**Bild 10.3.7** Funktionsgraph von $f(x) = \dfrac{7x+5}{x^2+4x+3}$

**Lösung 10.3.8**

$$f(x) = \ln(3x^2+2x+1) = \ln\left(3\left(x+\frac{1}{3}\right)^2+\frac{2}{3}\right)$$

a) Definitionsbereich: $D = \mathbb{R}$

b) Symmetrien: Die verschobene Funktion $g(x) := f\left(x-\frac{1}{3}\right)$ ist gerade, denn

$$g(x) = f\left(x-\frac{1}{3}\right) = \ln\left(3x^2+\frac{2}{3}\right) = \ln\left(3(-x)^2+\frac{2}{3}\right) = g(-x)$$

c) Pole: keine

d) Verhalten im Unendlichen und Asymptoten: $\lim\limits_{x\to\pm\infty} \ln(3x^2+2x+1) = \infty$

e) Nullstellen:

$$\ln(3x^2+2x+1) = 0 \quad\Rightarrow\quad 3x^2+2x = 0 \quad\Rightarrow\quad x_1 = -\frac{2}{3}\,,\ x_2 = 0$$

f) Extrema und Monotonie: $f'(x) = \dfrac{6x+2}{3x^2+2x+1} = 0 \quad\Rightarrow\quad x_3 = -\dfrac{1}{3}$

$$\Rightarrow\quad f'(x)\begin{cases} <0 & \text{für } x\in\,]-\infty, x_3[ & \Rightarrow f \text{ ist streng monoton fallend}\\ >0 & \text{für } x\in\,]x_3,\infty[ & \Rightarrow f \text{ ist streng monoton wachsend}\end{cases}$$

Damit ist $x_3$ strenges globales Minimum.

g) Wendepunkte und Konvexität:

$$f''(x) = \frac{-18((x+1/3)^2-2/9)}{(3x^2+2x+1)^2} = 0 \quad\Rightarrow\quad x_4 = -\frac{1}{3}-\frac{\sqrt{2}}{3}\,,\ x_5 = -\frac{1}{3}+\frac{\sqrt{2}}{3}$$

$$\Rightarrow\quad f''(x)\begin{cases} <0 & \text{für } x\in\,]-\infty, x_4[ & \Rightarrow f \text{ ist streng konkav}\\ >0 & \text{für } x\in\,]x_4,x_5[ & \Rightarrow f \text{ ist streng konvex}\\ <0 & \text{für } x\in\,]x_5,\infty[ & \Rightarrow f \text{ ist streng konkav}\end{cases}$$

Es gibt also die beiden Wendepunkte $x_4$ (Rechts-Linkskurve) und $x_5$ (Links-Rechtskurve).

h)

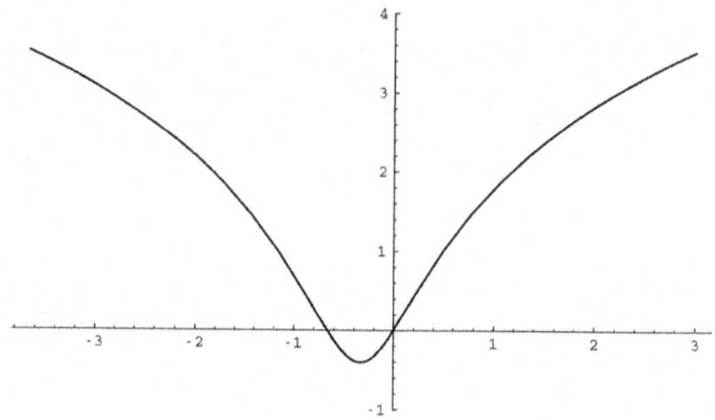


**Bild 10.3.8** Funktionsgraph von $f(x) = \ln(3x^2 + 2x + 1)$

**Lösung 10.3.9**

a) Auf Grund des Nenners und der Logarithmusfunktion muss für den Definitionsbereich $x \neq 0$ und $1 + x > 0$ gefordert werden. Man erhält $D = ]-1, \infty[ \setminus \{0\}$.

b)
$$\begin{aligned}\lim_{x\to 0} f(x) &= \lim_{x\to 0} \frac{3x^2 + x - \sin x}{x^2 + (\ln(1+x))^2} \overset{\frac{0}{0}}{=} \lim_{x\to 0} \frac{6x + 1 - \cos x}{2x + 2\frac{\ln(1+x)}{1+x}} \\ &= \lim_{x\to 0} \frac{(1+x)(6x+1-\cos x)}{2x(1+x) + 2\ln(1+x)} \overset{\frac{0}{0}}{=} \lim_{x\to 0} \frac{6x + 1 - \cos x + (1+x)(6+\sin x)}{2 + 4x + \frac{2}{1+x}} = \frac{3}{2}\end{aligned}$$

c)
$$\lim_{x\to\infty} f(x) = \lim_{x\to\infty} \frac{3x^2 + x - \sin x}{x^2 + (\ln(1+x))^2} \overset{\frac{\infty}{\infty}}{=} \lim_{x\to\infty} \frac{6x + 1 - \cos x}{2x + 2\frac{\ln(1+x)}{1+x}} = \lim_{x\to\infty} \frac{6 + \frac{1}{x} - \frac{\cos x}{x}}{2 + 2\frac{\ln(1+x)}{x(1+x)}} = 3\,,$$

da $\displaystyle\lim_{x\to\infty} \frac{\cos x}{x} = 0$ und $\displaystyle\lim_{x\to\infty} \frac{\ln(1+x)}{x(1+x)} \overset{\frac{\infty}{\infty}}{=} \lim_{x\to\infty} \frac{\frac{1}{1+x}}{1+2x} = 0$

Damit ist $y \equiv 3$ Asymptote zu $f$ mit $x \to \infty$ .

**Lösung 10.3.10**

a) $D = \mathbb{R}\setminus\{-3\}$

b) $f$ besitzt keine Nullstellen, da die e-Funktion im Reellen positiv ist.

c) $\displaystyle\lim_{x\to -3+} f(x) = \lim_{x\to -3+} e^{(-x-4/(x+3))} = 0\,, \quad \lim_{x\to -3-} f(x) = \lim_{x\to -3-} e^{(-x-4/(x+3))} = \infty.$

d) $\displaystyle\lim_{x\to \infty} f(x) = \lim_{x\to\infty} e^{(-x-4/(x+3))} = 0\,, \quad \lim_{x\to -\infty} f(x) = \lim_{x\to -\infty} e^{(-x-4/(x+3))} = \infty$

e) $\displaystyle f'(x) = \left(-1 + \frac{4}{(x+3)^2}\right) e^{(-x-4/(x+3))} = -\frac{(x+1)(x+5)}{(x+3)^2} e^{(-x-4/(x+3))} \quad \Rightarrow$

$$f'(x)\begin{cases} < 0 & , x < -5 & \text{streng monoton fallend} \\ = 0 & , x = -5 & \\ > 0 & , -5 < x < -3 & \text{streng monoton wachsend} \\ > 0 & , -3 < x < -1 & \text{streng monoton wachsend} \\ = 0 & , x = -1 & \\ < 0 & , -1 < x & \text{streng monoton fallend} \end{cases}$$

f) Auf Grund des Monotonieverhaltens liegt in $x = -5$ ein lokales Minimum und in $x = -1$ ein lokales Maximum vor.

g) $\displaystyle T_1(x; 1) = f(1) + f'(1)(x-1) = e^{-2} - \frac{3e^{-2}}{4}(x-1)$

## L.10.4 Fehlerrechnung

### Lösung 10.4.1

a) Die Vorwärtsrekursion lässt sich mittels partieller Integration herleiten:

$$I_n = \int_1^2 (\ln x)^n \mathrm{d}x = x(\ln x)^n|_1^2 - \int_1^2 xn(\ln x)^{n-1}\frac{1}{x}\mathrm{d}x = 2(\ln 2)^n - nI_{n-1} \quad (\mathrm{R})\,.$$

Mit dem Startwert $I_1 \doteq 0.3863$ berechnen sich folgende Werte über die Vorwärtsrekursion:

| $n$ | 1 | 2 | 3 | 4 | 5 | 6 | 7 |
|---|---|---|---|---|---|---|---|
| $I_n \doteq$ | 0.3863 | 0.1883 | 0.1011 | 0.0571 | 0.0343 | 0.0161 | 0.0408 |

Wegen

$$|I_n| = \left|\int_1^2 (\ln x)^n \mathrm{d}x\right| \le \int_1^2 |\ln x|^n \mathrm{d}x \le |\ln 2|^n \overset{n\to\infty}{\longrightarrow} 0$$

erwartet man, dass die $I_n$ eine monoton fallende Nullfolge bilden. Dem entspricht $I_6 < I_7$ aus der Vorwärtsrekursion nicht. Eine Erklärung wird im Folgenden durch die schlechte Kondition der Vorwärtsrekursion und die damit verbundene Fehlerfortpflanzung geliefert.

b) Mit $(\tilde{I}_k)_{k\in\mathbb{N}}$ werde die Folge bezeichnet, die sich aus (R) mit Startwert $\tilde{I}_1$ ergibt. Für $\Delta I_k := \tilde{I}_k - I_k$ erhält man die Fehlerfortpflanzung:

$$\Delta I_n = \tilde{I}_n - I_n = 2(\ln 2)^n - n\tilde{I}_{n-1} - 2(\ln 2)^n + nI_{n-1} = -n\Delta I_{n-1} = \cdots = (-1)^{n-1}n!\Delta I_1\,,$$

d.h., der Eingangsfehler $\Delta I_1$ wird mit dem Faktor $n!$ verstärkt.

$$\Rightarrow \quad \Delta I_7 = (-1)^6 \cdot 7!(0.3863 - (2\ln 2 - 1)) \doteq 0.0284 \quad \Rightarrow \quad \left|\frac{\Delta I_7}{I_7}\right| \cdot \frac{100}{100} \doteq \frac{2.84}{0.0123621}\% = 230\%$$

c) $$I_{n+1} = 2(\ln 2)^{n+1} - (n+1)I_n \quad \Rightarrow \quad I_n = \frac{2(\ln 2)^{n+1} - I_{n+1}}{n+1} \qquad (\mathrm{R}')$$

Mit $(\hat{I}_i)_{i=n,\cdots,n+k}$ werden die Werte bezeichnet, die sich aus (R′) mit Startwert $\hat{I}_{n+k} = 0$ ergeben. Man erhält für $\Delta I_i := \hat{I}_i - I_i$ die Fehlerrekursion:

$$\Delta I_n = \hat{I}_n - I_n = \frac{2(\ln 2)^{n+1} - \hat{I}_{n+1}}{n+1} - \frac{2(\ln 2)^{n+1} - I_{n+1}}{n+1}$$

$$= -\frac{\Delta I_{n+1}}{n+1} = \cdots = (-1)^k \frac{\Delta I_{n+k}}{(n+1)\cdots(n+k)} = (-1)^{k+1}\frac{I_{n+k}}{(n+1)\cdots(n+k)}\quad,$$

d.h., der Eingangsfehler $\Delta I_{n+k} = -I_{n+k}$ wird mit dem Faktor $\dfrac{1}{(n+1)\cdots(n+k)}$ gedämpft. Da die Folgenglieder $I_n$ monoton fallen, erhält man

$$\left|\frac{\Delta I_7}{I_7}\right| = \frac{|I_{7+k}|}{|I_7|} \cdot \frac{1}{8\cdot 9\cdots(7+k)} < \frac{1}{1000} \quad \Rightarrow \quad k \ge 4\quad.$$

Tatsächlich reicht schon $k = 3$ aus, wie sich aus der folgenden Tabelle ergibt.

| $n$ | 11 | 10 | 9 | 8 | 7 | rel. Fehler |
|---|---|---|---|---|---|---|
| $I_n \doteq$ | 0 | 0.00323 | 0.00480 | 0.00767 | 0.0123619 | 0.0016% |
| | – | 0 | 0.00512 | 0.00764 | 0.0123664 | 0.0348% |
| | – | – | 0 | 0.00821 | 0.0122953 | 0.5404% |

## L.10.5 Fixpunkt-Iterationen

**Lösung 10.5.1**

a) $f(x) = 3(x - \ln x) - \frac{13}{4}\,, \quad f'(x) = 3(1 - \frac{1}{x})\,, \quad f''(x) = \frac{3}{x^2}$

Da $f''$ keine Nullstelle besitzt, hat $f'$ nach dem Satz von Rolle höchstens eine Nullstelle und wiederum nach dem Satz von Rolle hat $f$ höchstens zwei Nullstellen. Aus

$$f(0.5) = 0.329\cdots > 0\,, \quad f(1) = -0.25 < 0\,, \quad f(1.4) = -0.059\cdots < 0\,, \quad f(1.5) = 0.033\cdots > 0$$

ergeben sich nach dem Zwischenwertsatz zwei Nullstellen, und zwar in den Intervallen $[0.5, 1]$ und $[1.4, 1.5]$.

b) (i) Erste Nullstelle im abgeschlossenen Intervall $D_1 := [0.5, 1]$ :

$$0 = 3(x - \ln x) - \frac{13}{4} \quad \Rightarrow \quad x = \exp\left(x - \frac{13}{12}\right) =: \Phi_1(x)$$

Die Verfahrensfunktion für die Fixpunktiteration $\Phi_1$ ist streng monoton wachsend, denn $\Phi_1'(x) = \Phi_1(x) > 0$. Damit wird das Minimum von $\Phi_1$ auf $D_1$ am unteren und das Maximum am oberen Intervallende angenommen, es gilt also

$$\Phi_1(D_1) = [\Phi_1(0.5), \Phi_1(1)] = [0.588, 0.92] \subset D_1\,,$$

d.h., $\Phi_1$ ist eine Selbstabbildung auf $D_1$.

$\Phi_1$ ist auf $D_1$ kontrahierend, denn die Lipschitz-Konstante $L_1$ ist wählbar als

$$L_1 := \sup_{x \in D_1} |\Phi_1'(x)| = \Phi_1'(1) = 0.92\cdots < 1\,.$$

Damit konvergiert die Fixpunktiteration $x_{k+1} = \Phi_1(x_k)$ für alle Startwerte $x_0 \in D_1$ gegen den Fixpunkt $x^* \in D_1$, und es gelten die Fehlerabschätzungen unter c).

| | | |
|---|---|---|
| $x_0 = 0.75$ | $x_4 = 0.665951721$ | $x_8 = 0.648979188$ |
| $x_1 = 0.71653131$ | $x_5 = 0.658769477$ | $x_9 = 0.647682841$ |
| $x_2 = 0.69294682$ | $x_6 = 0.654054984$ | $x_{10} = 0.646843763$ |
| $x_3 = 0.67679523$ | $x_7 = 0.650978704$ | |

(ii) Zweite Nullstelle im abgeschlossenen Intervall $D_2 := [1.4, 1.5]$ :

$$0 = 3(x - \ln x) - \frac{13}{4} \quad \Rightarrow \quad x = \ln x + \frac{13}{12} =: \Phi_2(x)$$

Die Verfahrensfunktion für die Fixpunktiteration $\Phi_2$ ist streng monoton wachsend in $D_2$, denn $\Phi_2'(x) = \frac{1}{x} > 0$ für $x \in [1.4, 1.5]$. Damit wird das Minimum von $\Phi_2$ auf $D_2$ am unteren und das Maximum am oberen Intervallende angenommen, es gilt also

$$\Phi_2(D_2) = [\Phi_2(1.4), \Phi_2(1.5)] = [1.42, 1.49] \subset D_2 \quad ,$$

d.h., $\Phi_2$ ist eine Selbstabbildung auf $D_2$.

$\Phi_2$ ist auf $D_2$ kontrahierend, denn die Lipschitz-Konstante $L_2$ ist wählbar als

$$L_2 := \sup_{x \in D_2} |\Phi_2'(x)| = \Phi_2'(1.4) = 0.7143\cdots < 1 \quad .$$

Damit konvergiert die Fixpunktiteration $x_{k+1} = \Phi_2(x_k)$ für alle Startwerte $x_0 \in D_2$ gegen den Fixpunkt $x^* \in D_2$, und es gelten die Fehlerabschätzungen unter c).

| | | |
|---|---|---|
| $x_0 = 1.45$ | $x_4 = 1.462169014$ | $x_8 = 1.464849400$ |
| $x_1 = 1.45489689$ | $x_5 = 1.463254293$ | $x_9 = 1.465085772$ |
| $x_2 = 1.45826836$ | $x_6 = 1.463996256$ | $x_{10} = 1.465247122$ |
| $x_3 = 1.46058301$ | $x_7 = 1.464503191$ | |

c) (i) A-priori-Fehlerabschätzung:

$$|x_{10} - x^*| \leq \frac{L_1^{10}}{1 - L_1}|x_1 - x_0| = 5.4355 \cdot |x_1 - x_0| = 0.18192$$

A-posteriori-Fehlerabschätzung:

$$|x_{10} - x^*| \leq \frac{L_1}{1 - L_1}|x_{10} - x_9| = 11.50695 \cdot |x_{10} - x_9| = 0.0096553$$

(ii) A-priori-Fehlerabschätzung:

$$|x_{10} - x^*| \leq \frac{L_2^{10}}{1 - L_2}|x_1 - x_0| = 0.121 \cdot |x_1 - x_0| = 0.00059253$$

A- posteriori-Fehlerabschätzung:

$$|x_{10} - x^*| \leq \frac{L_2}{1 - L_2}|x_{10} - x_9| = 2.5 \cdot |x_{10} - x_9| = 0.00040338$$

**Lösung 10.5.2**

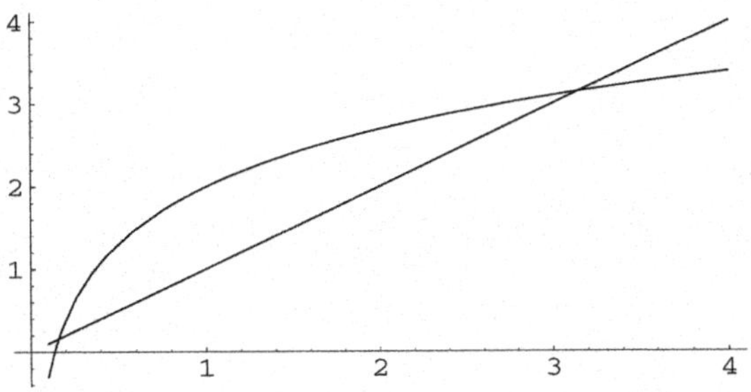


**Bild 10.5.2** Fixpunkte von $\Phi(x) = \ln x + 2$ mit $\Phi'(x) = \dfrac{1}{x}$

a) Nach Bild 10.5.2 gibt es zwei Fixpunkte.

Für das gegebene $\Phi$ ist der kleinere Fixpunkt bei $x^{**} \approx 0.15$ abstoßend, da dort $\Phi'(x^{**}) > 1$ gilt.

Der Größere bei $x^* \approx 3$ ist anziehend, wegen $0 < \Phi'(x^*) < 1$.

Das Fixpunktverfahren $x_{n+1} = \Phi(x_n)$ kann also nur gegen $x^*$ konvergieren.

Zum Startwert:

Wählt man $x_0 = 2$, so liegt man unterhalb des Fixpunktes $x^*$.

Aufgrund der Anschauung ($0 < \Phi'(x^*) < 1$) erwarten wir eine monoton wachsende Fixpunktfolge.

Zur Lipschitz-Konstanten:

Im Intervall $[2, \infty[$ ist $\Phi$ kontrahierend mit $\quad L = \max\limits_{x \in [2,\infty[} |\Phi'(x)| = \max\limits_{x \in [2,\infty[} \dfrac{1}{x} = \dfrac{1}{2}$.

Zum abgeschlossenen Iterationsintervall:

Nach Bild 10.5.2 liegt $x^*$ im abgeschlossenen Intervall $D := [2, 4]$.

Es ist zu prüfen, ob $\Phi$ auf $D$ eine Selbstabbildung ist, d.h., ob $\Phi(D) \subset D$ gilt. Da $\Phi$ monoton wächst, gilt

$$\Phi(D) = [\min_{x \in D} \Phi(x), \max_{x \in D} \Phi(x)] = [\Phi(2), \Phi(4)] = [2.693, 3.386] \subset [2, 4] .$$

Damit sind alle Voraussetzungen des Fixpunktsatzes erfüllt und das Fixpunktverfahren konvergiert für jeden Startwert aus $D = [2, 4]$, also insbesondere für $x_0 = 2$.

Zur Anzahl der Iterationen:

Aus der A-priori-Fehlerabschätzung kann man bei gegebenem absoluten Fehler von $\varepsilon := 10^{-3}$ die Anzahl der erforderlichen Iterationsschritte ermitteln:

$$|x^* - x_n| \leq \frac{L^n}{1-L}|x_1 - x_0| \overset{!}{\leq} \varepsilon \quad \Rightarrow \quad n \geq \frac{\ln(\varepsilon(1-L)/|x_1 - x_0|)}{\ln L} = 10.437$$

Fixpunktfolge:

$$\begin{aligned}
x_0 &= 2\\
x_1 &= 2.693147181\\
x_2 &= 2.990710465\\
x_3 &= 3.095510973\\
x_4 &= 3.129952989\\
x_5 &= 3.141017985\\
x_6 &= 3.144546946\\
x_7 &= 3.145669825\\
x_8 &= 3.146026848\\
x_9 &= 3.146140339\\
x_{10} &= 3.146176412\\
x_{11} &= 3.146187878
\end{aligned}$$

A-posteriori-Fehlerabschätzung: $|x^* - x_{11}| \leq \frac{L}{1-L}|x_{11} - x_{10}| = |x_{11} - x_{10}| = 1.15 \cdot 10^{-5}$.

Tatsächlich (s.u.) gilt $|x^* - x_{11}| = 5.3 \cdot 10^{-6}$.

Zur Kugelbedingung:

Anstelle der Selbstabbildung eines zugrundeliegenden abgeschlossenen Intervalls $D$ kann auch die Kugelbedingung überprüft werden.

Wählt man $y_0 := x_1$ aus der Iterationsfolge als Kugelmittelpunkt, so erhält man:

$$|\Phi(y_0) - y_0| = |\Phi(x_1) - \Phi(x_0)| \leq L|x_1 - x_0| =: r(1-L),$$

mit $L = 1/2$ also $r = \dfrac{L|x_1 - x_0|}{1-L} = |x_1 - x_0|$. Die abgeschlossene Kugel um $y_0$ lautet daher

$$K_r(y_0) = [x_1 - r, x_1 + r] = [2, 3.3862944].$$

Nachträglich rechtfertigt sich so die Wahl von $L = 1/2$ (gilt für $[2, \infty[$ ) und die Kugelbedingung ist per Konstruktion erfüllt. Damit ist $\Phi$ in $K_r(y_0)$ eine kontrahierende Selbstabbildung und das Fixpunktverfahren konvergiert für jeden Startwert aus $K_r(y_0)$, insbesondere $x_0 = 2$.

b) Umformulierung des Fixpunktproblems aus a) in ein Nullstellenproblem:

$$x = \ln x + 2 \quad \Leftrightarrow \quad 0 = \ln x + 2 - x =: f(x)$$

Newton-Verfahren:

$$x_{n+1} = x_n - \frac{f(x)}{f'(x)} = x_n - \frac{\ln x_n + 2 - x_n}{1/x_n - 1}$$

Newton-Folge:

$$\begin{aligned}
x_0 &= 2\\
x_1 &= 3.386294361\\
x_2 &= 3.149938394\\
x_3 &= 3.146194257\\
x_4 &= 3.146193221\\
x_5 &= 3.146193221
\end{aligned}$$

Wegen $f(3.146193221) = 4.2 \cdot 10^{-10} > 0 > -9.4 \cdot 10^{-10} = f(3.146193222)$ lautet die ersten Ziffern der Nullstelle nach dem Zwischenwertsatz (absoluter Fehler $< 10^{-9}$)

$$x^* = 3.146193221\ldots$$

**Lösung 10.5.3**

$$f(x) = \cos x - 2x \quad , \quad f'(x) = -\sin x - 2$$

a) Da $f'$ keine Nullstelle besitzt, hat $f$ nach dem Satz von Rolle höchstens eine Nullstelle.
Aus $f(0) = 1 > 0$ und $f\left(\frac{\pi}{2}\right) = -\pi < 0$ ergibt sich nach dem Zwischenwertsatz (mindestens) eine Nullstelle im Intervall $D := \left[0, \frac{\pi}{2}\right]$.
Insgesamt besitzt $f$ also genau eine Nullstelle in $D$.

b)
$$0 = \cos x - 2x \quad \Rightarrow \quad x = \frac{1}{2}\cos x =: \Phi(x)$$

Die Verfahrensfunktion für die Fixpunktiteration $\Phi$ ist monoton fallend in $D$, denn $\Phi'(x) = -\frac{1}{2}\sin x < 0$ in $D$. Damit ist $\Phi$ maximal am unteren und minimal am oberen Intervallende von $D$, es gilt also

$$\Phi(D) = \left[\Phi\left(\frac{\pi}{2}\right), \Phi(0)\right] = \left[0, \frac{1}{2}\right] \subset D \quad ,$$

d.h., $\Phi$ ist eine Selbstabbildung auf $D$.
$\Phi$ ist auf $D$ kontrahierend, denn die Lipschitz-Konstante $L$ ist wählbar als

$$L := \sup_{x\in D} |\Phi'(x)| = \frac{1}{2} < 1 \quad .$$

Damit konvergiert die Fixpunktiteration $x_{k+1} = \Phi(x_k)$ für alle Startwerte $x_0 \in D$ gegen den Fixpunkt $x^* \in D$, und es gelten die Fehlerabschätzungen unter c).

$$\begin{aligned} \frac{\pi}{4} = x_0 = 0.78539816\,, \quad & x_1 = 0.35355339\,, \quad x_2 = 0.46907417\,, \\ x_3 = 0.44599360\,, \quad & x_4 = 0.45109126\,, \quad x_5 = 0.44998595\,. \end{aligned}$$

c) A-priori-Fehlerabschätzung:

$$|x_5 - x^*| \le \frac{L^5}{1-L}|x_1 - x_0| = \left(\frac{1}{2}\right)^4 \cdot 0.43184477 = 0.02699$$

A-posteriori-Fehlerabschätzung:

$$|x_5 - x^*| \le \frac{L}{1-L}|x_5 - x_4| = 0.00111$$

**Lösung 10.5.4**

a) $D = [1.5, 2.5]$ ist abgeschlossen.
Nach der Zeichnung gibt es einen Fixpunkt $x^* \in D$ und dieser ist anziehend für die Fixpunktiteration $x_{n+1} = g(x_n)$.
Deshalb wird $g$ als Verfahrensfunktion gewählt:
$g'(x) = 3(x-2)^2 \ge 0 \quad \Rightarrow \quad g$ ist monoton wachsend
$L := \max_{x\in D} |g'(x)| = 3 \cdot (0.5)^2 = \frac{3}{4} < 1 \quad \Rightarrow \quad g$ ist kontrahierend in $D$
Da $g$ monoton wächst, gilt
$g(D) = [g(1.5), g(2.5)] = [-\frac{1}{8} + 2.1, \frac{1}{8} + 2.1] = [1.975, 2.225] \subset D \quad \Rightarrow \quad g$ bildet $D$ in sich ab.
Damit sind alle Voraussetzungen des Fixpunktsatzes erfüllt und es gibt genau einen Fixpunkt $x^* \in D$.

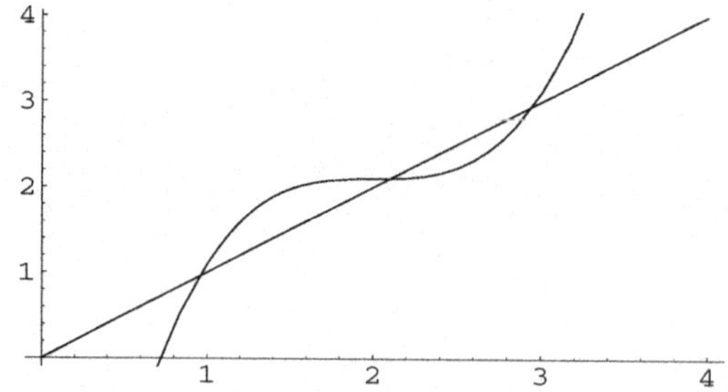


**Bild 10.5.4** $x, g(x)$

b) $x_1 = g(x_0) = (2-2)^3 + 2.1 = 2.1 \quad \Rightarrow \quad x_2 = g(x_1) = (2.1-2)^3 + 2.1 = 0.001 + 2.1 = 2.101$

A-priori-Fehlerabschätzung: $|x_2 - x^*| \le \frac{L^2}{1-L}|x_1 - x_0| = \frac{\left(\frac{3}{4}\right)^2}{1-\frac{3}{4}} \cdot \frac{1}{10} = \frac{9}{40}$

A-posteriori-Fehlerabschätzung: $|x_2 - x^*| \le \frac{L}{1-L}|x_2 - x_1| = \frac{\frac{3}{4}}{1-\frac{3}{4}} \cdot \frac{1}{1000} = \frac{3}{1000}$

**Lösung 10.5.5**

a) Verfahrensfunktion $\Phi(x) = x^{1/5} + \frac{1}{2} \quad \Rightarrow \quad \Phi'(x) = \frac{1}{5x^{4/5}}$.

Das Intervall $D = [1, 2]$ ist abgeschlossen.

Selbstabbildung: $\Phi(D) = [\Phi(1), \Phi(2)] = [1.5, 2^{1/5} + 1/2] \subset D$,
da $\Phi$ in $D$ monoton wächst und $2^{1/5} + 0.5 < \sqrt{2} + 0.5 < 1.5 + 0.5 = 2$

Kontraktion: Die Lipschitz-Konstante ergibt sich durch (vgl. 10.5.7 Lehrbuch):

$$L := \max_{x \in D} |\Phi'(x)| = \max_{x \in [1,2]} \left| \frac{1}{5x^{4/5}} \right| = \frac{1}{5} < 1$$

Damit sind die Voraussetzungen des Banachschen Fixpunktsatzes erfüllt und es gibt genau einen Fixpunkt in $D$.

b) $x_0 = 1 \quad \Rightarrow \quad x_1 = x_0^{1/5} + \frac{1}{2} = 1 + 0.5 = 1.5$

Da $x_0 \in D$ gilt, kann nach a) die Fehlerabschätzung angewendet werden:

$$|x_1 - x^*| \le \frac{L}{1-L}|x_1 - x_0| = \frac{1/5}{1-1/5}|1.5 - 1| = \frac{1}{8}\,.$$

**Lösung 10.5.6**

Das nichtlineare Gleichungssystem kann in ein äquivalentes Fixpunktproblem übergeführt werden:

$$\begin{array}{rcl} 100x - \sin(xy) + z^3 & = & 1 \\ e^{xz^2} - 200y & = & -2 \\ \frac{1}{300}\sqrt{(x^2+y^2)^3} - z & = & 0 \end{array} \quad \Leftrightarrow \quad \begin{pmatrix} x \\ y \\ z \end{pmatrix} = \begin{pmatrix} \frac{1}{100}(\sin(xy) - z^3 + 1) \\ \frac{1}{200}(e^{xz^2} + 2) \\ \frac{1}{300}\sqrt{(x^2+y^2)^3} \end{pmatrix} =: \mathbf{\Phi}(x, y, z)$$

Für $\mathbf{\Phi} = (\Phi_1, \Phi_2, \Phi_3)^T$ und die abgeschlossene Menge $D = \{\mathbf{x} \in \mathbb{R}^3 \mid \ ||\mathbf{x}||_\infty \le 1\}$ werden jetzt die Voraussetzungen des Banachschen Fixpunktsatzes überprüft.

Da $\mathbf{x} \in D \Leftrightarrow \max\{|x|, |y|, |z|\} \le 1$ folgt:

$$|\Phi_1(x, y, z)| = \left| \frac{1}{100}(\sin(xy) - z^3 + 1) \right| \le \frac{1}{100}(|\sin(xy)| + |z|^3 + 1) \le \frac{3}{100} = 0.03 < 1$$

$$|\Phi_2(x,y,z)| = \left|\frac{1}{200}(e^{xz^2}+2)\right| \le \frac{e+2}{200} \le 0.0236 < 1$$

$$|\Phi_3(x,y,z)| = \left|\frac{1}{300}\sqrt{(x^2+y^2)^3}\right| \le \frac{2^{3/2}}{300} \le 0.00943 < 1$$

Man erhält $\max_{\mathbf{x}\in D} ||\mathbf{\Phi}(x)||_\infty \le 0.03 < 1$ also $\mathbf{\Phi}(D) \subset D$, d.h., $\mathbf{\Phi}$ bildet die Menge $D$ in sich ab.

$$\mathbf{J\Phi}(\mathbf{x}) = \frac{1}{100}\begin{pmatrix} y\sin(xy) & x\sin(xy) & -3z^2 \\ \frac{z^2}{2}e^{xz^2} & 0 & xye^{xz^2} \\ x\sqrt{x^2+y^2} & y\sqrt{x^2+y^2} & 0 \end{pmatrix}$$

Nach dem Mittelwertsatz (vgl. Aufgabe 17.3.1 und Bemerkung 17.3.6 im Lehrbuch) gilt

$$||\mathbf{\Phi}(\mathbf{y}) - \mathbf{\Phi}(\mathbf{z})||_\infty \le \max_{\mathbf{x}\in D} ||\mathbf{J\Phi}(\mathbf{x})||_\infty \cdot ||\mathbf{y}-\mathbf{z}||_\infty \quad .$$

Gibt es nun ein $L$ mit $\max_{\mathbf{x}\in D} ||\mathbf{J\Phi}(\mathbf{x})||_\infty \le L < 1$, so ist $\mathbf{\Phi}$ auf $D$ kontrahierend. Dies ist der Fall, denn für $\mathbf{x} \in D$ erhält man:

$$\frac{1}{100}(|y\sin(xy)| + |x\sin(xy)| + 3z^2) \le \frac{5}{100} = 0.05 =: L\,,$$

$$\frac{1}{100}\left(\frac{z^2}{2}e^{xz^2} + |xy|e^{xz^2}\right) \le \frac{3e}{100} \le 0.041\,,$$

$$\frac{1}{100}(|x|\sqrt{x^2+y^2} + |y|\sqrt{x^2+y^2}) \le \frac{2\sqrt{2}}{100} \le 0.0283\,.$$

Damit sind die Voraussetzungen des Banachschen Fixpunktsatzes erfüllt, und es gibt in $D$ genau einen Fixpunkt $\mathbf{x}^*$. Das Fixpunktverfahren $\mathbf{x}_{k+1} = \mathbf{\Phi}(\mathbf{x}_k)$ konvergiert für jeden Startwert $\mathbf{x}_0 \in D$ gegen $\mathbf{x}^*$.

Für $\mathbf{x}_0 = \mathbf{0}$ ergibt sich $\mathbf{x}_1 = \mathbf{\Phi}(\mathbf{x}_0) = (0.01, 0.015, 0)^T$ als Näherung für $\mathbf{x}^*$, und die Fehlerabschätzung zeigt, dass diese Näherung schon die gewünschte Genauigkeit besitzt:

$$||\mathbf{x}_1 - \mathbf{x}^*||_\infty \le \frac{L}{1-L}||\mathbf{x}_1 - \mathbf{x}_0||_\infty = \frac{0.015}{19} \le 0.00079 \le 10^{-3} \quad .$$

Ein weiterer Iterationsschritt liefert: $\mathbf{x}_2 = (0.0100015, 0.015, 0.000000019)^T$ .

# L.11 Potenzreihen und elementare Funktionen

## L.11.1 Gleichmäßige Konvergenz

**Lösung 11.1.1**

a) $f_n(x) = x^n$ konvergiert punktweise für $x \in [0,1[$ gegen die Nullfunktion (vgl. geometrische Folge im Lehrbuch, Beispiel 8.2.6). Die punktweise Konvergenz besagt, dass für alle $\varepsilon > 0$ und $x_0 \in [0,1[$ ein $N(\varepsilon, x_0)$ existiert, so dass gilt

$$|f_n(x_0) - f(x_0)| = x_0^n < \varepsilon \quad \text{für alle} \quad n \geq N(\varepsilon, x_0) \quad .$$

Bei der konkreten Berechnung dieses $N(\varepsilon, x_0)$ ergibt sich:

$$|f_n(x_0) - f(x_0)| = x_0^n < \varepsilon \quad \Leftrightarrow \quad n \ln x_0 < \ln \varepsilon \quad \Leftrightarrow \quad n > \frac{\ln \varepsilon}{\ln x_0} \quad .$$

Wegen $\lim\limits_{x \to 1-} \ln x = 0$ lässt sich $N(\varepsilon, x_0)$ nicht unabhängig von $x_0$ wählen. Die Folge konvergiert daher nicht gleichmäßig auf $[0,1[$.

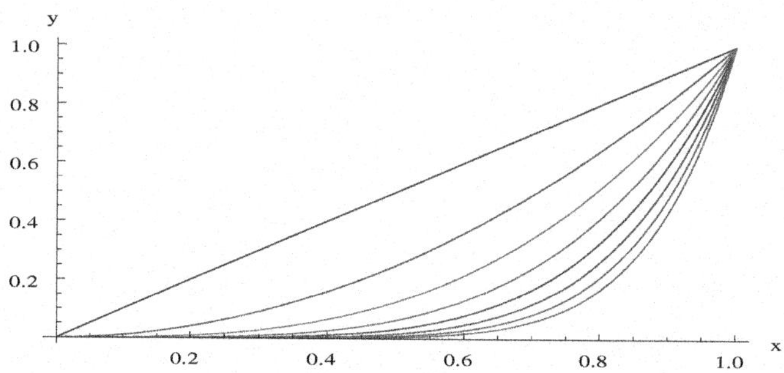


**Bild 11.1.1 a)** $f_n(x) = x^n$ , $n = 1, \ldots, 8$

b) Es gilt $\lim\limits_{n\to\infty} g_n(0) = 0$ und für $x \neq 0$ $\quad \lim\limits_{n\to\infty} g_n(x) = \lim\limits_{n\to\infty} \dfrac{(nx)^2}{1+(nx)^3} = \lim\limits_{n\to\infty} \dfrac{x^2/n}{1/n^3 + x^3} = 0,$

d.h., die Folge $(g_n)_{n \in \mathbb{N}}$ konvergiert punktweise gegen $g \equiv 0$ für alle $x \in \mathbb{R}$.

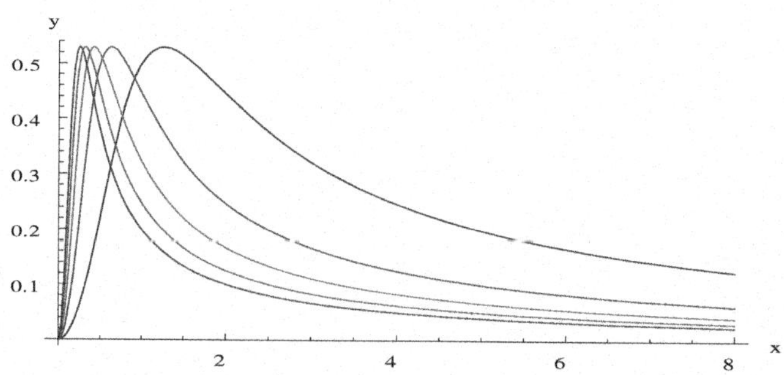


**Bild 11.1.1 b)** $g_n(x) = \dfrac{(nx)^2}{1+(nx)^3}$ , $n = 1, \ldots, 5$

Eine kurze Rechnung ergibt, dass $g_n$ im Punkt $x = \dfrac{\sqrt[3]{2}}{n} \in [0, \infty[$ ein Maximum besitzt. Damit gilt

$$\sup_{x \in [0,\infty[} |g_n(x) - g(x)| = \frac{(n\sqrt[3]{2}/n)^2}{1 + (n\sqrt[3]{2}/n)^3} = \frac{2^{2/3}}{3} \quad ,$$

d.h., die Folge $(g_n)_{n \in \mathbb{N}}$ konvergiert nicht gleichmäßig auf $[0, \infty[$.


*Aufgaben und Lösungen zu Mathematik für Ingenieure 1, 4.Aufl.*, R. Ansorge, H. J. Oberle, K. Rothe und Th. Sonar



ISBN: 978-3-527-40987-7

c) Die Folge $(h_n)_{n\in\mathbb{N}}$ konvergiert gleichmäßig auf $[1,\infty[$ gegen $h \equiv 0$, denn

$$\sup_{x\in[1,\infty[} |h_n(x) - h(x)| = \sup_{x\in[1,\infty[} \frac{(nx)^2}{1+(nx)^3} \leq \sup_{x\in[1,\infty[} \frac{(nx)^2}{(nx)^3} = \frac{1}{n} \overset{n\to\infty}{\longrightarrow} 0 \quad .$$

Damit liegt auch punktweise Konvergenz vor, was aus b) bereits bekannt war.

d) Die Folge $(k_n)_{n\in\mathbb{N}}$ konvergiert gleichmäßig (und punktweise) auf $\left]\frac{\pi}{2}, \frac{3\pi}{2}\right[$ gegen $k \equiv 0$, denn

$$\sup_{x\in]\pi/2,3\pi/2[} |k_n(x) - k(x)| = \sup_{x\in]\pi/2,3\pi/2[} \left|\frac{\cos(nx)}{n^2}\right| \leq \frac{1}{n^2} \overset{n\to\infty}{\longrightarrow} 0 \quad .$$

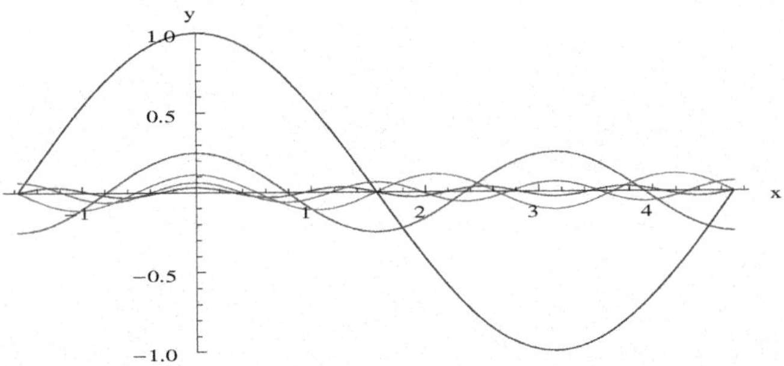


**Bild 11.1.1 d)** $k_n(x) = \dfrac{\cos(nx)}{n^2}$, $n = 1, \ldots, 5$

e) Die Folge $(p_n)_{n\in\mathbb{N}}$ konvergiert punktweise, absolut und gleichmäßig nach dem Majorantenkriterium, denn für $x \in \mathbb{R}$ gilt

$$\left|\frac{\sin x^2}{k^3}\right| \leq \frac{1}{k^3} \quad \text{und} \quad \sum_{k=1}^{n} \frac{1}{k^3} < \infty \quad .$$

**Lösung 11.1.2**
$h_n$ lässt sich umformen (durch Partialbruchzerlegung)

$$\begin{aligned} h_n(x) &= \sum_{k=0}^{n} \frac{2}{(x+k)(x+k+2)} = \sum_{k=0}^{n} \left(\frac{1}{x+k} - \frac{1}{x+k+2}\right) \\ &= \frac{1}{x} + \frac{1}{x+1} - \frac{1}{x+n+1} - \frac{1}{x+n+2} = \frac{2x+1}{x(x+1)} - \frac{1}{x+n+1} - \frac{1}{x+n+2} \end{aligned}$$

Für festes $x$ ergibt sich damit punktweise Konvergenz mit $\lim\limits_{n\to\infty} h_n(x) = \dfrac{2x+1}{x(x+1)}$.

Es liegt sogar gleichmäßige Konvergenz vor, denn

$$\sup_{x\in]0,\infty[} |h_n(x) - h(x)| = \sup_{x\in]0,\infty[} \left(\frac{1}{x+n+1} + \frac{1}{x+n+2}\right) = \frac{1}{n+1} + \frac{1}{n+2} \overset{n\to\infty}{\longrightarrow} 0 \, .$$

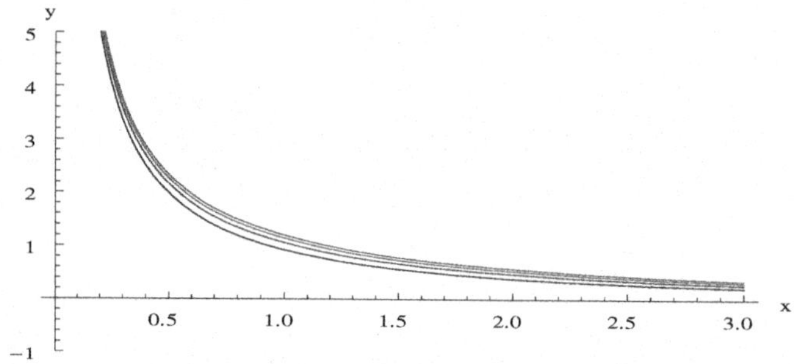


**Bild 11.1.2** $h_n(x)\,,\ n = 1, \ldots, 4$

**Lösung 11.1.3**

a) Für $f_n(x) := \sum_{k=0}^{n} \frac{3^k \cdot x^4}{(3+x^4)^k}$ ergibt die geometrische Summenformel für $x \neq 0$

$$\begin{aligned} f_n(x) &= x^4 \sum_{k=0}^{n} \left(\frac{3}{3+x^4}\right)^k = x^4 \frac{1-\left(\frac{3}{3+x^4}\right)^{n+1}}{1-\frac{3}{3+x^4}} = x^4 \frac{3+x^4-(3+x^4)\left(\frac{3}{3+x^4}\right)^{n+1}}{x^4} \\ &= 3+x^4-3\left(\frac{3}{3+x^4}\right)^n . \end{aligned}$$

Die Partialsummenfolge $f_n$ konvergiert damit punktweise für alle $x \in \mathbb{R}$ gegen die folgende Funktion $f$

$$\lim_{n\to\infty} f_n(x) = f(x) = \begin{cases} 0 & : \ x = 0 \\ 3+x^4 & : \ x \neq 0 . \end{cases}$$

Die Grenzfunktion $f$ ist nicht stetig, die Konvergenz kann also nicht gleichmäßig sein.

b) Die Summanden $\frac{1}{(2k+3)^4\sqrt{2+3kx}}$ sind nur definiert für $2+3kx > 0 \ \Rightarrow\ x > -\frac{2}{3k}$. Da dies für alle $k \in \mathbb{N}$ gelten muss, folgt $x \geq 0$.

$g(x) = \sum_{k=1}^{\infty} \frac{1}{(2k+3)^4\sqrt{2+3kx}}$ konvergiert gleichmäßig (und damit auch punktweise) und absolut nach dem Majorantenkriterium für $x \geq 0$, denn es gilt

$$\left|\frac{1}{(2k+3)^4\sqrt{2+3kx}}\right| \leq \frac{1}{(2k+3)^4} \leq \frac{1}{k^4} \quad \text{und} \quad \sum_{k=1}^{\infty} \frac{1}{k^4} < \infty .$$

## L.11.2 Potenzreihen

**Lösung 11.2.1**

a) Die geometrische Reihe $\sum_{n=0}^{\infty} x^n$ (mit $a_n = 1$) besitzt den Konvergenzradius

$$r = \lim_{n\to\infty} \left|\frac{a_n}{a_{n+1}}\right| = \lim_{n\to\infty} \left|\frac{1}{1}\right| = 1 \quad .$$

In beiden Randpunkten des Konvergenzintervalls, d.h. für $x = \pm 1$, liegt Divergenz vor.

b) Die Reihe $\sum_{n=1}^{\infty} \frac{x^n}{n}$ (mit $a_n = 1/n$) besitzt den Konvergenzradius

$$r = \lim_{n\to\infty} \left|\frac{a_n}{a_{n+1}}\right| = \lim_{n\to\infty} \left|\frac{n+1}{n}\right| = 1 \quad .$$

Im Randpunkt $x = 1$ liegt keine Konvergenz vor, denn die harmonische Reihe divergiert. Im Randpunkt $x = -1$ liegt Konvergenz vor, denn die alternierende harmonische Reihe konvergiert.

c) Die Reihe $\sum\limits_{n=1}^{\infty} \frac{x^n}{n^2}$ (mit $a_n = 1/n^2$) besitzt den Konvergenzradius

$$r = \lim_{n\to\infty} \left|\frac{a_n}{a_{n+1}}\right| = \lim_{n\to\infty} \left|\frac{n+1}{n}\right|^2 = 1 \quad .$$

In beiden Randpunkten des Konvergenzintervalls, d.h. für $x = \pm 1$, liegt Konvergenz vor.

**Lösung 11.2.2**

a) Mit $a_n = \sinh n$ ergibt sich

$$r = \lim_{n\to\infty} \left|\frac{a_n}{a_{n+1}}\right| = \lim_{n\to\infty} \left|\frac{\sinh n}{\sinh (n+1)}\right| = \lim_{n\to\infty} \left|\frac{\mathrm{e}^n - \mathrm{e}^{-n}}{\mathrm{e}^{n+1} - \mathrm{e}^{-(n+1)}}\right| = \lim_{n\to\infty} \left|\frac{1 - \mathrm{e}^{-2n}}{\mathrm{e} - \mathrm{e}^{-2n-1}}\right| = \frac{1}{\mathrm{e}}$$

b) Mit $a_n = 2^n$ und $z = x^2$ ergibt sich für die Reihe $\sum\limits_{n=0}^{\infty} a_n z^n$

$$\lim_{n\to\infty} \left|\frac{a_n}{a_{n+1}}\right| = \lim_{n\to\infty} \left|\frac{2^n}{2^{n+1}}\right| = \frac{1}{2} \quad \Rightarrow \quad r = \frac{1}{\sqrt{2}}$$

c) Die Folge $\sqrt[k]{|a_k|}$ besitzt die beiden Häufungspunkte 0 und 1. Der Konvergenzradius wird nach der Formel von Cauchy-Hadamard über den limes superior berechnet:

$$r = \frac{1}{\limsup\limits_{k\to\infty} \sqrt[k]{|a_k|}} = \frac{1}{\lim\limits_{n\to\infty} \sqrt[n]{|-n|}} = \frac{1}{\lim\limits_{n\to\infty} \sqrt[n]{n}} = 1 \quad .$$

**Lösung 11.2.3**

a) Mit $a_n = n^4 - 4n^3$ ergibt sich

$$r = \lim_{n\to\infty} \left|\frac{a_n}{a_{n+1}}\right| = \lim_{n\to\infty} \left|\frac{n^4 - 4n^3}{(n+1)^4 - 4(n+1)^3}\right| = \lim_{n\to\infty} \left|\frac{1 - \frac{4}{n}}{\left(1+\frac{1}{n}\right)^4 - \frac{4}{n}\left(1+\frac{1}{n}\right)^3}\right| = 1 \, .$$

b) Mit $a_\nu = \dfrac{1}{(4+(-1)^\nu)^{3\nu}}$ und $x = z^5$ wird zunächst die Reihe $\sum\limits_{\nu=0}^{\infty} a_\nu x^\nu$ betrachtet.

Die Folge $\sqrt[\nu]{|a_\nu|} = \left(\dfrac{1}{4+(-1)^\nu}\right)^3$ besitzt die beiden Häufungspunkte $1/5^3$ und $1/3^3$. Der Konvergenzradius wird nach der Formel von Cauchy-Hadamard über den limes superior berechnet:

$$\frac{1}{\limsup\limits_{\nu\to\infty} \sqrt[\nu]{|a_\nu|}} = 3^3 \quad .$$

Damit ergibt sich der Konvergenzradius der Ausgangsreihe $r = 3^{3/5}$.

c) Mit $a_k = k^{(\ln k)/k}$ erhält man

$$r = \frac{1}{\lim\limits_{k\to\infty} \sqrt[k]{|a_k|}} = \frac{1}{\lim\limits_{k\to\infty} \sqrt[k]{|k^{(\ln k)/k}|}} = \frac{1}{\lim\limits_{k\to\infty} \sqrt[k]{\mathrm{e}^{(\ln k)^2/k)}}} = \frac{1}{\exp\left(\lim\limits_{k\to\infty} (\ln k)/k\right)^2} = \frac{1}{\mathrm{e}^0} = 1 \, .$$

**Lösung 11.2.4**

a) $\displaystyle\sum_{n=1}^{\infty} \frac{x^n}{n2^{n+1} - 2^n} = \sum_{n=1}^{\infty} \frac{1}{2n-1}\left(\frac{x}{2}\right)^n$. Setze $z = x/2$.

Konvergenzradius für $\displaystyle\sum_{n=1}^{\infty} \frac{z^n}{2n-1}$: $\displaystyle r = \lim_{n\to\infty}\left|\frac{a_n}{a_{n+1}}\right| = \lim_{n\to\infty}\left|\frac{2n+1}{2n-1}\right| = \lim_{n\to\infty}\left|\frac{2+\frac{1}{n}}{2-\frac{1}{n}}\right| = 1.$

Für $z = 1$ liegt Divergenz vor ( $\sum\limits_{n=1}^{\infty} \frac{1}{2n}$ als Minorante) und für $z = -1$ ergibt sich Konvergenz nach dem Leibniz-Kriterium. Für $x$ erhält man also das Konvergenzintervall $[-2, 2[$ .

b) Setze $z = x^2 + 2x + 1 = (x+1)^2$. Konvergenzradius für $\displaystyle\sum_{n=1}^{\infty} \frac{z^n}{\sqrt{2n-1}}$ :

$$r = \lim_{n\to\infty}\left|\frac{a_n}{a_{n+1}}\right| = \lim_{n\to\infty} \frac{\sqrt{2n+1}}{\sqrt{2n-1}} = 1$$

Für $z = 1$ liegt Divergenz vor, denn die harmonische Reihe ist Minorante:

$$(n-1)^2 \geq 0 \Rightarrow n^2 \geq 2n-1 \Rightarrow n \geq \sqrt{2n-1} \Rightarrow \frac{1}{n} \leq \frac{1}{\sqrt{2n-1}}.$$

Für $x$ erhält man also das Konvergenzintervall $]-2, 0[$ .

c) $$r = \lim_{n\to\infty} \frac{1}{\sqrt[n]{|a_n|}} = \lim_{n\to\infty} \frac{1}{\sqrt[n]{\left(\frac{n}{n+2}\right)^{n^2}}}$$
$$= \lim_{n\to\infty} \frac{1}{\left(\frac{n}{n+2}\right)^n} = \lim_{n\to\infty}\left(\frac{n+2}{n}\right)^n = \lim_{n\to\infty}\left(1+\frac{2}{n}\right)^n = \mathrm{e}^2$$

Für $x$ erhält man also das Konvergenzintervall $]1-\mathrm{e}^2, 1+\mathrm{e}^2[$ .

**Lösung 11.2.5**

a) Nach dem Identitätssatz kann die Potenzreihe von $f$ über einen Koeffizientenvergleich bestimmt werden:

$$f(x) = \sum_{k=0}^{\infty} a_k x^k = \frac{4-2x}{1+\cos x}$$

$$\Rightarrow \quad 4 - 2x = (a_0 + a_1x + a_2x^2 + a_3x^3 + a_4x^4 + \cdots)\left(1 + \left(1 - \frac{x^2}{2} + \frac{x^4}{24} \mp \cdots\right)\right)$$

$$= 2a_0 + 2a_1x + \left(2a_2 - \frac{a_0}{2}\right)x^2 + \left(2a_3 - \frac{a_1}{2}\right)x^3 + \left(2a_4 - \frac{a_2}{2} + \frac{a_0}{24}\right)x^4 + \cdots$$

$$\Rightarrow \quad 2a_0 = 4\,, \quad 2a_1 = -2\,, \quad 2a_2 - \frac{a_0}{2} = 0\,, \quad 2a_3 - \frac{a_1}{2} = 0\,, \quad 2a_4 - \frac{a_2}{2} + \frac{a_0}{24} = 0$$

$$\Rightarrow \quad a_0 = 2\,, \quad a_1 = -1\,, \quad a_2 = \frac{1}{2}\,, \quad a_3 = -\frac{1}{4}\,, \quad a_4 = -\frac{1}{6}$$

b) $f$ ist an den Stellen $\pm\pi$ wegen $\lim\limits_{x\to\pm\pi\mp} f(x) = \mp\infty$ nicht definiert.

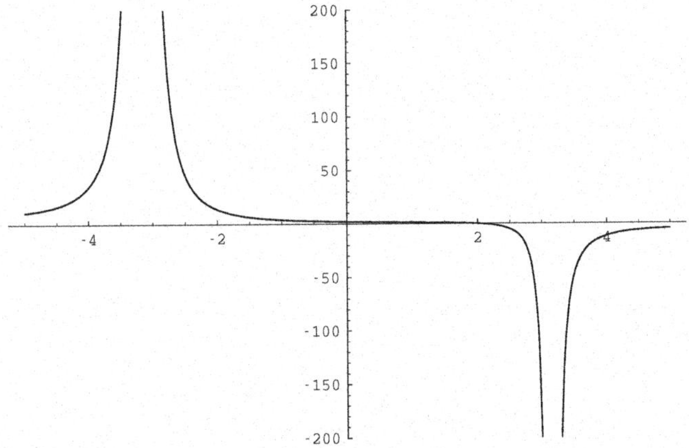


**Bild 11.2.5** $f(x) = \dfrac{4-2x}{1+\cos x}$

**Lösung 11.2.6**

a)

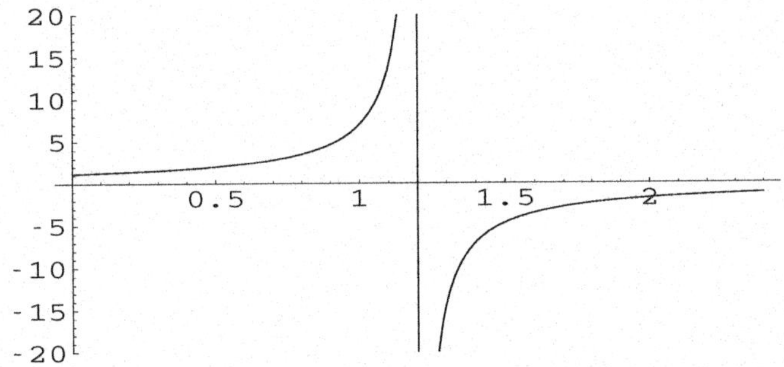


**Bild 11.2.6** $f(x) = \dfrac{7}{6-5x}$

b) $k=0$: $\quad f^{(0)} = \dfrac{7\cdot 5^0\cdot 0!}{(6-5x)^{0+1}} = \dfrac{7}{6-5x} = f(x)$

$k \to k+1$ :

$$f^{(k+1)}(x) = \left(f^{(k)}(x)\right)' = \left(\frac{7\cdot 5^k\cdot k!}{(6-5x)^{k+1}}\right)' = \frac{7\cdot 5^k(-5)\cdot k!(-(k+1))}{(6-5x)^{k+2}} = \frac{7\cdot 5^{k+1}\cdot(k+1)!}{(6-5x)^{k+2}}$$

c) Taylor-Reihe: $\quad f(x) = \displaystyle\sum_{k=0}^{\infty} \frac{7\cdot 5^k}{(6-5x_0)^{k+1}}\,(x-x_0)^k$

$$r = \lim_{k\to\infty}\left|\frac{a_k}{a_{k+1}}\right| = \lim_{k\to\infty}\left|\frac{7\cdot 5^k(6-5x_0)^{k+2}}{7\cdot 5^{k+1}(6-5x_0)^{k+1}}\right| = \left|\frac{6-5x_0}{5}\right| = \left|\frac{6}{5}-x_0\right|$$

d) Konvergenzintervall: $\quad I = ]x_0 - r, x_0 + r[$

$x_0 = 1: \quad I = \left]\dfrac{4}{5}, \dfrac{6}{5}\right[ \quad , \quad x_0 = 2: \quad I = \left]\dfrac{6}{5}, \dfrac{14}{5}\right[$

In den Randpunkten liegt keine Konvergenz vor:

Man erhält für $x_0 = 1$ und $x = \dfrac{4}{5}$ beispielsweise $\quad \displaystyle\sum_{k=0}^{\infty} \frac{7\cdot 5^k}{(6-5)^{k+1}}\left(\frac{4}{5}-1\right)^k = \sum_{k=0}^{\infty} 7\cdot(-1)^k.$

Für $x = \frac{6}{5}$ ergibt sich entsprechend $\sum\limits_{k=0}^{\infty} 7$. Läge in diesem Fall Konvergenz vor, so wäre $f$ nach dem Abelschen Grenzwertsatz dort (in der Polstelle) stetig.

e)
$$\frac{7}{6-5z} = \frac{7}{6-5z_0+5z_0-5z} = \frac{7}{6-5z_0} \cdot \frac{1}{1-\left(\frac{5(z-z_0)}{6-5z_0}\right)}$$
$$= \frac{7}{6-5z_0} \sum_{k=0}^{\infty} \left(\frac{5(z-z_0)}{6-5z_0}\right)^k = \sum_{k=0}^{\infty} \frac{7 \cdot 5^k}{(6-5z_0)^{k+1}} (z-z_0)^k$$

Die Potenzreihe stimmt also mit der Taylor-Reihe überein. Der Konvergenzradius ist gegeben durch die Konvergenzbedingung der geometrischen Reihe

$$\left|\frac{5(z-z_0)}{6-5z_0}\right| < 1 \quad \Rightarrow \quad |z-z_0| < \left|\frac{6-5z_0}{5}\right| = \left|\frac{6}{5} - z_0\right| = r.$$

Speziell für $z_0 = i$ ergibt sich die Potenzreihe $\sum\limits_{k=0}^{\infty} \frac{7 \cdot 5^k}{(6-5i)^{k+1}} (z-i)^k$.

Konvergenzradius: $r = \left|\frac{6-5i}{5}\right| = \frac{\sqrt{61}}{5}$

**Lösung 11.2.7**

a) Die Potenzreihe kann unter Verwendung der Summenformel für die geometrische Reihe bestimmt werden:

$$f(x) = \frac{x}{4-x^2} = \frac{x}{4} \cdot \frac{1}{1-(x/2)^2} = \frac{x}{4} \sum_{k=0}^{\infty} \left(\frac{x}{2}\right)^{2k} = x \sum_{k=0}^{\infty} \frac{(x^2)^k}{4^{k+1}} = \sum_{k=0}^{\infty} \frac{x^{2k+1}}{4^{k+1}}.$$

b) Der Konvergenzradius wird am besten über die Reihe $\sum\limits_{k=0}^{\infty} a_k z^k$ mit $a_k = \frac{1}{4^{k+1}}$ und $z = x^2$ ermittelt:

$$\lim_{k\to\infty} \left|\frac{a_k}{a_{k+1}}\right| = \lim_{k\to\infty} \left|\frac{4^{k+2}}{4^{k+1}}\right| = 4 \quad \Rightarrow \quad r = 2.$$

Wegen der Polstellen von $f$ bei $\pm 2$ ist kein größerer Konvergenradius möglich.

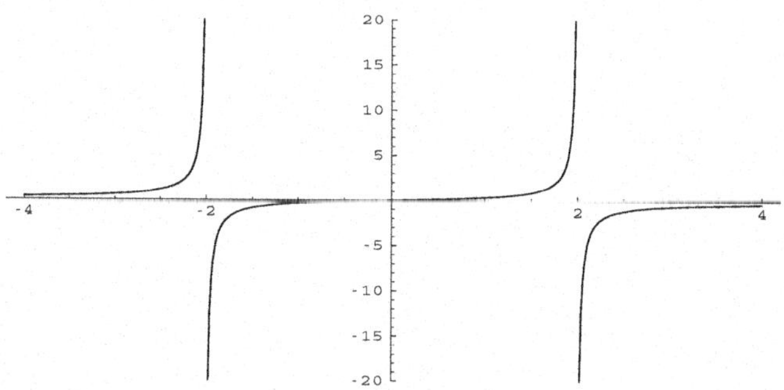


**Bild 11.2.7** $f(x) = \frac{x}{4-x^2}$

**Lösung 11.2.8**

a) $$\frac{5}{9-x^2} = \frac{5}{9} \cdot \frac{1}{1-x^2/9} = \frac{5}{9} \cdot \sum_{k=0}^{\infty} \left(\frac{x^2}{9}\right)^k = \sum_{k=0}^{\infty} \frac{5}{9^{k+1}} x^{2k}$$

Der Konvergenzradius ist durch die Bedingung $\frac{x^2}{9} < 1 \Rightarrow |x| < 3$ gegeben. In den Randpunkten $x = \pm 3$ liegt keine Konvergenz vor, denn $\sum\limits_{k=0}^{\infty} \frac{5(\pm 3)^{2k}}{9^{k+1}} = \sum\limits_{k=0}^{\infty} \frac{5}{9}$.

b) Die Koeffizienten $d_k$ der Potenzreihe $f(x) = \sum\limits_{k=0}^{\infty} d_k x^k$ ergeben sich über das Cauchy-Produkt durch

$$\sum_{k=0}^{\infty} d_k x^k = \frac{5}{9-x^2} \quad \Rightarrow \quad (9-x^2)(d_0 + d_1 x + d_2 x^2 + d_3 x^3 + d_4 x^4 + \cdots) = 5$$

$$\Rightarrow \quad 9d_0 + 9d_1 x + (9d_2 - d_0)x^2 + (9d_3 - d_1)x^3 + (9d_4 - d_2)x^4 + \cdots = 5$$

Die Koeffizienten ergeben sich nach einem Koeffizientenvergleich bzgl. der $x$-Potenzen

$$d_0 = \frac{5}{9}, \quad d_1 = 0, \quad d_k = \frac{d_{k-2}}{9} \quad \Rightarrow \quad d_{2k} = \frac{5}{9^{k+1}}, \quad d_{2k+1} = 0.$$

Die Reihenentwicklung stimmt mit der in a) überein.

**Lösung 11.2.9**

a) Mit der Regel von de l'Hospital erhält man:

$$\lim_{x \to 1/2-} \frac{e^{2x-1} - 1}{\cos(\pi x)} = \lim_{x \to 1/2-} \frac{2e^{2x-1}}{-\pi \sin(\pi x)} = -\frac{2}{\pi}.$$

Außerdem ergibt sich $\lim\limits_{x \to -1/2+} \frac{e^{2x-1} - 1}{\cos(\pi x)} = -\infty$.

b) Nach dem Identitätssatz und dem gegebenen Tipp kann die Potenzreihe von $f$ über einen Koeffizientenvergleich bestimmt werden:

$$f(x) = \sum_{k=0}^{\infty} a_k x^k = \frac{e^{2x-1} - 1}{\cos(\pi x)}$$

$$\Rightarrow \quad e^{-1}(e^{2x} - e) = (a_0 + a_1 x + a_2 x^2 + a_3 x^3 + \cdots)\left(1 - \frac{(\pi x)^2}{2} + \frac{(\pi x)^4}{24} \mp \cdots\right) \Rightarrow$$

$$e^{-1}\left(1 - e + 2x + \frac{(2x)^2}{2} + \frac{(2x)^3}{6} + \cdots\right)$$

$$= a_0 + a_1 x + \left(a_2 - \frac{a_0 \pi^2}{2}\right)x^2 + \left(a_3 - \frac{a_1 \pi^2}{2}\right)x^3 + \cdots$$

$$\Rightarrow \quad a_0 = e^{-1} - 1, \quad a_1 = 2e^{-1}, \quad a_2 = 2e^{-1} + \frac{(e^{-1} - 1)\pi^2}{2}, \quad a_3 = e^{-1}\left(\pi^2 + \frac{4}{3}\right).$$

**Lösung 11.2.10**

a) $a_0 + a_1 x + a_2 x^2 + a_3 x^3 + \cdots =: f(x) = \frac{1}{1 - \sin\left(\frac{x}{2}\right)} \quad \Rightarrow$

$$\begin{aligned} 1 &= (a_0 + a_1 x + a_2 x^2 + a_3 x^3 + \cdots)\left(1 - \left(\frac{x}{2} - \frac{1}{3!}\left(\frac{x}{2}\right)^3 \pm \cdots\right)\right) \\ &= a_0 + \left(a_1 - \frac{a_0}{2}\right)x + \left(a_2 - \frac{a_1}{2}\right)x^2 + \left(a_3 - \frac{a_2}{2} + \frac{a_0}{48}\right)x^3 + \cdots \end{aligned}$$

$$\Rightarrow a_0 = 1,\ a_1 - \frac{a_0}{2} = 0 \Rightarrow a_1 = \frac{1}{2},\ a_2 - \frac{a_1}{2} = 0 \Rightarrow a_2 = \frac{1}{4},\ a_3 - \frac{a_2}{2} + \frac{a_0}{48} = 0 \Rightarrow a_3 = \frac{5}{48}$$

b)
$$\begin{aligned} g(x) &= \sqrt{3+2x}\,, \quad g'(x) = 2\cdot\frac{1}{2}(3+2x)^{-1/2}\,, \quad g''(x) = 2^2\cdot\frac{1}{2}\cdot\frac{-1}{2}(3+2x)^{-3/2}\,, \\ g'''(x) &= 2^3\cdot\frac{1}{2}\cdot\frac{-1}{2}\cdot\frac{-3}{2}(3+2x)^{-5/2}\,, \\ &\vdots \\ g^{(k)}(x) &= (-1)^{k-1}1\cdot 3\cdot 5\cdots(2k-3)(3+2x)^{-k+1/2},\ k\ge 1 \end{aligned}$$

$$\Rightarrow \quad g(x) = \sqrt{3}+\sqrt{3}\sum_{k=1}^{\infty}\frac{(-1)^{k-1}1\cdot 3\cdot 5\cdots(2k-3)}{k!3^k}x^k$$

$$r = \lim_{k\to\infty}\left|\frac{a_k}{a_{k+1}}\right| = \lim_{k\to\infty}\frac{1\cdot 3\cdot 5\cdots(2k-3)(k+1)!3^{k+1}}{1\cdot 3\cdot 5\cdots(2k-1)k!3^k} = \lim_{k\to\infty}\frac{3(k+1)}{2k-1} = \frac{3}{2}$$

**Lösung 11.2.11**

$$\sum_{n=0}^{\infty}\frac{(3x-2)^n}{5^n(n+2)\sqrt{n+3}} = \sum_{n=0}^{\infty}\frac{3^n}{5^n(n+2)\sqrt{n+3}}\left(x-\frac{2}{3}\right)^n$$

Konvergenzradius: $r = \lim_{n\to\infty}\left|\frac{a_n}{a_{n+1}}\right| = \lim_{n\to\infty}\frac{3^n5^{n+1}(n+3)\sqrt{n+4}}{3^{n+1}5^n(n+2)\sqrt{n+3}} = \frac{5}{3}$

Konvergenz in den Randpunkten:

$x_1 = \frac{7}{3}$, Konvergenz nach dem Majorantenkriterium:

$$\sum_{n=0}^{\infty}\frac{3^n}{5^n(n+2)\sqrt{n+3}}\left(\frac{7}{3}-\frac{2}{3}\right)^n = \sum_{n=0}^{\infty}\frac{1}{(n+2)\sqrt{n+3}} \le \sum_{n=0}^{\infty}\frac{1}{(n+2)\sqrt{n+2}} = \sum_{n=2}^{\infty}\frac{1}{n^{3/2}} < \infty$$

$x_2 = -1$, Konvergenz nach dem Leibniz-Kriterium: $\sum_{n=0}^{\infty}\frac{3^n}{5^n(n+2)\sqrt{n+3}}\left(-1-\frac{2}{3}\right)^n = \sum_{n=0}^{\infty}\frac{(-1)^n}{(n+2)\sqrt{n+3}}$

Man erhält also das Konvergenzintervall $\left[-1, \frac{7}{3}\right]$.

**Lösung 11.2.12**

a) Unter Verwendung der Summenformel der geometrischen Reihe erhält man:

$$\frac{3}{3-x} = \frac{3}{2-(x-1)} = \frac{3}{2}\cdot\frac{1}{1-\left(\frac{x-1}{2}\right)} = \frac{3}{2}\sum_{k=0}^{\infty}\left(\frac{x-1}{2}\right)^k = \sum_{k=0}^{\infty}\frac{3}{2^{k+1}}(x-1)^k\,.$$

Die Formel der geometrischen Reihe durfte nur für $\left|\frac{x-1}{2}\right| < 1$ angewendet werden.

Damit erhält man den Konvergenzradius $r = 2$.

b) Die Randpunkte lauten $x_1 = 1+r = 3$: $\sum_{k=0}^{\infty}\frac{3}{2^{k+1}}(3-1)^k = \sum_{k=0}^{\infty}\frac{3}{2}$

und $x_2 = 1-r = -1$: $\sum_{k=0}^{\infty}\frac{3}{2^{k+1}}(-1-1)^k = \sum_{k=0}^{\infty}(-1)^k\cdot\frac{3}{2}$.

In beiden Fällen liegt keine Konvergenz vor, da die Folge der Summanden nicht gegen Null konvergiert.

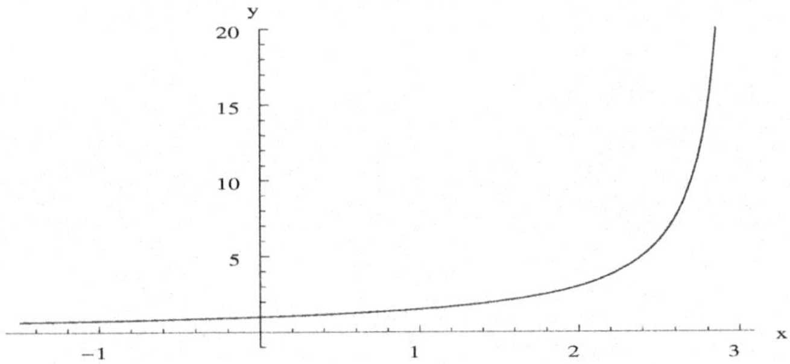


**Bild 11.2.12** $f(x) = \dfrac{3}{3-x}$

## L.11.3 Elementare Funktionen

**Lösung 11.3.1**

a) Für $g(x) = \operatorname{arsinh} x$ ergibt sich die Ableitung nach der Ableitungsregel für die Umkehrfunktion:

$$g'(x) = \frac{1}{(\sinh)'(\operatorname{arsinh} x)} = \frac{1}{\cosh(\operatorname{arsinh} x)} = \frac{1}{\sqrt{1+\sinh^2(\operatorname{arsinh} x)}} = \frac{1}{\sqrt{1+x^2}}\,.$$

b) Für $k \geq 1$ gilt (vgl. Lehrbuch 11.3.8):

$$\begin{aligned}\binom{-1/2}{k} &= \frac{-1/2\,(-1/2-1)\,(-1/2-2)\cdots(-1/2-k+1)}{k!}\\ &= (-1)^k\frac{1/2\cdot 3/2\cdots(k-1/2)}{k!} = (-1)^k\frac{1\cdot 3\cdots(2k-1)}{2^k\cdot k!}\,.\end{aligned}$$

c) Über die Binomialreihe ergibt sich die Potenzreihe von $g'$ unter Berücksichtigung von $\binom{-1/2}{0} = 1$:

$$g'(x) = \left(1+x^2\right)^{-1/2} = \sum_{k=0}^{\infty}\binom{-1/2}{k}(x^2)^k = 1 + \sum_{k=1}^{\infty}(-1)^k\frac{1\cdot 3\cdots(2k-1)}{2^k\cdot k!}x^{2k}$$

$$\Rightarrow \quad g(x) = C + x + \sum_{k=1}^{\infty}(-1)^k\frac{1\cdot 3\cdots(2k-1)}{(2k+1)2^k\cdot k!}x^{2k+1}\,.$$

Die Integrationskonstante ergibt sich aus $0 = \operatorname{arsinh} 0 = C$.

d) Der Konvergenzradius berechnet sich am besten aus der Potenzreihendarstellung:

$$g(x) = x\left(1 + \sum_{k=1}^{\infty}\underbrace{(-1)^k\frac{1\cdot 3\cdots(2k-1)}{(2k+1)2^k\cdot k!}}_{=:\,a_k}(x^2)^k\right) \quad \Rightarrow$$

$$\begin{aligned}\lim_{k\to\infty}\left|\frac{a_k}{a_{k+1}}\right| &= \lim_{k\to\infty}\left|(-1)^k\frac{1\cdot 3\cdots(2k-1)}{(2k+1)2^k\cdot k!}\cdot(-1)^{k+1}\frac{(2k+3)2^{k+1}\cdot(k+1)!}{1\cdot 3\cdots(2k+1)}\right|\\ &= \lim_{k\to\infty}\frac{2(k+1)(2k+3)}{(2k+1)^2} = 1 \quad \Rightarrow \quad r = 1\quad .\end{aligned}$$

*Bemerkung:* $g'$ besitzt im Komplexen die Singularitäten $\pm i$.

# L.12 Interpolation

## L.12.1 Problemstellung

### Lösung 12.1.1

a) Die Stützstelle sind gegeben durch

| $x_i$ | $-\pi$ | $-\frac{\pi}{2}$ | $0$ | $\frac{\pi}{2}$ | $\pi$ |
|---|---|---|---|---|---|
| $\cos x_i$ | $-1$ | $0$ | $1$ | $0$ | $-1$ |

.

$$L_0(x) = \frac{\left(x+\frac{\pi}{2}\right)x\left(x-\frac{\pi}{2}\right)(x-\pi)}{\left(-\pi+\frac{\pi}{2}\right)(-\pi)\left(-\pi-\frac{\pi}{2}\right)(-\pi-\pi)} = \frac{2\left(x+\frac{\pi}{2}\right)x\left(x-\frac{\pi}{2}\right)(x-\pi)}{3\pi^4}$$

$$L_2(x) = \frac{(x+\pi)\left(x+\frac{\pi}{2}\right)\left(x-\frac{\pi}{2}\right)(x-\pi)}{\pi\cdot\frac{\pi}{2}\cdot\left(-\frac{\pi}{2}\right)\cdot(-\pi)} = \frac{4(x+\pi)\left(x+\frac{\pi}{2}\right)\left(x-\frac{\pi}{2}\right)(x-\pi)}{\pi^4}$$

$$L_4(x) = \frac{(x+\pi)\left(x+\frac{\pi}{2}\right)x\left(x-\frac{\pi}{2}\right)}{(\pi+\pi)\left(\pi+\frac{\pi}{2}\right)\pi\left(\pi-\frac{\pi}{2}\right)} = \frac{4(x+\pi)\left(x+\frac{\pi}{2}\right)x\left(x-\frac{\pi}{2}\right)}{\pi^4}$$

$$\Rightarrow \quad p(x) = -L_0(x) + L_2(x) - L_4(x) = 1 - \frac{14}{3}\left(\frac{x}{\pi}\right)^2 + \frac{8}{3}\left(\frac{x}{\pi}\right)^4$$

b)

$$\max_{x\in I}|\cos x - p(x)| = \max_{x\in I}\left|\frac{-\sin\tau}{5!}(x+\pi)\left(x+\frac{\pi}{2}\right)x\left(x-\frac{\pi}{2}\right)(x-\pi)\right|$$

$$\le \max_{x\in I}\left|\frac{(x^2-\pi^2)x\left(x^2-\left(\frac{\pi}{2}\right)^2\right)}{5!}\right| \le \frac{\pi^2\cdot\pi\cdot\frac{3\pi^2}{4}}{5!} = \frac{3\pi^5}{480} \le 1.913$$

c)

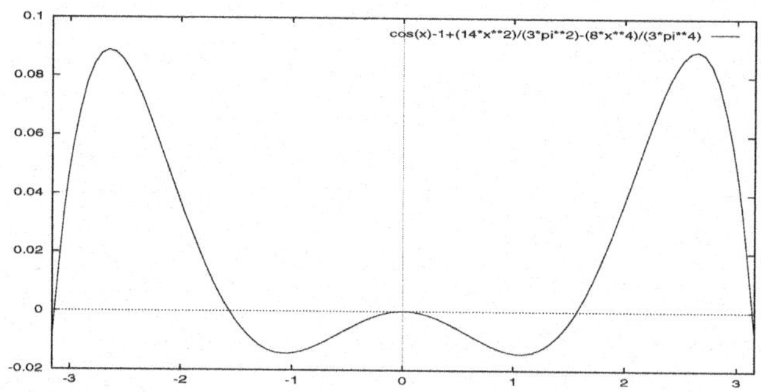


**Bild 12.1.1** Fehlerfunktion $\cos x - p(x)$

## L.12.2 Polynom-Interpolation

### Lösung 12.2.1

Die Koeffizienten der Newtonschen Darstellung des Interpolationspolynoms werden über das Schema der dividierten Differenzen berechnet:

| | | | | | |
|---|---|---|---|---|---|
| $-1$ | $1$ | | | | |
| $0$ | $3$ | $2$ | | | |
| $1$ | $3$ | $0$ | $-1$ | | |
| $3$ | $45$ | $21$ | $7$ | $2$ | |
| $2$ | $-5$ | $50$ | $29$ | $11$ | $3$ |

$\Rightarrow$

a) $p_3(t) = 1 + 2(t+1) - (t+1)t + 2(t+1)t(t-1)$

b) $p_4(t) = p_3(t) + 3(t+1)t(t-1)(t-3)$ .

*Aufgaben und Lösungen zu Mathematik für Ingenieure 1, 4.Aufl.*, R. Ansorge, H. J. Oberle, K. Rothe und Th. Sonar

ISBN: 978-3-527-40987-7

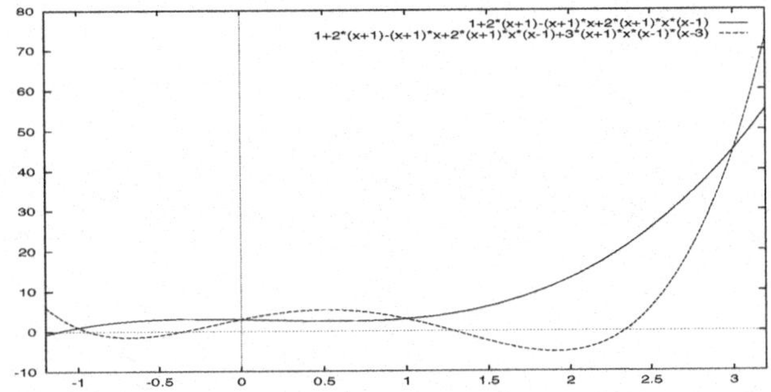


**Bild 12.2.1** Interpolationspolynome $p_3(t)$ und $p_4(t)$

**Lösung 12.2.2**
Aus dem Schema der dividierten Differenzen erhält man die Koeffizienten der Newtonschen Darstellung des Interpolationspolynoms:

| | | | | | |
|---|---|---|---|---|---|
| $-1$ | $3$ | | | | |
| $0$ | $3+i$ | $i$ | | | |
| $1$ | $1+2i$ | $i-2$ | $-1$ | | |
| $i$ | $5-2i$ | $-4$ | $2i-1$ | $i+1$ | |
| $2i$ | $35-11i$ | $-9-30i$ | $-11+8i$ | $3+5i$ | $2$ |

$$\Rightarrow \quad p(z) = 3 + i(z+1) - (z+1)z + (i+1)(z+1)z(z-1) + 2(z+1)z(z-1)(z-i)\,.$$

**Lösung 12.2.3**

a) Aus dem Schema der dividierten Differenzen erhält man die Koeffizienten der Newtonschen Darstellung des Interpolationspolynoms:

| | | | |
|---|---|---|---|
| $0.5$ | $-0.693$ | | |
| $1$ | $0$ | $1.386$ | |
| $2$ | $0.693$ | $0.693$ | $-0.462$ |

$$\Rightarrow \quad p(x) = -0.693 + 1.386(x-0.5) - 0.462(x-0.5)(x-1)$$

b) $p(1.5) = -0.693 + 1.386 - 0.462 \cdot 0.5 = 0.462$ Mit $\tau \in \,]0.5, 2[$ gilt:

$$|\ln 1.5 - p(1.5)| = \left|\frac{g'''(\tau)}{3!}(1.5-0.5)(1.5-1)(1.5-2)\right| = \left|\frac{2}{24\tau^3}\right| \begin{cases} \leq \dfrac{2^4}{24} \leq 0.6667 \\ \geq \dfrac{2}{24 \cdot 2^3} \geq 0.0104 \end{cases}$$

Der tatsächliche Fehler: $|\ln 1.5 - p(1.5)| \doteq |0.405465 - 0.462| \doteq 0.0565\,.$

**Lösung 12.2.4**

| $i$ | $x_i$ | $P_{i,0}$ | $P_{i,1}$ | $P_{i,2}$ | $P_{i,3}$ | $P_{i,4}$ | $P_{i,5}$ | |
|---|---|---|---|---|---|---|---|---|
| 0 | $-3$ | $-1$ | | | | | | |
| 1 | $-2$ | 0 | 2 | | | | | |
| 2 | $-1$ | $-1$ | $-2$ | $-4$ | | | | |
| 3 | 1 | 15 | 7 | 4 | 2 | | | |
| 4 | 2 | $-16$ | 46 | 20 | 12 | 8 | | |
| 5 | 3 | 95 | $-238$ | 180 | 62 | 32 | 20 | $=p(0)$ |

| $i$ | $x_i$ | $P_{i,0}$ | $P_{i,1}$ | $P_{i,2}$ | $P_{i,3}$ | $P_{i,4}$ | $P_{i,5}$ | |
|---|---|---|---|---|---|---|---|---|
| 0 | −3 | −1 | | | | | | |
| 1 | −2 | 0 | 2.5 | | | | | |
| 2 | −1 | −1 | −2.5 | −6.25 | | | | |
| 3 | 1 | 15 | 11.0 | 8.75 | 6.875 | | | |
| 4 | 2 | −16 | 30.5 | 20.75 | 16.250 | 13.438 | | |
| 5 | 3 | 95 | −182.5 | 83.75 | 44.375 | 30.313 | 23.281 | $= p(0.5)$ |

Das Interpolationspolynom in Newtonscher Darstellung lautet

$$\begin{aligned} p(x) &= -1+(x+3)-(x+3)(x+2)+(x+3)(x+2)(x+1) \\ &\quad -(x+3)(x+2)(x+1)(x-1)+(x+3)(x+2)(x+1)(x-1)(x-2)\,. \end{aligned}$$

**Lösung 12.2.5**

Aus dem Schema der dividierten Differenzen (vgl. Lehrbuch 12.2.7) erhält man die Koeffizienten der Newtonschen Darstellung des Interpolationspolynoms:

| | | | | |
|---|---|---|---|---|
| 0 | 1 | | | |
| 1 | 3 | 2 | | |
| 2 | 13 | 10 | 4 | |
| 3 | 67 | 54 | 22 | 6 |

$$\Rightarrow \quad p(x) = 1+2x+4x(x-1)+6x(x-1)(x-2)$$

**Lösung 12.2.6**

a) Nach Berechnung der Funktionswerte an den Stützstellen $x_i$ lautet das Schema der dividierten Differenzen

| $x_i$ | $f(x_i)$ | | |
|---|---|---|---|
| $\pi/2$ | $1+\pi/2$ | | |
| $\pi$ | $\pi$ | $\frac{\pi-2}{\pi}$ | |
| $2\pi$ | $2\pi$ | $1$ | $\frac{4}{3\pi^2}$ |

$$\Rightarrow \quad p_2(x) = \frac{2+\pi}{2} + \frac{\pi-2}{\pi}\cdot\left(x-\frac{\pi}{2}\right) + \frac{4}{3\pi^2}\cdot\left(x-\frac{\pi}{2}\right)(x-\pi)$$

b) Mit $\tau \in \left]\frac{\pi}{2}, 2\pi\right[$ gilt:

$$\left|f\left(\frac{3\pi}{2}\right)-p_2\left(\frac{3\pi}{2}\right)\right| = \left|\frac{\sin'''(\tau)}{3!}\cdot\left(\frac{3\pi}{2}-\frac{\pi}{2}\right)\left(\frac{3\pi}{2}-\pi\right)\left(\frac{3\pi}{2}-2\pi\right)\right| \le \frac{1}{3!}\left|\pi\cdot\frac{\pi}{2}\cdot\frac{-\pi}{2}\right| = \frac{\pi^3}{24}$$

c)

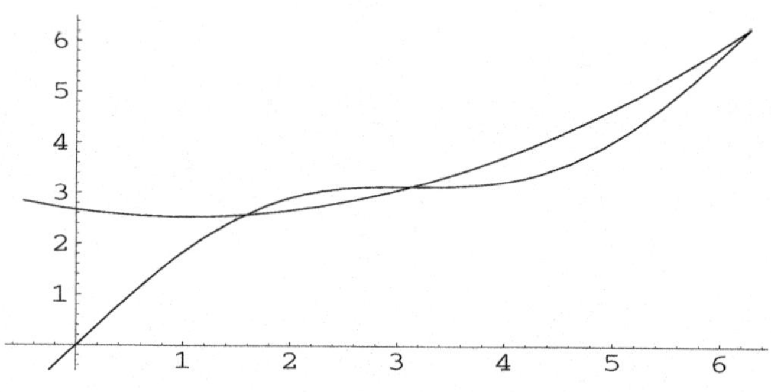


**Bild 12.2.6** $p_2(x)$ und $f(x)$

## L.12.3 Spline-Interpolation

**Lösung 12.3.1**
Die Spline-Funktion ist auf den drei Intervallen ($n = 3$)

$$I_0 := [t_0, t_1] = [-1, 0]\,, \quad I_1 := [t_1, t_2] = [0, 1]\,, \quad I_2 := [t_2, t_3] = [1, 3]$$

zu berechnen. Der Ansatz im Intervall $I_j$ lautet (vgl. Lehrbuch 12.3.5):

$$S(t) = y_j + \beta_j(t - t_j) + \gamma_j(t - t_j)^2 + \delta_j(t - t_j)^3 \quad \text{für} \quad j = 0, 1, 2\,.$$

Es ist $h_0 = 1$, $h_1 = 1$, $h_2 = 2$ und $\gamma_0 = \gamma_3 = 0$. Die übrigen $\gamma_j$ berechnen sich aus

$$\begin{pmatrix} 2(h_0 + h_1) & h_1 \\ h_1 & 2(h_1 + h_2) \end{pmatrix} \begin{pmatrix} \gamma_1 \\ \gamma_2 \end{pmatrix} = \begin{pmatrix} b_1 \\ b_2 \end{pmatrix} \text{ mit } b_j = 3\left(\frac{y_{j+1} - y_j}{h_j} - \frac{y_j - y_{j-1}}{h_{j-1}}\right)$$

$$\Rightarrow \begin{pmatrix} 4 & 1 \\ 1 & 6 \end{pmatrix} \begin{pmatrix} \gamma_1 \\ \gamma_2 \end{pmatrix} = \begin{pmatrix} -6 \\ 63 \end{pmatrix} \Rightarrow \gamma_1 = -\frac{99}{23}\,, \gamma_2 = \frac{258}{23}\,.$$

Mit den Formeln

$$\beta_j = \frac{y_{j+1} - y_j}{h_j} - \frac{(2\gamma_j + \gamma_{j+1})h_j}{3}\,, \quad \delta_j = \frac{\gamma_{j+1} - \gamma_j}{3h_j}$$

erhält man

$$\beta_0 = \frac{79}{23}\,, \beta_1 = -\frac{20}{23}\,, \beta_2 = \frac{139}{23}\,, \quad \delta_0 = -\frac{33}{23}\,, \delta_1 = \frac{119}{23}\,, \delta_2 = -\frac{43}{23}\,.$$

Damit ergibt sich der Spline

$$S(t) = \begin{cases} 1 + \frac{79}{23}(t+1) - \frac{33}{23}(t+1)^3 & \text{in } [-1, 0]\,, \\ 3 - \frac{20}{23}t - \frac{99}{23}t^2 + \frac{119}{23}t^3 & \text{in } [0, 1]\,, \\ 3 + \frac{139}{23}(t-1) + \frac{258}{23}(t-1)^2 - \frac{43}{23}(t-1)^3 & \text{in } [1, 3]\,. \end{cases}$$

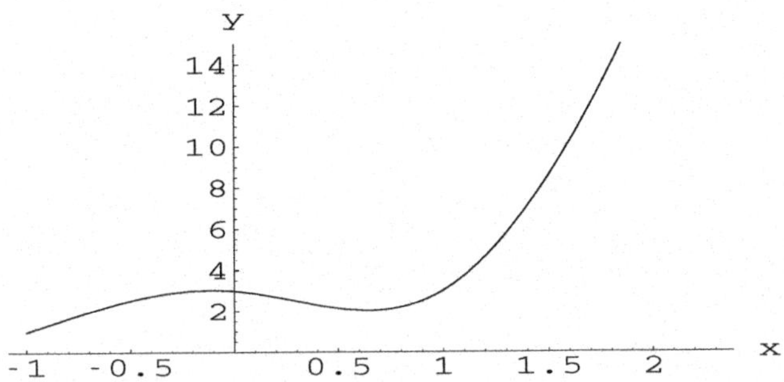


**Bild 12.3.1** $S(t)$

# L.13 Integration

## L.13.1 Das bestimmte Integral

**Lösung 13.1.1**

$$U_f(Z_n) = \sum_{i=0}^{n-1}\left(\frac{i}{n}\right)^2\left(\frac{i+1}{n}-\frac{i}{n}\right) = \frac{1}{n^3}\sum_{i=0}^{n-1} i^2 = \frac{1}{n^3}\frac{(n-1)n(2n-1)}{6} \overset{n\to\infty}{\longrightarrow} \frac{1}{3}$$

$$O_f(Z_n) = \sum_{i=0}^{n-1}\left(\frac{i+1}{n}\right)^2\left(\frac{i+1}{n}-\frac{i}{n}\right) = \frac{1}{n^3}\sum_{i=1}^{n} i^2 = \frac{1}{n^3}\frac{n(n+1)(2n+1)}{6} \overset{n\to\infty}{\longrightarrow} \frac{1}{3}$$

Damit ist $f$ integrierbar über $I = [0,1]$, und es gilt $\displaystyle\int_0^1 x^2\,\mathrm{d}x = \frac{1}{3}$ .

## L.13.2 Kriterien für Integrierbarkeit

**Lösung 13.2.1**

Zu zeigen ist, dass für alle $\varepsilon > 0$ eine Zerlegung $Z$ von $[0,1]$ existiert, so dass $O_f(Z) - U_f(Z) < \varepsilon$.

Die äquidistanten Zerlegungen $Z_n = \left\{0, \frac{1}{n}, \frac{2}{n}, \cdots, 1\right\}$ erfüllen für hinreichend großes $n$ diese Bedingung, denn

$$O_f(Z_n) - U_f(Z_n) = \sum_{i=0}^{n-1}\left(\left(\frac{i+1}{n}\right)^3 - \left(\frac{i}{n}\right)^3\right)\left(\frac{i+1}{n}-\frac{i}{n}\right) = \frac{1}{n^4}\sum_{i=0}^{n-1}\left((i+1)^3 - i^3\right)$$

$$= \frac{1}{n^4}\sum_{i=0}^{n-1}\left(3i^2+3i+1\right) = \frac{1}{n^4}\left(\frac{3(n-1)n(2n-1)}{6} + \frac{3(n-1)n}{2} + (n-1)\right) \overset{n\to\infty}{\longrightarrow} 0\,.$$

**Lösung 13.2.2**

a) Mit $x_i = \dfrac{n+i}{n}$ für $i = 0, 1, \ldots, n$ erhält man

$$\begin{aligned} U_f(Z_n) &= \sum_{i=0}^{n-1} \inf f([x_i, x_{i+1}])(x_{i+1}-x_i) = \sum_{i=0}^{n-1}\left(5 - 2\frac{n+i+1}{n}\right)\left(\frac{n+i+1}{n} - \frac{n+i}{n}\right) \\ &= \frac{1}{n^2}\sum_{i=0}^{n-1}(3n-2i-2) = \frac{1}{n^2}\left(3n^2 - (n-1)n - 2n\right) = 2 - \frac{1}{n} \\ O_f(Z_n) &= \sum_{i=0}^{n-1} \sup f([x_i, x_{i+1}])(x_{i+1}-x_i) = \sum_{i=0}^{n-1}\left(5 - 2\frac{n+i}{n}\right)\left(\frac{n+i+1}{n} - \frac{n+i}{n}\right) \\ &= \frac{1}{n^2}\sum_{i=0}^{n-1}(3n-2i) = \frac{1}{n^2}\left(3n^2 - (n-1)n\right) = 2 + \frac{1}{n} \end{aligned}$$

b) Für alle $\varepsilon > 0$ existiert ein $N$ mit $N > \dfrac{2}{\varepsilon}$, dann gilt: $O_f(Z_N) - U_f(Z_N) = \dfrac{2}{N} < \varepsilon$,
d.h., die Zerlegung $Z_N$ erfüllt das Riemannsche Kriterium und $f$ ist integrierbar. Alternativ folgt die Integrierbarkeit von $f$ natürlich auch daraus, dass $f$ monoton fällt oder stetig ist.

c) $\displaystyle\int_1^2 5 - 2x\mathrm{d}x = \left(5x - x^2\right)\Big|_1^2 = 2$

*Aufgaben und Lösungen zu Mathematik für Ingenieure 1, 4.Aufl.*, R. Ansorge, H. J. Oberle, K. Rothe und Th. Sonar

ISBN: 978-3-527-40987-7

## L.13.3 Der Hauptsatz und Anwendungen

**Lösung 13.3.1**

a) $\displaystyle\int \frac{3x^2+1}{\sqrt{x^3+x+1}}\,\mathrm{d}x \overset{u=x^3+x+1}{=} \int u^{-1/2}\,\mathrm{d}u = 2u^{1/2} + C = 2\sqrt{x^3+x+1} + C$

b) $\displaystyle\int \frac{x^5+x^3+x+1}{\sqrt[5]{x}}\,\mathrm{d}x = \int x^{24/5} + x^{14/5} + x^{4/5} + x^{-1/5}\,\mathrm{d}x$

$\displaystyle= \frac{5}{29}x^{29/5} + \frac{5}{19}x^{19/5} + \frac{5}{9}x^{9/5} + \frac{5}{4}x^{4/5} + C$

c) $\displaystyle\int \frac{\ln x}{x}\,\mathrm{d}x \overset{u=\ln x}{=} \int u\,\mathrm{d}u = \frac{1}{2}u^2 + C = \frac{1}{2}(\ln x)^2 + C$

d) $\displaystyle\int \frac{\cos x}{\sqrt{1-\sin^2 x}}\,\mathrm{d}x = \int \mathrm{d}x = x + C$

e) $\displaystyle\int (x^2+1)\mathrm{e}^{2x}\,\mathrm{d}x = \frac{\mathrm{e}^{2x}}{2}(x^2+1) - \int x\mathrm{e}^{2x}\,\mathrm{d}x = \frac{\mathrm{e}^{2x}}{2}(x^2+1) - \left(\frac{x\mathrm{e}^{2x}}{2} - \int \frac{\mathrm{e}^{2x}}{2}\,\mathrm{d}x\right)$

$\displaystyle= \frac{\mathrm{e}^{2x}}{2}(x^2+1) - \frac{x\mathrm{e}^{2x}}{2} + \frac{\mathrm{e}^{2x}}{4} + C = \frac{\mathrm{e}^{2x}}{2}\left(x^2 - x + \frac{3}{2}\right) + C$

f) $\displaystyle\int \sin x\cos^3 x\,\mathrm{d}x \overset{u=\cos x}{=} -\int u^3\,\mathrm{d}u = -\frac{u^4}{4} + C = -\frac{\cos^4 x}{4} + C$

**Lösung 13.3.2**

a) $\displaystyle\int \frac{x}{1+\sqrt{1+x^2}}\,\mathrm{d}x \overset{u=1+\sqrt{1+x^2}}{=} \int \frac{u-1}{u}\,\mathrm{d}u$

$= u - \ln u + C = 1 + \sqrt{1+x^2} - \ln(1+\sqrt{1+x^2}) + C$

b) Substitution: $u = \cos x$

$\displaystyle\int \tan x\,\mathrm{d}x = \int \frac{\sin x}{\cos x}\,\mathrm{d}x = -\int \frac{1}{u}\,\mathrm{d}u = -\ln|u| + C = -\ln|\cos x| + C$

Partielle Integration führt hier nicht zum Ziel, denn

$$\begin{aligned}\int \tan x\,\mathrm{d}x &= \int \underbrace{\sin x}_{=v'(x)}\,\underbrace{\cos^{-1} x}_{u(x)}\,\mathrm{d}x = -\cos x\cos^{-1} x + \int \cos x\sin x\cos^{-2} x\,\mathrm{d}x + C \\ &= -1 + \int \tan x\,\mathrm{d}x + C \quad\Rightarrow\quad 0 = -1 + C\end{aligned}$$

Vergisst man die Integrationskonstante, so ergibt sich $0 = -1$.

c) $\displaystyle\int \ln x\,\mathrm{d}x = x\ln x - \int \mathrm{d}x = x\ln x - x \quad\Rightarrow$

$\displaystyle\int (\ln x)^2\,\mathrm{d}x = (x\ln x - x)\ln x - \int \ln x - 1\,\mathrm{d}x = x(\ln x)^2 - 2x\ln x + 2x + C$

d) $\displaystyle\int \frac{\sqrt{1-x^2}}{x^2}\,\mathrm{d}x = -\frac{\sqrt{1-x^2}}{x} - \int \frac{1}{\sqrt{1-x^2}}\,\mathrm{d}x = -\frac{\sqrt{1-x^2}}{x} - \arcsin x + C$

e) direkte Berechnung über Funktionsumformung:

$\displaystyle\int \mathrm{e}^x\cosh x\,\mathrm{d}x = \int \mathrm{e}^x \cdot \frac{\mathrm{e}^x + \mathrm{e}^{-x}}{2}\,\mathrm{d}x = \int \frac{\mathrm{e}^{2x}+1}{2}\,\mathrm{d}x = \frac{\mathrm{e}^{2x}}{4} + \frac{x}{2} + C$

Partielle Integration führt wiederum nicht zum Ziel, denn

$$\begin{aligned}\int \mathrm{e}^x\cosh x\,\mathrm{d}x &= \mathrm{e}^x\cosh x - \int \mathrm{e}^x\sinh x\,\mathrm{d}x + C = \mathrm{e}^x\cosh x - \left(\mathrm{e}^x\sinh x - \int \mathrm{e}^x\cosh x\,\mathrm{d}x\right) + C \\ \Rightarrow\quad 0 &= \mathrm{e}^x\cosh x - \mathrm{e}^x\sinh x + C = \mathrm{e}^x\left(\frac{\mathrm{e}^x + \mathrm{e}^{-x} - (\mathrm{e}^x - \mathrm{e}^{-x})}{2}\right) + C = 1 + C\end{aligned}$$

Vergisst man die Integrationskonstante, so ergibt sich $0 = 1$.

f) $\displaystyle\int x\sin x\,\mathrm{d}x = -x\cos x + \int \cos x\,\mathrm{d}x = -x\cos x + \sin x + C$

**Lösung 13.3.3**

a) $\displaystyle\int \cosh x\sin x\,\mathrm{d}x = \sinh x\sin x - \int \sinh x\cos x\,\mathrm{d}x$

$\displaystyle= \sinh x\sin x - \cosh x\cos x - \int \cosh x\sin x\,\mathrm{d}x + \tilde{C}$

$\displaystyle\Rightarrow \int \cosh x\sin x\,\mathrm{d}x = \frac{1}{2}(\sinh x\sin x - \cosh x\cos x) + C$

b) $\displaystyle\int \tanh x\,\mathrm{d}x = \int \frac{\sinh x}{\cosh x}\,\mathrm{d}x \overset{u=\cosh x}{=} \int \frac{1}{u}\,\mathrm{d}u = \ln u + C = \ln(\cosh x) + C$

c) $\displaystyle\int x^2\cos x\,\mathrm{d}x = x^2\sin x - \int 2x\sin x\,\mathrm{d}x$

$\displaystyle= x^2\sin x + 2x\cos x - 2\int \cos x\,\mathrm{d}x = x^2\sin x + 2x\cos x - 2\sin x + C$

d) $\displaystyle\int \frac{x^3}{\sqrt{x^2+1}}\,\mathrm{d}x = \int x^2\cdot\frac{x}{\sqrt{x^2+1}}\,\mathrm{d}x = x^2\sqrt{x^2+1} - \int 2x\sqrt{x^2+1}\,\mathrm{d}x$

$\displaystyle= x^2\sqrt{x^2+1} - \frac{2}{3}\sqrt{(x^2+1)^3} + C$

e) $\displaystyle\int \sin(\ln x)\,\mathrm{d}x \overset{u=\ln x}{=} \int \mathrm{e}^u\sin u\,\mathrm{d}u = -\mathrm{e}^u\cos u + \int \mathrm{e}^u\cos u\,\mathrm{d}u$

$\displaystyle= -\mathrm{e}^u\cos u + \mathrm{e}^u\sin u - \int \mathrm{e}^u\sin u\,\mathrm{d}u$

$\displaystyle\Rightarrow \int \sin(\ln x)\,\mathrm{d}x = \frac{\mathrm{e}^u}{2}(\sin u - \cos u) + C = \frac{x}{2}(\sin(\ln x) - \cos(\ln x)) + C$

f) $\displaystyle\int \frac{x^2+2}{\sqrt{x}}\,\mathrm{d}x = \int x^{3/2} + 2x^{-1/2}\,\mathrm{d}x = \frac{2}{5}x^{5/2} + 4x^{1/2} + C$

**Lösung 13.3.4**

a) partielle Integration:

$$\int_0^1 \underset{f}{u^3}\underset{g'}{\mathrm{e}^u}\,\mathrm{d}u = \left(\underset{f}{u^3}\underset{g}{\mathrm{e}^u}\right)\Big|_0^1 - \int_0^1 \underset{f'}{3u^2}\underset{g}{\mathrm{e}^u}\,\mathrm{d}u = \left(u^3\mathrm{e}^u - 3u^2\mathrm{e}^u\right)\big|_0^1 + \int_0^1 6u\mathrm{e}^u\,\mathrm{d}u$$

$$= \left(u^3\mathrm{e}^u - 3u^2\mathrm{e}^u + 6u\mathrm{e}^u\right)\big|_0^1 - \int_0^1 6\mathrm{e}^u\,\mathrm{d}u = \left(u^3\mathrm{e}^u - 3u^2\mathrm{e}^u + 6u\mathrm{e}^u - 6\mathrm{e}^u\right)\big|_0^1 = (\mathrm{e} - 3\mathrm{e} + 6\mathrm{e} - 6\mathrm{e}) + 6$$

$= 6 - 2\mathrm{e} = 0.563436343\ldots,$

b) partielle Integration:

$$\int_1^2 \frac{1}{s^2}\ln s\,\mathrm{d}s = -\frac{\ln s}{s}\Big|_1^2 + \int_1^2 \frac{1}{s^2}\,\mathrm{d}s = -\left(\frac{\ln s}{s} + \frac{1}{s}\right)\Big|_1^2 = -\frac{\ln 2}{2} - \frac{1}{2} + 1 = \frac{1}{2} - \frac{\ln 2}{2} = 0.153426409\ldots,$$

c) Substitution: $s = \sqrt{x-2}$ bzw. $x = s^2 + 2 \quad\rightarrow\quad \mathrm{d}x = (2s)\mathrm{d}s$

$$\int_2^3 x^2\sqrt{x-2}\,\mathrm{d}x = \int_0^1 (s^2+2)^2\cdot s\cdot(2s)\,\mathrm{d}s = 2\int_0^1 s^6 + 4s^4 + 4s^2\,\mathrm{d}s$$

$$= 2s^3\left(\frac{s^4}{7} + \frac{4s^2}{5} + \frac{4}{3}\right)\Big|_0^1 = 2\left(\frac{1}{7} + \frac{4}{5} + \frac{4}{3}\right) = \frac{478}{105} = 4.552380952\ldots,$$

d) Substitution: $x = \cosh t \rightarrow \quad dx = (\sinh t)dt \quad \int\limits_0^{\ln 2} \frac{\sinh t}{\cosh^2 t}\, dt = \int\limits_1^{\cosh \ln 2} \frac{dx}{x^2} = \left(-\frac{1}{x}\right)\Bigg|_1^{5/4} = \frac{1}{5}$,

e) Polynomdivision:

$$\begin{array}{l} (x^3 + x^2) : (3x+2) = \dfrac{x^2}{3} + \dfrac{x}{9} - \dfrac{2}{27} + \dfrac{4}{27(3x+2)} \\ -(x^3 + \dfrac{2x^2}{3}) \\ \hline \quad \dfrac{x^2}{3} \\ \quad -(\dfrac{x^2}{3} + \dfrac{2x}{9}) \\ \hline \qquad -\dfrac{2x}{9} \\ \qquad -(-\dfrac{2x}{9} - \dfrac{4}{27}) \\ \hline \qquad\quad \dfrac{4}{27} \end{array}$$

$$\int\limits_{-1/3}^{0} \frac{x^3 + x^2}{3x+2}\, dx = \int\limits_{-1/3}^{0} \frac{x^2}{3} + \frac{x}{9} - \frac{2}{27} + \frac{4}{27(3x+2)}\, dx = \left(\frac{x^3}{9} + \frac{x^2}{18} - \frac{2x}{27} + \frac{4\ln(3x+2)}{81}\right)\Bigg|_{-1/3}^{0}$$

$$= \frac{4\ln(2)}{81} - \left(-\frac{1}{243} + \frac{1}{162} + \frac{2}{81}\right) = \frac{1}{486}(24\ln(2) - 13) = 0.007480519205\ldots.$$

**Lösung 13.3.5**

Der Kreis hat wegen Radius $= 1$ den Flächeninhalt $\pi$. Damit besitzen die beiden sichelförmigen Flächen den Flächeninhalt:

$$F_1 = F_2 = \frac{\pi}{4} - \left|\int\limits_0^1 x^2 - 1\, dx\right| = \frac{\pi}{4} - \left|\frac{x^3}{3} - x\Bigg|_0^1\right| = \frac{\pi}{4} - \frac{2}{3} = 0.118731496\ldots$$

Die Restfläche besitzt also den Flächeninhalt $F_3 = \pi - 2\left(\frac{\pi}{4} - \frac{2}{3}\right) = \frac{\pi}{2} + \frac{4}{3} = 2.90412966\ldots$

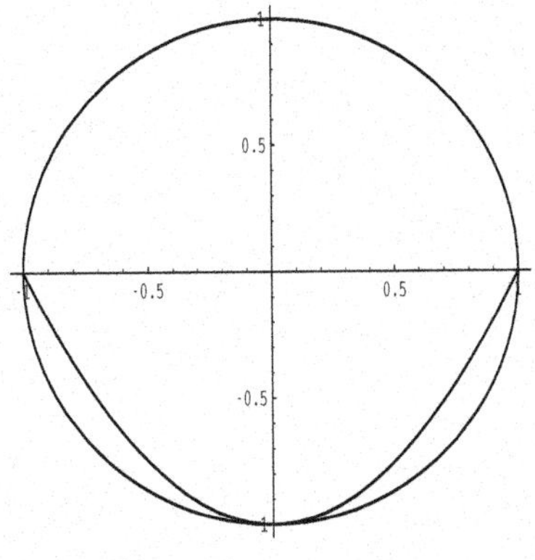


**Bild 13.3.5** Flächeninhalte

**Lösung 13.3.6**

$$\int_{-1}^{1} 1 - x^2 - (1 - |x|)\,\mathrm{d}x = 2\int_{0}^{1} 1 - x^2 - (1 - x)\,\mathrm{d}x = 2\left(\frac{x^2}{2} - \frac{x^3}{3}\right)\Big|_0^1 = \frac{1}{3}$$

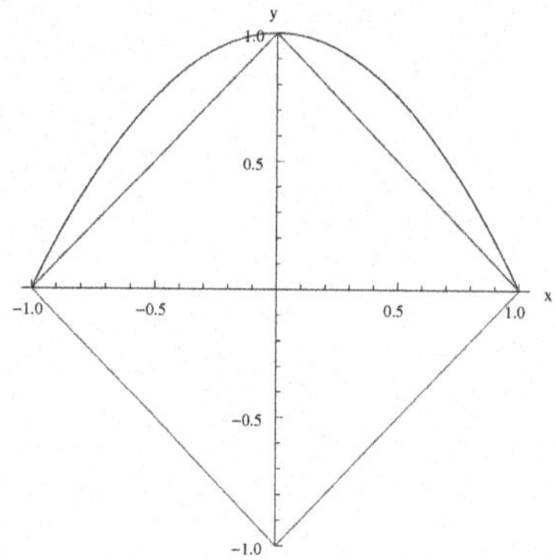


**Bild 13.3.6** Flächeninhalt

**Lösung 13.3.7**

Es gilt für $0 \le t \le 8$: $\quad w(t) = \int_{t-8}^{t} E(\tau)\,\mathrm{d}\tau = \int_{t-8}^{t} 0\,\mathrm{d}\tau = 0\,,$

für $8 \le t \le 16$:

$$w(t) = \int_{8}^{t} E(\tau)\,\mathrm{d}\tau = \int_{8}^{t} (8-\tau)(\tau-16)\,\mathrm{d}\tau = -\frac{\tau^3}{3} + 12\tau^2 - 128\tau\Big|_8^t = -\frac{t^3}{3} + 12t^2 - 128t + \frac{1280}{3}$$

und für $16 \le t \le 24$: $\quad w(t) = \int_{t-8}^{16} E(\tau)\,\mathrm{d}\tau = \int_{t-8}^{16} (8-\tau)(\tau-16)\,\mathrm{d}\tau$

$$= -\frac{\tau^3}{3} + 12\tau^2 - 128\tau\Big|_{(t-8)}^{16} = \frac{(t-8)^3}{3} - 12(t-8)^2 + 128(t-8) - \frac{1024}{3}\,.$$

**Lösung 13.3.8**

a) $m(0) = \underbrace{1000\,\mathrm{kg} + 25000\,\mathrm{kg}}_{\text{1. Stufe}} + \underbrace{500\,\mathrm{kg} + 8000\,\mathrm{kg}}_{\text{2. Stufe}} = 34500\,\mathrm{kg}$

Brenndauer 1. Stufe: $t_1 = \frac{25000}{500}\,\mathrm{s} = 50\,\mathrm{s}$ , 2. Stufe: $t_2 = \frac{8000}{40}\,\mathrm{s} = 200\,\mathrm{s}$

$$\Rightarrow \quad m(t) = \begin{cases} 34500 - 500t & \text{für} \quad 0 \le t \le 50 \\ 10500 - 40t & \text{für} \quad 50 < t \le 250 \end{cases}$$

b) Für $0 \le t \le 50$ gilt:

$$v(t) = \int_0^t \frac{F}{m(\tau)} - g\,\mathrm{d}\tau = \int_0^t \frac{2000000}{34500 - 500\tau} - 9.81\,\mathrm{d}\tau = \int_0^t \frac{4000}{69 - \tau} - 9.81\,\mathrm{d}\tau$$

$$= (-4000\ln(69-\tau) - 9.81\tau)\big|_0^t = \left(4000\ln\frac{69}{69-t} - 9.81t\right)\frac{\mathrm{m}}{\mathrm{s}}$$

$$\Rightarrow \quad v(50) = 4000 \ln \frac{69}{19} - 490.5 = 4668.17 \, \frac{\mathrm{m}}{\mathrm{s}}$$

Für $50 \leq t \leq 250$ gilt:

$$v(t) = v(50) + \int_{50}^{t} \frac{F}{m(\tau)} - g \, \mathrm{d}\tau = v(50) + \int_{50}^{t} \frac{300000}{10500 - 40\tau} - 9.81 \, \mathrm{d}\tau$$

$$= v(50) + \int_{50}^{t} \frac{15000}{525 - 2\tau} - 9.81 \, \mathrm{d}\tau = v(50) + (-7500 \ln(525 - 2\tau) - 9.81\tau)|_{50}^{t}$$

$$= \left( v(50) + 7500 \ln \frac{425}{525 - 2t} - 9.81(t - 50) \right) \frac{\mathrm{m}}{\mathrm{s}}$$

$$\Rightarrow \quad v(250) = v(50) + 7500 \ln 17 - 1962 = 23955.27 \, \frac{\mathrm{m}}{\mathrm{s}}$$

c) Für $0 \leq t \leq 50$ gilt:

$$h(t) = \int_{0}^{t} v(\tau) \, \mathrm{d}\tau = \int_{0}^{t} 4000 \ln \frac{69}{69 - \tau} - 9.81\tau \, \mathrm{d}\tau$$

$$= \left(4000(\tau \ln 69 - (69 - \tau) + (69 - \tau) \ln(69 - \tau)) - 4.905\tau^2\right)\Big|_{0}^{t}$$

$$= 4000(t \ln 69 + t + (69 - t) \ln(69 - t) - 69 \ln 69) - 4.905t^2$$

$$\Rightarrow \quad h(50) = 4000 \left( 50 + 19 \ln \frac{19}{69} \right) - 12262.5 \, \mathrm{m} = 89722.77 \, \mathrm{m}$$

Für $50 \leq t \leq 250$ gilt:

$$h(t) = h(50) + \int_{50}^{t} v(\tau) \, \mathrm{d}\tau = h(50) + \int_{50}^{t} v(50) + 7500 \ln \frac{425}{525 - 2t} - 9.81(t - 50) \, \mathrm{d}\tau$$

$$= h(50) + \left(v(50)\tau - 4.905(\tau - 50)^2\right)\Big|_{50}^{t}$$

$$+7500 \left( \tau \ln 425 - \frac{1}{2} \{(525 - 2\tau) - (525 - 2\tau) \ln(525 - 2\tau)\} \right)\Bigg|_{50}^{t}$$

$$= h(50) + v(50)(t - 50) - 4.905(t - 50)^2$$

$$+7500 \left( (t - 50) \ln 425 - \frac{1}{2} \{-2(t - 50) - (525 - 2t) \ln(525 - 2t) + 425 \ln 425\} \right)$$

$$\Rightarrow \quad h(250) = h(50) + 200v(50) - 4.905 \cdot 200^2$$

$$+7500(200 \ln 425 - \frac{1}{2}(-400 - 25 \ln 25 + 425 \ln 425)) = 2061543.037 \, \mathrm{m}$$

**Lösung 13.3.9**

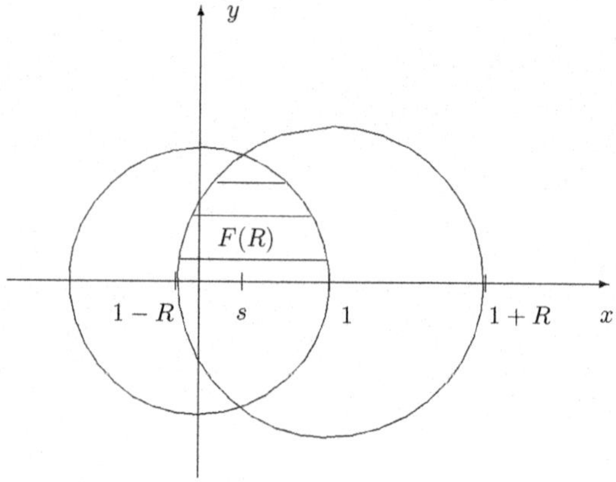


**Bild 13.3.9** Weidefläche der Ziege

Der Schnittpunkt $s$ der beiden Kreise berechnet sich aus

$$\sqrt{1-x^2} = \sqrt{R^2-(x-1)^2} \quad \Rightarrow \quad s = 1 - \frac{R^2}{2} \quad .$$

Damit ergibt sich die Fläche

$$\begin{aligned} F(R) &= R\int\limits_{1-R}^{s} \sqrt{1-\left(\frac{x-1}{R}\right)^2}\,\mathrm{d}x + \int\limits_{s}^{1} \sqrt{1-x^2}\,\mathrm{d}x \\ &= \frac{R^2}{2}\left(\arcsin\left(\frac{x-1}{R}\right) + \left(\frac{x-1}{R}\right)\sqrt{1-\left(\frac{x-1}{R}\right)^2}\right)\Bigg|_{1-R}^{s} \\ &\quad + \frac{1}{2}\left(\arcsin x + x\sqrt{1-x^2}\right)\Big|_{s}^{1} \\ &= \frac{1}{2}\left(\frac{\pi}{2}(1+R^2) - R^2\arcsin\frac{R}{2} - \arcsin\left(1-\frac{R^2}{2}\right) - R\sqrt{1-\frac{R^2}{4}}\right) \quad . \end{aligned}$$

Der Radius $R$ ergibt sich aus $g(R) := F(R) - \frac{\pi}{4} = 0$. Als Einschließung für $R$ ergibt sich aus der Zeichnung sofort $1 < R < \sqrt{2}$.

Das Newton-Verfahren zu Lösung von $g(R) = 0$ liefert mit $g(R)' = \frac{\pi R}{2} - R\arcsin\frac{R}{2}$ folgende Werte

| $n$ | $x_n$ | $g(x_n)$ | $x_n$ | $g(x_n)$ |
|---|---|---|---|---|
| 0 | 1 | $-0.17 \cdot 10^{0}$ | $\sqrt{2}$ | $0.29 \cdot 10^{0}$ |
| 1 | 1.163496671 | $0.53 \cdot 10^{-2}$ | 1.157264939 | $-0.16 \cdot 10^{-2}$ |
| 2 | 1.158730912 | $0.27 \cdot 10^{-5}$ | 1.158728709 | $0.26 \cdot 10^{-6}$ |
| 3 | 1.158728473 | $0.72 \cdot 10^{-12}$ | 1.158728473 | $0.66 \cdot 10^{-14}$ |

Wegen $-0.518 \cdot 10^{-6} = g(1.158728) < 0 < g(1.158729) = 0.535 \cdot 10^{-6}$ folgt nach dem Zwischenwertsatz $1.158728 < R < 1.158729$.

## L.13.4 Integration rationaler Funktionen

**Lösung 13.4.1**

a) $$\int \frac{x-1}{x^5-x^4+8x^3-8x^2+16x-16}\,\mathrm{d}x = \int \frac{x-1}{(x-1)(x^2+4)^2}\,\mathrm{d}x$$
$$= \frac{1}{16}\int \frac{1}{\left(\left(\frac{x}{2}\right)^2+1\right)^2}\,\mathrm{d}x \overset{t=x/2}{=} \frac{1}{8}\int \frac{1}{(t^2+1)^2}\,\mathrm{d}t$$
$$= \frac{1}{16}\left(\int \frac{1}{t^2+1}\,\mathrm{d}t + \frac{t}{t^2+1}\right) = \frac{1}{16}\arctan\left(\frac{x}{2}\right) + \frac{1}{8}\frac{x}{x^2+4} + C$$

b) $$\int \frac{x}{x^2-4x+8}\,\mathrm{d}x = \int \frac{x}{(x-2)^2+4}\,\mathrm{d}x = \frac{1}{2}\int \frac{2x-4}{(x-2)^2+4}\,\mathrm{d}x + \int \frac{2}{(x-2)^2+4}\,\mathrm{d}x$$
$$= \frac{1}{2}\ln((x-2)^2+4) + \frac{1}{2}\int \frac{1}{\left(\frac{x-2}{2}\right)^2+1}\,\mathrm{d}x = \frac{1}{2}\ln((x-2)^2+4) + \arctan\left(\frac{x-2}{2}\right) + C$$

c) $$\int \frac{2x^6+x^5+12x^3-7x^2+5x-2}{2x^5-x^4+2x^3-x^2}\,\mathrm{d}x = \int x+1+\frac{-x^4+11x^3-6x^2+5x-2}{x^2(2x-1)(x^2+1)}\,\mathrm{d}x$$

Ansatz für die Partialbruchzerlegung:

$$\frac{-x^4+11x^3-6x^2+5x-2}{x^2(2x-1)(x^2+1)} = \frac{A}{x}+\frac{B}{x^2}+\frac{C}{2x-1}+\frac{Dx+E}{x^2+1}$$

$$\Rightarrow -x^4+11x^3-6x^2+5x-2$$
$$= Ax(2x-1)(x^2+1)+B(2x-1)(x^2+1)+Cx^2(x^2+1)+(Dx+E)x^2(2x-1)$$

Einsetzen auf beiden Seiten von:

$$x=\frac{1}{2} \Rightarrow C=1\,, \quad x=0 \Rightarrow B=2\,, \quad x=i \Rightarrow D=0 \wedge E=3$$

Ableiten beider Seiten und $x=0$ einsetzen führt auf $A=-1$. Damit lautet die Partialbruchzerlegung

$$\frac{-x^4+11x^3-6x^2+5x-2}{x^2(2x-1)(x^2+1)} = -\frac{1}{x}+\frac{2}{x^2}+\frac{1}{2x-1}+\frac{3}{x^2+1}$$

$$\Rightarrow \quad \int \frac{2x^6+x^5+12x^3-7x^2+5x-2}{2x^5-x^4+2x^3-x^2}\,\mathrm{d}x = \frac{(x+1)^2}{2}-\ln|x|-\frac{2}{x}+\frac{\ln|2x-1|}{2}+3\arctan x+C$$

**Lösung 13.4.2**

a)

$$\int \frac{x^3-x^2-3x+12}{x^2+x-6}\,\mathrm{d}x = \int x-2+\frac{5x}{(x+3)(x-2)}\,\mathrm{d}x$$

Ansatz für die Partialbruchzerlegung:

$$\frac{5x}{(x+3)(x-2)} = \frac{A}{x+3}+\frac{B}{x-2} \quad \Rightarrow \quad 5x = A(x-2)+B(x+3)\,.$$

Einsetzen auf beiden Seiten von: $x=2 \Rightarrow B=2\,, \quad x=-3 \Rightarrow A=3$

$$\Rightarrow \quad \int \frac{x^3-x^2-3x+12}{x^2+x-6}\,\mathrm{d}x = \int x-2+\frac{3}{x+3}+\frac{2}{x-2}\,\mathrm{d}x$$
$$= \frac{(x-2)^2}{2}+3\ln|x+3|+2\ln|x-2|+C$$

b)

$$\int \frac{e^{3x}+e^{2x}+2e^{x}}{e^{3x}+e^{2x}+e^{x}+1}\,dx \overset{t=e^x}{=} \int \frac{t^3+t^2+2t}{t(t^3+t^2+t+1)}\,dt = \int \frac{t^2+t+2}{(t^2+1)(t+1)}\,dt$$

$$= \int \frac{1}{t^2+1} + \frac{1}{t+1}\,dt = \arctan t + \ln|t+1| + C = \arctan e^x + \ln(e^x+1) + C$$

**Lösung 13.4.3**

a)

$$\int \frac{5x^3-x^2+9x+7}{x^4+2x^3-2x^2-6x+5}\,dx = \int \frac{5x^3-x^2+9x+7}{(x-1)^2((x+2)^2+1)}\,dx$$

Ansatz für die Partialbruchzerlegung:

$$\frac{5x^3-x^2+9x+7}{(x-1)^2((x+2)^2+1)} = \frac{A}{x-1} + \frac{B}{(x-1)^2} + \frac{Cx+D}{(x+2)^2+1}$$

$$\Rightarrow \quad 5x^3-x^2+9x+7 = A(x-1)((x+2)^2+1) + B((x+2)^2+1) + (Cx+D)(x-1)^2$$

Einsetzen auf beiden Seiten von $x=1 \Rightarrow B=2$

$B=2$ einsetzen und ableiten ergibt: $15x^2-6x+1 = A(x^2+4x+5)+(x-1)q(x)$

Einsetzen auf beiden Seiten von $x=1 \Rightarrow A=1$ und oben eingesetzt

$$\Rightarrow \quad 4x^3-6x^2+2 = (Cx+D)(x-1)^2$$

Einsetzen auf beiden Seiten von: $x=0 \Rightarrow D=2\,,\quad x=2 \Rightarrow C=4$

$$\Rightarrow \quad \int \frac{5x^3-x^2+9x+7}{x^4+2x^3-2x^2-6x+5}\,dx = \int \frac{1}{x-1} + \frac{2}{(x-1)^2} + \frac{4x+2}{(x+2)^2+1}\,dx$$

$$= \ln|x-1| - \frac{2}{x-1} + 2\int \frac{2(x+2)}{(x+2)^2+1}\,dx - \int \frac{6}{(x+2)^2+1}\,dx$$

$$= \ln|x-1| - \frac{2}{x-1} + 2\ln((x+2)^2+1) - 6\arctan(x+2) + C$$

b)

$$\int \frac{1}{\sin x + \cos x}\,dx \overset{t=\tan(x/2)}{=} -\int \frac{2}{t^2-2t-1}\,dt$$

$$= -\frac{1}{\sqrt{2}}\int \frac{1}{t-(1+\sqrt{2})} - \frac{1}{t-(1-\sqrt{2})}\,dt = \frac{1}{\sqrt{2}}\ln\left(\frac{t-(1-\sqrt{2})}{t-(1+\sqrt{2})}\right) + C$$

$$= \frac{1}{\sqrt{2}}\ln\left(\frac{\tan\frac{x}{2}-(1-\sqrt{2})}{\tan\frac{x}{2}-(1+\sqrt{2})}\right) + C$$

**Lösung 13.4.4**

a)

$$\int \frac{2e^{2x}+3e^{x}-2}{e^{2x}-e^{x}-2}\,dx \overset{t=e^x}{=} \int \frac{2t^2+3t-2}{t(t+1)(t-2)}\,dt$$

Ansatz für die Partialbruchzerlegung:

$$\frac{2t^2+3t-2}{t(t+1)(t-2)} = \frac{A}{t} + \frac{B}{t+1} + \frac{C}{t-2}$$

$$\Rightarrow \quad 2t^2+3t-2 = A(t+1)(t-2) + Bt(t-2) + Ct(t+1) \quad .$$

Einsetzen auf beiden Seiten von: $t=0 \Rightarrow A=1\,,\ t=-1 \Rightarrow B=-1\,,\ t=2 \Rightarrow C=2$

$$\Rightarrow \quad \int \frac{2t^2+3t-2}{t(t+1)(t-2)}\,dt = \int \frac{1}{t} - \frac{1}{t+1} + \frac{2}{t-2}\,dt$$

$$\Rightarrow \quad \int \frac{2e^{2x}+3e^{x}-2}{e^{2x}-e^{x}-2}\,dx = x - \ln(e^x+1) + 2\ln|e^x-2| + C \quad .$$

b)

$$\int \frac{1+\sin x}{1+\cos x}\,\mathrm{d}x \overset{t=\tan(x/2)}{=} \int \frac{1+\frac{2t}{1+t^2}}{1+\frac{1-t^2}{1+t^2}} \cdot \frac{2}{1+t^2}\,\mathrm{d}t = \int 1 + \frac{2t}{1+t^2}\,\mathrm{d}t$$

$$= t + \ln(1+t^2) + C = \tan\frac{x}{2} + \ln\left(1+\tan^2\frac{x}{2}\right) + C$$

**Lösung 13.4.5**

a) $\int \frac{4x^3-7x+2}{2x+1}\,\mathrm{d}x = \int 2x^2 - x - 3 + \frac{5}{2x+1}\,\mathrm{d}x = \frac{2}{3}x^3 - \frac{1}{2}x^2 - 3x + \frac{5}{2}\ln|2x+1| + K$

b) Partialbruchzerlegungsansatz:

$$\frac{x^2-x+7}{x^3-3x^2+4x-12} = \frac{x^2-x+7}{(x-3)(x^2+4)} = \frac{A}{x-3} + \frac{Bx+C}{x^2+4}$$

$$\Rightarrow \quad x^2-x+7 = A(x^2+4) + (Bx+C)(x-3)$$

$x=3: \quad 13 = A(9+4) \quad \Rightarrow \quad A = 1$

$x=0: \quad 7 = 4-3C \quad \Rightarrow \quad C = -1$

$x=1: \quad 7 = 5 + (B-1)(-2) \quad \Rightarrow \quad B = 0$

$$\int \frac{x^2-x+7}{x^3-3x^2+4x-12}\,\mathrm{d}x = \int \frac{1}{x-3} - \frac{1}{x^2+4}\,\mathrm{d}x = \ln|x-3| - \frac{1}{2}\arctan\frac{x}{2} + K$$

**Lösung 13.4.6**

a)

$$\begin{aligned}\int \frac{2x+1}{x^2+2x+2}\mathrm{d}x &= \int \frac{2x+2-1}{x^2+2x+2}\mathrm{d}x = \int \frac{2x+2}{x^2+2x+2}\mathrm{d}x - \int \frac{1}{x^2+2x+2}\mathrm{d}x \\ &= \ln(x^2+2x+2) - \int \frac{1}{(x+1)^2+1}\mathrm{d}x = \ln(x^2+2x+2) - \arctan(x+1) + C\end{aligned}$$

b)

$$\int \frac{2x+1}{x^3+2x^2+x}\mathrm{d}x = \int \frac{2x+1}{x(x+1)^2}\mathrm{d}x$$

Partialbruchzerlegungsansatz:

$$\frac{2x+1}{x(x+1)^2} = \frac{A}{x} + \frac{B}{x+1} + \frac{C}{(x+1)^2} = \frac{A(x+1)^2 + Bx(x+1) + Cx}{x(x+1)^2}$$

Koeffizientenvergleich:

$$2x+1 = Ax^2 + 2Ax + A + Bx^2 + Bx + Cx = (A+B)x^2 + (2A+B+C)x + A$$

$\Rightarrow \quad A = 1\,,\ B = -1$ und $C = 1$

$$\int \frac{2x+1}{x^3+2x^2+x}\mathrm{d}x = \int \frac{1}{x} - \frac{1}{x+1} + \frac{1}{(x+1)^2}\mathrm{d}x = \ln|x| - \ln|x+1| - \frac{1}{x+1} + C\,.$$

**Lösung 13.4.7**

a)

$$\int \frac{2x^4+5x^2+2x+16}{x^4-x^3+2x^2+4x}\,\mathrm{d}x = \int 2 + \frac{2x^3+x^2-6x+16}{x(x+1)((x-1)^2+3)}\,\mathrm{d}x$$

Ansatz für die Partialbruchzerlegung:

$$\frac{2x^3+x^2-6x+16}{x(x+1)((x-1)^2+3)} = \frac{A}{x} + \frac{B}{x+1} + \frac{Cx+D}{(x-1)^2+3}$$

$$\Rightarrow \quad 2x^3 + x^2 - 6x + 16 = A(x+1)((x-1)^2+3) + Bx((x-1)^2+3) + (Cx+D)x(x+1)$$

Einsetzen auf beiden Seiten von:

$x = 0 \Rightarrow A = 4$, $x = -1 \Rightarrow B = -3$, $x = 1 \Rightarrow C + D = -1$,

$x = 2 \Rightarrow 2C + D = 0 \Rightarrow C = 1 \wedge D = -2$

$$\Rightarrow \quad \int \frac{2x^4 + 5x^2 + 2x + 16}{x^4 - x^3 + 2x^2 + 4x}\,\mathrm{d}x = \int 2 + \frac{4}{x} - \frac{3}{x+1} + \frac{x-2}{(x-1)^2+3}\,\mathrm{d}x$$

$$\begin{aligned} \int \frac{x-2}{(x-1)^2+3}\,\mathrm{d}x &= \frac{1}{2}\int \frac{2(x-1)}{(x-1)^2+3}\,\mathrm{d}x - \int \frac{1}{(x-1)^2+3}\,\mathrm{d}x \\ &= \frac{1}{2}\ln((x-1)^2+3) - \frac{1}{3}\int \frac{1}{\left(\frac{x-1}{\sqrt{3}}\right)^2 + 1}\,\mathrm{d}x \\ &= \frac{1}{2}\ln((x-1)^2+3) - \frac{1}{\sqrt{3}}\arctan\left(\frac{x-1}{\sqrt{3}}\right) + C \end{aligned}$$

$$\Rightarrow \quad \int \frac{2x^4 + 5x^2 + 2x + 16}{x^4 - x^3 + 2x^2 + 4x}\,\mathrm{d}x$$

$$= 2x + 4\ln|x| - 3\ln|x+1| + \frac{1}{2}\ln((x-1)^2+3) - \frac{1}{\sqrt{3}}\arctan\left(\frac{x-1}{\sqrt{3}}\right) + C$$

b)

$$\int \frac{\mathrm{e}^{3x} + 3\mathrm{e}^{2x} - 2\mathrm{e}^x}{\mathrm{e}^{3x} - \mathrm{e}^{2x} + \mathrm{e}^x - 1}\,\mathrm{d}x \overset{t=\mathrm{e}^x}{=} \int \frac{t^3 + 3t^2 - 2t}{t(t^3 - t^2 + t - 1)}\,\mathrm{d}t = \int \frac{t^2 + 3t - 2}{(t-1)(t^2+1)}\,\mathrm{d}t$$

Ansatz für die Partialbruchzerlegung:

$$\frac{t^2 + 3t - 2}{(t-1)(t^2+1)} = \frac{A}{t-1} + \frac{Bt + C}{t^2+1}$$

$$\Rightarrow \quad t^2 + 3t - 2 = A(t^2+1) + (Bt + C)(t-1)\,.$$

Einsetzen auf beiden Seiten von:

$$t = 1 \Rightarrow A = 1\,, \quad t = 0 \Rightarrow C = 3\,, \quad t = 2 \Rightarrow B = 0$$

$$\int \frac{t^2 + 3t - 2}{(t-1)(t^2+1)}\,\mathrm{d}t = \int \frac{1}{t-1} + \frac{3}{t^2+1}\,\mathrm{d}t = \ln|t-1| + 3\arctan t + C$$

$$\Rightarrow \quad \int \frac{\mathrm{e}^{3x} + 3\mathrm{e}^{2x} - 2\mathrm{e}^x}{\mathrm{e}^{3x} - \mathrm{e}^{2x} + \mathrm{e}^x - 1}\,\mathrm{d}x = \ln|\mathrm{e}^x - 1| + 3\arctan \mathrm{e}^x + C$$

**Lösung 13.4.8**

a) Polynomdivision: $\dfrac{x^3 - 4x^2 - 12x + 13}{x^2 - x - 12} = x - 3 - \dfrac{3x + 23}{x^2 - x - 12}$

Nennerfaktorisierung: $x^2 - x - 12 = (x-4)(x+3)$

Partialbruchzerlegungsansatz: $\dfrac{3x + 23}{(x-4)(x+3)} = \dfrac{A}{x-4} + \dfrac{B}{x+3}$

Koeffizientenberechnung: $3x + 23 = A(x+3) + B(x-4)$

$x = 4: \quad 3 \cdot 4 + 23 = 35 = A(4+3) \quad \Rightarrow \quad A = 5$

$x = -3: \quad 3 \cdot (-3) + 23 = 14 = B(-3-4) \quad \Rightarrow \quad B = -2$

Integration:

$$\begin{aligned} \int \frac{x^3 - 4x^2 - 12x + 13}{x^2 - x - 12}\,\mathrm{d}x &= \int x - 3 - \frac{5}{x-4} + \frac{2}{x+3}\,\mathrm{d}x \\ &= \frac{x^2}{2} - 3x - 5\ln|x-4| + 2\ln|x+3| + C \end{aligned}$$

b) $\displaystyle\int \frac{\mathrm{e}^x}{\mathrm{e}^{2x}+1}\,\mathrm{d}x \overset{t=\mathrm{e}^x}{=} \int \frac{t}{t^2+1}\cdot\frac{\mathrm{d}t}{t} = \arctan t + K = \arctan(\mathrm{e}^x) + K$

**Lösung 13.4.9**

a) Partialbruchzerlegungsansatz:

$$\frac{7x^2+4x+9}{(x+3)(x^2-2x+5)} = \frac{A}{x+3} + \frac{Bx+C}{(x-1)^2+4}$$

$$\Rightarrow \quad 7x^2+4x+9 = A((x-1)^2+4) + (x+3)(Bx+C)$$

Nullstelle $x = -3$ einsetzen:

$60 = 7(-3)^2 + 4(-3) + 9 = A((-3-1)^2+4) = 20 \quad \Rightarrow \quad A = 3$

Einsetzen weiterer $x$-Werte:

$x = 0: \quad 9 = A(1+4) + 3C = 15 + 3C \quad \Rightarrow \quad C = -2$

$x = 1: \quad 20 = 4A + 4(B+C) = 4 + 4B \quad \Rightarrow \quad B = 4$

$$\begin{aligned}
&\int \frac{7x^2+4x+9}{(x+3)(x^2-2x+5)}\,\mathrm{d}x = \int \frac{3}{x+3} + \frac{4x-2}{(x-1)^2+4}\,\mathrm{d}x + C\\
&= 3\ln|x+3| + \int 2\cdot\frac{2(x-1)}{(x-1)^2+4} + \frac{2}{(x-1)^2+4}\,\mathrm{d}x + C\\
&= 3\ln|x+3| + 2\ln|(x-1)^2+4| + \frac{1}{2}\int \frac{1}{((x-1)/2)^2+1}\,\mathrm{d}x + C\\
&= 3\ln|x+3| + 2\ln|(x-1)^2+4| + \arctan\left(\frac{x-1}{2}\right) + C
\end{aligned}$$

b) $\displaystyle\int \frac{2\mathrm{e}^{2x}+\mathrm{e}^x}{\mathrm{e}^{2x}+1}\,\mathrm{d}x \overset{t=\mathrm{e}^x}{=} \int \frac{2t^2+t}{t^2+1}\,\frac{\mathrm{d}t}{t} = \int \frac{2t+1}{t^2+1}\,\mathrm{d}t$

$= \ln(t^2+1) + \arctan t + C = \ln(\mathrm{e}^{2x}+1) + \arctan \mathrm{e}^x + C$

## L.13.5 Uneigentliche Integrale

**Lösung 13.5.1**

$$\begin{aligned}
\Gamma(x+1) &= \int_0^\infty \mathrm{e}^{-t}t^{(x+1)-1}\,\mathrm{d}t = \lim_{a\to\infty}\int_0^a \mathrm{e}^{-t}t^x\,\mathrm{d}t\\
&= \lim_{a\to\infty}\left\{\left(-t^x\mathrm{e}^{-t}\right)\Big|_0^a + \int_0^a x\mathrm{e}^{-t}t^{x-1}\,\mathrm{d}t\right\} = \lim_{a\to\infty} x\int_0^a \mathrm{e}^{-t}t^{x-1}\,\mathrm{d}t = x\Gamma(x)
\end{aligned}$$

Induktion:

$n = 1: \quad \Gamma(1) = \displaystyle\int_0^\infty \mathrm{e}^{-t}\,\mathrm{d}t = \lim_{a\to\infty}\int_0^a \mathrm{e}^{-t}\,\mathrm{d}t = \lim_{a\to\infty}\left(-\mathrm{e}^{-t}\right)\Big|_0^a = 1 = 0!$

$n \to n+1: \quad \Gamma(n+1) = n\Gamma(n) = n(n-1)! = n! = ((n+1)-1)!$

**Lösung 13.5.2**

a) (i) $$\int_0^\infty \frac{x}{x^4+2x^2+1}\,\mathrm{d}x = \underbrace{\int_0^1 \frac{x}{(x^2+1)^2}\,\mathrm{d}x}_{\text{existiert}} + \int_1^\infty \frac{x}{(x^2+1)^2}\,\mathrm{d}x$$

$$\int_1^\infty \frac{x}{(x^2+1)^2}\,\mathrm{d}x = \lim_{t\to\infty}\int_1^t \frac{x}{(x^2+1)^2}\,\mathrm{d}x \le \lim_{t\to\infty}\int_1^t \frac{x}{x^4}\,\mathrm{d}x = \lim_{t\to\infty} -\frac{x^{-2}}{2}\Big|_1^t = \frac{1}{2}$$

Damit existiert das Integral.

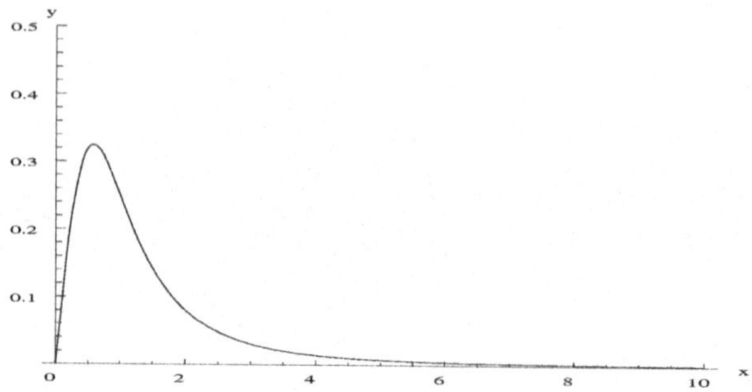


**Bild 13.5.2 a) (i)** $f(x) = \dfrac{x}{x^4+2x^2+1}$

(ii) $$\int_0^\infty \frac{x+1}{\sqrt{x^4+1}}\,\mathrm{d}x = \underbrace{\int_0^1 \frac{x+1}{\sqrt{x^4+1}}\,\mathrm{d}x}_{\text{existiert}} + \int_1^\infty \frac{x+1}{\sqrt{x^4+1}}\,\mathrm{d}x$$

$$\int_1^\infty \frac{x+1}{\sqrt{x^4+1}}\,\mathrm{d}x = \lim_{t\to\infty}\int_1^t \frac{x+1}{\sqrt{x^4+1}}\,\mathrm{d}x \ge \lim_{t\to\infty}\int_1^t \frac{x}{\sqrt{x^4+x^4}}\,\mathrm{d}x = \lim_{t\to\infty} \frac{\ln x}{\sqrt{2}}\Big|_1^t = \infty$$

Damit existiert das Integral nicht.

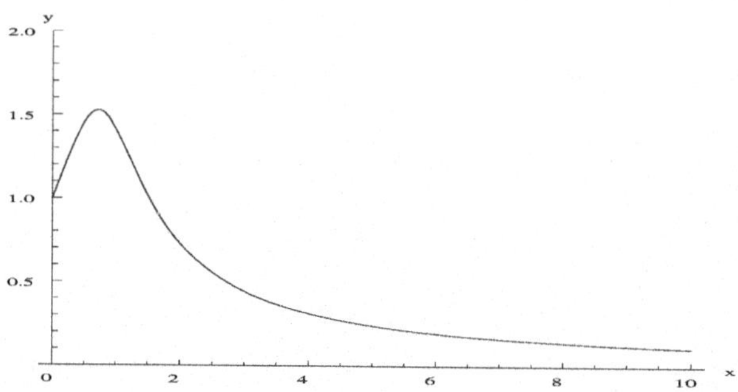


**Bild 13.5.2 a) (ii)** $f(x) = \dfrac{x+1}{\sqrt{x^4+1}}$

b) (i) $$\int_0^2 \frac{\mathrm{d}x}{\sqrt{|1-x^2|}} = \int_0^1 \frac{\mathrm{d}x}{\sqrt{1-x^2}} + \int_1^2 \frac{\mathrm{d}x}{\sqrt{x^2-1}}$$

$$= \lim_{t\to 1-} \arcsin x\big|_0^t + \lim_{s\to 1+} \ln(x+\sqrt{x^2-1})\Big|_s^2 = \frac{\pi}{2} + \ln(2+\sqrt{3})$$

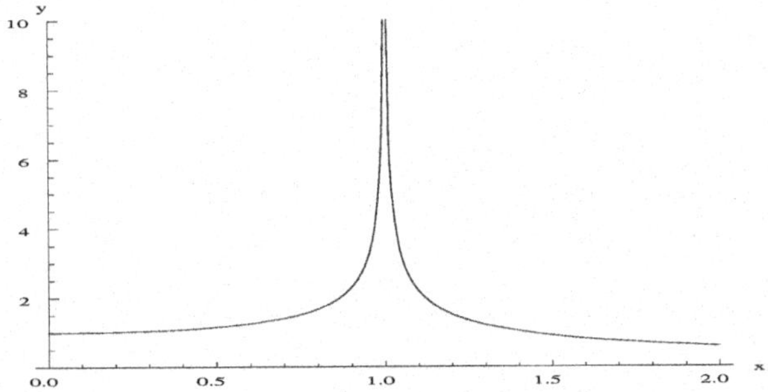


**Bild 13.5.2 b) (i)** $f(x) = \dfrac{1}{\sqrt{|1 - x^2|}}$

(ii)

$$\int_0^3 \frac{x+1}{x^2-1}\,\mathrm{d}x = \int_0^1 \frac{1}{x-1}\,\mathrm{d}x + \int_1^3 \frac{1}{x-1}\,\mathrm{d}x$$

Das Integral existiert nicht, denn

$$\int_0^1 \frac{1}{x-1}\,\mathrm{d}x = \lim_{t\to 1-} \int_0^t \frac{1}{x-1}\,\mathrm{d}x = \lim_{t\to 1-} \ln|x-1|\,\Big|_0^t = -\infty\,.$$

Berechnung des Cauchyschen Hauptwertes:

$$\int_0^3 \frac{x+1}{x^2-1}\,\mathrm{d}x = \lim_{\varepsilon\to 0+} \left( \int_0^{1-\varepsilon} \frac{1}{x-1}\,\mathrm{d}x + \int_{1+\varepsilon}^3 \frac{1}{x-1}\,\mathrm{d}x \right)$$

$$= \lim_{\varepsilon\to 0+} \left( \ln|x-1|\,\Big|_0^{1-\varepsilon} + \ln|x-1|\,\Big|_{1+\varepsilon}^3 \right) = \lim_{\varepsilon\to 0+} (\ln|\varepsilon| + \ln 2 - \ln|\varepsilon|) = \ln 2\,.$$

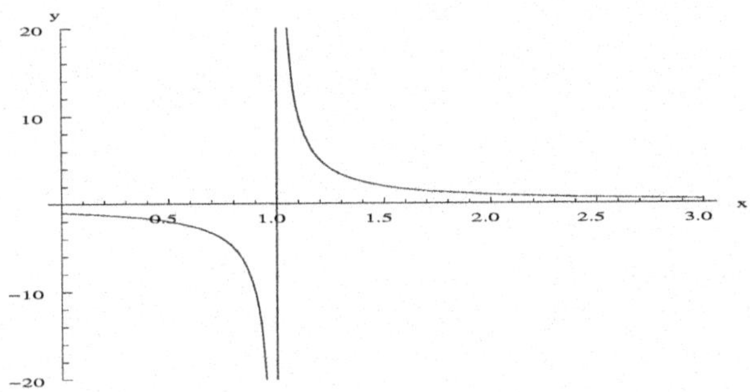


**Bild 13.5.2 b) (ii)** $f(x) = \dfrac{x+1}{x^2-1}$

**Lösung 13.5.3**

a) (i) $$\int_0^\infty \frac{x-1}{x^3+1}\,\mathrm{d}x = \underbrace{\int_0^1 \frac{x-1}{x^3+1}\,\mathrm{d}x}_{\text{existiert}} + \int_1^\infty \frac{x-1}{x^3+1}\,\mathrm{d}x$$

$$\int_1^\infty \frac{x-1}{x^3+1}\,\mathrm{d}x = \lim_{t\to\infty} \int_1^t \frac{x-1}{x^3+1}\,\mathrm{d}x \le \lim_{t\to\infty} \int_1^t \frac{1}{x^2}\,\mathrm{d}x = \lim_{t\to\infty} -\frac{1}{x}\Big|_1^t = 1$$

Damit existiert das Integral.

(ii) $$\int\limits_0^\infty \frac{x^2}{\sqrt{x^6+2x^2+1}}\,dx = \underbrace{\int\limits_0^1 \frac{x^2}{\sqrt{x^6+2x^2+1}}\,dx}_{\text{existiert}} + \int\limits_1^\infty \frac{x^2}{\sqrt{x^6+2x^2+1}}\,dx$$

$$\lim_{t\to\infty}\int\limits_1^t \frac{x^2}{\sqrt{x^6+2x^2+1}}\,dx \ge \lim_{t\to\infty}\int\limits_1^t \frac{x^2}{\sqrt{x^6+2x^6+x^6}}\,dx = \lim_{t\to\infty} \left.\frac{\ln x}{2}\right|_1^t = \infty$$

Damit existiert das Integral nicht.

b) (i) $$\int\limits_{-2}^0 \frac{dx}{\sqrt{|x+1|}} = \int\limits_{-2}^{-1} \frac{dx}{\sqrt{-(x+1)}} + \int\limits_{-1}^0 \frac{dx}{\sqrt{x+1}}$$

$$= \lim_{t\to -1-} -2\sqrt{-(x+1)}\Big|_{-2}^t + \lim_{s\to -1+} 2\sqrt{x+1}\Big|_s^0 = 2+2=4$$

(ii)

$$\int\limits_{-2}^2 \frac{1}{x+1}\,dx = \int\limits_{-2}^{-1} \frac{1}{x+1}\,dx + \int\limits_{-1}^2 \frac{1}{x+1}\,dx$$

Das Integral existiert nicht, denn

$$\int\limits_{-2}^{-1} \frac{1}{x+1}\,dx = \lim_{t\to -1-}\int\limits_{-2}^t \frac{1}{x+1}\,dx = \lim_{t\to -1-} \ln|x+1|\,\Big|_{-2}^t = -\infty\,.$$

Berechnung des Cauchyschen Hauptwertes:

$$\int\limits_{-2}^2 \frac{1}{x+1}\,dx = \lim_{\varepsilon\to 0+}\left(\int\limits_{-2}^{-1-\varepsilon} \frac{1}{x+1}\,dx + \int\limits_{-1+\varepsilon}^2 \frac{1}{x+1}\,dx\right)$$

$$= \lim_{\varepsilon\to 0+}\left(\ln|x+1|\,\Big|_{-2}^{-1-\varepsilon} + \ln|x+1|\,\Big|_{-1+\varepsilon}^2\right) = \lim_{\varepsilon\to 0+}(\ln|\varepsilon| + \ln 3 - \ln|\varepsilon|) = \ln 3\,.$$

**Lösung 13.5.4**

a) $$\int\limits_0^\infty x e^{-x}\,dx = \lim_{t\to\infty}\int\limits_0^t x e^{-x}\,dx = \lim_{t\to\infty}\left(-x e^{-x}\Big|_0^t + \int\limits_0^t e^{-x}\,dx\right) = \lim_{t\to\infty} -e^{-x}\Big|_0^t = 1$$

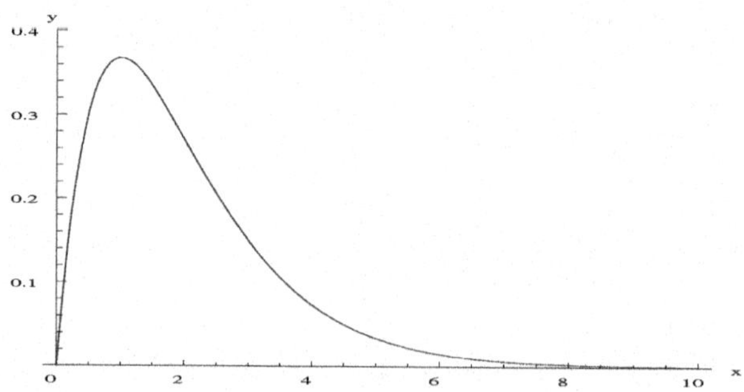


**Bild 13.5.4 a)** $f(x) = x e^{-x}$

b) $$\int\limits_{-1}^{7} \frac{dx}{(x-5)^3} = \int\limits_{-1}^{5} \frac{dx}{(x-5)^3} + \int\limits_{5}^{7} \frac{dx}{(x-5)^3} = \lim_{\varepsilon\to 0+} \left( \int\limits_{-1}^{5-\varepsilon} \frac{dx}{(x-5)^3} + \int\limits_{5+\varepsilon}^{7} \frac{dx}{(x-5)^3} \right)$$

$$= \lim_{\varepsilon\to 0+} \left( \frac{1}{-2(x-5)^2}\Bigg|_{-1}^{5-\varepsilon} + \frac{1}{-2(x-5)^2}\Bigg|_{5+\varepsilon}^{7} \right) = \lim_{\varepsilon\to 0+} \frac{1}{-2} \left( \frac{1}{(-\varepsilon)^2} - \frac{1}{(-6)^2} + \frac{1}{2^2} - \frac{1}{\varepsilon^2} \right) = -\frac{1}{9}$$

Damit lässt sich hier nur der Cauchysche Hauptwert berechnen.

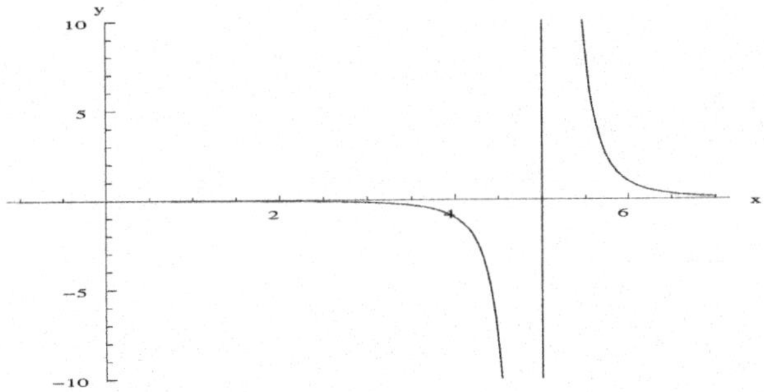


**Bild 13.5.4 b)** $f(x) = \dfrac{1}{(x-5)^3}$

c) $$\int\limits_{-2}^{2} \frac{dx}{(x+1)^2} = \int\limits_{-2}^{-1} \frac{dx}{(x+1)^2} + \int\limits_{-1}^{2} \frac{dx}{(x+1)^2} = \lim_{\varepsilon\to 0+} \left( \int\limits_{-2}^{-1-\varepsilon} \frac{dx}{(x+1)^2} + \int\limits_{-1+\varepsilon}^{2} \frac{dx}{(x+1)^2} \right)$$

$$= \lim_{\varepsilon\to 0+} \left( -\frac{1}{x+1}\Bigg|_{-2}^{-1-\varepsilon} - \frac{1}{x+1}\Bigg|_{-1+\varepsilon}^{2} \right) = \lim_{\varepsilon\to 0+} \left( -\frac{1}{-\varepsilon} + \frac{1}{-1} - \frac{1}{3} + \frac{1}{\varepsilon} \right) = \infty$$

Damit lässt sich hier nicht einmal der Cauchysche Hauptwert berechnen.

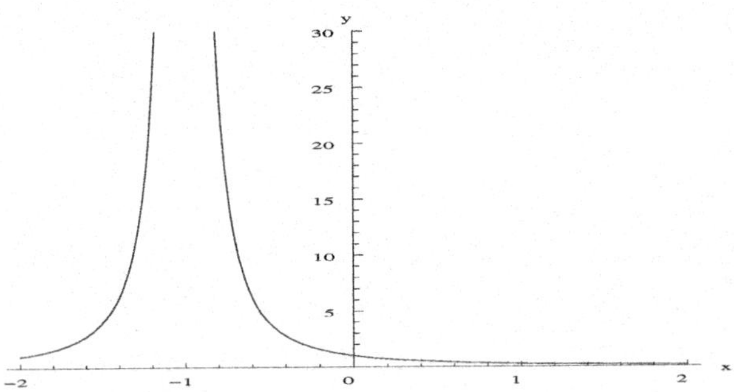


**Bild 13.5.4 c)** $f(x) = \dfrac{1}{(x+1)^2}$

**Lösung 13.5.5**

a) Das Integral existiert, denn $0 \le \dfrac{\sin x}{x\sqrt{x}} \le \dfrac{1}{\sqrt{x}}$ für $x \in ]0,1]$ und

$$0 \le \int\limits_{0}^{1} \frac{\sin x}{x\sqrt{x}}\, dx \le \int\limits_{0}^{1} \frac{1}{\sqrt{x}}\, dx = \left[2\sqrt{x}\right]_0^1 = 2$$

b) Das Integral existiert nicht:

$$\int_6^7 \frac{\mathrm{d}x}{\sqrt[7]{(x-6)^8}} = \lim_{\varepsilon\to 0}\left(-\frac{7}{\sqrt[7]{x-6}}\right)\Bigg|_{6+\varepsilon}^{7} = -7 + \lim_{\varepsilon\to 0}\frac{7}{\sqrt[7]{\varepsilon}} = \infty.$$

## L.13.6 Parameterabhängige Integrale

**Lösung 13.6.1**

a) $\displaystyle\int_0^b x^2 \mathrm{e}^x \,\mathrm{d}x = \mathrm{e}^x(x^2-2x+2)\big|_0^b = \mathrm{e}^b(b^2-2b+2)-2$

b) $\displaystyle F(y) = \int_0^b \mathrm{e}^{xy}\,\mathrm{d}x \quad\Rightarrow\quad F'(y) = \int_0^b x\mathrm{e}^{xy}\,\mathrm{d}x$

$$\Rightarrow\quad F''(y) = \int_0^b x^2\mathrm{e}^{xy}\,\mathrm{d}x \quad\Rightarrow\quad F''(1) = \int_0^b x^2\mathrm{e}^x\,\mathrm{d}x$$

$$F(y) = \int_0^b \mathrm{e}^{xy}\,\mathrm{d}x = \frac{\mathrm{e}^{xy}}{y}\bigg|_0^b = \frac{\mathrm{e}^{by}-1}{y} \quad\Rightarrow\quad F'(y) = \frac{yb\mathrm{e}^{by}-\mathrm{e}^{by}+1}{y^2}$$

$$\Rightarrow\quad F''(y) = \frac{y^2b^2\mathrm{e}^{by}-2(yb\mathrm{e}^{by}-\mathrm{e}^{by}+1)}{y^3} \quad\Rightarrow\quad F''(1) = \mathrm{e}^b(b^2-2b+2)-2$$

**Lösung 13.6.2**

a) $\displaystyle \mathrm{Si}'(x) = \frac{\sin x}{x}\,,$

b) $\displaystyle \mathrm{erf}\,'(x) = \frac{2}{\sqrt{\pi}}\mathrm{e}^{-x^2}\,,$

c) $\displaystyle G'(x) = \int_{x^2}^{x^3} \frac{1}{x}\,\mathrm{d}t + 3x^2\ln x^4 - 2x\ln x^3 = x^2(1+12\ln x) - x(1+6\ln x)$

d) $\displaystyle H'(x) = \mathrm{e}^{1+x} - \frac{\mathrm{e}^{\ln x}}{x} = \mathrm{e}^{1+x} - 1\,.$

# L.14 Anwendungen der Integralrechnung

## L.14.1 Rotationskörper

**Lösung 14.1.1**

a) $V_{x\text{-Achse}} = \pi \int\limits_0^a \left(x^2\right)^2 \, \mathrm{d}x = \left.\frac{\pi x^5}{5}\right|_0^a = \frac{\pi a^5}{5}$

b) $V_{y\text{-Achse}} = \pi \int\limits_0^{a^2} \left(\sqrt{x}\right)^2 \, \mathrm{d}x = \left.\frac{\pi x^2}{2}\right|_0^{a^2} = \frac{\pi a^4}{2}$

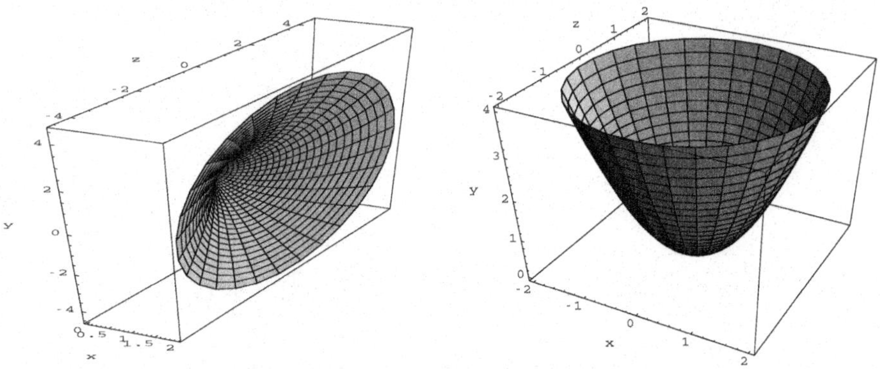


**Bild 14.1.1** Rotationsflächen bzgl. der $x$- bzw. $y$-Achse

**Lösung 14.1.2**

$$V = \pi \int\limits_0^{\pi/2} \sin^2 x \, \mathrm{d}x - \pi \int\limits_0^{\pi/2} \left(\frac{2x}{\pi}\right)^2 \mathrm{d}x = \pi \left.\left(\frac{1}{2}\left(x - \sin x \cos x\right) - \frac{4x^3}{3\pi^2}\right)\right|_0^{\pi/2} = \frac{\pi^2}{12}$$

$$M = 2\pi \int\limits_0^{\pi/2} \sin x \sqrt{1 + \cos^2 x} \, \mathrm{d}x + 2\pi \int\limits_0^{\pi/2} \frac{2x}{\pi} \sqrt{1 + \left(\frac{2}{\pi}\right)^2} \, \mathrm{d}x$$

$$= 2\pi \int\limits_0^1 \sqrt{1 + t^2} \, \mathrm{d}t + 4\sqrt{1 + \left(\frac{2}{\pi}\right)^2} \left.\frac{x^2}{2}\right|_0^{\pi/2} = \pi \left.\left(x\sqrt{1 + x^2} + \ln(x + \sqrt{1 + x^2})\right)\right|_0^1 + \frac{\pi}{2}\sqrt{\pi^2 + 4}$$

$$= \pi \left(\sqrt{2} + \ln(1 + \sqrt{2}) + \frac{\sqrt{\pi^2 + 4}}{2}\right) = 13.06174649\ldots$$

**Lösung 14.1.3**

$$V = \pi \int\limits_{-1}^1 \left(3 - x^2\right)^2 \mathrm{d}x - \pi \int\limits_{-1}^1 \left(x^2 + 1\right)^2 \mathrm{d}x = 16\pi \int\limits_0^1 1 - x^2 \, \mathrm{d}x = \frac{32\pi}{3}$$


*Aufgaben und Lösungen zu Mathematik für Ingenieure 1, 4.Aufl.*, R. Ansorge, H. J. Oberle, K. Rothe und Th. Sonar



ISBN: 978-3-527-40987-7

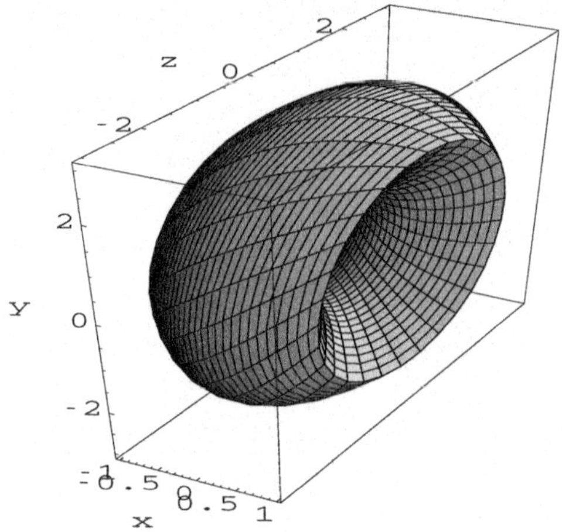


**Bild 14.1.3** Rotationskörper

$$M = 2\pi \int_{-1}^{1} (3 - x^2)\sqrt{1+4x^2}\,\mathrm{d}x + 2\pi \int_{-1}^{1} (x^2+1)\sqrt{1+4x^2}\,\mathrm{d}x = 16\pi \int_{0}^{1} \sqrt{1+(2x)^2}\,\mathrm{d}x$$

$$\overset{t=2x}{=} \quad 8\pi \int_{0}^{2} \sqrt{1+t^2}\,\mathrm{d}t = 4\pi \left\{ t\sqrt{1+t^2} + \ln\left(t + \sqrt{1+t^2}\right) \right\}\Big|_0^2 = 4\pi \left\{ 2\sqrt{5} + \ln\left(2+\sqrt{5}\right) \right\}$$

**Lösung 14.1.4**

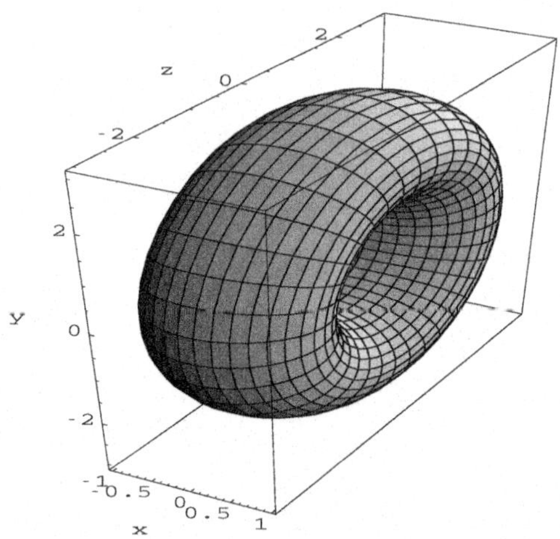


**Bild 14.1.4** Rotationskörper mit $r = 1$ und $R = 2$

$$V = 2\pi \int_{0}^{r} \left(R + \sqrt{r^2 - x^2}\right)^2 \mathrm{d}x - 2\pi \int_{0}^{r} \left(R - \sqrt{r^2 - x^2}\right)^2 \mathrm{d}x = 8\pi R \int_{0}^{r} \sqrt{r^2 - x^2}\,\mathrm{d}x$$

$$\stackrel{x=r\sin t}{=} \quad 8\pi R r^2 \int\limits_0^{\pi/2} \cos^2 t \,\mathrm{d}t = 4\pi R r^2 \left.(t + \sin t \cos t)\right|_0^{\pi/2} = 2\pi^2 R r^2$$

$$M = 4\pi \int\limits_0^r \left(R + \sqrt{r^2 - x^2}\right) \sqrt{1 + \frac{x^2}{r^2 - x^2}} \,\mathrm{d}x + 4\pi \int\limits_0^r \left(R - \sqrt{r^2 - x^2}\right) \sqrt{1 + \frac{x^2}{r^2 - x^2}} \,\mathrm{d}x$$

$$= 8\pi R \int\limits_0^r \frac{1}{\sqrt{1 - (x/r)^2}} \,\mathrm{d}x \quad \stackrel{t=x/r}{=} \quad 8\pi R r \int\limits_0^1 \frac{1}{\sqrt{1 - t^2}} \,\mathrm{d}t = 8\pi R r \arcsin t|_0^1 = 4\pi^2 R r$$

**Lösung 14.1.5**

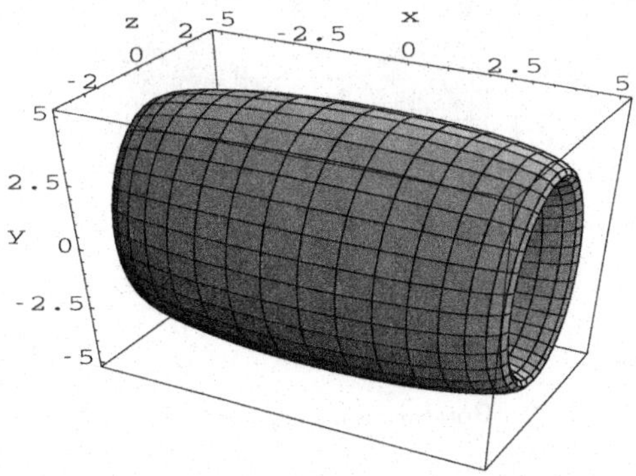


**Bild 14.1.5** Rotationskörper mit $a = 5, b = 1$ und $R = 2$

$$V = 2\pi \int\limits_0^a \left(R + b\sqrt{1 - \frac{x^2}{a^2}}\right)^2 \mathrm{d}x - 2\pi \int\limits_0^a \left(R - b\sqrt{1 - \frac{x^2}{a^2}}\right)^2 \mathrm{d}x = 8\pi b R \int\limits_0^a \sqrt{1 - \frac{x^2}{a^2}} \,\mathrm{d}x$$

$$\stackrel{x=a\sin t}{=} \quad 8\pi a b R \int\limits_0^{\pi/2} \cos^2 t \,\mathrm{d}t = 4\pi a b R \left.(t + \sin t \cos t)\right|_0^{\pi/2} = 2\pi^2 a b R$$

**Lösung 14.1.6**

$$y = \frac{4x - 1}{3} \quad \Leftrightarrow \quad x = \frac{3y + 1}{4}$$

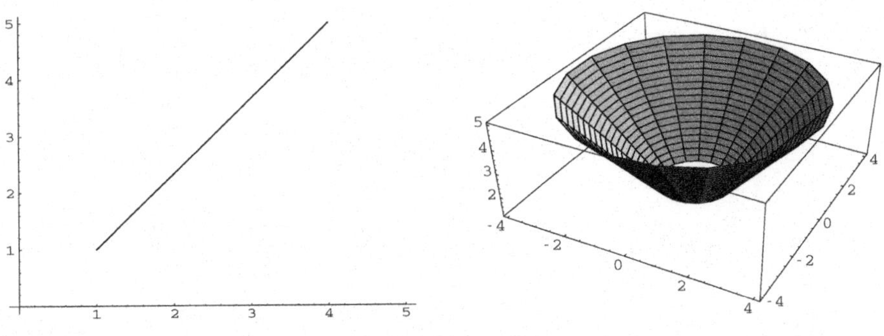


**Bild 14.1.6** $y = f(x)$ und Rotationsfläche bzgl. $y$-Achse

$$\begin{aligned} \mathrm{M}_{\mathrm{Rot}} &= 2\pi \int_1^5 x(y)\sqrt{1+(x'(y))^2}\,\mathrm{d}y = 2\pi \int_1^5 \frac{3y+1}{4}\sqrt{1+\left(\frac{3}{4}\right)^2}\,\mathrm{d}y \\ &= \frac{5\pi}{8}\left(\frac{3}{2}y^2+y\right)\Bigg|_1^5 = \frac{5\pi}{8}\left(\frac{3}{2}(25-1)+(5-1)\right) = 25\pi \end{aligned}$$

**Lösung 14.1.7**

a)

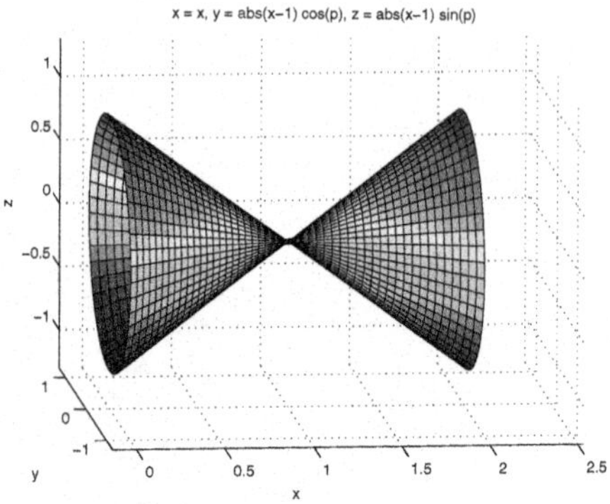


**Bild 14.1.7** Rotation von $f(x) = |x-1|$ um die $x$-Achse

b) $V_{x\text{-Achse}} = \pi \int\limits_a^b (f(x))^2\,\mathrm{d}x = \pi \int\limits_0^2 (|x-1|)^2\,\mathrm{d}x = \frac{\pi(x-1)^3}{3}\Bigg|_0^2 = \frac{2\pi}{3}$

## L.14.2 Kurven und Bogenlänge

**Lösung 14.2.1**

a)

$$\dot{\mathbf{c}}(t) = \mathrm{e}^{-2t}\begin{pmatrix} -2\cos t - \sin t \\ -2\sin t + \cos t \end{pmatrix} \quad \Rightarrow \quad ||\dot{\mathbf{c}}(t)||_2 = \sqrt{5}\mathrm{e}^{-2t}$$

$$\begin{aligned} \Rightarrow \quad L(\mathbf{c}) &= \int\limits_0^\infty ||\dot{\mathbf{c}}(t)||_2\,\mathrm{d}t = \lim_{a\to\infty} \int\limits_0^a \sqrt{5}\mathrm{e}^{-2t}\,\mathrm{d}t = \lim_{a\to\infty} \frac{\sqrt{5}\mathrm{e}^{-2t}}{-2}\Bigg|_0^a \\ &= \lim_{a\to\infty}\left(-\frac{\sqrt{5}\mathrm{e}^{-2a}}{2}+\frac{\sqrt{5}}{2}\right) = \frac{\sqrt{5}}{2} \end{aligned}$$

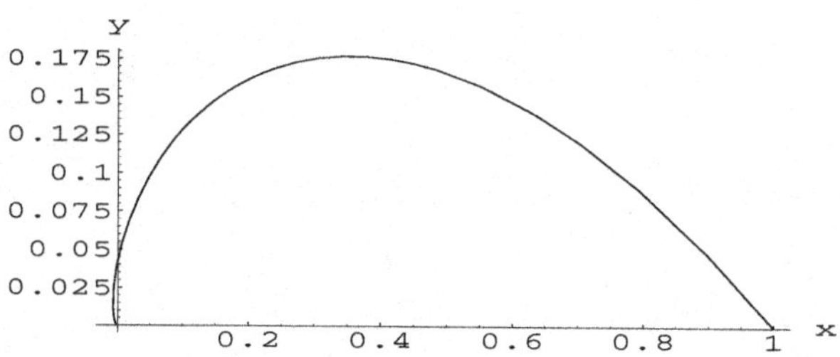


**Bild 14.2.1 a)** Kurve **c**

b)

$$\dot{\mathbf{c}}(t) = \begin{pmatrix} \cos t - t\sin t \\ \sin t + t\cos t \\ 1 \end{pmatrix} \quad \Rightarrow \quad ||\dot{\mathbf{c}}(t)||_2 = \sqrt{2+t^2}$$

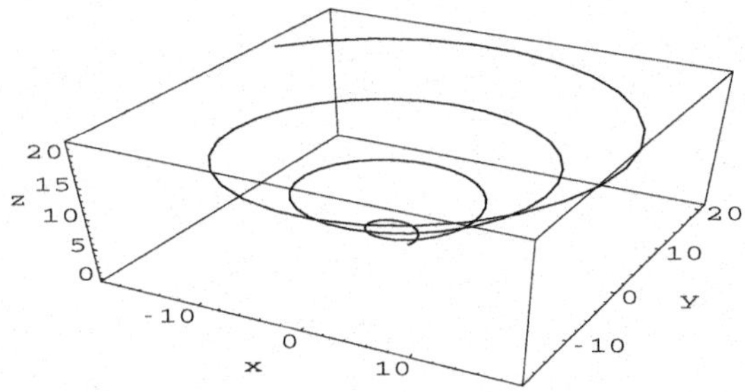


**Bild 14.2.1 b)** Kurve **c**

$$\Rightarrow \quad L(\mathbf{c}) = \int_0^a ||\dot{\mathbf{c}}(t)||_2 \,\mathrm{d}t = \int_0^a \sqrt{2+t^2}\,\mathrm{d}t = \sqrt{2}\int_0^a \sqrt{1+\left(\frac{t}{\sqrt{2}}\right)^2}\,\mathrm{d}t$$

$$\overset{x=t/\sqrt{2}}{=} \quad 2\int_0^{a/\sqrt{2}} \sqrt{1+x^2}\,\mathrm{d}x = \left(x\sqrt{1+x^2} + \ln\left(x+\sqrt{1+x^2}\right)\right)\Big|_0^{a/\sqrt{2}}$$

$$= \frac{a}{\sqrt{2}}\sqrt{1+\frac{a^2}{2}} + \ln\left(\frac{a}{\sqrt{2}} + \sqrt{1+\frac{a^2}{2}}\right)$$

**Lösung 14.2.2**

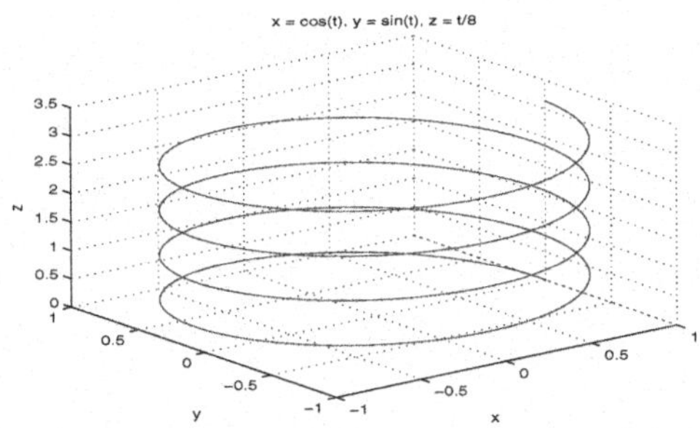


**Bild 14.2.2** Schraubenlinie $\mathbf{c}_8$

$$\mathbf{c}_k(t) = \begin{pmatrix} \cos t \\ \sin t \\ t/k \end{pmatrix} \Rightarrow \dot{\mathbf{c}}_k(t) = \begin{pmatrix} -\sin t \\ \cos t \\ 1/k \end{pmatrix}, \quad ||\dot{\mathbf{c}}_k(t)||_2 \; = \; \sqrt{(-\sin t)^2 + \cos^2 t + 1/k^2} \; = \; \sqrt{1+1/k^2}$$

$$\Rightarrow \quad L(\mathbf{c}_k) = \int_0^{k\pi} ||\dot{\mathbf{c}}_k(t)||_2 \,\mathrm{d}t = \int_0^{k\pi} \sqrt{1+1/k^2}\,\mathrm{d}t = \pi\sqrt{1+k^2}$$

**Lösung 14.2.3**

a)

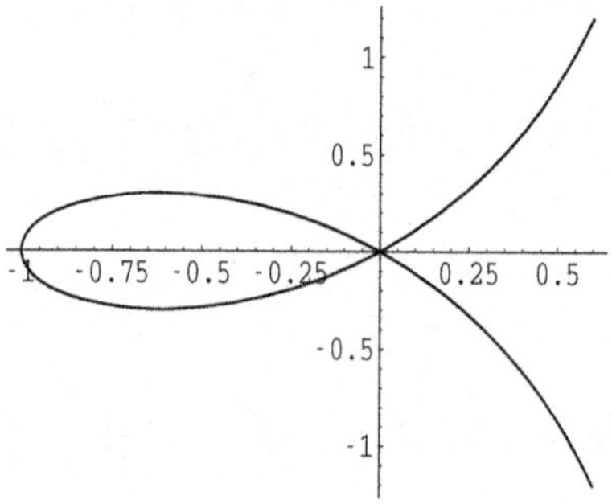


**Bild 14.2.3** Strophoide

b) Mit $x(t) = \dfrac{t^2-1}{t^2+1}$ und $y(t) = tx(t) = \dfrac{t(t^2-1)}{t^2+1}$ gilt

$$x\dot{y} - \dot{x}y = x(x + t\dot{x}) - \dot{x}(tx) = x^2 = \left(\frac{t^2-1}{t^2+1}\right)^2 = \left(1 - \frac{2}{t^2+1}\right)^2$$

$$\Rightarrow \quad F(\mathbf{c}) = \frac{1}{2}\int\limits_{-1}^{1} x(t)\dot{y}(t) - \dot{x}(t)y(t)\,\mathrm{d}t = \frac{1}{2}\int\limits_{-1}^{1} 1 - \frac{4}{t^2+1} + \frac{4}{(t^2+1)^2}\,\mathrm{d}t$$

$$= \left(t - 4\arctan t + \frac{2t}{t^2+1} + 2\arctan t\right)\Bigg|_0^1 = 2 - \frac{\pi}{2} = 0.42920\ldots$$

**Lösung 14.2.4**

a)

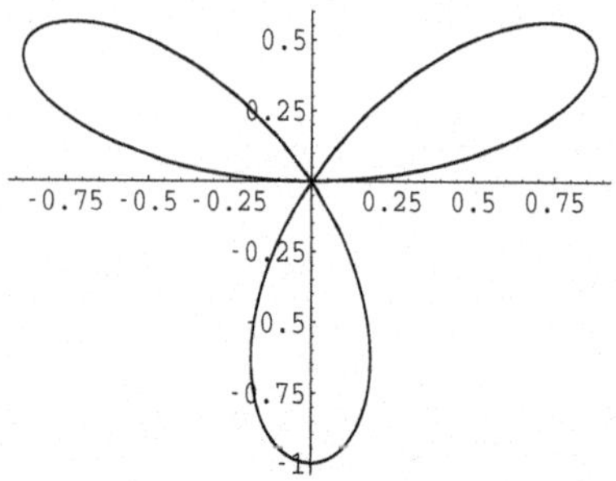


**Bild 14.2.4** Dreiblättriges Kleeblatt

b)

$$\mathbf{c}(\varphi) = \begin{pmatrix} x(\varphi) \\ y(\varphi) \end{pmatrix} = r(\varphi)\begin{pmatrix} \cos\varphi \\ \sin\varphi \end{pmatrix} = \sin(3\varphi)\begin{pmatrix} \cos\varphi \\ \sin\varphi \end{pmatrix}$$

$$\Rightarrow \quad \dot{\mathbf{c}}(\varphi) = \begin{pmatrix} 3\cos(3\varphi)\cos\varphi - \sin(3\varphi)\sin\varphi \\ 3\cos(3\varphi)\sin\varphi + \sin(3\varphi)\cos\varphi \end{pmatrix}$$

c) In Polarkoordinaten ergibt sich

$x(\varphi)\dot{y}(\varphi) - \dot{x}(\varphi)y(\varphi)$

$= r(\varphi)\cos\varphi(\dot{r}(\varphi)\sin\varphi + r(\varphi)\cos\varphi) - r(\varphi)\sin\varphi(\dot{r}(\varphi)\cos\varphi - r(\varphi)\sin\varphi) = r^2(\varphi)\,.$

Mit $\varphi \in [0, \pi]$ werden alle drei Blätter erzeugt. Ein Blatt ergibt sich für $\varphi \in \left[0, \frac{\pi}{3}\right]$, und man erhält die Fläche eines Blattes durch

$$F(\mathbf{c}) = \frac{1}{2}\int\limits_0^{\pi/3} r^2(\varphi)\,\mathrm{d}\varphi = \frac{1}{2}\int\limits_0^{\pi/3} \sin^2(3\varphi)\,\mathrm{d}\varphi \overset{t=3\varphi}{=} \frac{1}{6}\int\limits_0^{\pi} \sin^2 t\,\mathrm{d}t = \frac{1}{12}(t - \sin t\cos t)\Big|_0^{\pi} = \frac{\pi}{12}.$$

**Lösung 14.2.5**

a)

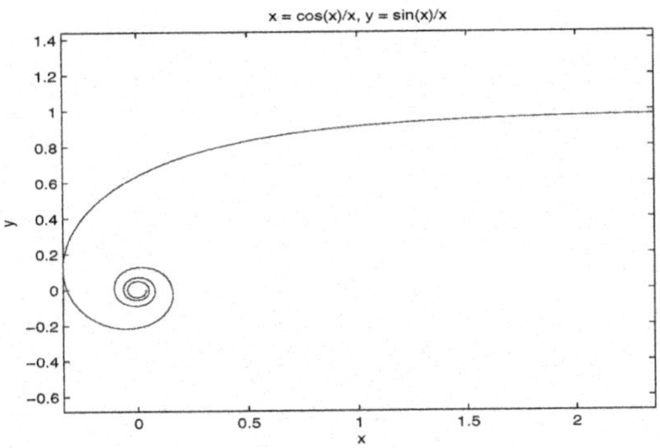


**Bild 14.2.5 a)** Hyperbolische Spirale mit $r(\varphi) = 1/\varphi$ für $\varphi \in [\pi/8, 8\pi]$

b) $\mathbf{c}(\varphi) = \begin{pmatrix} x(\varphi) \\ y(\varphi) \end{pmatrix} = r(\varphi)\begin{pmatrix} \cos\varphi \\ \sin\varphi \end{pmatrix} = \frac{1}{\varphi}\begin{pmatrix} \cos\varphi \\ \sin\varphi \end{pmatrix}$

Tangentenvektor:

$$\begin{aligned}
\dot{\mathbf{c}}(\varphi) &= \begin{pmatrix} \dot{x}(\varphi) \\ \dot{y}(\varphi) \end{pmatrix} = \dot{r}(\varphi)\begin{pmatrix} \cos\varphi \\ \sin\varphi \end{pmatrix} + r(\varphi)\begin{pmatrix} -\sin\varphi \\ \cos\varphi \end{pmatrix} \\
&= -\frac{1}{\varphi^2}\begin{pmatrix} \cos\varphi \\ \sin\varphi \end{pmatrix} + \frac{1}{\varphi}\begin{pmatrix} -\sin\varphi \\ \cos\varphi \end{pmatrix} \quad \Rightarrow \\
\dot{\mathbf{c}}(2k\pi) &= -\frac{1}{(2k\pi)^2}\begin{pmatrix} \cos 2k\pi \\ \sin 2k\pi \end{pmatrix} + \frac{1}{2k\pi}\begin{pmatrix} -\sin 2k\pi \\ \cos 2k\pi \end{pmatrix} = \frac{1}{2k\pi}\begin{pmatrix} -1/(2k\pi) \\ 1 \end{pmatrix}
\end{aligned}$$

c) Es gilt $x(\varphi)\dot{y}(\varphi) - \dot{x}(\varphi)y(\varphi) = r^2(\varphi)$

$$\begin{aligned}
F(\mathbf{c}) &= \frac{1}{2}\int\limits_{2k\pi}^{(2k+2)\pi} r^2(\varphi)\,\mathrm{d}\varphi = \frac{1}{2}\int\limits_{2k\pi}^{(2k+2)\pi} \frac{1}{\varphi^2}\,\mathrm{d}\varphi = -\frac{1}{\varphi}\Big|_{2k\pi}^{(2k+2)\pi} \\
&= \frac{1}{2}\left(\frac{1}{2k\pi} - \frac{1}{(2k+2)\pi}\right) = \frac{1}{4\pi k(k+1)}
\end{aligned}$$

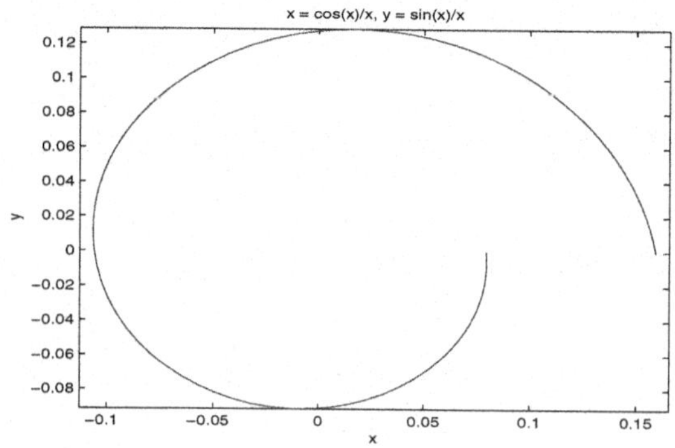


**Bild 14.2.5 c)** Hyperbolische Spirale mit $r(\varphi) = 1/\varphi$ für $\varphi \in [2\pi, 4\pi]$

**Lösung 14.2.6**

a)

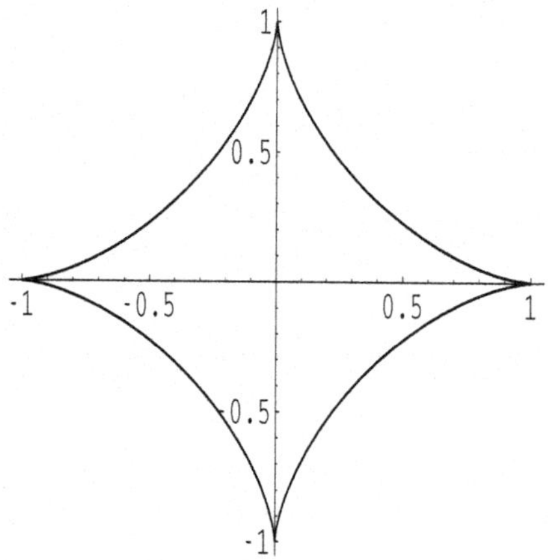


**Bild 14.2.6** Asteroide mit $R = 1$

b)

$$\mathbf{c}(t) = R\begin{pmatrix}\cos^3 t\\ \sin^3 t\end{pmatrix} \quad \Rightarrow \quad \dot{\mathbf{c}}(t) = 3R\sin t\cos t\begin{pmatrix}-\cos t\\ \sin t\end{pmatrix}$$

$$L(\mathbf{c}) = \int_0^{2\pi} ||\dot{c}(t)||_2 \,\mathrm{d}t = \int_0^{2\pi} 3R|\sin t\cos t| \,\mathrm{d}t = 12R\int_0^{\pi/2} \sin t\cos t \,\mathrm{d}t \overset{x=\sin t}{=} 12R\int_0^1 x \,\mathrm{d}x = 6R$$

c) $$F(\mathbf{c}) = \frac{1}{2}\int_0^{2\pi} x(t)\dot{y}(t) - \dot{x}(t)y(t)\,\mathrm{d}t = \frac{3R^2}{2}\int_0^{2\pi} \cos^2 t\sin^2 t \,\mathrm{d}t$$

$$= \frac{3R^2}{8}\int_0^{2\pi} \sin^2(2t)\,\mathrm{d}t = \frac{3R^2}{16}\int_0^{4\pi} \sin^2 x \,\mathrm{d}x = \frac{3R^2}{32}(x - \sin x\cos x)\Big|_0^{4\pi} = \frac{3\pi R^2}{8}$$

## L.14.3 Kurvenintegrale

### Lösung 14.3.1

a) Die Ellipse $x^2 + \frac{y^2}{4} = 1$ werde durch $\mathbf{c}(t) = \begin{pmatrix} \cos t \\ 2\sin t \end{pmatrix}$ mit $0 \le t \le 2\pi$ parametrisiert.

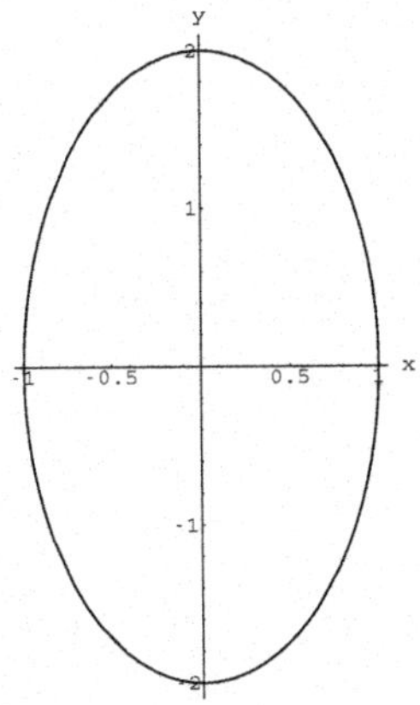


**Bild 14.3.1 a)** Ellipse $x^2 + \frac{y^2}{4} = 1$

$$\int_{\mathbf{c}} f(\mathbf{x})\,\mathrm{d}s = \int_0^{2\pi} f(\mathbf{c}(t))||\dot{\mathbf{c}}(t)||_2\,\mathrm{d}t = \int_0^{2\pi} \cos t\sqrt{\sin^2 t + 4\cos^2 t}\,\mathrm{d}t$$

$$= \int_0^{2\pi} \cos t\sqrt{1+3\cos^2 t}\,\mathrm{d}t = \int_0^{\pi} \cos t\sqrt{1+3\cos^2 t}\,\mathrm{d}t + \int_{\pi}^{2\pi} \cos t\sqrt{1+3\cos^2 t}\,\mathrm{d}t$$

$$\stackrel{t=x+\pi}{=} \int_0^{\pi} \cos t\sqrt{1+3\cos^2 t}\,\mathrm{d}t + \int_0^{\pi} \cos(x+\pi)\sqrt{1+3\cos^2(x+\pi)}\,\mathrm{d}x$$

$$= \int_0^{\pi} \cos t\sqrt{1+3\cos^2 t}\,\mathrm{d}t + \int_0^{\pi} (-\cos x)\sqrt{1+3(-\cos x)^2}\,\mathrm{d}x = 0$$

b)

$$\mathbf{c}(t) = \begin{pmatrix} \cos^3 t \\ \sin^3 t \end{pmatrix} \quad\Rightarrow\quad \dot{\mathbf{c}}(t) = 3\sin t\cos t\begin{pmatrix} -\cos t \\ \sin t \end{pmatrix}$$

$$\int_{\mathbf{c}} \rho(\mathbf{x})\,\mathrm{d}s = \int_0^{\pi/2} \rho(\mathbf{c}(t))||\dot{\mathbf{c}}(t)||_2\,\mathrm{d}t = \int_0^{\pi/2} 3\sin t|\sin t\cos t|\,\mathrm{d}t = 3\int_0^{\pi/2} \sin^2 t\cos t\,\mathrm{d}t = \sin^3 t\big|_0^{\pi/2} = 1$$

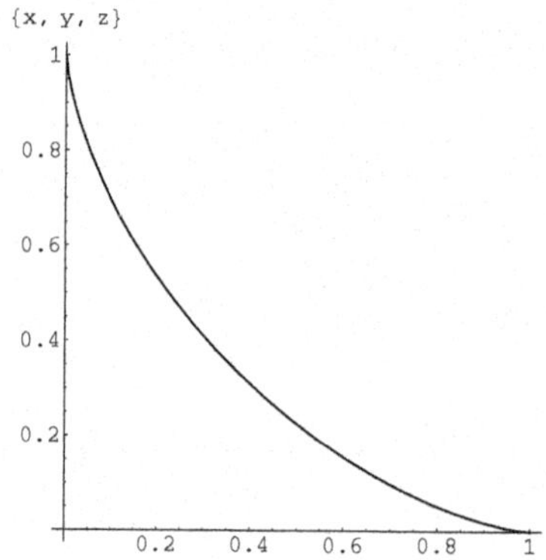


**Bild 14.3.1 b)** Viertelasteroide

**Lösung 14.3.2**

a)

$$\mathbf{c}(z)=\begin{pmatrix} z\cos z\\ z\sin z\\ z\end{pmatrix} \quad\Rightarrow\quad \dot{\mathbf{c}}(z)=\begin{pmatrix} \cos z - z\sin z\\ \sin z + z\cos z\\ 1\end{pmatrix} \quad\Rightarrow\quad ||\dot{\mathbf{c}}(z)||_2=\sqrt{2+z^2}$$

$$\Rightarrow \int_{\mathbf{C}} \rho(\mathbf{x})\,\mathrm{d}s = \int_0^{4\pi} \rho(\mathbf{c}(z))||\dot{\mathbf{c}}(z)||_2\,\mathrm{d}z = 4\pi$$

$$\int_{\mathbf{C}} \rho(\mathbf{x})\,\mathbf{x}\,\mathrm{d}s = \int_0^{4\pi} \rho(\mathbf{c}(z))\mathbf{c}(z)||\dot{\mathbf{c}}(z)||_2\,\mathrm{d}z = \int_0^{4\pi} \frac{1}{\sqrt{2+z^2}}\begin{pmatrix} z\cos z\\ z\sin z\\ z\end{pmatrix}\sqrt{2+z^2}\,\mathrm{d}z$$

$$=\int_0^{4\pi}\begin{pmatrix} z\cos z\\ z\sin z\\ z\end{pmatrix}\mathrm{d}z = \begin{pmatrix} (\cos z + z\sin z)|_0^{4\pi}\\ (\sin z - z\cos z)|_0^{4\pi}\\ \left.\frac{z^2}{2}\right|_0^{4\pi}\end{pmatrix} = \begin{pmatrix} 0\\ -4\pi\\ 8\pi^2\end{pmatrix} \Rightarrow \mathbf{x}_s = \begin{pmatrix} 0\\ -1\\ 2\pi\end{pmatrix}$$

b) Der Abstand zur $z$-Achse beträgt $r(\mathbf{x}) = r(\mathbf{c}(z)) = \left|\left|\begin{pmatrix} z\cos z\\ z\sin z\end{pmatrix}\right|\right|_2 = z$.

$$\Theta = \int_{\mathbf{C}} \rho(\mathbf{x})\,r^2(\mathbf{x})\,\mathrm{d}s = \int_0^{4\pi} \frac{1}{\sqrt{2+z^2}}\,z^2\,\sqrt{2+z^2}\,\mathrm{d}z = \int_0^{4\pi} z^2\,\mathrm{d}z = \left.\frac{z^3}{3}\right|_0^{4\pi} = \frac{64\pi^3}{3}$$

**Lösung 14.3.3**

Die im Bild 14.3.3 angegebene Kurve wird parametrisiert durch

$$\mathbf{c}(t) = \begin{cases} (t,0)^T, & t\in[0,1]\\ (1,t-1)^T, & t\in[1,2]\\ (3-t,3-t)^T, & t\in[2,3]\end{cases} \quad \text{mit} \quad \dot{\mathbf{c}}(t) = \begin{cases} (1,0)^T, & t\in[0,1]\\ (0,1)^T, & t\in[1,2]\\ (-1,-1)^T, & t\in[2,3]\end{cases}$$

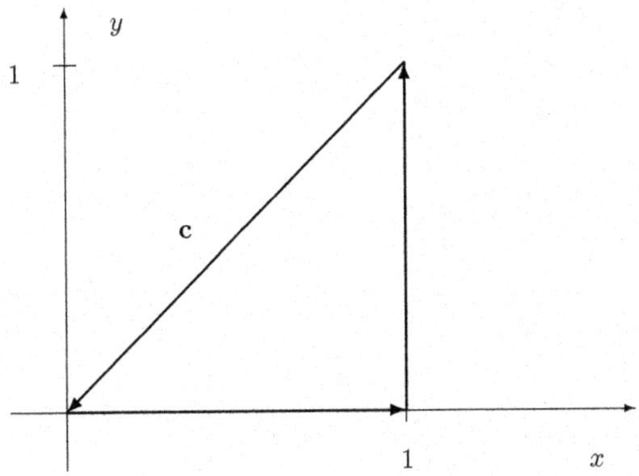


**Bild 14.3.3** Kurve **c**

$$\Rightarrow \int_{\mathbf{c}} g(\mathbf{x})\,\mathrm{d}s = \int_0^3 g(\mathbf{c}(t))||\dot{\mathbf{c}}(t)||_2\,\mathrm{d}t$$
$$= \int_0^1 t\cdot 0\cdot 1\,\mathrm{d}t + \int_1^2 1\cdot(t-1)\cdot 1\,\mathrm{d}t + \int_2^3 (3-t)^2\cdot\sqrt{2}\,\mathrm{d}t$$
$$= \frac{1}{2}+\frac{\sqrt{2}}{3} = 0.9714\ldots$$

**Lösung 14.3.4**

a) $\mathbf{c}(t) = \begin{pmatrix} t \\ t^2 \end{pmatrix} \Rightarrow \dot{\mathbf{c}}(t) = \begin{pmatrix} 1 \\ 2t \end{pmatrix} \Rightarrow ||\dot{\mathbf{c}}(t)||_2 = \sqrt{1+4t^2}$

$$\int_{\mathbf{c}} \rho(\mathbf{x})\,\mathrm{d}s = \int_1^2 \rho(\mathbf{c}(t))||\dot{\mathbf{c}}(t)||_2\,\mathrm{d}t = \int_1^2 t\sqrt{1+4t^2}\,\mathrm{d}t$$
$$\overset{x=1+4t^2}{=} \frac{1}{8}\int_5^{17}\sqrt{x}\,\mathrm{d}x = \frac{1}{12}x^{3/2}\Big|_5^{17} = \frac{17\sqrt{17}-5\sqrt{5}}{12}$$

b) Für $\mathbf{c}(t) = (x(t), y(t))^T = (\cos t, \sin t)^T$ erhält man

$$||\dot{\mathbf{c}}(t)||_2 = \sqrt{\dot{x}(t)^2+\dot{y}(t)^2} = \sqrt{\cos^2 t + \sin^2 t} = 1\ , \quad \rho(\mathbf{c}(t)) = \frac{y(t)}{x^2(t)} = \frac{\sin(t)}{\cos^2(t)}$$

$$\int_{\mathbf{c}} \rho(\mathbf{x})\,\mathrm{d}s = \int_0^{\pi/4} \rho(\mathbf{c}(t))||\dot{\mathbf{c}}(t)||_2\,\mathrm{d}t = \int_0^{\pi/4}\frac{\sin(t)}{\cos^2(t)}\,\mathrm{d}t \overset{u=\cos t}{=} -\int_1^{1/\sqrt{2}}\frac{1}{u^2}\,\mathrm{d}u = \frac{1}{u}\Big|_1^{1/\sqrt{2}} = \sqrt{2}-1$$

# L.15 Numerische Quadratur

## L.15.1 Newton-Cotes-Formeln

**Lösung 15.1.1**

a) $$\int_0^1 \sqrt{4-x^2}\,\mathrm{d}x = \frac{1}{2}\left(x\sqrt{4-x^2}+4\arcsin\frac{x}{2}\right)\Big|_0^1 = \frac{1}{2}\left(\sqrt{3}+4\arcsin\frac{1}{2}\right) = 1.913222955\ldots$$

b) $$I_1[f] = \frac{f(0)+f(1)}{2} = \frac{2+\sqrt{3}}{2} = 1.866025404\ldots$$

c) Die Abschätzung $|R_1[f]| \le \dfrac{(b-a)^3}{12} \max\limits_{x\in[a,b]} |f''(x)|$ ergibt hier:

$$\left|R_1[\sqrt{4-x^2}]\right| \le \frac{1}{12}\max_{x\in[0,1]}\left|-\frac{1}{\sqrt{4-x^2}} - \frac{x^2}{\sqrt{(4-x^2)^3}}\right| \le \frac{1}{12}\left(\frac{1}{\sqrt{3}}+\frac{1}{\sqrt{3^3}}\right) = 0.064150029\ldots$$

Der tatsächliche Fehler: $\left|R_1[\sqrt{4-x^2}]\right| = 0.047197551\ldots$

**Lösung 15.1.2**

Die Knoten der $\frac{3}{8}$-Regel lauten

$$x_0 = a, \quad x_1 = a+\frac{b-a}{3}, \quad x_2 = a+\frac{2(b-a)}{3}, \quad x_3 = b\,.$$

Die Fehlerabschätzung ergibt sich aus der Formel für den Interpolationsfehler, dem Mittelwertsatz und der Substitution $x = a + t(b-a)$:

$$\begin{aligned} |\,R[f]\,| &= \left|\int_a^b \frac{f^{(4)}(\tau)}{4!}(x-x_0)(x-x_1)(x-x_2)(x-x_3)\,\mathrm{d}x\right| \\ &= \left|\frac{(b-a)^5 f^{(4)}(\xi)}{4!}\int_a^b t\left(t-\frac{1}{3}\right)\left(t-\frac{2}{3}\right)(t-1)\,\mathrm{d}t\right| \le \frac{(b-a)^5}{6480}\max_{x\in[a,b]}\left|f^{(4)}(x)\right| \end{aligned}$$

**Lösung 15.1.3**

Die Quadraturformel $Q(f) = g_0 f(x_0) + g_1 f(1)$ besitzt die drei freien Parameter $g_0$, $g_1$ und $x_0$. Die Forderung, dass die Polynome 1, $x$ und $x^2$ exakt integriert werden, führt auf das folgende nichtlineare Gleichungssystem:

$$\left.\begin{aligned} \int_0^1 1\,\mathrm{d}x &= 1 = g_0 + g_1 \\ \int_0^1 x\,\mathrm{d}x &= \frac{1}{2} = g_0 x_0 + g_1 \\ \int_0^1 x^2\,\mathrm{d}x &= \frac{1}{3} = g_0 x_0^2 + g_1 \end{aligned}\right\} \Rightarrow \quad x_0 = \frac{1}{3},\ g_0 = \frac{3}{4},\ g_1 = \frac{1}{4}\,.$$

*Aufgaben und Lösungen zu Mathematik für Ingenieure 1, 4.Aufl.*, R. Ansorge, H. J. Oberle, K. Rothe und Th. Sonar

ISBN: 978-3-527-40987-7

Aufgrund der Linearität der Quadraturformel werden durch $Q(f) = \frac{3}{4}f\left(\frac{1}{3}\right) + \frac{1}{4}f(1)$ Polynome bis zum Grad 2 exakt integriert. Da

$$\int_0^1 x^3 \, \mathrm{d}x = \frac{1}{4} \neq \frac{5}{18} = Q(x^3)$$

werden Polynome ab dem Grad 3 nicht mehr notwendig exakt integriert.

**Lösung 15.1.4**

a) $\displaystyle\int_0^{\pi/2} x \cos x \, \mathrm{d}x = (\cos x + x \sin x)\big|_0^{\pi/2} = \frac{\pi}{2} - 1 = 0.57079632\ldots$

b)
$$\begin{aligned} S\left(\frac{\pi}{8}\right) &= \frac{\pi}{24}\left(f(0) + 4f\left(\frac{\pi}{8}\right) + 2f\left(\frac{\pi}{4}\right) + 4f\left(\frac{3\pi}{8}\right) + f\left(\frac{\pi}{2}\right)\right) \\ &= \frac{\pi}{24}\left(\frac{\pi}{2}\cos\frac{\pi}{8} + \frac{\pi}{2}\cos\frac{\pi}{4} + \frac{3\pi}{2}\cos\frac{3\pi}{8}\right) = 0.571416499\ldots \end{aligned}$$

c) Die Abschätzung $\displaystyle\left|S(h) - \int_a^b f(x)\,\mathrm{d}x\right| \leq \frac{(b-a)h^4}{180} \max_{x\in[a,b]} \left|f^{(4)}(x)\right|$ ergibt hier:

$$\begin{aligned} \left|S\left(\frac{\pi}{8}\right) - \int_0^{\pi/2} x\cos x\,\mathrm{d}x\right| &\leq \frac{1}{180}\frac{\pi}{2}\left(\frac{\pi}{8}\right)^4 \max_{x\in[0,\pi/2]} |4\sin x + x\cos x| \\ &\leq \frac{\pi^5}{1474560}\left(4 + \frac{\pi}{2}\right) = 0.001156123\ldots \end{aligned}$$

Der tatsächliche Fehler: $\displaystyle\left|S\left(\frac{\pi}{8}\right) - \int_0^{\pi/2} x\cos x\,\mathrm{d}x\right| = 0.000620172\ldots$

# L.16 Periodische Funktionen, Fourier-Reihen

## L.16.1 Grundlegende Begriffe

**Lösung 16.1.1**
Die folgenden Umformungen benutzen die Substitutionsregel, die Periodizität der Funktion, d.h. $f(x) = f(x+kT)$ mit $k \in \mathbb{Z}$, und die eindeutige Darstellung $a = c + nT$ mit $1 \le c \le T$ und $n \in \mathbb{Z}$ fest:

$$\int_a^{a+T} f(x)\,\mathrm{d}x = \int_{c+nT}^{c+(n+1)T} f(x)\,\mathrm{d}x = \int_c^{c+T} f(t+nT)\,\mathrm{d}t = \int_c^{c+T} f(t)\,\mathrm{d}t$$

$$= \int_c^{T} f(t)\,\mathrm{d}t + \int_T^{c+T} f(t)\,\mathrm{d}t = \int_c^{T} f(t)\,\mathrm{d}t + \int_0^{c} f(y+T)\,\mathrm{d}y$$

$$= \int_c^{T} f(t)\,\mathrm{d}t + \int_0^{c} f(y)\,\mathrm{d}y = \int_0^{T} f(x)\,\mathrm{d}x\,.$$

## L.16.2 Fourier-Reihen

**Lösung 16.2.1**

a)

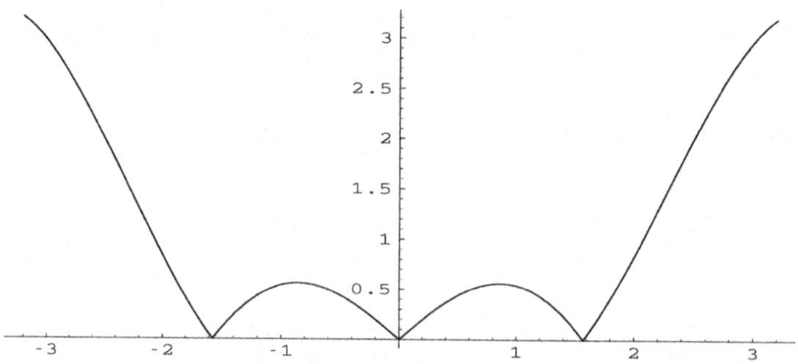


**Bild 16.2.1** $f(x) = |x\cos x|$

b) $f(x) = |x\cos x| = |-x\cos(-x)| = f(-x) \quad \Rightarrow \quad f$ ist gerade $\quad \Rightarrow \quad b_k = 0$

$$a_0 = \frac{4}{2\pi}\int_0^{\pi} |x\cos x|\,\mathrm{d}x = \frac{2}{\pi}\left(\int_0^{\pi/2} x\cos x\,\mathrm{d}x + \int_{\pi/2}^{\pi} -x\cos x\,\mathrm{d}x\right)$$

$$= \frac{2}{\pi}\left\{(\cos x + x\sin x)\big|_0^{\pi/2} - (\cos x + x\sin x)\big|_{\pi/2}^{\pi}\right\} = 2$$

$$a_1 = \frac{4}{2\pi}\int_0^{\pi} |x\cos x|\cos x\,\mathrm{d}x = \frac{1}{\pi}\int_0^{\pi} x(\cos(2x)+1)\,\mathrm{d}x \quad = \frac{1}{2\pi}\left(\frac{\cos(2x)}{2} + x\sin(2x) + x^2\right)\Bigg|_0^{\pi} = \frac{\pi}{2}$$

$$a_{k\ge 2} = \frac{4}{2\pi}\int_0^{\pi} |x\cos x|\cos(kx)\,\mathrm{d}x = \frac{2}{\pi}\left\{\int_0^{\pi/2} x\cos x\cos(kx)\,\mathrm{d}x - \int_{\pi/2}^{\pi} x\cos x\cos(kx)\,\mathrm{d}x\right\}$$

*Aufgaben und Lösungen zu Mathematik für Ingenieure 1, 4.Aufl.*, R. Ansorge, H. J. Oberle, K. Rothe und Th. Sonar

ISBN: 978-3-527-40987-7

$$= \frac{1}{\pi}\left\{\int\limits_0^{\pi/2} x(\cos(k+1)x + \cos(k-1)x)\,\mathrm{d}x - \int\limits_{\pi/2}^{\pi} x(\cos(k+1)x + \cos(k-1)x)\,\mathrm{d}x\right\}$$

$$= \frac{1}{\pi}\left\{\frac{\pi\sin(k+1)\frac{\pi}{2}}{k+1} + \frac{\pi\sin(k-1)\frac{\pi}{2}}{k-1} + \frac{2\cos(k+1)\frac{\pi}{2}}{(k+1)^2} + \frac{2\cos(k-1)\frac{\pi}{2}}{(k-1)^2}\right.$$

$$\left. -(1+(-1)^{k+1})\left(\frac{1}{(k+1)^2} + \frac{1}{(k-1)^2}\right)\right\}$$

**Lösung 16.2.2**
Da $f$ gerade ist $(f(-x) = f(x))$, gilt $b_k = 0$.

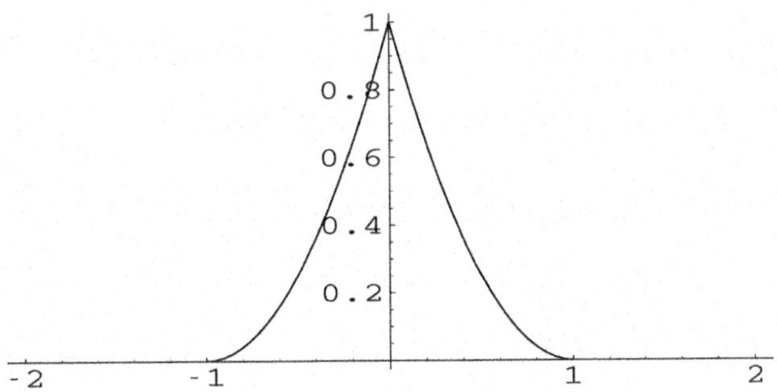


**Bild 16.2.2 a)** $f(x)$

Mit den Bezeichnungen des Lehrbuches ist $T = 4 \Rightarrow \omega = 2\pi/T = \pi/2$

$$a_0 = \frac{4}{T}\int\limits_0^{T/2} f(x)\,\mathrm{d}x = \int\limits_0^1 (x-1)^2\,\mathrm{d}x = \frac{1}{3}$$

$$\begin{aligned}
a_{k\geq 1} &= \frac{4}{T}\int\limits_0^{T/2} f(x)\cos\left(\frac{k\pi x}{2}\right)\mathrm{d}x = \int\limits_0^2 (x-1)^2\cos\left(\frac{k\pi x}{2}\right)\mathrm{d}x \\
&= \frac{2(x-1)^2}{k\pi}\sin\left(\frac{k\pi x}{2}\right)\Bigg|_0^1 - \frac{2}{k\pi}\int\limits_0^1 2(x-1)\sin\left(\frac{k\pi x}{2}\right)\mathrm{d}x \\
&= \frac{8(x-1)}{k^2\pi^2}\cos\left(\frac{k\pi x}{2}\right)\Bigg|_0^1 - \frac{8}{k^2\pi^2}\int\limits_0^1 \cos\left(\frac{k\pi x}{2}\right)\mathrm{d}x \\
&= \frac{8}{k^2\pi^2} - \frac{16}{k^3\pi^3}\sin\left(\frac{k\pi x}{2}\right)\Bigg|_0^1 = \frac{8}{k^2\pi^2} - \frac{16}{k^3\pi^3}\sin\left(\frac{k\pi}{2}\right)
\end{aligned}$$

Damit lautet die Fourier-Reihe $F_f(x) = \frac{1}{6} + \frac{8}{\pi^3}\sum\limits_{k=1}^{\infty}\frac{k\pi - 2\sin\left(\frac{k\pi}{2}\right)}{k^3}\cos\left(\frac{k\pi x}{2}\right)$.

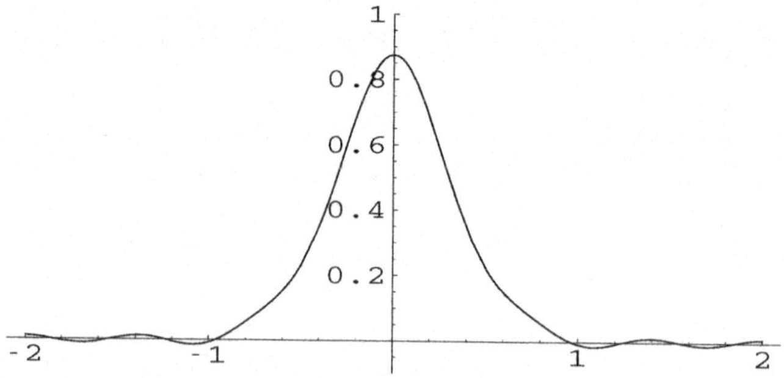


**Bild 16.2.2 b)** Partialsumme $S_6(x)$

**Lösung 16.2.3**

a) Mit den Bezeichnungen des Lehrbuches ist $T = 2 \quad \Rightarrow \quad \omega = \pi$

$$a_0 = \int_{-1}^{1} f(x)\,dx = \int_{-1}^{0} 1\,dx + \int_{0}^{1} 1 - x\,dx = \frac{3}{2}$$

$$a_{k\geq 1} = \int_{-1}^{1} f(x)\cos(k\pi x)\,dx = \int_{-1}^{1} \cos(k\pi x)\,dx - \int_{0}^{1} x\cos(k\pi x)\,dx$$

$$= \frac{\sin(k\pi x)}{k\pi}\bigg|_{-1}^{1} - \left(\frac{x\sin(k\pi x)}{k\pi} + \frac{\cos(k\pi x)}{(k\pi)^2}\right)\bigg|_0^1 = \frac{1-(-1)^k}{(k\pi)^2} = \begin{cases} \frac{2}{(k\pi)^2} & k \text{ ungerade} \\ 0 & k \text{ gerade} \end{cases}$$

$$b_{k\geq 1} = \int_{-1}^{1} f(x)\sin(k\pi x)\,dx = \int_{-1}^{1} \sin(k\pi x)\,dx - \int_{0}^{1} x\sin(k\pi x)\,dx$$

$$= -\frac{\cos(k\pi x)}{k\pi}\bigg|_{-1}^{1} - \left(-\frac{x\cos(k\pi x)}{k\pi} + \frac{\sin(k\pi x)}{(k\pi)^2}\right)\bigg|_0^1 \quad = \frac{(-1)^k}{k\pi}$$

Damit lautet die Fourier-Reihe

$$f(x) \sim \frac{3}{4} + \frac{2}{\pi^2}\sum_{k=1}^{\infty} \frac{1}{(2k-1)^2}\cos(2k-1)\pi x + \frac{1}{\pi}\sum_{k=1}^{\infty} \frac{(-1)^k}{k}\sin k\pi x\,.$$

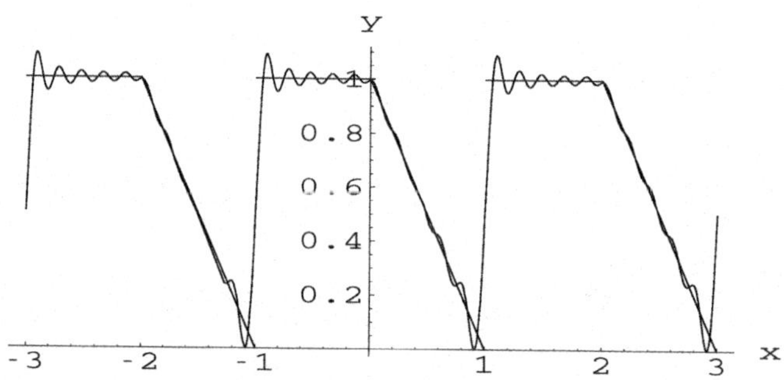


**Bild 16.2.3** $f(x)$ mit Partialsumme $S_{10}(x)$

b) Da $f$ stückweise $C^1$-Funktion und stetig in $x = 0$ ist, konvergiert die Fourier-Reihe dort gegen $f$. Es gilt also

$$1 = f(0) = \frac{3}{4} + \frac{2}{\pi^2}\sum_{k=1}^{\infty} \frac{1}{(2k-1)^2} \quad \Rightarrow \quad \sum_{k=1}^{\infty} \frac{1}{(2k-1)^2} = \frac{\pi^2}{8}\,.$$

**Lösung 16.2.4**

a)

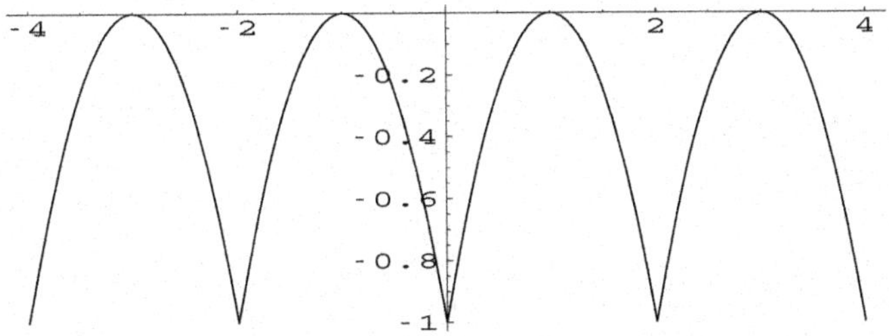


**Bild 16.2.4** 2-periodische direkte Fortsetzung von $f$

b) Da $f$ gerade ist, gilt $b_k = 0$.

Mit den Bezeichnungen des Lehrbuches ist $T = 2 \Rightarrow \omega = \pi$

$$a_0 = \frac{4}{T}\int_0^{T/2} f(x)\,\mathrm{d}x = 2\int_0^1 -(x-1)^2\,\mathrm{d}x = -2\frac{(x-1)^3}{3}\bigg|_0^1 = -\frac{2}{3}$$

$$\begin{aligned}a_{k\geq 1} &= 2\int_0^1 -(x-1)^2\cos(k\pi x)\,\mathrm{d}x\\ &= -2\left\{\frac{(x-1)^2\sin(k\pi x)}{k\pi}\bigg|_0^1 - \frac{1}{k\pi}\int_0^1 2(x-1)\sin(k\pi x)\,\mathrm{d}x\right\}\\ &= \frac{4}{k\pi}\left\{\frac{-(x-1)\cos(k\pi x)}{k\pi}\bigg|_0^1 + \frac{1}{k\pi}\int_0^1 \cos(k\pi x)\,\mathrm{d}x\right\}\\ &= \frac{4}{k\pi}\left\{\frac{-\cos(k\pi\cdot 0)}{k\pi}\right\} = -\frac{4}{k^2\pi^2}\end{aligned}$$

Damit lautet die Fourier-Reihe $f(x) \sim -\frac{1}{3} - \frac{4}{\pi^2}\sum_{k=1}^{\infty}\frac{\cos(k\pi x)}{k^2}$ .

c) Da $f$ stückweise $C^1$-Funktion und stetig in $x = 0$ ist, konvergiert die Fourier-Reihe dort gegen $f$. Es gilt also

$$-1 = f(0) = -\frac{1}{3} - \frac{4}{\pi^2}\sum_{k=1}^{\infty}\frac{1}{k^2} \quad\Rightarrow\quad \sum_{k=1}^{\infty}\frac{1}{k^2} = \frac{\pi^2}{6}\,.$$

**Lösung 16.2.5**

Da $f$ ungerade ist, gilt $a_k = 0$.

$$\begin{aligned}b_k &= 2\int_0^1 x^3\sin(k\pi x)\,\mathrm{d}x = 2\left\{\left(\frac{3x^2}{(k\pi)^2} - \frac{6}{(k\pi)^4}\right)\sin k\pi x - \left(\frac{x^3}{k\pi} - \frac{6x}{(k\pi)^3}\right)\cos k\pi x\right\}\bigg|_0^1\\ &= (-1)^{k+1}\left(\frac{2}{k\pi} - \frac{12}{(k\pi)^3}\right)\end{aligned}$$

Damit lautet die Fourier-Reihe

$$f(x) \sim \sum_{k=1}^{\infty}(-1)^{k+1}\left(\frac{2}{k\pi} - \frac{12}{(k\pi)^3}\right)\sin k\pi x\,.$$

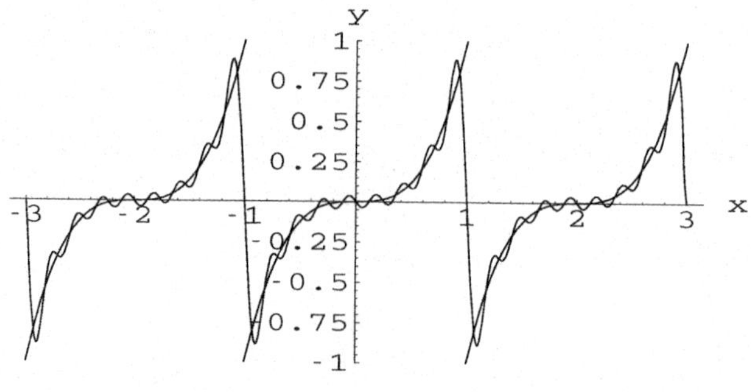


**Bild 16.2.5** $f(x)$ mit Partialsumme $S_8(x)$

**Lösung 16.2.6**

Unter Verwendung einiger Additionstheoreme lassen sich die trigonometrischen Funktionen umformen. Im Folgenden werden nur die von 0 verschiedenen Koeffizienten angegeben.

a) $\sin^4(2x) = \frac{1}{8}\cos(8x) - \frac{1}{2}\cos(4x) + \frac{3}{8} \quad \Rightarrow \quad a_0 = \frac{3}{4},\ a_4 = -\frac{1}{2},\ a_8 = \frac{1}{8}$

b) $\cos^4(3x) = \frac{1}{8}\cos(12x) + \frac{1}{2}\cos(6x) + \frac{3}{8} \quad \Rightarrow \quad a_0 = \frac{3}{4},\ a_6 = \frac{1}{2},\ a_{12} = \frac{1}{8}$

c) $\sin x \cos x = \frac{1}{2}\sin(2x) \quad \Rightarrow \quad b_2 = \frac{1}{2}$

d) $3\sin(5x) - 4\sin^3(7x) = 3\sin(5x) - 3\sin(7x) + \sin(21x) \quad \Rightarrow \quad b_5 = 3,\ b_7 = -3,\ b_{21} = 1$

e) $\cos^2(3x) - \sin^2(3x) = \cos(6x) \quad \Rightarrow \quad a_6 = 1$

f) $1 + 2\sin(9x) + 3\cos(5x) \quad \Rightarrow \quad a_0 = 2,\ b_9 = 2,\ a_5 = 3$

**Lösung 16.2.7**

a) $$\gamma_0 = \frac{1}{2\pi}\left(\int_{-\pi}^{0} -x^2 e^{-i\cdot 0\cdot x}\,dx + \int_{0}^{\pi} x^2 e^{-i\cdot 0\cdot x}\,dx\right) = 0$$

$$\gamma_k = \frac{1}{2\pi}\left\{\int_{-\pi}^{0} -x^2 e^{-ikx}\,dx + \int_{0}^{\pi} x^2 e^{-ikx}\,dx\right\}$$

$$= \frac{1}{2\pi}\left\{e^{-ikx}\left(-\frac{ix^2}{k} - \frac{2x}{k^2} + \frac{2i}{k^3}\right)\Bigg|_{-\pi}^{0} + e^{-ikx}\left(\frac{ix^2}{k} + \frac{2x}{k^2} - \frac{2i}{k^3}\right)\Bigg|_{0}^{\pi}\right\}$$

$$= \frac{i}{\pi}\left\{\frac{2}{k^3}\left(1 - (-1)^k\right) + \frac{\pi^2(-1)^k}{k}\right\} = \begin{cases} \dfrac{i\pi}{k} & k \text{ gerade} \\ \dfrac{4i}{\pi k^3} - \dfrac{i\pi}{k} & k \text{ ungerade} \end{cases}$$

b) Da $\gamma_k = -\gamma_{-k}$ folgt $a_k = \gamma_k + \gamma_{-k} = 0$ und

$$b_k = i(\gamma_k - \gamma_{-k}) = 2i\gamma_k = \begin{cases} -\dfrac{2\pi}{k} & k \text{ gerade} \\ -\dfrac{8}{\pi k^3} + \dfrac{2\pi}{k} & k \text{ ungerade} \end{cases}$$

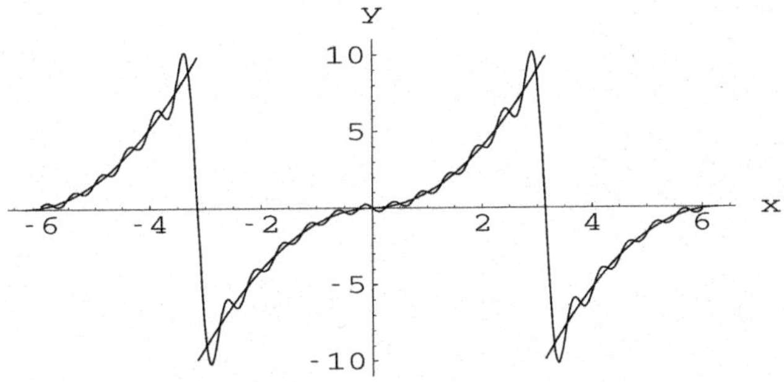


**Bild 16.2.7** $f(x)$ mit Partialsumme $S_6(x)$

**Lösung 16.2.8**

a) Setzt man den Fourierreihenansatz in die Differentialgleichung $y'(x) = y(x) + \cos(x)$, ein, so ergibt sich mit (16.2.5 f) )

$$\sum_{k=1}^{\infty} -ka_k \sin(kx) + kb_k \cos(kx) = \frac{a_0}{2} + \sum_{k=1}^{\infty} (a_k \cos(kx) + b_k \sin(kx)) + \cos(x) \quad \Rightarrow$$

$$0 = \frac{a_0}{2} + (a_1 - b_1 + 1)\cos x + (a_1 + b_1)\sin x + \sum_{k=2}^{\infty}(a_k - kb_k)\cos(kx) + (b_k + ka_k)\sin(kx)$$

Aus einem Koeffizientenvergleich ergeben sich damit für $k \geq 1$ die folgenden $2 \times 2$ Gleichungssysteme

$$\underbrace{\begin{pmatrix} 1 & -k \\ k & 1 \end{pmatrix}}_{=\mathbf{A}_k} \begin{pmatrix} a_k \\ b_k \end{pmatrix} = \mathbf{b}_k\,,$$

die wegen $\det \mathbf{A}_k = 1 + k^2$ regulär sind. Da nur $\mathbf{b}_1 = (-1, 0)^T$ vom Nullvektor verschieden ist, erhält man

$$a_1 = -\frac{1}{2}\,, \quad b_1 = \frac{1}{2}\,, \quad a_k = b_k = 0\,.$$

Außerdem ergibt der Koeffizientenvergleich noch $a_0 = 0$. Eine Lösung der Differentialgleichung (überprüfen durch Einsetzen) lautet daher:

$$y(x) = \frac{1}{2}\sin(x) - \frac{1}{2}\cos(x)\,.$$

b) Aus $y'(x) = 2y(x) - 4\sin(2x)$, dem Ansatz und (16.2.5 f)) ergibt sich:

$$\sum_{k=1}^{\infty} -ka_k \sin(kx) + kb_k \cos(kx) = 2\left(\frac{a_0}{2} + \sum_{k=1}^{\infty} a_k \cos(kx) + b_k \sin(kx)\right) - 4\sin(2x) \quad \Rightarrow$$

$$0 = a_0 + (2a_1 - b_1)\cos x + (a_1 + 2b_1)\sin x + (2a_2 - 2b_2)\cos(2x)$$

$$+(2a_2 + 2b_2 - 4)\sin(2x) + \sum_{k=3}^{\infty}(2a_k - kb_k)\cos(kx) + (2b_k + ka_k)\sin(kx)\,.$$

Aus einem Koeffizientenvergleich ergibt sich damit (die entstehenden $2 \times 2$ Gleichungssysteme sind regulär):

$a_0 = 0\,, \quad a_2 = 1\,, \quad b_2 = 1\,, \quad a_k = b_k = 0$ sonst.

Die Lösung der Gleichung lautet daher: $y(x) = \sin(2x) + \cos(2x)\,.$

CPSIA information can be obtained
at www.ICGtesting.com
Printed in the USA
BVOW03s0525071116
467060BV00011B/4/P